OBSERVA-

DIVERS
OUVRAGES
DE
M. DE ROBERVAL.

R

AVERTISSEMENT.

ON a trouvé écrit de la main de M. de Roberval au commencement du Manuscrit d'où cét Ouvrage a esté pris, que l'invention en est de luy, mais qu'il ne l'a pas mis en l'état qu'il est ; que ça esté un Gentilhomme Bourdelois, à qui il avoit donné des leçons en particulier, qui les ayant rédigées par écrit, en a composé ce Traité à sa manière. Il est vray qu'en 1 6 6 8. M. de Roberval revit cét Ouvrage avant que de le lire dans l'Académie Royale des Sciences ; mais il n'y mit pas la derniére main, s'estant contenté d'écrire seulement en divers endroits quelques remarques, que l'on trouvera à la marge de ce Livre.

OBSERVATIONS
SUR LA COMPOSITION
DES MOUVEMENS,
ET SUR LE MOYEN DE TROUVER
LES TOUCHANTES
des lignes courbes.

POur ne perdre aucune des penſées que nous croirons pouvoir ſervir à l'intelligence de ce ſujet, nous ne nous attacherons à aucun ordre ou ſuite de propoſitions déterminées, il faudra meſme le plus ſouvent ou ſuppoſer l'intelligence de quelques définitions & principes que nous n'aurons pas expliquez, ou bien les inferer avec nos propoſitions.

Définitions.

NOus appellons ligne ſimple celle qui eſtant ſur un plan, eſt telle que chacune de ſes parties peut convenir avec toutes les autres parties de la meſme ligne. Telle eſt la ligne droite & la circonférence du cercle.

Ligne compoſée eſt celle dont les parties n'ont point cette propriété de s'ajuſter & convenir avec chacune des autres parties.

Mouvement uniforme eſt celuy par lequel un mobile eſt porté d'une vîteſſe toûjours égale à elle-meſme.

Mouvement irrégulier ou difforme, au contraire.

Puiſſance eſt une force mouvante.

Impreſſion eſt l'action de cette puiſſance.

La ligne de direction de l'impreſſion eſt celle par laquelle la puiſſance meut le mobile.

Nous appellons les impreſſions ſemblables, ou diverſes, ſuivant que leurs lignes de direction ſont entre elles paralleles, ou ne le ſont pas, &c.

Or il ne faut pas croire que nous appellions une ligne, ligne ſimple, dautant qu'elle eſt décrite par un mouvement ſimple : car, comme nous verrons dans la ſuite, non-ſeulement la circonférence du cercle, mais encore la ligne droite peut eſtre entenduë avoir eſté décrite par un mouvement compoſé de tant de mouvemens qu'on voudra.

Nous avons encore défini la puiſſance en tant qu'elle nous peut ſervir conſidérant les diverſitez des mouvemens, ce qui n'empeſche pas que dans d'autres ſpeculations, nous n'entendions par le mot de puiſſance une force capable de ſouſtenir un poids, ou de quelque autre effet.

Généralement en ce Traité nous conſidérerons deux choſes dans les mouvemens, leur direction, & leur vîteſſe.

Axiomes.

LA direction d'une puiſſance mouvant un mobile, lequel par ſon mouvement décrit une circonférence de cercle, eſt la ligne perpendiculaire à l'extrémité du diamétre, au bout duquel le mobile ſe trouve.

S

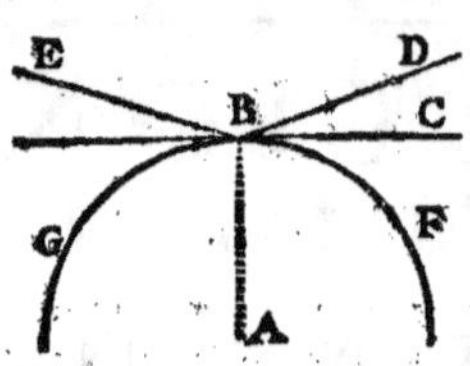

*Ce raisonne-
ment ne peut
quadrer qu'à
la circonfé-
rence d'un
cercle.*

Soit le mobile B, (qui par son mouvement dé-crit la circonférence G B F) au point B, à l'extré-mité du demi-diamétre A B, auquel soit perpendi-culaire la ligne B C. Je pose pour fondement que B C est la ligne de direction par laquelle se meut le mobile B en ce point-là. Et on en peut rendre une raison naturelle, qui est que l'on ne sçauroit prendre quelque autre ligne que ce puisse estre, comme B D, sans tomber dans une absurdité : car puisque la nature ne souffre rien d'indéter-miné, & qu'on ne sçauroit prendre la ligne B D, qui fait l'angle oblique D B A, avec le demi-diametre, que par la mesme raison l'on ne fust aussi obligé de pren-dre de l'autre part la ligne B E qui fait l'angle E B A égal à D B A, (ce qui est absurde) il s'ensuit que la seule ligne qui puisse estre prise pour la direction d'un tel mouvement sera la perpendiculaire B C, qui est la seule qui fasse angles droits avec le mesme demi-diametre A B.

D'où il s'ensuit que cette direction change à chaque point de la circonférence.

D'où il s'ensuit encore que si un mobile porté de G vers B venoit à se détacher de la circonférence du cercle, comme si le demi-diametre l'ayant porté de G en B, le laschoit au point B, le mobile seroit porté avec cette impression par la ligne B C.

Et d'autant qu'il se rencontre que cette mesme ligne B C est la touchante du cercle au point B, nous prendrons pour principe d'invention qu'en toutes les au-tres lignes courbes, quelles qu'elles puissent estre, leur touchante, en quelque point que ce soit, est la ligne de direction du mouvement qu'a en ce mesme point le mobile qui les décrit. En sorte que composant des mouvemens en diverses façons, & venant à connoistre la direction du mouvement composé en quelque point que ce soit, d'une ligne courbe, nous connoistrons par mesme moyen sa touchante.

Or nous entendons qu'un mouvement est composé de plusieurs mouvemens, lors que le mobile duquel il est le mouvement, est meû par diverses impressions.

THEOREME I.

Proposition premiére.

S I un mobile est porté par deux divers mouvemens chacun droit & uniforme, le mouvement composé de ces deux sera un mouvement droit & uniforme différent de chacun d'eux, mais toutefois en mesme plan, en sorte que la ligne droite que décrira le mobile sera le diamétre d'un parallelogramme, les costez duquel seront entre eux comme les vîtesses de ces deux mouvemens ; & la vîtesse du composé sera à chacun des composans comme le diamétre à chacun des costez.

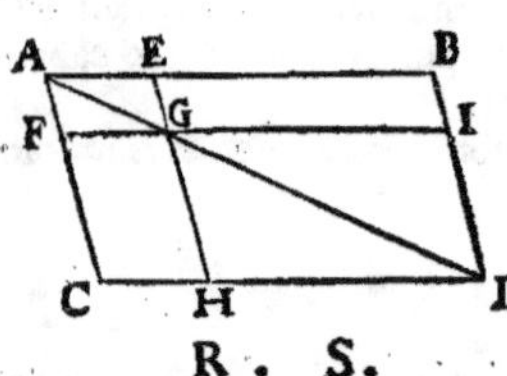

Soit le mobile A porté par deux divers mou-vemens desquels les lignes de direction soient A B, A C, faisant l'angle B A C, & que les mouvemens droits & uniformes soient tels qu'en mesme temps que l'impression A B au-roit porté le mobile en B, en mesme temps l'im-pression A C l'eust portée en C. Je dis que le mobile porté par le mouvement composé de ces deux, sera porté le long du diamétre A D du parallelogramme A D, duquel les deux lignes A B, A C, sont les deux costez, & que le mouvement qu'il aura sur le diamétre A D sera uniforme,

Ce que nous comprendrons, si nous nous imaginons que la ligne A B def-
cendant toûjours uniformement & parallelement à la ligne C D, jufqu'à ce
qu'elle ne foit qu'une mefme ligne avec la ligne C D ; & la ligne A C fe mouvant vers la ligne B D en la mefme façon, noftre mobile A ne fait autre chofe
que fe rencontrer à tout moment en la commune fection de ces deux lignes.

Or il eft affez clair que les points de cette commune fection font tous dans le
diamétre A D ; ce que nous démontrerons encore mieux par cette confidération.
Imaginons-nous que le mobile A fe mouvant uniformement fur l'une des lignes
A B ou A C, la mefme ligne fe meut toûjours parallelement à foy-mefme. En
cette forte fi le mobile eft meû fur A B de A en B en mefme temps que A B def-
cend jufques en C D, & pofons le cas qu'en un certain temps le mobile foit arrivé
en E, & qu'en ce mefme temps le cofté A B foit defcendu en forte qu'il faffe une
mefme ligne avec F I, dans laquelle prenons F G égale à A E (par noftre fuppo-
fition elle luy eft auffi parallele) donc le mobile A fera en G : je dis que le point G
eft dans le diamétre A D du parallelogramme A B D C. Car par le point G
foit tiré la ligne E G H qui achevera le petit parallelogramme A G. Puis donc
que les deux mouvemens que nous confidérons font uniformes, comme A B
eft à A E, ainfi A C eft à A F ; & en changeant, A E eft à A F comme A B à
A C, & l'angle B A C eft commun ; partant les deux parallelogrammes A D &
A G font femblables & à l'entour d'un mefme diamétre ; & par confequent
le point G eft dans le diamétre A D, ce qu'il falloit démontrer. Le refte de
noftre propofition n'eft qu'un corollaire de ce que nous avons dit : c'eft pourquoy nous ne nous y arrefterons pas plus long-temps.

Mais nous remarquerons qu'en cette premiére compofition de mouvemens
& généralement en toutes les autres, nous pouvons confidérer fix chofes. Sçavoir trois directions qui font les deux fimples, & la compofée, & trois impreffions qui font les deux fimples & la compofée.

Or fi les trois directions nous font données, les trois impreffions font auffi
données, c'eft à dire les proportions des vîteffes des trois mouvemens ; car A B,
A C, & A D, eftant données, nous n'aurons qu'à prendre un point D dans A D,
ligne de direction du mouvement compofé, & par le point D tirer D B & D C
paralleles à A B & A C ; & le parallelogramme eftant ainfi achevé, les proportions des mouvemens feront les mefmes que celles des deux coftez & du diamétre du parallelogramme.

Mais les trois impreffions eftant connuës, ou la proportion des trois lignes
A B, A C, A D, nous ne connoiftrons aucune des directions, puis que pas une
de ces lignes ne nous fera donnée de pofition, quoy-que les angles qu'elles feront
à leur rencontre nous foient donnez en efpece. Or en ce cas il faut que deux des
puiffances quelles qu'elles foient, foient enfemble plus grandes que la troifiéme, puis que les lignes A B, A C, A D, qui font en mefme raifon que les puiffances, peuvent eftre les coftez d'un triangle.

Que fi l'on nous donne deux directions, l'une
de l'un des mouvemens compofans, & l'autre du
compofé, nous ne connoiftrons rien de la troifiéme, ni de la force des impreffions, mais feulement
nous aurons une raifon donnée telle que la raifon
de l'impreffion ou de la puiffance compofante qui
nous eft donnée à l'autre puiffance compofante,
ne pourra pas eftre plus grande : car A C & A D

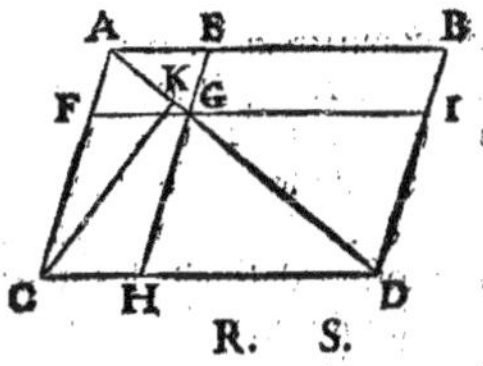

nous eftant données, ayant pris dans A C un point
comme C, & de C ayant abbaiffé C K perpendiculaire fur A D, la raifon de A C
à A B ne pourra pas eftre plus grande que la raifon de la ligne A C à cette perpendiculaire C K, puis que cette perpendiculaire eft la moindre de toutes les

lignes qui peuvent eftre le troifiéme cofté d'un triangle, l'un des deux autres
eftant A C, & le fecond une portion de la ligne A D.

Que fi l'on nous euft donné deux mouvemens entiers, c'eft-à-dire leurs
directions & leurs vîteffes, l'on nous euft auffi donné la direction & la vîteffe du
troifiéme; car ayant deux coftez d'un triangle & l'angle qu'ils contiennent, tout
de refte nous eft donné.

Pareillement nous eftant donné deux directions telles qu'on voudra de deux
mouvemens, & la raifon de la vîteffe du troifiéme à la vîteffe de l'un des deux
defquels nous avons la direction, nous connoiffons les trois mouvemens, comme fi l'on nous donne les directions A B, A C, des deux compofans, & la raifon de la vîteffe du compofé à A B comme de R à S, prenant dans la direction A B un point comme B, & faifant que comme S eft à R, ainfi A B foit à un
autre, nous trouverons la ligne A D. Donc fi du centre A & de l'intervalle A D
nous décrivons un arc de cercle qui rencontre la ligne B I D parallele à A F C
en D, nous aurons les vîteffes des trois mouvemens A B, A D, B D ou A C,
&c. Les chofes eftant ainfi expliquées, nous énoncerons noftre propofition plus
généralement en cette forte.

Propofition feconde.

U N mouvement compofé de tant de mouvemens droits & uniformes qu'on
voudra fe fera par une ligne droite, & fera uniforme.

Ce qui eft encore affez clair par ce que nous venons de dire; car prenant deux
de ces mouvemens j'en compoferay un feul, puis que par la précédente ces deux
fe doivent réduire en un, puis de ce compofé confidéré comme fimple (car il n'importe, puis que les deux directions qui le compofent ne font pas plus qu'une fimple que nous pouvons concevoir) & d'un autre, j'en compoferay un fecond, qui
par ce moyen fera compofé de trois; & ainfi en continuant je viendray à en com-
pofer un feul de tant qu'il me plaira.

D'où il réfulte,

Que tout mouvement uniforme & droit peut eftre entendu, ou comme fimple, ou comme compofé de tant d'autres mouvemens qu'on voudra.

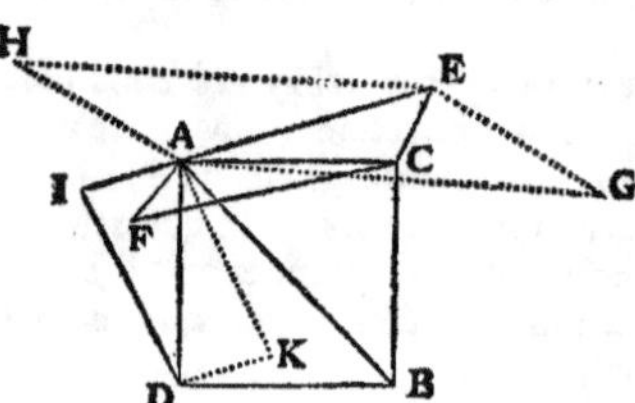

Où il faut remarquer que nous pouvons concevoir ce mouvement comme
compofé de divers autres, lefquels fe feront en des plans différens, en forte
pourtant que le plus compofé de tous
foit dans le plan des deux que nous
confidérons comme les derniers qui le
compofent. Ainfi le mouvement A B
peut eftre compofé des deux A C &
A D, dont l'un A C eft compofé de
deux autres A E, A F, l'un defquels, comme A E, fera compofé de deux autres
A G & A H, & ainfi de tant qu'on voudra; & le fecond des deux A D, que
nous avons dit qui compofoient le mouvement A B, peut eftre entendu comme compofé de deux autres A I, A K, & encore chacun de ceux-là de deux autres, &c. en forte que le mouvement A B fera compofé de tant que l'on voudra,
& mefme defquels les impreffions feront données : car qui m'empefchera de
décrire des parallelogrammes fi différens qu'il me plaira, defquels les diago-
nales foient A B, A D, A C, A E, A H, A G, &c.

Et c'eft icy un champ d'une infinité de belles fpéculations, comme fi ayant
fuppofé que le mouvement A B eft compofé de cinq autres mouvemens, la
vîteffe de chacun defquels nous eft donnée, l'on nous demande combien il eft
néceffaire

néceſſaire de connoiſtre de leurs directions pour déterminer chacun d'eux & les donner de poſition, & ainſi d'une infinité d'autres qui pourroient eſtre telles que la recherche excédant la capacité de noſtre eſprit, nous n'en pourrions pas donner les ſolutions.

Mais pour tirer de cette propoſition des connoiſſances encore plus belles, nous allons expliquer par ſon moyen la nature des réflexions & de la réfraction, ayant premiérement poſé pour principe, qu'un mouvement pour compoſé qu'il ſoit de diverſes impreſſions, aura le meſme effet qu'un autre cauſé par une ſeule impreſſion, de laquelle la direction ſoit la meſme que de la compoſée, ſi l'un eſt auſſi fort que l'autre.

Cecy eſtant poſé, nous conſidérons dans les corps deux ſortes d'impreſſions qui les peuvent faire mouvoir; l'une qui les chaſſe d'un lieu vers un autre par violence: telle eſt celle que la raquette donne à la bale, la corde d'un arc à la fléche, &c. L'autre qui ſe fait par attraction des corps, ſoit que cette attraction ſoit réciproque, ou non, & cette derniére eſt de telle nature qu'elle ne peut jamais cauſer de réflexion, comme ſi l'aimant B attirant le fer A, le fer s'approchant vient à rencontrer le corps C qui l'empeſche de continuer ſon mouvement de A vers B, il

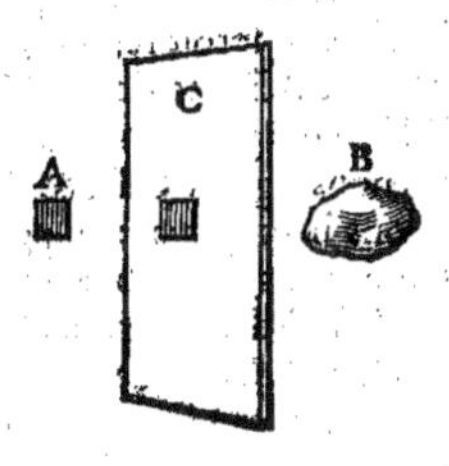

s'arreſtera contre le corps C, le preſſant continuellement, dautant que l'attraction ſe faiſant au travers de C, la vertu de l'aimant empeſche le fer de rejaillir vers A; mais la nature de la premiére ſorte d'impreſſion eſt telle qu'un corps eſtant meû en cette façon, s'il vient à rencontrer un obſtacle auquel il ne puiſſe pas communiquer ſon impreſſion, l'obſtacle la luy rend, ou pour mieux dire le détermine à retourner vers une autre part; & nous prendrons pour principe, que ſi un mobile rencontre un obſtacle eſtant meû par une ligne perpendiculaire au meſme obſtacle, il retournera vers le lieu duquel il eſtoit meû. Ainſi A ſe mouvant vers D par une ligne perpendiculaire à l'obſtacle B C, & venant à rencontrer cét obſtacle, auquel nous ſuppoſons qu'il ne puiſſe pas communiquer toute ou preſque toute l'impreſſion qui l'a fait mouvoir, il ſera réfléchi par la meſme ligne D A, par laquelle il s'eſtoit meû, mais en telle ſorte que s'il n'a communiqué rien du tout de ſon impreſſion à B C, & que B C ne luy en ait pas donné une nouvelle, il retournera avec autant de viteſſe qu'il en avoit en D. Que s'il a communi-

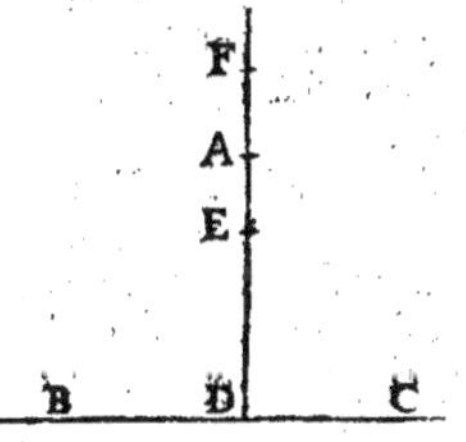

qué une partie de ſon impreſſion à B C, il ne retournera pas avec autant de viteſſe qu'il en avoit en D; & enfin ſi l'obſtacle B C ne luy a pas ſeulement rendu l'impreſſion qu'il luy vouloit donner, mais encore l'a augmentée, comme ſi en D il a trouvé un reſſort, ou autre choſe, alors le mobile retournera de D avec plus de viteſſe qu'il n'en avoit, quand il eſt premiérement parvenu au meſme point D.

Ce principe eſtant ainſi expliqué, nous n'aurons point de peine à entendre la nature de la réflexion. Car ſi nous penſons qu'une bale eſtant pouſſée d'A vers B, rencontre au point B la ſuperficie de la terre que nous ſuppoſons parfaitement plate & dure, pour ne nous point embarraſſer dans de nouvelles difficultez, laquelle l'empeſchant de paſſer outre eſt cauſe qu'elle ſe détourne, & pour entendre de quel coſté, puiſque ſon mouvement peut eſtre diviſé en toutes les parties deſquelles l'on peut concevoir qu'il eſt compoſé, imaginons-nous qu'il le ſoit des deux A C & A H, ou C B, deſquels le premier fait deſcendre la bale de A en C, & le second la porte de la gauche A C vers la droite ; & parce que la rencontre de la terre est tout-à-fait contraire à l'un de ces mouvemens A C, & qu'elle n'est point opposée à celuy qui l'a fait aller de la gauche vers la droite, il est certain que si le mobile eust esté meû seulement par son propre poids sur un plan incliné, comme A B, estant arrivé en B, ou il se fust arresté tout court, ou suivant sa figure & les degrez d'impression qu'il auroit, il eust roulé le long de B E ; mais parce que le mouvement de la bale est un mouvement violent, & que par nostre principe si elle eust esté portée le long de H B, elle seroit remontée de B en H : au lieu que nous avons composé le mouvement A B des deux C B & H B, puis que le mouvement H B est changé en B H, composons un mouvement de deux, dont l'un soit C B ou B E que nous prenons égal à C B, & l'autre E F ; & ayant décrit le parallellogramme H E, tirons la diagonale du point B, où se fait la réfléxion en montant vers F, nous trouverons que la bale remontera en autant de temps par la ligne B F, qu'elle en aura mis à descendre par la ligne A B ; en sorte que l'angle de réfléxion sera égal à celuy d'incidence, car supposant que la bale n'ait rien perdu de son impression, & n'en ait point aquis de nouvelle, son mouvement n'a fait que changer de direction : mais si elle eust rencontré un corps qui luy eust cedé, en sorte que luy communiquant de son impression elle en eust tout autant perdu, il eust fallu composer un mouvement de B E, & d'un autre moindre que E F, comme E G ; auquel cas l'angle de réfléxion auroit esté moindre que celuy d'incidence. Et posé que la bale eust rencontré un corps capable d'augmenter son impression, comme une raquette, ou un ressort, son mouvement auroit esté composé de B E, & d'un autre comme E I plus grand qu'E F en montant, auquel cas l'angle de réfléxion auroit esté plus grand que celuy d'incidence.

Et ce mesme raisonnement se peut aussi-bien accommoder à l'opinion de ceux qui tiennent que la bale ou tout autre missile ayant communiqué toute son impression à l'obstacle, elle rejaillist ou par la force du ressort qu'elle rencontre dans l'obstacle, ou par celle du ressort qui est en elle-mesme, ou par toutes les deux.

Venons à la réfraction, & supposons que la bale rencontre en B, non plus la superficie de la terre, mais une toile si déliée qu'elle ait la force de la rompre en perdant seulement une partie de son impression ; & parce qu'elle ne doit rien perdre de celle qui la fait aller de la gauche vers la droite, dautant que la toile ne luy est point opposée en ce sens-là, supposons qu'elle perd la moitié de l'impression qui la fait descendre, en ce cas il faudra continuer B E égale à C B, & prendre E I égale à la moitié de A C, de sorte que la diagonale B I sera le chemin que suivra le mobile après sa réfraction ; & pareillement si la vîtesse A C eust esté augmentée, par éxemple, de la moitié, comme si le mobile passant de l'air eust entré dans un autre milieu de telle nature qu'il eust pû s'y mouvoir une fois aussi viste, en ce

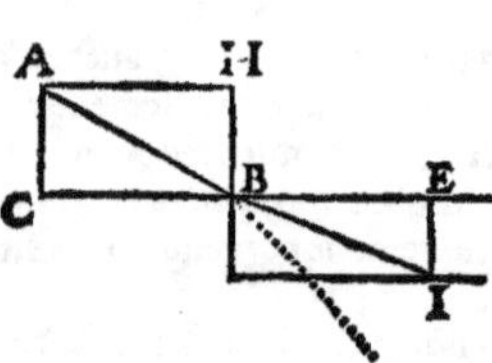

cas nous aurions fait E I double de A C, B E demeurant égale à B C, &c. ce que l'on voit expliqué bien au long dans les Auteurs.

Or il faut remarquer avec soin cette façon de composer, & mesler les mouvemens, puis que nous voyons que des personnes les plus éxercées dans la recherche des véritez Mathématiques se sont trompées en cét endroit : ainsi *M. Des Cartes* pour expliquer la réfléxion, décrit un cercle du centre B, qui paſſe par A, & trouve que le point de la circonférence auquel le mobile retournera en autant de temps qu'il a mis à aller de A vers B doit eſtre F ; au lieu que d'un raiſonnement ſemblable au noſtre il devoit en tirer comme une conſéquence, que le point F dans cette hypotheſe ſe rencontrera dans la circonférence du cercle décrit du centre B par A.

Secondement, expliquant la réfraction de la bale dans l'eau, il a confondu les termes d'impreſſion ou viſteſſe, & de détermination, leſquels pourtant il avoit diſtinguez peu auparavant ; car en la page 17. ligne derniére, il dit, *& puis qu'elle ne perd rien du tout de la détermination*, &c.

Diſcours 2. de la Dioptr.

Troiſiémement, il ſemble qu'il explique mal dans la page 19. la réfléxion de la bale ſur la ſuperficie de l'eau : car il eſt vrayſemblable que lors que la bale A B entre dans l'eau, & que la réfraction ſe fait vers I, c'eſt à cauſe que la bale entrant dans l'eau au point B, & voulant continuer ſon chemin vers D, rencontre d'un coſté l'angle C B D obtus, & de l'autre coſté l'angle E B D aigu, & trouve plus de corps, & partant plus de réſiſtance du coſté de l'angle obtus que du coſté de l'aigu : ainſi elle ſe détourne par un chemin un peu courbe vers I, lequel elle ne quitte plus lors qu'elle eſt aſſez enfoncée dans l'eau : car bien qu'il y

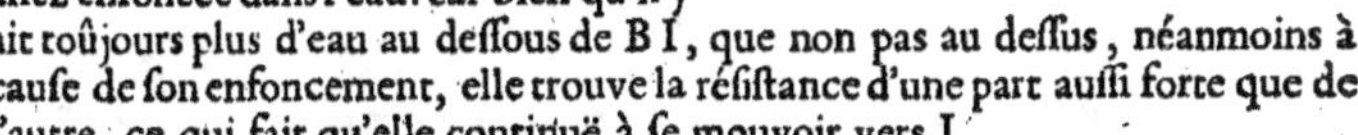

ait toûjours plus d'eau au deſſous de B I, que non pas au deſſus, néanmoins à cauſe de ſon enfoncement, elle trouve la réſiſtance d'une part auſſi forte que de l'autre, ce qui fait qu'elle continuë à ſe mouvoir vers I.

Mais lors qu'elle entre dans l'eau par la ligne A *b* trop inclinée, d'autant qu'avant d'eſtre parvenuë dans l'eau en un endroit auquel la différence de la réſiſtance des deux parties de l'eau luy fut inſenſible, il faudroit qu'elle euſt (pour ainſi dire) labouré un long ſillon d'eau, & agi pendant trop long-temps contre la réſiſtance de l'eau du coſté inférieur ; de ſorte que par cette action elle perd l'impreſſion de s'enfoncer davantage ; & ſa figure que nous ſuppoſons eſtre ronde, quoy-qu'elle tienne de la nature & des propriétez d'un coin qui fendroit l'eau, la porte vers la partie la plus foible, c'eſt-à-dire vers la ſuperficie ſupérieure de l'eau, & quelquefois au deſſus de la meſme ſuperficie ; ce qui eſt aſſez intelligible.

Voyez ce que dit *M. Des Cartes* ſur ce ſujet dans les pages 21, 22. & les ſuivantes.

L'on pourroit déduire un grand nombre de belles concluſions de cette propoſition du mouvement compoſé de deux droits : mais puiſque dans ce petit Traité noſtre but principal eſt de tirer du mélange des mouvemens une méthode générale pour trouver les touchantes des lignes courbes, nous ne nous arreſterons pas davantage à cette propoſition.

Mais avant que de paſſer outre, nous remarquerons deux choſes : la première, que le diamétre A D euſt pû eſtre décrit par un point porté de deux mouvemens droits A B, A C, deſquels ni l'un ni l'autre n'euſt eſté uniforme. Il euſt pourtant fallu qu'à meſure que l'un, comme A B, euſt eſté augmenté ou diminué, la viteſſe de l'autre euſt eſté changée à proportion, comme ſi le mobile euſt eſté porté en A B d'un mouvement fort lent depuis A juſques à E, & d'un fort viſte depuis E juſques en

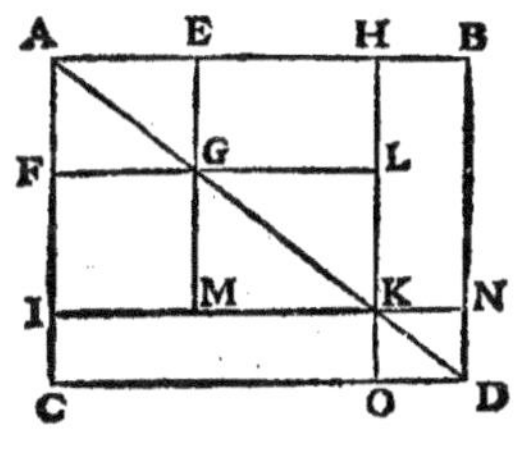

H, &c, pour luy faire décrire la ligne A D, il auroit fallu qu'ayant divisé A C
en mesme raison qu'A B dans les points F & I, la ligne A B eust descendu fort
lentement d'A vers F, & fort viste de F vers I ; ce que l'on pourra mieux concevoir, si l'on considere le mobile en G, comme devant en mesme temps estre
porté de deux mouvemens uniformes, & desquels les vistesses sont entre elles,
comme les lignes G L & G M le long des mesmes lignes G L & G M, &c.

Secondement, il nous sera facile de voir que si le mobile eust esté porté sur
les lignes A B, A C par deux mouvemens droits, mais differens l'un de l'autre,
en telle sorte que les parties de l'un n'eussent pas esté toûjours mesme raison avec
les parties de l'autre, en ce cas le mobile
eust décrit une ligne courbe ; comme si les
deux mouvemens eussent esté difformes ou
disproportionnez, lors que le mobile estant
en E dans la ligne A B, il eust esté en F dans
la ligne A C, & qu'estant en H, il eust
aussi esté en I, la ligne décrite par le mouvement meslé de ces deux auroit esté la
courbe A G K D, &c.

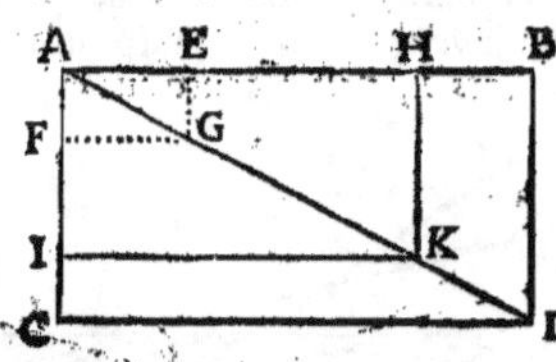

Et cette considération ne sera pas des moins utiles pour la recherche des touchantes des lignes courbes, comme l'usage le fera découvrir.

Proposition troisiéme.

BIEN que ce que nous avons dit jusques icy des mouvemens meslez pût
suffire pour nous en faire comprendre la nature, néanmoins puis que leur
connoissance est un principe d'invention pour quantité de belles veritez, il sera peut-estre à propos d'en considérer icy divers autres mélanges, quoy-que
tout ce que nous en dirons ait une grande étenduë, à cause que ce ne sont icy
que les élemens de cette science.

Nous avons expliqué dans les propositions précédentes comment une ligne droite peut estre entenduë décrite par un mouvement uniforme meslé de
deux droits & uniformes, ou par un mouvement inégal meslé de deux droits
& difformes, &c.

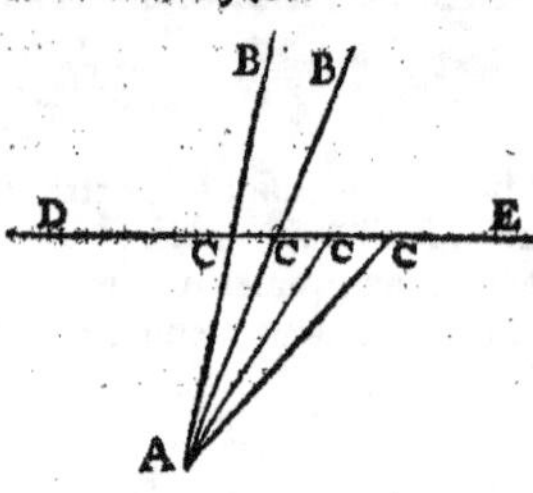

Or la mesme ligne droite peut aussi estre entenduë décrite par une infinité d'autres mouvemens, par exemple, par un mouvement droit
& un circulaire, comme si la droite A C B se
mouvant circulairement au tour du centre A,
un point, comme C, est porté dans la mesme
ligne, en sorte qu'il se trouve toûjours dans
la commune section de la mesme ligne A B, &
d'une autre D E : nous dirons que la ligne
D E est décrite par un mouvement meslé d'un
droit qui se fait le long de la ligne A B, &
d'un circulaire que la mesme ligne A B communique au mobile qui la décrit par son
mouvement droit ; & ces deux mouvemens sont tels, quoy-que bien difformes,
que si l'on nous donne de position le point
A & la ligne D E, quelque point que l'on
prenne dans la ligne D E, la proportion de
l'un de ces mouvemens à l'autre sera donnée.

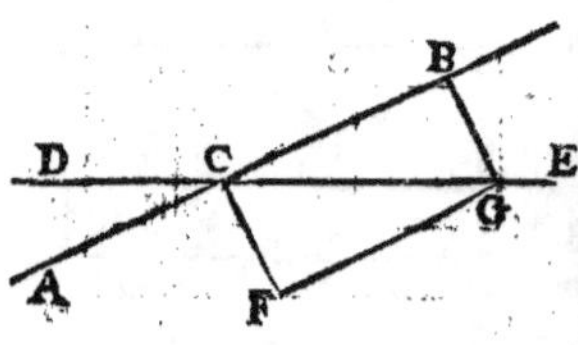

Car

Car ayant prolongé la ligne A B pardelà la ligne D E, comme en B fi du point C auquel nous voulons connoiftre la proportion de ces deux mouvemens, nous tirons C F perpendiculaire à A B, nous aurons la direction du mouvement circulaire qui fe fait en C ; mais les deux autres directions font données, A B du mouvement droit fimple, & D E du mouvement compofé. Donc les trois impreffions nous font données, ou la proportion de chacun des mouvemens aux deux autres.

Nous pouvons encore imaginer que la mefme ligne eft décrite par un mouvement meflé de deux, l'un parabolique, l'autre droit, defquels nous pourrons en comprendre, un uniforme, comme fi la parabole eftant portée par un mouvement droit, en forte que l'un de fes diamétres foit toûjours fur la ligne A B, un point C fe promene de telle forte dans la parabole, qu'il fe maintienne toûjours dans la ligne D E ; & en ce cas fi la touchante de la parabole en C nous eft donnée, nous connoiftrons ces trois mouvemens, c'eft-à-

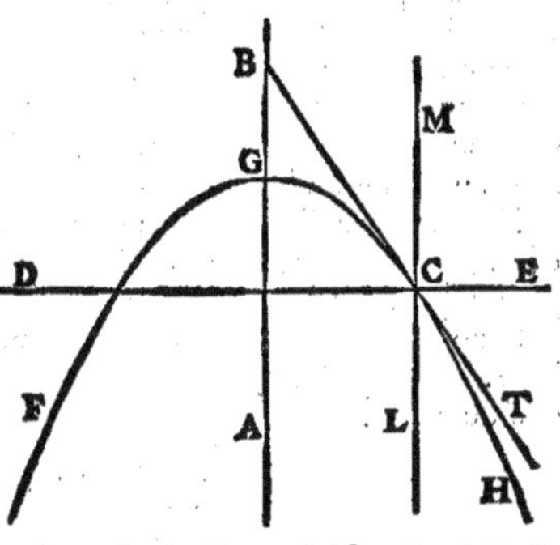

dire les vîteffes de chacun des trois comparé aux deux autres, puifque leurs trois directions nous font données, où vous remarquerez que la direction du mouvement droit fimple eft la ligne A B, c'eft-à-dire, une ligne L C M parallele à A B.

Ce que nous avons dit de la parabole fe doit encore entendre du cercle, de l'hyperbole, de l'ellipfe, & généralement de toute autre ligne ; de forte que la ligne D E pouvant eftre entenduë décrite par un mouvement compofé d'une infinité de mouvemens droits, & chacun de ceux-là d'un droit & d'un circulaire, ou d'un droit & d'un parabolique, &c. vous voyez que la mefme ligne pourra eftre décrite par une infinité de mouvemens, chacun différent en efpéce de tous les autres.

Et pour montrer que nous pouvons dire du cercle, de la parabole, & d'une infinité de lignes courbes, ce que nous avons dit de la droite ; foit la circonférence de cercle A B C, le centre du cercle D, & un point E dans le cercle autre que le centre, & foit tirée la ligne E D A : vous voyez donc que fi la ligne E D A tourne autour de E, & qu'en mefme temps un point B fe promene fur la mefme ligne, en forte qu'il fe maintienne toûjours dans la circonférence A B C,

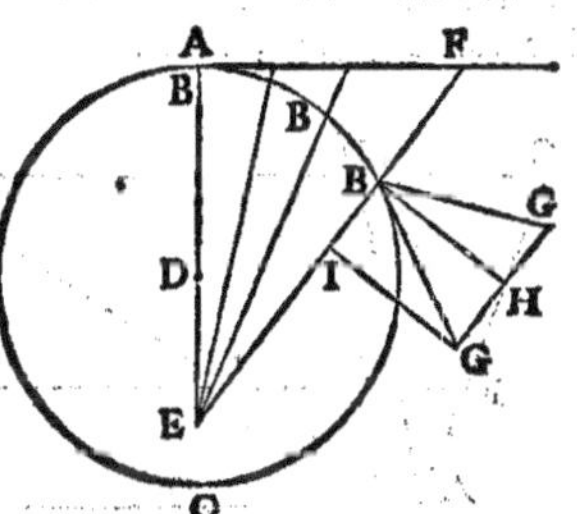

cette circonférence fera décrite par le mélange d'un mouvement droit & d'un circulaire. Et vous voyez encore, que fi l'on veut fçavoir la raifon de ces deux mouvemens l'un à l'autre, la touchante de la circonférence nous eftant donnée en un point, cette raifon nous fera donnée en ce mefme point, comme fi la touchante A F nous eft donnée au point A, & la pofition de la ligne E D A, nous verrons que cette ligne eftant perpendiculaire à A F, elle eft la ligne de direction du mouvement circulaire fimple, qui fe fait à l'entour du point E ; mais elle eft auffi la direction du mouvement circulaire compofé, puis qu'elle touche la circonférence A B C, par laquelle fe doit faire ce mefme mouvement compofé ; d'où il s'enfuit que le mobile qui décrit la circonférence A B C par fon mouvement, n'a au point A qu'un seul mouvement circulaire, duquel la direction est AF.

Mais si l'on donne la touchante BG en un autre point de la circonférence, comme en B, le point E estant encore donné, nous menerons la ligne EB, qui sera la direction du mouvement droit, & BH sa perpendiculaire sera la direction du mouvement circulaire simple à l'entour du point E; mais la direction du mouvement composé est aussi donnée, sçavoir la touchante BG, nous connoistrons donc la vîtesse de ces trois mouvemens, & nous comparerons chacun d'eux aux deux autres.

Comme au contraire, si l'on nous eust donné les points E & B, & la raison du mouvement droit au mouvement circulaire simple, comme de GH à BH, nous aurions trouvé la touchante du cercle.

Il nous sera aussi facile de concevoir que la mesme circonférence peut estre décrite par un mouvement droit & un parabolique, ou par un droit & un hyperbolique, &c. comme nous avons dit de la ligne droite.

Et pour finir en deux mots cette spéculation, nous pourrons dire de la parabole, de l'hyperbole, & des autres lignes courbes, ce que nous avons expliqué du cercle.

Proposition quatriéme.

Toute cette proposition est mal digerée, & il vaut mieux la passer que de s'y arrester.

SI deux lignes droites faisant l'une avec l'autre tel angle qu'on voudra, viennent à se mouvoir parallelement chacune à soy-mesme, en telle sorte qu'elles se puissent toûjours couper l'une l'autre, & que la vîtesse de la premiére soit donnée dans la seconde, & la vîtesse de la seconde donnée dans une troisiéme, qui fasse tel angle qu'on voudra au point de leur départ : le point qui se rencontrera toûjours dans leur commune section sera porté par trois mouvemens, deux desquels estant réduits à un, l'on trouvera que le mouvement de ce point dans la seconde ligne aura esté hasté, quoy-que toûjours uniformement, en sorte que par le mouvement composé de ces trois, il aura décrit une ligne d'un mouvement uniforme, &c.

Cette proposition seroit extraordinairement longue, c'est pourquoy nous expliquerons le reste cy-aprés.

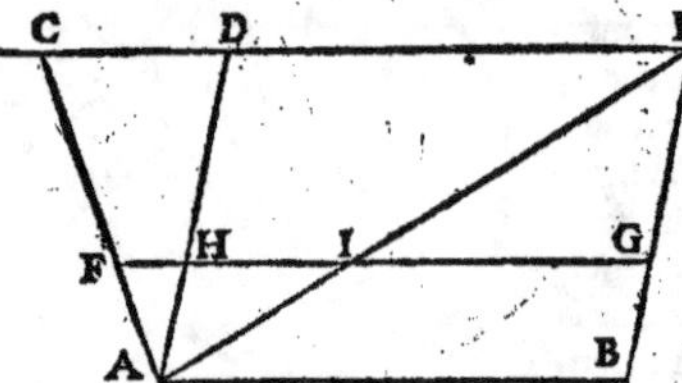

Supposons que la droite A B comprenant tel angle qu'on voudra en A avec la droite A D, l'une & l'autre de ces deux lignes viennent à se mouvoir parallelement à soy-mesme & uniformement, A B vers D, & A D vers B, & que la vîtesse de la ligne D A soit donnée dans AB, & la vîtesse de AB soit donnée dans une troisiéme ligne AC, en telle sorte que lors que le point A de la ligne D A sera arrivé en B, en mesme temps le point A de la ligne B A arrivera en C. Je dis que le point qui se rencontre toûjours en la commune section des deux lignes AB, AD sera porté par trois mouvemens droits, l'un par la ligne AD, & les deux autres par la ligne AB, en sorte que ladite ligne AB estant prolongée à l'infini, il parcourra une plus grande ligne sur AB, qu'il n'eust fait si la vîtesse du point A de la ligne AB eust esté donnée depuis A jusques en D, & que la ligne qu'il décrira par le mouvement meslé de ces trois sera le diamétre AE du parallellogramme DB, & que son mouvement sur AE sera uniforme.

La premiére partie de cette proposition est assez intelligible de soy-mesme, car quand nous ne donnerions point de mouvement à la ligne DA, & que la ligne AB se mouvant, en sorte que son bout A décrivant la ligne AC, un point fust porté le long de AB, commençant son mouvement en A, à telle condition qu'il deust toûjours estre en la commune section des deux AB, AD, il est clair que ce point auroit deux mouvemens sur la ligne AD, l'un AC, par lequel la ligne AB s'efforceroit de le porter d'A vers C, l'autre CD, par lequel il seroit ramené de C vers D, pour décrire la ligne AD. Mais si ces deux mouvemens estant ainsi prouvez, nous faisons encore mouvoir la ligne AD vers B, ce point aura encore un mouvement par lequel il suivra la ligne AD : il est donc vray qu'il a trois mouvemens, &c.

Ce que nous pouvons encore examiner en cette sorte, posé que le point A de AB deust parcourir AD, & que A de AD deust parcourir AB, il est certain que le point qui se rencontreroit toûjours sur leur commune section seroit porté par deux divers mouvemens, comme nous avons démontré en nostre première proposition : mais faisant que le point A de AB décrive AC, au lieu de AD, ce point a encore un mouvement par lequel la ligne AB s'efforce de le porter le long de AC, ainsi pour luy résister il faut qu'il se haste davantage sur AB, en sorte qu'il y décrive une plus grande ligne qu'il n'eust fait, si A de AB eust parcouru AD : donc le point a trois mouvemens, &c.

Or nous démontrerons en cette façon que le mouvement composé de ces trois est droit & uniforme, & le long du diamétre AE. Car ayant tiré la ligne FHIG parallele à AB coupant, &c. lors que le point A de AB sera en F, si la ligne AD n'a pas changé de place, le point de la commune section aura eû deux mouvemens uniformes AF, FH, que nous réduirons à un seul AH, par la première proposition, en sorte que ce point sera en H, de la ligne AHD. Mais en mesme temps le point H de AHD a esté porté en I par un mouvement uniforme HI : donc ce point de commune section a esté porté par deux mouvemens uniforme AH, HI, & partant par la première proposition il a décrit la ligne AI, &c.

Notez qu'il n'estoit pas besoin de tirer FG, & que le mesme argument se pouvoit faire des lignes AC, CD, & les ayant réduites à AD, composer un mouvement des deux AD, & DE.

Cette proposition se doit entendre tres-généralement.

Ainsi si la ligne FC se meut parallelement à soy-mesme & uniformement, en sorte que son point F décrive la ligne FL, & qu'en mesme temps la ligne FO se meuve parallelement à soy-mesme & uniformement, en sorte que son bout F doive décrire la ligne FN, le point de commune section des deux lignes FC, FO, aura décrit la diagonale FM du parallellogramme OC. Quoy-que ce point ait esté porté de quatre divers mouvemens, * car les deux mouvemens qu'il a en FO, l'un par lequel il court de F vers O, l'autre par lequel la ligne FO tâche de le reculer pour luy faire décrire FN, ces deux mouvemens, dis-je, se réduisent à un seul FC, (car FC est le diamétre d'un parallellogramme FNC) & les deux mouvemens qu'il a en FC, l'un par lequel décrivant la ligne FC, il est porté de F vers C, l'autre par lequel la ligne FC tâche de luy faire décrire la ligne FL, ces deux mouvemens, dis-je, se réduisent à un seul droit & uniforme FO. Donc tous ces quatre mouvemens estant réduits aux deux FC, FO par la première proposition, par la mesme proposition le point de commune section des deux lignes FC, FO, aura décrit la ligne FM, qui est ce qu'il falloit démontrer.

*Je dirois ainſi : Le point F en F C, ſe mouvant vers L M, a deux mouvemens droits & uni-
formes, F L, L O, qui compoſent un mouvement droit F O.*

*Semblablement ledit point F en F O, ſe mouvant vers N M, à deux mouvemens F N, N C,
qui compoſent F C.*

*Donc des deux mouvemens F O, F C, ſera compoſé un mouvement F M, qui ſera compoſé de
tous ces quatre, & F M eſt diagonale, &c.*

Nous aurons beſoin de cette propoſition comme d'un lemme, pour les touchantes de la quadratrice, & peut-eſtre de quantité d'autres lignes.

PROBLEME I.

Propoſition cinquiéme.

DONNER les touchantes des lignes courbes par les mouvemens meſ-
lez.

Mais nous ſuppoſons qu'on nous en donne aſſez de propriétez ſpécifiques,
qui nous faſſent connoiſtre les mouvemens qui les décrivent.

Axiome, ou principe d'Invention.

LA direction du mouvement d'un point qui décrit une ligne courbe, eſt la
touchante de la ligne courbe en chaque poſition de ce point-là.

Le principe eſt aſſez intelligible, & on l'accordera facilement dés qu'on l'aura
conſideré avec un peu d'attention.

Regle générale.

PAR les propriétez ſpécifiques de la ligne courbe (qui vous ſeront données)
éxaminez les divers mouvemens qu'a le point qui la décrit à l'endroit où
vous voulez mener la touchante : de tous ces mouvemens compoſez en un ſeul,
tirez la ligne de direction du mouvement compoſé, vous aurez la touchante de
la ligne courbe.

La démonſtration eſt mot à mot dans noſtre principe. Et parce qu'elle eſt
tres-générale, & qu'elle peut ſervir à tous les éxemples que nous en donnerons,
il ne ſera point à propos de le répéter.

Vous trouverez dans les éxemples ſuivans les touchantes des ſections coniques, celles des autres lignes principales qu'ont connu les anciens, & celles de
quelques-unes que l'on a décrit depuis peu, comme du Limaçon de Monſieur
Paſchal, de la Roullette de Monſieur Rob. de la Parabole du ſecond genre de
Monſieur Deſc. &c.

Premier éxemple des touchantes de la parabole.

SOIT que l'on nous ait donné la parabole E F E, & le moyen de la décrire
par la cinquiéme méthode générale de Monſieur Mydorge livre ſecond,
propoſition 25. qui eſt telle.

Le ſommet & le foyer de la parabole eſtant donnez de poſition, trouver
dans le meſme plan tant de points qu'on voudra par leſquels la parabole eſt décrite.

Soit A le foyer, & F le ſommet : ſoit tirée la ligne A F, & prolongée de F vers
B, & ſoit F B égale à A F, la meſme ligne B F A ſera l'axe de la parabole. Prenez
dans F A autant de points I qu'il vous plaira, tirez par ces points des lignes
perpendiculaires à F A ; du centre A & de l'intervale d'entre chaque perpendiculaire,

culaire, & le point B comme B I, décrivez des arcs de cercle dont chacun coupe une de ces perpendiculaires comme en E, la Parabole paſſera par les points E.

Cela poſé ſi l'on demande la touchan-te de la Parabole au point E, ſoit tiré la ligne A E prolongée comme en D, & la ligne E I perpendiculaire à A B, & en-core la ligne H E parallele à l'axe F A I, alors il eſt clair par la deſcription cy-deſſus, que le mouvement du point E décrivant la Parabole, eſt compoſé de deux mouvemens droits égaux, dont l'un eſt la ligne A E, & l'autre eſt la ligne H E ſur laquelle il ſe meut de meſme viteſſe que le point I dans la ligne B A, laquel-le viteſſe eſt pareille à celle de la ligne A E par la conſtruction, puiſque A E eſt toûjours égale à B I. Partant puiſque la

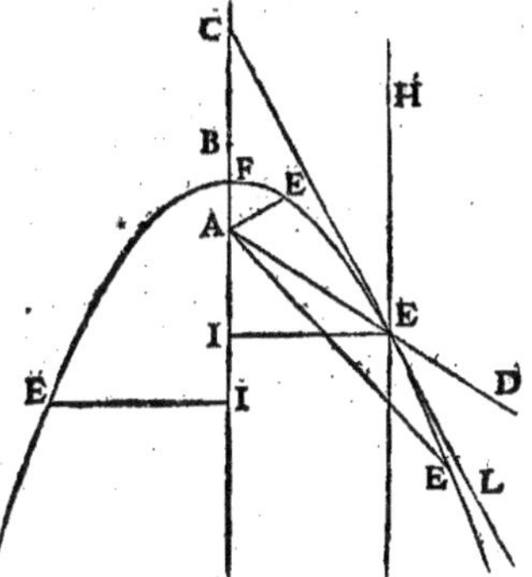

direction de ces mouvemens égaux eſt connuë, ſçavoir ſuivant les lignes droi-tes A E D, H E données de poſition, ſi vous diviſez l'angle A E H en deux également par la ligne L E C, qui eſt le diamétre d'un rhombe autour de l'angle A E H, (& par conſéquent la direction du mouvement compoſé des deux H E, A E,) la ligne L E C ſera la touchante.

Avant que de paſſer outre, remarquez deux choſes. La premiére, que nous n'avons pas voulu conſidérer le point E comme commune ſection de deux li-gnes, dont l'une A E infinie ſe meut circulairement autour du point A ; l'autre I E auſſi infinie deſcend parallelement à ſoy-meſme, ayant toûjours ſon extré-mité I dans la ligne B A, puiſqu'il a eſté plus facile de conſidérer les mouve-mens A E, H E du point E en chaque endroit de la ſection de ces lignes. Se-condement, nous avons dit que les mouvemens A E, H E ſont égaux l'un à l'autre, ce qui ſera vray, quelque point de la parabole que nous prenions pour E. Mais il ne s'enſuit pas que tous les mouvemens d'un point E ſoient égaux à tous les mouvemens d'un autre point E de la parabole, chacun d'eux n'en ayant qu'un réciproque de l'autre coſté de la parabole & également éloigné du ſom-met. Vous entendrez la meſme choſe en toutes les autres lignes courbes.

Pour montrer que noſtre façon de trouver les touchantes de la Parabole, s'accorde avec celle d'Apollonius livre 1. propoſition 33, & pour le trouver en quelque façon analitiquement, poſons qu'il ſoit vray que L E C touche la Parabole en E. Si donc nous abaiſſons l'ordonnée E I, I F ſera égale à F C, & ajoûtant F B à I F, & F A à C F, les toutes C A & I B ſeront égales (car les ajoûtées le ſont par la conſtruction) mais I B eſt égale à A E par noſtre conſ-truction, donc C A & A E ſont égales, & l'angle A C E égal à l'angle A E C ; mais par noſtre conſtruction nous avons diviſé l'angle A E H en deux égale-ment, & par conſéquent nous avons fait A E C, C E H égaux entr'eux, dont A C E eſt égal à C E H ſon alterne, ce qui eſt vray, car par la conſtruction E H eſt parallele à C I.

Ou ſi vous aimez mieux, puiſque C I, E H ſont paralleles, l'angle A C E eſt égal à C E H ; mais par la conſtruction C E H eſt égal à A E C, donc A C E & A E C ſont égaux, & le triangle A C E iſoſcéle, donc C A eſt égale à A E. Mais encore par la conſtruction A E eſt égale à B I, C A eſt donc égale à B I, & en oſtant les égales A F, B F, C F ſera égale à F I, & par conſéquent la ligne C E touche la parabole, ce qu'il falloit démontrer.

Que ſi l'on nous euſt donné la deſcription de la parabole par un point, comme E ſe promenant le long de la ligne I E du mouvement uniforme, en meſ-me temps que la ligne I E deſcend parallelement à ſoy-meſme d'un mouve-

X

ment tres-inégal, mais tel que le quarré de I E est toûjours égal au rectangle sous
I F, & une ligne donnée nommée P, qui en ce cas est le costé droit de la Parabole, il auroit fallu démontrer ce problême.

La première (comme P) de trois lignes continuellement proportionnelles
nous estant donnée, & un mouvement égal dans la seconde I E trouver le mouvement qui se fait dans la troisième F I, ce qui est un peu plus long, &c.

L'on pourroit encore proposer le moyen de décrire la Parabole par quelques
autres de ses propriétez, ce qui seroit plus difficile.

Second éxemple des touchantes de l'Hyperbole.

NOus la décrirons avec M. Myd. liv. 2. prop. 26. en cette sorte.
Le sommet & les deux foyers ou points de comparaison de l'Hyperbole estant donnez de position, décrire l'Hyperbole par des points dans le mesme plan.

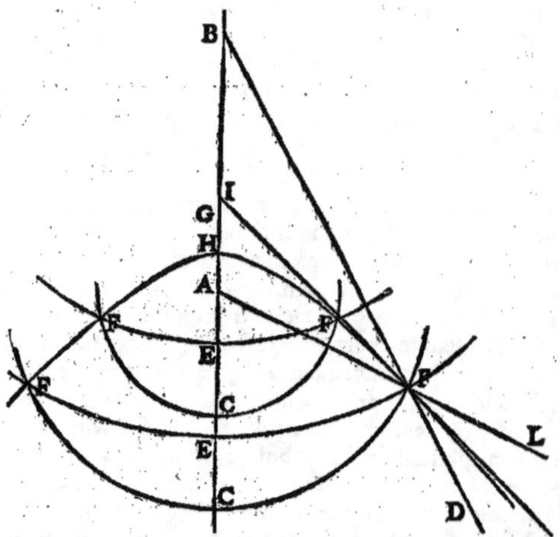

Soient les foyers A B,
& H le sommet, donc
la ligne droite A B pas-
sera par H. Prenons HG
égale à H A, & pre-
nons dans H A, prolon-
gée, s'il en est besoin,
tant de points que nous
voudrons, comme E,
par lesquels de B com-
me centre décrivons des
arcs de cercle E F, & du
centre A & de l'interva-
le, dont chaque point E
est éloigné de G, décri-
vons d'autres arcs de
cercle C F, qui coupent
les premiers, comme en
F, l'Hyperbole passera
par tous les points F.

Cela posé, si je veux tirer la touchante de l'hyperbole, comme en F, ayant
prolongé A F, comme en L, & B F, comme en D, sans m'amuser à considérer
que l'hyperbole est décrite par le point F, qui est toûjours la commune section
des deux lignes droites B F D, A F L, lesquelles se meuvent circulairement, la
première autour du centre B, l'autre au tour du centre A, je vois qu'en quel
lieu que je prenne le point F, si je le considére décrivant l'hyperbole à commencer du sommet, il a deux mouvemens ; l'un, par lequel il s'éloigne d'A, le
long de la ligne A L ; l'autre, par lequel il s'éloigne de B le long de la ligne
B D. Puis donc qu'il s'éloigne également d'A & de B, & que les deux directions
sont F L, F D, ayant fait un rhombe duquel l'angle soit D F L, c'est à sçavoir,
ayant divisé l'angle D F L en deux parties égales pour avoir le diamétre de ce
rhombe, qui sera la direction du mouvement composé, la ligne M F I qui par-
tage cét angle sera la touchante de l'hyperbole.

Apoll. démontre liv. 3. prop. 48. que l'angle I F A est égal à l'angle I F B.

Troisiéme éxemple des touchantes de l'Ellipse.

VOicy comme M. Myd. la décrit par sa cinquiéme méthode générale, l. 2.
prop. 27.

Les deux foyers, & l'un ou l'autre sommet de
l'ellipse estant donnez de position, décrire l'Ellipse par des points trouvez sur le mesme plan.

Soient les foyers ou points de comparaison A
& B, & H le sommet.

Donc la droite A B prolongée passera par H,
soit pris H G égale à A H, & du centre B de tant
& de tels intervales qu'on voudra plus grands,
pourtant que A H, & moindres que B H, comme B E, décrivez des arcs de cercle, comme E F,
& du centre A & de l'intervale, qui est entre chacun de ces arcs, & le point G décrivez d'autres
arcs qui coupent chacun des premiers, comme en
F, l'Ellipse passera par les points F F.

L'Ellipse estant ainsi décrite, s'il faut tirer sa
touchante comme en F, ayant tiré les lignes B F C
& A F D, soit que je considére les deux mouvemens du point F en B C & A D, ou comme s'é-
loignant de B dans F C, auquel cas il s'approche
d'A dans F A, ou comme s'éloignant d'A dans
F D, auquel cas il s'approche de B le long de F B,
puisque le point F s'éloigne autant de l'un des
points A B, qu'il s'approche de l'autre, & que les
directions de ces deux mouvemens sont B F C &
A F D, je n'ay qu'à diviser l'un des deux angles
A F C, ou B F D en deux également par la ligne
I F M, elle sera la touchante de l'Ellipse.

Apoll. dans la mesme 48. du troisiéme veut que
l'angle A F I soit égal à l'angle B F M, ce qui s'accorde à nostre méthode, car les angles A F C,
B F D (au sommet l'un de l'autre) estant égaux,
leurs moitiez A F I, B F M le seront aussi, ce qu'il
falloit démontrer.

J'oubliois de mettre en deux mots la construction de ces trois éxemples, pour servir de régle
générale.

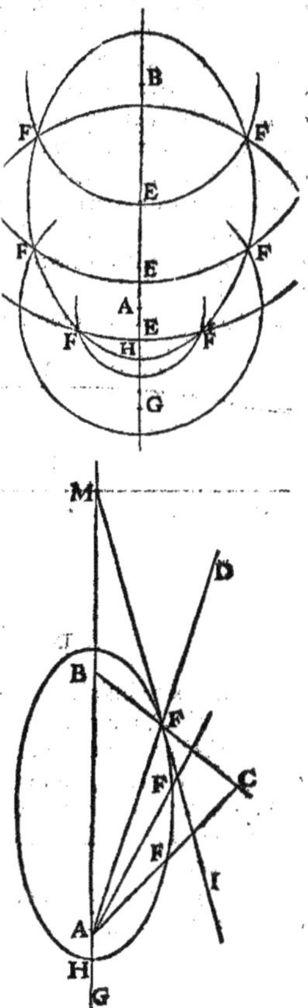

Pour tirer les touchantes des sections coniques.

POur la Parabole, estant donné le sommet & le foyer par le point où vous
voulez la touchante, tirez une ligne parallele à l'axe, & une autre ligne jusques au foyer, divisez en deux également des quatre angles que ces deux lignes
font, les deux que la Parabole coupe, la ligne qui fera cette division sera la
touchante.

Pour l'Hyperbole & l'Ellipse, les deux foyers estant donnez par le point où
vous voulez la touchante, tirez deux lignes aux deux foyers, des quatre angles
que ces lignes feront en ce point, divisez en deux également les deux opposez
que la section conique coupe, la ligne qui fera cette division sera la touchante.

Quatriéme éxemple des touchantes de la Conchoïde de dessus, de Nicomede.

BIen que l'on puisse décrire une infinité de lignes courbes, chacune desquelles sera conchoïde & asymptote à une mesme ligne droite, si est-ce que

nous n'en confidérons que de deux fortes ou genres, fuivant qu'elles font décrites, ou entre leur pole & la ligne droite, qui leur fert de bafe, régle, ou afympo-
te, ce que nous appellons la conchoïde de deffous ; ou que cette ligne droite foit
entre le pole & la conchoïde, ce que nous appellons la conchoïde de deffus, ou
de Nicomede ; parce que, quoy-que leurs courbures foient toutes différentes
les unes des autres, néanmoins la méthode pour en trouver les touchantes n'en
confidére que ces deux cas.

Vous remarquerez que le pole de la conchoïde ne peut pas eftre dans la ligne
qui fert de régle ou de bafe à la conchoïde, car la ligne qui feroit décrite de
cette forte feroit un demy-cercle, dont la ligne droite qu'on auroit prife pour
bafe de la conchoïde, feroit le diamétre, &c.

La Conchoïde de deffus fe décrit en cette façon.

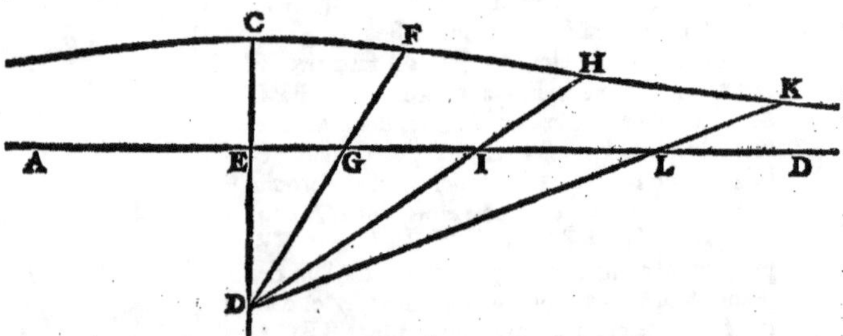

Soit la droite infinie A D à laquelle il faut tirer une conchoïde, de laquelle le
fommet foit C. Du point C tirez C D perpendiculaire à A B coupant A B en E,
& dans C D prenez un point comme D, en forte que la ligne A B foit entre les
deux points C & D, puis de D tirez quantité de lignes occultes, comme D G F,
D I H, &c. vers la ligne A B qui la rencontrent en G I L &c. puis prenez les
lignes G F, I H, L K chacune égale à E C, la Conchoïde paffera par les points
F H K &c.

Ayant ainfi décrit la Conchoïde, il fera facile d'en tirer les touchantes, par
exemple au point F.

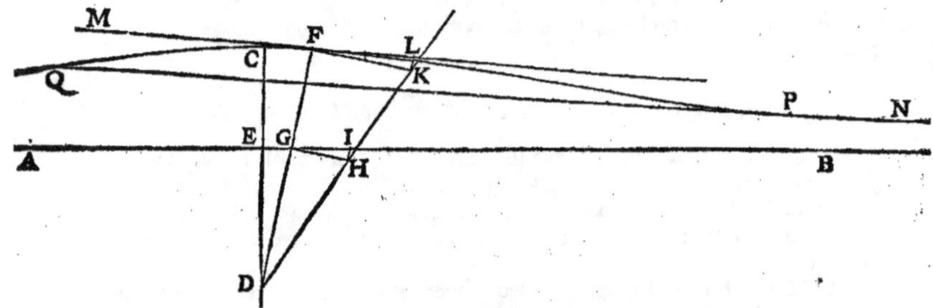

Confidérons que la conchoïde eft décrite par deux mouvemens du mefme point ; l'un par lequel il monte le long de la ligne D F ; l'autre par lequel
la ligne D F fe mouvant circulairement fur le centre D, emporte le mefme
point de C par F vers N ; & bien que nous fçachions que les directions de
ces deux mouvemens font l'une la ligne D F pour le mouvement droit, l'autre F K perpendiculaire à D F par noftre principe, pour le mouvement circulaire, fi eft-ce que nous n'en fçaurions découvrir la raifon ne les confidérant
que dans la conchoïde fi nous ne connoiffons la touchante de la conchoïde, qui
est

æſt la direction du mouvement compoſé de ces deux. Cela nous oblige à éxaminer ou les meſmes mouvemens, ou d'autres qui leur ſoient proportionnez hors de la conchoïde.

Or il eſt tres-facile de les éxaminer dans la ligne droite, qui eſt la régle ou baſe de la conchoïde, ſi nous conſiderons qu'elle eſt décrite par un point G, qui monte dans la ligne D G F, autant que fait le point F dans la meſme ligne D G F; car puiſque les lignes E C, G F ſont égales par la conſtruction, l'excés de la ligne D F ſur la ligne D C eſt le meſme que l'excés de D G ſur D E. Donc le point E eſt autant monté allant de E juſqu'à G, que le point F allant de C juſqu'à F. Et pour le mouvement circulaire de G, non-ſeulement nous ſçaurons la raiſon qu'il a avec le mouvement droit G, leurs deux directions & celle de leur mouvement compoſé nous eſtant données, mais auſſi nous ſçaurons la raiſon qu'il a avec le mouvement circulaire F en cette façon.

Tirez G H perpendiculaire à D G; d'un point de D H comme H, tirez H I parallele à D G, qui coupe la regle E G B en I: vous avez donc la raiſon du mouvement circulaire G au mouvement droit G, comme de G H à H I; & puis que le mouvement droit G eſt égal au mouvement droit F, reſte d'avoir la raiſon du mouvement circulaire F au mouvement circulaire G; & parce que ces mouvemens ſont entr'eux comme les circonférences de leurs cercles, c'eſt-à-dire en meſme raiſon que leurs demi-diamétres D F, D G, il faut donc faire que comme D G à D F, ainſi G H ſoit à une ligne priſe dans F K. Or la conſtruction en eſt tres-aiſée, car vous n'avez qu'à tirer la ligne D H K rencontrant F K en K, dautant que les triangles D G H, D F K ſeront ſemblables. Vous avez donc la raiſon du mouvement circulaire F au mouvement droit F, comme de F K à K L ou H I. Donc ſi par K vous tirez K L parallele à D F, & égale à H I; puiſque les deux F K, K L ſont les directions des deux mouvemens F, & en meſme raiſon que ces deux mouvemens, la droite L F eſtant menée, elle ſera la direction du mouvement compoſé de ces deux, c'eſt-à-dire, la touchante de la Conchoïde; ce qu'il falloit faire.

En deux mots le Pole D & la régle A B de la Conchoïde eſtant donnez de poſition, & un point de la Conchoïde F, tirez D F qui coupe A B en G, ſur les points G & F, tirez G H & F K perpendiculaires à D F, faites l'angle F D K aigu *ad libitum*, tirant la ligne D K qui coupe G H en H, & F K en K, tirez H I parallele à D F coupant A B en I, puis tirez K L égale & parallele à H I, le point L ſera dans la touchante au point F.

Remarquez que dautant que la Conchoïde change de courbure, le point L ſe peut rencontrer entre la Conchoïde & ſa baſe ou régle A B, puis qu'en ce cas le convexe eſtant en dedans, la ligne L F la touche auſſi en dedans entre la droite A B.

Remarquez encore qu'au lieu que les touchantes du Cercle, de la Parabole, de l'Hyperbole & de quantité d'autres lignes ne rencontrent ces meſmes lignes qu'au point de l'attouchement; en la Conchoïde tout au contraire, la ligne F L eſtant prolongée vers L coupera la Conchoïde prolongée vers N, & la touchante d'un point du convexe en dedans, comme de P, eſtant prolongée du coſté du ſommet C de la Conchoïde, rencontrera la Conchoïde comme en Q, ce qui eſt évident, puis que ces touchantes (excepté celle du ſommet C) n'eſtant point paralleles à la ligne A B, rencontrent néceſſairement la meſme ligne; & partant, puis que l'inclinaiſon de la touchante F L eſt vers L, & que la Conchoïde paſſe entre L & A B, elle rencontrera néceſſairement la Conchoïde, & la coupera vers L comme en N, ce que la touchante du point P ne pourra pas faire, quoy-qu'elle ait ſon inclinaiſon ſur A B, de meſme coſté que L: dautant que vers cét endroit elle eſt plus proche de A B que n'eſt pas la Conchoïde, mais elle rencontrera la Conchoïde vers le ſommet C, ou au-

Y

delà, comme en Q, dautant qu'elle s'éloigne de A B vers ce costé-là, où au
contraire la Conchoïde commence en C de s'en approcher.

Cinquiéme éxemple des touchantes de la Conchoïde de dessous.

NOus nous servirons mot à mot de la régle de l'éxemple précédent, &
pour en faire l'application, il ne faut que sçavoir décrire cette ligne.
Soit en la figure suivante la ligne droite & infinie A B, que nous prenons

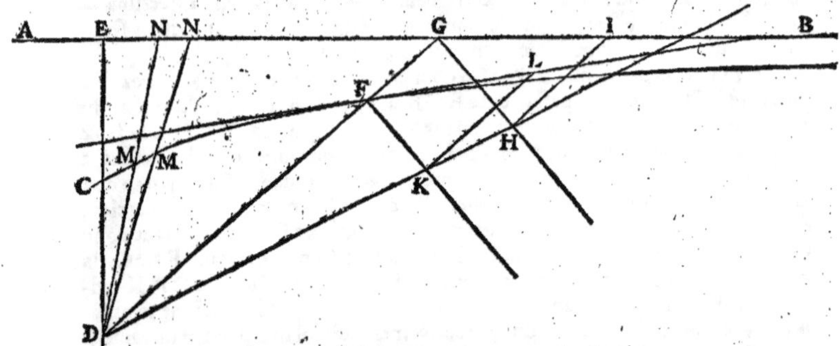

pour la régle ou base de nostre Conchoïde de dessous, & d'un point de la mesme ligne comme E, soit la perpendiculaire E D à la mesme ligne, dans laquelle
perpendiculaire prenons deux points C & D, le plus proche C pour le sommet
de nostre Conchoïde, & le plus éloigné D pour son Pole : alors ayant tiré au
point D quantité de lignes occultes D M N, qui coupent A B en N, si en chacune de ces lignes D M N de son point N, nous prenons N M égale à C F,
nous aurons dans chacune de ces lignes un point M, par lequel nostre Conchoïde est décrite.

Cela posé, puis que la seule différence, que nous remarquons entre les deux
mouvemens du point qui décrit cette ligne, & les deux qui décrivent sa base,
d'une part ; & les mouvemens semblables qui décrivent la première Conchoïde, & sa base n'est autre, sinon qu'en celle-cy le mouvement circulaire de la
ligne est moindre que le mouvement circulaire de sa base, au lieu qu'en l'autre le mouvement circulaire qui décrivoit la ligne estoit le plus grand, &
qu'en l'une & en l'autre le mouvement droit de la ligne est égal au mouvement
droit qui en décrit la base, & qu'encore en l'une & en l'autre l'on peut comparer le mouvement circulaire de F au circulaire G par le moyen d'une ligne
D K H, qui fait un angle aigu G D H arbitraire avec la ligne G D, & laquelle
ligne D K H coupe les lignes G H, F K perpendiculaires à la ligne D G aux
points H & K : voulant tirer la touchante de cette ligne en un point, comme en
F, je tire la ligne D F, que je prolonge jusques à ce qu'elle rencontre la régle
A B en G, & sur icelle des points F & G je tire deux perpendiculaires F K, G H,
qu'une ligne arbitraire D H coupe en K & en H ; du point H je tire H I
parallele à D G coupant A B en I. J'ay donc, comme nous avons déja dit au
précédent éxemple, la raison du mouvement circulaire du point G de la ligne
D G (posé que ce point doive décrire la régle A B) au mouvement droit du
mesme point, comme G H à H I ; mais ce mouvement estant G H, le mouvement circulaire du point F de la ligne D F G décrivant la Conchoïde sera F K,
& le mouvement droit du point F est égal au mouvement droit du point G : je
tire donc K L égale & parallele à H I, & puis que la Conchoïde, & par con-

féquent fa touchante eſt décrite par un mouvement meſlé des deux FK, KL, la ligne L F ſera ſa touchante au point F , ce qu'il falloit faire.

Sixiéme exemple de quelques autres Conchoïdes.

L'On peut décrire des Conchoïdes aux lignes courbes auſſi-bien qu'à la ligne droite ; & pour en trouver les touchantes, il faut premiérement connoiſtre la touchante de la ligne courbe, qui eſt comme la régle ou baſe de la Conchoïde : or nous n'avons pas eû beſoin d'une touchante de la régle ou baſe aux deux exemples précédens, parce qu'à proprement parler il n'y a que les lignes courbes qui ayent des touchantes ; l'on peut néanmoins dire que la ligne droite n'ayant point d'autre touchante, elle peut eſtre conſidérée comme ſe touchant ſoy-meſme, & que c'eſt en cette façon que nous l'avons conſidérée aux deux exemples précédens.

Pour donner un exemple de ces Conchoï-des, ſoit proppſé un cercle duquel le rayon eſt A B, le centre A, & ſoit pris un point dans A B, prolongée, ou non, comme C, lequel nous prendrons pour le Pole de noſtre Conchoïde ; puis ayant prolongé C A B hors le cercle, comme en D, ſoit pris B D arbitraire pour l'inter-vale de noſtre Conchoïde ; enfin du Pole C ti-rons quantité de lignes occultes C E F cou-pant le cercle en E, & prenons du point E dans leſdites lignes les intervales E F égaux à B D, & d'une meſme part que B D, c'eſt-à-dire, en dehors du cercle ſi nous avons pris D en de-hors dans le diamétre prolongé, ou en dedans ſi le point D a eſté pris en dedans, cette Con-choïde paſſera par les points F F F &c.

Or il eſt fort facile de tirer la touchante de cette ligne ſi nous conſidérons qu'elle eſt dé-crite par un mouvement meſlé d'un droit & d'un circulaire, deſquels la dire-ction nous eſtant donnée, il eſt tres-facile de trouver la raiſon de l'un à l'autre ; car ſi nous voulons tirer une touchante de cette ligne en un point comme F, ayant tiré la ligne C F qui coupe la circonférence du cercle en E, & des points F E ayant tiré les perpendiculaires F H, E G ſur la ligne C F ; il eſt aiſé de remarquer que la ligne C B D ayant tourné ſur le centre C, & ayant changé la poſition par laquelle elle n'eſtoit qu'une meſme ligne avec C E F, ſon point B eſt deſcendu en E, pour décrire le cercle, & ſon point D eſt deſcendu en F, pour décrire la Conchoïde du cercle, & qu'il s'enſuit que la ligne C E F eſt la direction du mouvement droit de chacun de ces points & de celuy qui décrit le cercle, & de celuy qui en décrit la Conchoïde, & les lignes E G, F H ſont les directions des mouvemens circulaires. Or les mouvemens droits ſont égaux, puis que la différence des lignes C D & C F eſt égale à celle des lignes C B & C E, de ſorte qu'il ne reſte qu'à connoiſtre la quantité de l'un de ces mouvemens droits, & la raiſon des mouvemens circulaires entr'eux. Pour cét effet tirez E I touchante du cercle, & C H qui faſſe un angle aigu avec C F (comme nous avons fait en la Conchoïde cy-deſſus) & qui coupe E G, F H en G H, les directions des trois mouvemens E C, E G, E I eſtant données trou-vez-en les proportions, ce que vous ferez tirant G I parallele à C F, le mou-vement droit du point E ſera G I, & ſon mouvement circulaire ſera E G : mais le mouvement circulaire eſtant E G, le mouvement circulaire du point F eſt

FH (à cause que ces deux mouvemens sont entr'eux, à sçavoir E G à F H,
comme le demi diamétre C E est à C F.) vous n'avez donc qu'à prendre H L
égale & parallele à G I, pour le mouvement droit du point F, & tirer la ligne
de direction L F de celuy que les deux F H & H L composent, & vous aurez
la touchante de cette Conchoïde; ce qu'il falloit faire.

Dans la figure de cet éxemple nous avons pris le point C au dedans du cercle, & le point D en dehors : nous eussions pû les prendre ou tous deux en dedans, ou tous deux en dehors, ou le Pole en dehors, & le point de l'intervale
en dedans. De plus nous pouvions prendre l'intervale plus grand ou plus petit, de sorte que nostre Conchoïde eust fort approché de la figure d'une Ellipse.
Enfin de quel intervale que nous eussions décrit nostre Conchoïde, si nous
eussions pris pour son Pole le point A centre du cercle, il est évident que
nostre ligne eust aussi esté un cercle : mais ces choses estant tres-faciles, la méthode d'en tirer les touchantes n'ayant en toutes ces lignes qu'une mesme application, nous ne nous y arresterons pas davantage.

Mais nous remarquerons en passant, que l'on peut tirer des Conchoïdes par
cette mesme méthode, & en tous ces divers cas à l'Ellipse & aux autres sections
coniques, & généralement à toutes les lignes courbes, mesme aux Conchoïdes &c. & en tout ces cas l'application de nostre méthode de tirer les touchantes sera toûjours la mesme, si nous supposons qu'on nous ait donné la
touchante de la ligne principale, dont nous éxaminons la conchoïde, ou des
propriétez spécifiques pour la trouver.

Septiéme éxemple, du Limaçon de M. P.

C'est encore une espéce de Conchoïde de cercle, de laquelle voicy la description.

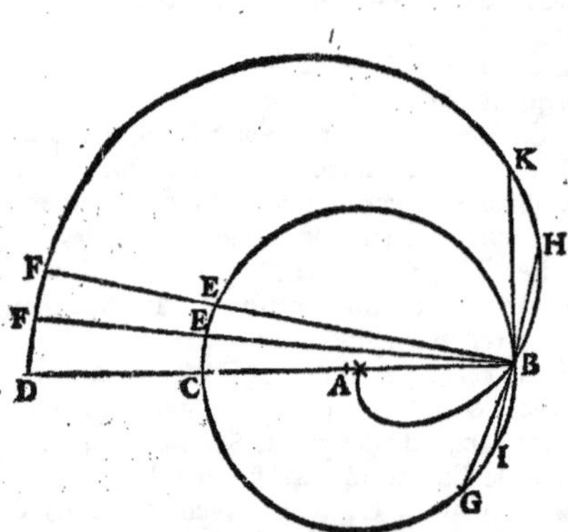

SOit proposé le cercle C G
B E, duquel le centre est A,
le diamétre B C prolongé autant qu'il sera besoin, comme
en D soit pris B pour le Pole de
nostre Limaçon, & C D pour
l'intervale duquel on se doit
servir pour le décrire, moindre que le diamétre. De B tirez quantité de lignes occultes
B E F, qui coupent la circonférence du cercle en E, & prenez
E F en chacune de ces lignes
égale à C D, & de mesme costé,
le Limaçon passera par tous ces
points F F. Or il faut remar-
quer que l'on prend autant d'intervales que l'on peut à commencer de la partie convexe du cercle, qui est d'un mesme costé que le Limaçon au regard de
la ligne D C B, & que voulant continuër cette ligne il faut prendre les points
E dans l'autre demi-circonférence, qui a sa concavité tournée vers le Limaçon, ainsi le point B du Limaçon est le réciproque du point G de la circonférence du cercle lors que B G est égale à C D; & le dernier point du limaçon
que nous avons marqué d'une petite * est le réciproque du point C, & les
points du Limaçon d'entre B & * sont les réciproques des points de la circonférence

conférence G C, comme les points les plus proches de B audessus du diamétre C B dans le mesme Limaçon, sont les réciproques des points de la circonférence G B, ainsi H est le réciproque du point I jusqu'au point K qui est le réciproque du point B, & vous voyez par là la vérité de ce que nous avions remarqué que l'intervale C D ne doit pas estre plus grand que le diamétre C B, car autrement l'on ne pourroit pas décrire la portion * B du Limaçon, mesme selon les divers intervales que l'on auroit pris, on n'auroit pas pû décrire la portion du mesme Limaçon la plus proche de B audessus du diamétre C B. Il est vray que pour ce qui est de cette méthode des touchantes, il ne nous importe point que cette ligne soit grande ou petite, entière & terminée en un point du demi-diamétre A B, ou tronquée &c. parce que les mouvemens de la description de l'une & de l'autre de ces lignes estant par tout les mesmes, l'on en donne les touchantes de la mesme façon. Mais voulant examiner un autre moyen de décrire cette ligne, & dire quelque chose de son usage, ce que nous ferons cy-après, il y a fallu ajoûter cette restriction.

Il est aussi facile de tirer les touchantes de cette ligne que des Conchoïdes précédentes, la méthode en est la mesme, & les deux mouvemens, l'un droit, l'autre circulaire, qui décrivent cette ligne, se doivent examiner de la mesme façon : car il faut considérer que la ligne B E F se mouvant circulairement autour du Pole B jusqu'à ce qu'elle ait la position de B C D, les deux points E & F s'éloignant de B, montent dans la ligne vers D; or puisque E F est égale à C D, la différence des lignes B E, B C est égale à la différence des lignes B F, B D; d'où il suit que le point E qui décrit le cercle a le mesme mouvement droit dans la ligne B E F, que le point F qui décrit le Limaçon, de sorte que connoissant le mouvement droit du point E nous connoistrons aussi le mouvement droit du point F; il reste donc à examiner les mouvemens circulaires de ces deux points, desquels les directions sont perpendiculaires à la ligne B E F. Tirez donc les perpendiculaires E G & F Q, & prenez dans E G sa partie E G *ad libitum*, pour la quantité du mouvement circulaire du point E, tirez encore la ligne B G Q, puis faites que comme le demi-diamétre B E est au demi-diamétre B F, ainsi E G soit à Q F (ce qui se fera par le moyen de la ligne B G Q, faisant un angle aigu *ad libitum* avec B F, & coupant E G en G, & F Q en Q) supposé donc que le mouvement circulaire E soit E G, la quantité du mouvement circulaire F sera F Q; mais supposé E G pour la quantité du mouvement E, l'on trouve que le mouvement droit E est égal à G P (ce qui se fait, ayant tiré la touchante du cercle P E, par le moyen de la ligne G P parallèle à B E, & coupant la touchante en P) comme nous avons remarqué, & le mouvement droit de F est égal à celuy de E, comme nous l'avons expliqué cy-devant. Supposé donc F Q pour la quantité du mouvement circulaire F, le mouvement droit sera G P, c'est-à-dire Q R égale & parallèle à G P; le point R est donc donné,

Z

& par mesme moyen R F pour la direction & la quantité du mouvement meslé des deux F Q, Q R, c'est-à-dire, nostre touchante; ce qu'il falloit faire.

    Remarquez qu'on doit toûjours examiner les deux mouvemens dans le cer-

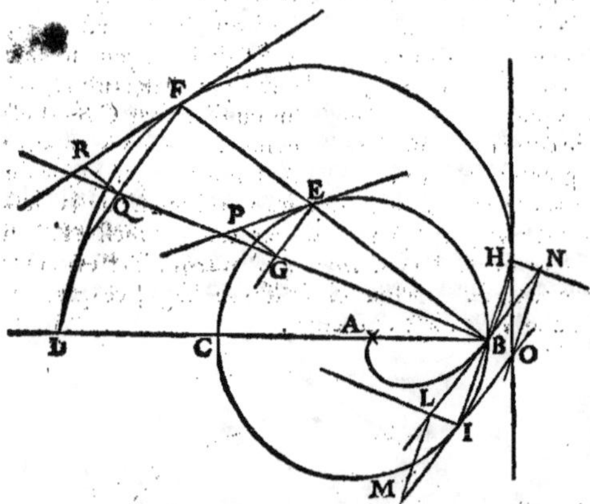

cle au point réciproque de celuy de la Conchoïde, pour lequel nous cherchons la touchante; comme par éxemple, si l'on vouloit tirer la touchante du Limaçon au point H assez proche de B, ayant tiré la ligne H B, & l'ayant prolongée jusqu'à ce qu'elle coupe le cercle en I, qui sera dans le cercle le point réciproque du point H, comme C est réciproque de D, car par la construction H I est égale à C D, il faudra éxaminer les deux mouvemens du point I, & en ayant trouvé la raison, chercher la raison de son mouvement circulaire au mouvement circulaire de H &c. En deux mots imaginant que la ligne H I tourne sur le point B, & que la partie B I est portée en dedans du cercle vers C, ayant tiré la perpendiculaire I L vers le costé de C, & par conséquent la perpendiculaire H N vers l'autre costé, pour les deux directions circulaires; puis ayant trouvé la raison des deux mouvemens I, comme de I L à L M (par le moyen de M I touchante du cercle B I C) &c. il faudra faire que comme B I est à B H, ainsi I L soit à H N, puis ayant pris N O égale & parallele à L M, la ligne O H menée par les points O & H, sera la touchante de nostre Limaçon.

    L'on peut dire que cette ligne est décrite par le moyen d'une double équerre

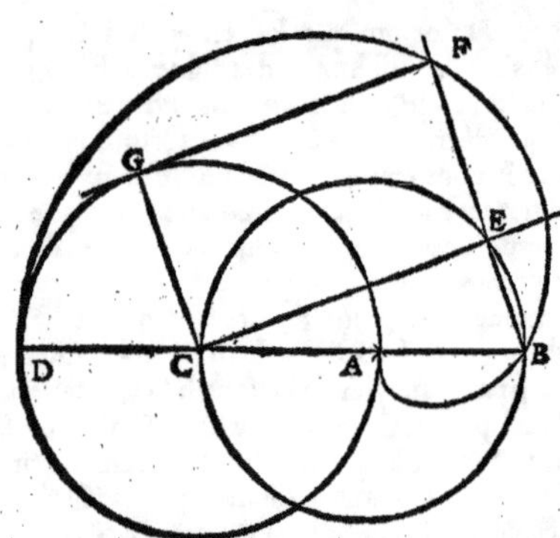

C E F B, de laquelle les costez C E, E B sont prolongez autant qu'il est besoin. Or il n'est pas besoin que chacun d'eux soit plus grand que le diamétre C A B du cercle C E B, & l'autre costé E F est toûjours égal à l'intervale que l'on prend de chaque point du cercle jusqu'à son réciproque dans le Limaçon; de sorte que faisant tourner l'angle droit C E B, en sorte que son point E décrive le demi-cercle C E B, ce qui se fait luy donnant diverses positions, & toutes dans un mesme plan, & à condition que la ligne C A B doive estre toûjours l'hypotenuse des triangles rectangles qu'elle fera avec les parties de C E & E B, l'on n'a qu'à marquer dans le mesme plan tous les points que le point F de la double équerre aura décrit.

    Or sur cette supposition l'on trouvera les touchantes de cette ligne de la mesme façon que nous avons déja fait, parce qu'encore qu'on ne confidére pas le point F, comme fe promenant le long de la ligne B E F, & mefme que cette ligne tourne circulairement fur le Pole B, l'on ne laiffe pas de connoiftre les deux mouvemens que luy donne la ligne B E F, qui en cette feconde fuppofi-tion tournant fur le point B, s'éleve en mefme temps peu à peu pour conduire l'angle droit B E C de B en C fur la circonférence du demi-cercle B E C.

Mais voicy une des belles fpéculations qui fe puiffe fur la defcription de cette ligne, & par le moyen de laquelle elle a efté trouvée par le fieur de Roberval.

Soit propofé le cercle C E B, & l'intervale C D comme aux figures précé-denres : du point C & de l'intervale C D foit décrit le cercle D G * ; je dis que fi ce dernier cercle D G * eft la bafe d'un Cone fcalene du fommet duquel, que nous appellerons S, la perpendiculaire S B tombe en B fur le plan du cercle D G * ; ayant tiré des touchantes G F à ce cercle, & du point S tiré des lignes S F perpendiculaires à ces touchantes, que chacun des points F fera dans noftre Limaçon, ou fi vous aimez mieux que la ligne qui paffe par tous ces points F F eft la mefme que le Limaçon du cercle C E B, dont le Pole eft B, & l'in-tervale eft C D. Car fi du point B vous joignez la ligne B F, il eft certain par un coroll. de la 6. du 11. qu'elle fera perpendiculaire à G F. Du centre C tirez C E parallele à G F, & qui coupe B F en E ; G E fera donc un parallelogram-me rectangle, & la ligne E F fera égale à C G, c'eft à-dire à C D ; mais l'an-gle C E B eftant auffi droit, il eft dans un demi - cercle décrit fur le diamétre C B. Il s'enfuit donc que nous trouverons toûjours un mefme point F, foit ayant décrit le cercle D G *, & ayant tiré fa touchante G F, & de S fommet du Cone ayant mené la ligne S F, foit ayant décrit un cercle C E B, & tiré la ligne B E F coupant le cercle en E, & pris E F égale à D C demi-diamétre du premier cercle : mais nous avons montré que trouvant des points F par cette feconde méthode, nous décrivons le Limaçon du cercle C E B, & partant trou-vant les points F de la premiére façon, puifque ces points font les mefmes, nous décrirons auffi noftre Limaçon ; ce qu'il falloit démontrer.

Je diray en paffant une pro-priété de la petite portion de cet-te ligne, qui eft telle que fi l'on prend l'intervale D C égale au demi - diamétre C A, du cercle auquel on décrit le Limaçon, & que de cét intervale l'on décrive le Limaçon, fa petite portion * B fervira à couper un angle recti-ligne propofé en trois parties é-gales. Cette propriété eft du fieur Pafcal.

Car foit propofé l'angle D B H, dans l'une des deux lignes, qui le contient, comme D B, je prends le point * ; duquel j'abaiffe * I perpendiculaire fur l'autre ligne B H, & qui coupe la partie * K B

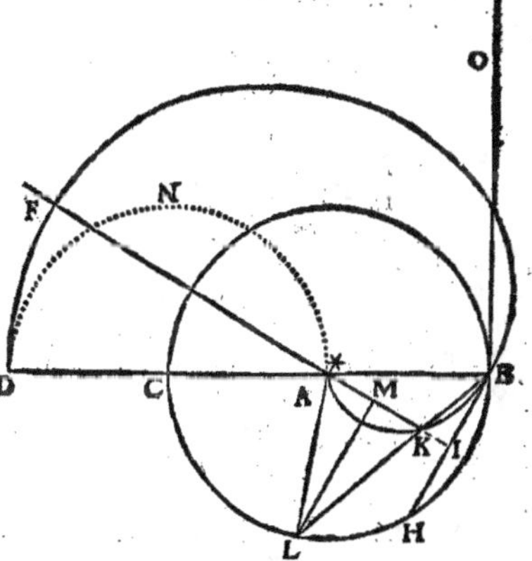

du Limaçon (décrit du Pole B au cercle dont le centre eft *, le rayon * B & l'intervale du mefme Limaçon C D eft égal à * B) en K, je tire la ligne B K L, je dis qu'elle fait avec la ligne B H l'angle K B H ⅓ de l'angle propofé C B H.

Pour le prouver foit décrit le cercle du Limaçon & la ligne B K prolongée jufqu'à ce qu'elle rencontre la circonférence dudit cercle en L, tirez L *, & ayant divifé * K *bifariam* en M, joignez L M, laquelle fera perpendiculaire fur

*K; car à cause du Limaçon, le triangle *LK a les costez L*, & LK égaux,
estant égaux à un mesme CD. Puis donc que les triangles LMK, BIK sont
rectangles, & ont les angles opposez égaux, ils sont semblables, & l'angle MLK
égal à IBK, mais MLK n'est que la moitié de l'angle *LK (parce que le
triangle *LK est isoscele, & sa base *K divisée *bif.* &c.) c'est-à-dire, de
*BL, (car le triangle *LB est encore isoscele) & partant l'angle KBH n'est
que ½ de l'angle *BL, & partant ⅓ du tout *BH; ce qu'il falloit démontrer.

Nota si l'on eust proposé l'angle obtus HBO en ayant osté l'angle droit
DBO, & pris HBK ⅓ du restant, il ne faut que luy ajoûter un angle de 30.
degrez qui est ⅓ de l'angle droit, pour avoir le tiers du total proposé DBO.

Monsieur de Roberval démontre que l'espace contenu sous la ligne droite
DC* (soit que DC soit égale ou non à C*) & sous la courbe *KBFFD
est égal à l'aggregé du cercle BHC, duquel la ligne *KBFD est le Limaçon,
& du demi-cercle duquel l'intervale de cette mesme ligne CD est le demi-diamétre, de sorte que si du centre C & de l'intervale CD l'on décrit le demi-cercle DN* l'espace curviligne contenu entre cette demi-circonférence, & le Limaçon est égal au cercle BHC, dont cette ligne est la Conchoïde.

Si l'on continuoit cette ligne de l'autre costé du cercle, elle représenteroit
une sorte de figure en cœur divisé en deux superficies curvilignes, desquelles
l'on pourroit faire un semblable examen, les comparant à des portions de
cercle &c.

De la Spirale ou Hélice.

LA première définition du Livre des Spirales d'Archiméde nous apprend
le moyen de décrire cette ligne, voicy les termes d'Archiméde.

*Si recta lineâ in plano, manente altero termino, æquè velociter circunductâ
rursùs restituatur in eum locum à quo primùm cœpit moveri; & unà cum lineâ
circumductâ, punctum feratur æquè velociter ipsum sibi ipsi, in eadem lineâ;
incipiens à termino manente; ejusmodi punctum spiralem lineam in plano
describet.*

Soit proposé la ligne AB égale
à l'intervale duquel on veut décrire la Spirale du centre A & de
l'intervale AB décrivez le cercle B 3, 6, 12, 18, 24, divisez-en
la circonférence en autant de parties égales que vous pourrez com-
modément, à commencer en B, &
divisez la ligne AB en tout autant de parties égales; tirez les
rayons A1, A2, A3 &c. du point
A sur le rayon A1 prenez une des
parties aliquotes du rayon AB; sur
le rayon A2 prenez deux des mesmes parties; 3 sur A3, 12 sur A12,
15 sur A15, & ainsi des autres, les

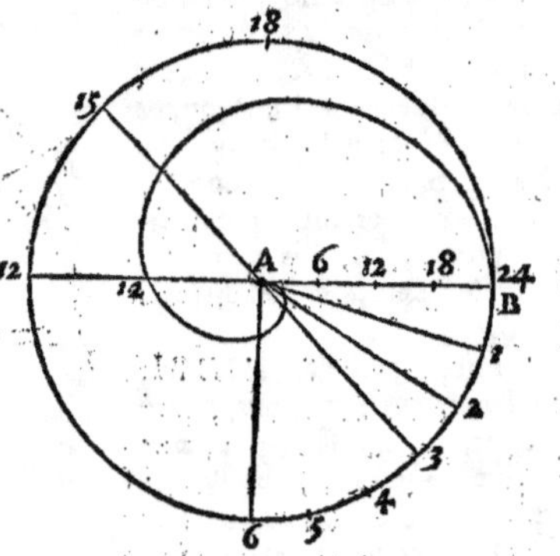

points que vous aurez marquez sur les demi-diamétres seront dans la Spirale
que vous voulez décrire.

Que si dans la mesme ligne AB vous prenez BC, CD, DE &c. tant que
vous voudrez, chacune égale à AB, & que cependant qu'AB fera une seconde
révolution du mouvement uniforme, le point qui estoit venu en B s'avance
du mouvement uniforme sur la ligne ABCD jusques en C, ce point décrira
l'Hélice

l'Hélice de la seconde révolution à commencer en B & finir en C, & ainsi de suite pour les autres révolutions.

D'où il s'ensuit que la méthode est la mesme pour les autres révolutions que pour la première; car voulant décrire la seconde révolution, il faudra décrire du centre A de l'intervale A C une circonférence de cercle, & l'ayant divisée en autant de parties que la première circonférence du rayon A B, à quoy les mesmes rayons tirez du centre A aux points de la première

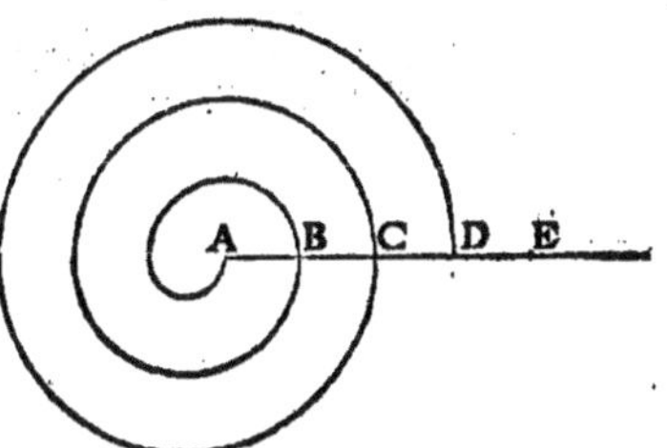

circonférence serviront s'ils sont prolongez, & chacun pris égal à A C; sur le rayon A 1 de cette seconde circonférence, vous prendrez depuis le centre A une ligne égale à A B + 1 de ses parties aliquotes, sur A 2 vous prendrez une ligne égale à A B + 2 de ses parties aliquotes &c. & ainsi les points que vous aurez marquez sur les demi-diamétres de ce second cercle seront ceux par lesquels il faudra décrire la seconde révolution de l'Hélice.

Cecy posé, il faut considérer que le point qui décrit la Spirale, en quelque part qu'il se trouve, a toûjours le mesme mouvement droit sur la ligne A B C D E; & ce mouvement est tel par la nature de cette ligne, qu'en mesme temps que la ligne A B a fait une révolution, ce point doit en mesme temps avoir parcouru une ligne égale à A B, mais en chaque endroit il change de mouvement circulaire; de sorte que la vitesse de son mouvement circulaire s'augmente toûjours à mesure qu'il s'éloigne du centre A; car son mouvement circulaire est tel que ce point décriroit la circonférence dont la portion de la ligne A B C D E, depuis A jusqu'où ce point se rencontre, est le demi-diamétre pendant le temps d'une révolution, c'est à sçavoir en autant de temps qu'il en employe à parcourir par son mouvement droit la ligne A B depuis A jusques en B, ou de B en C, de sorte que puis qu'en B son mouvement est tel que s'il en eust toûjours eû un circulaire égal depuis A jusques en B, il auroit décrit une circonférence dont A B est le rayon pendant le temps d'une révolution, & que le mouvement circulaire qu'il a en C est tel que pendant le temps d'une révolution (ou s'il faut ainsi dire d'une circulation de la ligne droite, car le terme de révolution s'attribuë plus ordinairement à la Spirale mesme) il auroit décrit une circonférence dont le rayon est A C double de A B, il s'ensuit que le mouvement circulaire qu'il a en C est double de celuy qu'il a en B, & que celuy qu'il a en D est triple de celuy qu'il a en B &c. & ainsi des autres.

Et parce que le mouvement circulaire de ce point est tel, comme nous avons dit, que pendant le temps d'une circulation de la ligne A B C D, il doit décrire une circonférence de cercle dont la ligne depuis le commencement A de la Spirale jusqu'à l'endroit de la Spirale où ce point se trouve, est le demi-diamétre : & de plus le mesme point doit décrire par son mouvement droit pendant le mesme temps d'une circulation, une ligne égale au rayon A B du cercle de la première circulation; il s'ensuit que, quelque point de la Spirale que nous prenions, nous aurons la raison du mouvement circulaire du point qui la décrit au mouvement droit du mesme point, comme de ladite circonférence à la ligne A B, mais aussi les deux directions de ces mouvemens sont données (le commencement de la Spirale & le point où l'on veut la touchante estant donnez) car la direction du mouvement droit est la ligne droite tirée de A jusqu'audit point, & la direction du mouvement circulaire est la perpendiculaire à cette ligne; ces deux mouvemens sont donc tout-à-fait con-

nus, & par conséquent le mouvement meslé de ces deux & sa direction, c'est-
à-dire, la touchante de l'Hélice en ce point est aussi donnée; ce qu'il falloit
faire.

Ainsi pour tirer la touchante en B, je joins A B, & je tire B E perpendiculaire à A B, laquelle B E je suppose estre égale à la circonférence, dont A B est le

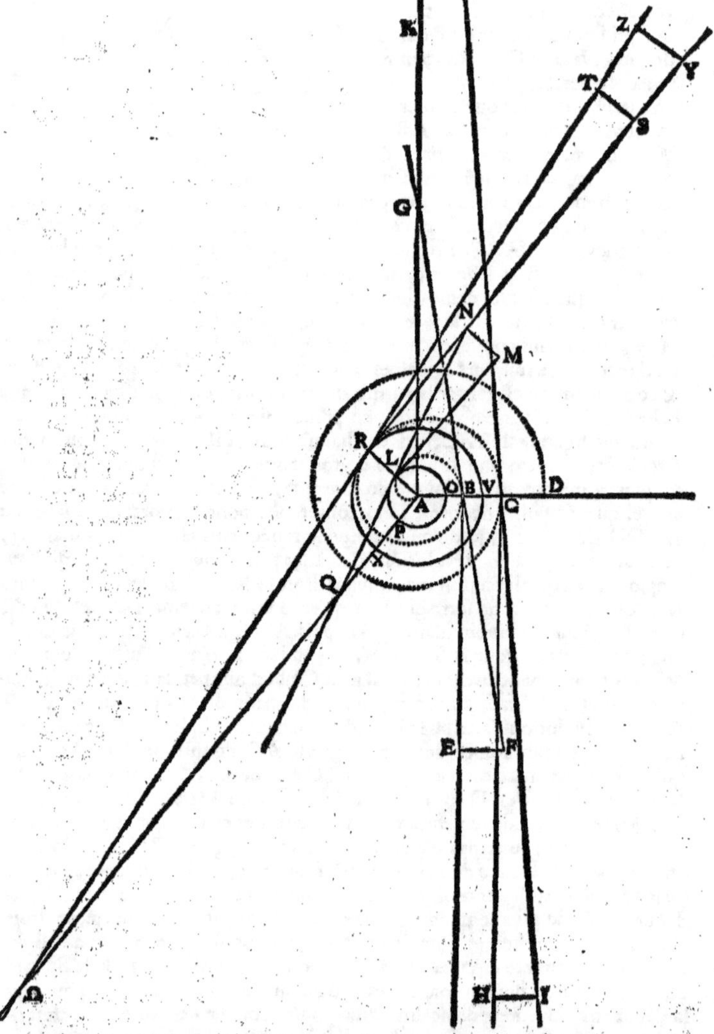

rayon; puis ayant mené E F parallele & égale à A B, la ligne F B touchera
l'Hélice au point B. Et quand bien l'on auroit quelque difficulté à concevoir
cette méthode, il nous sera toûjours facile de montrer qu'elle s'accorde avec
les démonstrations des Anciens. Nous avons ainsi démontré que cette façon

de trouver les touchantes des sections coniques s'accorde avec celle d'Apollonius, & nous démontrerons icy que nostre construction s'accorde avec les propositions d'Archiméde : car soit A G perpendiculaire à A B, il est évident que F B prolongée la rencontrera en un point comme G, puis qu'elle rencontre B E sa parallele par la construction, & partant l'angle A G B sera égal à l'angle E B F, & ces triangles semblables ; mais le costé A B est égal au costé E F, & partant A G sera égal à B E, c'est-à-dire, à la circonférence du premier cercle de la Spirale, ce qui est vray par la 18. du livre des Spirales.

De mesme pour le point C, qui est la fin de la seconde révolution, tirant C H perpendiculaire à A C, & égale à la circonférence dont A C est le rayon, puis tirant H I égale & parallele à A B, & joignant I C ce sera la touchante : nous démontrerons qu'estant prolongée, elle coupera A G K, prolongée comme en K, & que les triangles I H C, C A K seront semblables : donc comme A C est à H I, ainsi A K sera à C H, c'est-à-dire le double de C H à C H, & partant A K est le double de la circonférence dont A C est le rayon ; ce qui est vray par la 19. des Spirales.

Pareillement pour avoir la touchante en un autre point de la première révolution, comme en L, je tire A L & je décris la circonférence L O P L coupant A B en O, je prends L M perpendiculaire à A L, & égale à ladite circonférence ; par M je tire M N parallele à A L, & égale à A B rayon de la première révolution, N L est la touchante, car soit tirée A P Q perpendiculaire à A L, par la mesme raison N L prolongée la rencontrera en un point, comme en Q, & comme A L ou A O est à M N ou A B, ainsi sera A Q à L M, c'est-à-dire à toute la circonférence O P L : mais par la nature & par la description de l'Hélice, comme A O est à A B, ainsi la portion O P L de ladite circonférence est à toute la circonférence, donc la ligne A P Q est égale à la portion O P L de la circonférence O P L ; ce qui est aussi démontré dans la 20. propos. des Spirales d'Archiméde.

Semblablement pour avoir la touchante en un autre point de la seconde révolution, comme en R, je tire A R & je décris la circonférence R V X R coupant A B C en V ; je prends R S perpendiculaire à A R & égale à cette circonférence, & je tire S T parallele à A R, & égale à A B ; T R est la touchante : car par la mesme raison ayant tiré A Q Ω perpendiculaire à R A, la ligne T R prolongée la rencontrera comme en Ω, & comme A R ou A V sera à T S ou A B, ainsi A Ω sera à S R, c'est-à-dire à la circonférence R V X R : mais par la nature de la Spirale, comme A V est à A B, ainsi la circonférence R V X R estant jointe à la circonférence V X R, est à la mesme circonférence R V X R ; & partant A Ω est à la circonférence R V X R, comme la mesme circonférence R V X R jointe à la circonférence V X R est à R V X R, donc la ligne A Ω est égale à l'aggrégé des deux circonférences R V X R & V X R, ce qui est vray par la 20. du livre des Spirales d'Archiméde.

L'on pouvoit dire d'abord tirez A R, & A X Ω qui luy soit perpendiculaire & égale à l'aggrégé de la circonférence R V X R & de V X R, on aura la touchante Ω R ; ou bien ayant tiré A R & ayant décrit la circonférence du centre A & de l'intervale A R, & semblablement R Y perpendiculaire à A R, faites que comme A B est à A R, ainsi cette circonférence du cercle soit à R Y perpendiculaire, vous aurez le point Y ; tirez Y Z égale & parallelle à A R, vous aurez le point Z, & Z R sera la touchante.

Mais il a semblé plus clair & plus facile de réduire ces mouvemens à la droite A B & à la circonférence, dont A R est le demi-diamétre, & ainsi des autres.

Nous avons supposé qu'on nous donne des lignes droites égales à des circonférences de cercle, ou pour le moins qu'on en entende d'égales, ce qui

eſtant poſé nous avons par cette méthode les touchantes de ces lignes, ou
pour mieux dire nous démontrons, que concevant une ligne droite égale à
une circonférence de cercle, l'on peut par la connoiſſance des mouvemens
compoſez concevoir quelle ſera la ligne droite qui touchera l'Hélice en un
point propoſé : nous ferons la meſme ſuppoſition pour la quadratrice.

Exemple neuviéme de la Quadratrice.

*Cette pro-
poſition eſt
trop longue
& fort em-
brouïllée.*

SOIT propoſé le quarré ABCD avec ſon quart de cercle ABD qui luy
eſt inſcrit, duquel le centre eſt A, & le rayon eſt AB, l'un & l'autre plus
grand ou plus petit, ſuivant que l'on veut décrire la Quadratrice grande ou petite. Soit diviſé l'un des coſtez du quarré CB ou AD (perpendiculaire à AB rayon du quart) en autant de parties égales qu'on voudra 1 2 3 4 5. &c. & par ces points ſoit tiré des parallèles à AB juſques au coſté oppoſé ; diviſez le quart de cercle en autant de parties égales 1 2 3 4 5. &c. à condition que ſi aux diviſions de la ligne B C, vous avez commencé à compter 1, proche de B, vous commencerez auſſi à compter au quart de cercle 1, proche de B ; mais, ſi vous aviez commencé en C, vous commencerez en D ſur le quart de cercle ; tirez du centre A des demi-diamétres juſqu'aux points de ces diviſions du quart de cercle A 1, A 2, A 3, &c. là où A 1 coupera la premiére des parallèles, A 2 la ſeconde, A 3 la troiſiéme, A 4 la quatriéme &c. vous aurez les points par où doit paſſer la portion D H de la Quadratrice de laquelle le ſommet H eſt dans la ligne A B.

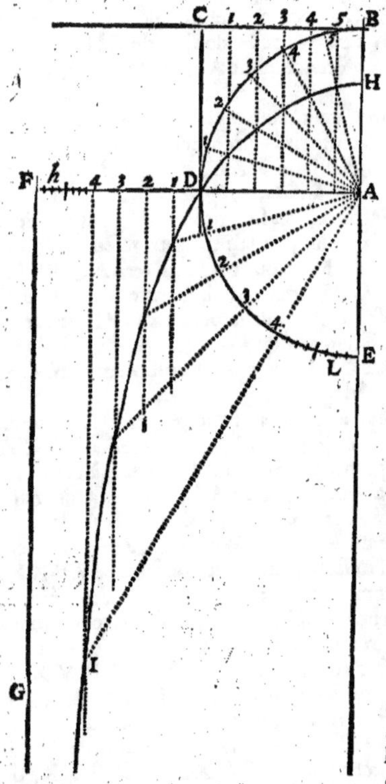

Nota que *Viete Reſponſ. lib. 8. cap. 8.* appelle le point H *ſinus Quadrataria* ; mais il n'en conſidere que la portion H D pour la quadrature du cercle.

Pour prolonger cette ligne audeſſous du diamétre A D, ayant achevé le
demi-cercle B D E du centre A, dans la droite AD prolongée vers D, je
prends DF égale à AD, laquelle je diviſe en autant de parties égales que je
juge à propos 1 2 3 4. &c. à commencer proche de D, & par ces points je tire
des parallèles au diamétre du cercle B A E, leſquelles je prolonge audeſſous
de DF, autant qu'il eſt néceſſaire ; puis je diviſe le quart de cercle D E, en
autant de parties égales que j'ay diviſé la ligne DF, à commencer auſſi en
D ; par ces points & par le centre A je tire des lignes A 1, A 2, A 3, &c. juſqu'à
ce qu'elles rencontrent chacune ſa parallèle réciproque, c'eſt-à-dire A 1 la premiére, A 2 la ſeconde &c. & par ces diviſions je décris la portion D I de la
meſme quadratrice prolongée.   Or

Or il est manifeste que cette portion peut estre prolongée à l'infini, car ayant pris une tres-petite portion F *h* de la ligne F D, & une partie proportionelle E I du quart du cercle, l'une & l'autre estant divisées par la moitié, & ayant tiré les lignes, comme nous avons dit, nous trouverons un point de la quadratrice : mais de rechef l'on pourra diviser la moitié, puis le $\frac{1}{4}$, puis la $\frac{1}{8}$ &c. partie plus proche de F de la ligne F *h*, & la moitié, puis le $\frac{1}{4}$, puis la $\frac{1}{8}$ partie plus proche de E de la circonférence L E, & tirer de nouveau des lignes paralleles, & des demi-diamétres prolongez qui se coupent, pour avoir de nouveaux points de la quadratrice ; & puis que l'on peut continuer ces divisions sans fin, l'on trouvera aussi sans fin des points de la quadratrice audessous de D & de I ; car pour la finir, il faudroit que la derniére ligne tirée du point F de la ligne A D F parallele à A E rencontrast son demi-diamétre réciproque, c'est à sçavoir le dernier du quart de cercle D E, c'est-à-dire que F G perpendiculaire à D F en F rencontrast le diamétre B A E prolongé, auquel elle est parallele ; ce qui est impossible.

Et par là vous voyez qu'aucun point de la quadratrice ne se rencontrera dans F G, puisque le demi-diamétre réciproque à F G ne la sçauroit jamais rencontrer : elle ne la coupera donc pas quoy-qu'elle soit prolongée à l'infini, & néanmoins elle s'en approche toûjours de plus en plus, car les points de la Quadratrice sont trouvez dans les paralleles à F G que l'on tire par des points toûjours plus proches de F que leurs précédentes, & partant la ligne F G est Asymptote de la quadratrice.

L'on peut achever le cercle entier, & continuër la quadratrice de l'autre costé du diamétre B E, avec son Asymptote &c.

Je ne dis rien ni du nom de la Quadratrice ni de son usage pour la quadrature du cercle au defaut de Dinostrate ou de Nicoméde, qui ne se trouvent point. *Voyez Pappus lib. 4. Collect. M.* ou *Viete lib. 8. resp. cap. 8. & Clavius Geom. pract. lib. 7. in appendice.*

Pour tirer par cette méthode les touchantes à la Quadratrice, il faut éxaminer les mouvemens qui la décrivent. On voit d'abord que le demi-diamétre A D du cercle B D E estant prolongé & tournant circulairement sur le centre A, & la ligne C D se mouvant en mesme temps parallelement à soy-mesme, soit qu'elle s'approche de B A, ou qu'elle s'en éloigne suivant que nous faisons tourner le demi-diamétre, ou de D vers B, ou du mesme D vers E, car tout revient au mesme, que le point, dis-je, qui décrit la Quadratrice a pour le moins deux mouvemens, l'un droit que la ligne C D luy communique, l'autre circulaire à cause du mouvement du demi-diamétre A D ; mais outre ces mouvemens il a encore celuy qui l'oblige à se rencontrer dans la commune section des deux lignes A D, C D, ce que nous avons expliqué à la fin de la quatriéme proposition de ce Traité où vous trouverez une figure tres-semblable à celle-cy. En voicy pourtant l'application le plus intelligiblement qu'il m'est possible.

Soit proposé la quadratrice H D F, de laquelle le demi-cercle primitif, donnez-moy ce mot, soit B D E & le centre du demi-cercle soit A, & que l'on demande la touchante de la Quadratrice en un point, comme en F. Je prolonge le diamétre B H A E de part & d'autre, puis je tire la ligne A F, qui est celle qui communique le mouvement circulaire au point F ; je tire encore par F une parallele au diamétre B E, c'est celle qui communique à nostre point le mouvement droit duquel la direction est F K parallele à D A & perpendiculaire à A E. Par F je tire F R perpendiculaire à A F pour la direction du mouvement circulaire. Et ayant supposé que la ligne A F tourne circulairement de D vers B ou de F vers G, du centre A je décris la portion de la circonférence F C G comprise entre les lignes A F & A B G. Cecy posé je suis

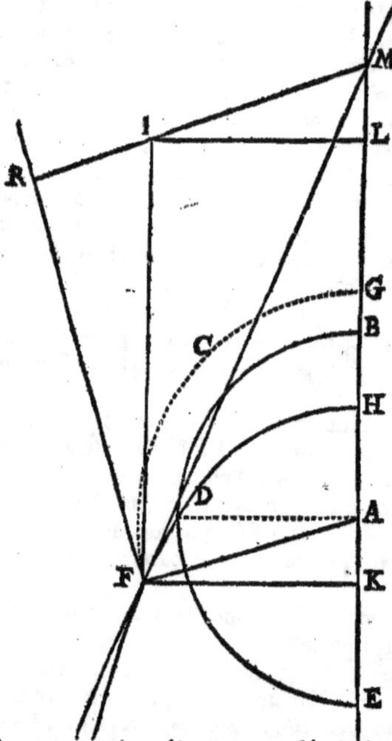

obligé d'imaginer que la ligne tirée de F parallele à A B G se meut de F vers ladite A B G, & par la nature de cette ligne, puisque cette parallele doit s'ajuster & ne faire qu'une ligne avec A B lors que la ligne A F ayant tourné de F vers L G aura la mesme position. Si je conçois deux points, l'un F à l'extrémité de ladite parallele F I, l'autre F au bout de la ligne A F, & que l'un & l'autre de ces points n'ait que le mouvement, le premier de la ligne I F le long de F K, l'autre celuy qui luy fait décrire la circonférence F C G; ou pour mieux dire, puisque la direction de ce mouvement circulaire est F R, je suis asseûré que pendant que le premier point aura décrit F K, le second estant porté par la ligne A F que nous imaginons se mouvoir parallelement à soy-mesme, & partir du point F (comme nous avons pû faire cy-devant comme en la Spirale &c.) puisque la direction du mouvment circulaire est

F R, que ce point, dis-je, aura décrit dans F R prolongée une ligne F R égale à la circonférence F C G.

Mais dautant que ces deux mouvemens ne sont pas les seuls qu'a le point qui décrit la quadratrice, je ne tire pas du point R une ligne parallele & égale à F K, pour avoir à son autre bout un point de la touchante, mais j'éxamine plûtost tous les mouvemens du point F qui décrit la Quadratrice en cette sorte.

Je remarque donc premiérement ce que je viens d'expliquer, que le point F doit décrire la ligne F R égale à la circonférence F C G en autant de temps que la ligne F I se mouvant parallelement à soy-mesme & uniformement en emploira jusqu'à ce qu'elle ait la position de la ligne A B G.

Secondement. Faisant donc mouvoir la ligne A F parallelement & uniformement (puisque F R est la direction du mouvement circulaire du point F, comme nous avons dit) sans considérer le mouvement de la ligne I F, & partant considérant ladite ligne immobile, il est certain que, si nous gardons la condition des mouvemens qui décrivent la quadratrice, qui est que le point F doit toûjours estre en la commune section des lignes A F, F I, quand l'extrémité immobile de la ligne A F sera en R, le point mobile F se doit rencontrer là ou A F prolongée tant qu'il sera nécessaire, coupe la ligne F I; tirez donc par R la ligne R I M parallele à A F & coupant F I en I & le diamétre E B M prolongé en M, vous voyez que le point mobile F se doit rencontrer en I.

Troisiémement. Mais outre ces mouvemens il faut encore considérer que la ligne F I emporte ce point de I vers L où il se devra trouver (ayant tiré I L parallele à F K, & coupant A B G prolongée en L) lors que la ligne I F sera une mesme avec la ligne A B G, c'est à sçavoir lors que son extrémité immobile F aura décrit la ligne F K, & son point immobile I, la ligne I L. Il est donc certain que si aux mouvemens précédens l'on ajoûte celuy du point mobile F ou I le long de IL, sans considérer que ce point mobile doit toûjours estre dans la commune section des lignes AF, IF, le point mobile F se doit trouver en L.

Enfin il faut encore considérer que ce point F a toûjours deû estre la commune section des lignes AF, FI, & qu'ayant fait mouvoir AF jusqu'à ce que son extrémité immobile ait décrit FR, on luy à donné la position RI, à laquelle elle s'arreste, posé que IF ne doive se mouvoir que sur FK, & que par cette condition le point estant porté de I vers L, doit décrire la ligne IM au lieu de IL & se rencontrer en M au lieu de L; & partant tous les mouvemens de ce point estant examinez, l'on trouve que pendant que AF s'est promenée le long de FR, & IF le long de FK, le point de leur commune section est arrivé en M, & partant si vous tirez la ligne MF, vous aurez la touchante de la Quadratrice en F; ce qu'il falloit faire.

En deux mots, ayant tiré comme cy-dessus la ligne FR égale à la circonférence FCG & les lignes FI, RIM, puisque nous considérons un seul mouvement circulaire du point qui décrit la Quadratrice, sçavoir celuy qu'il à en F, nous le considérons par nostre principe, ce que nous avons pratiqué aux lignes précédentes, mesme en la Spirale le long de la touchante FR, ce point doit donc monter de F vers R, mais il doit encore estre potté vers la ligne AB, à cause du mouvement de la ligne FI, & outre ces deux mouvemens il doit toûjours estre la commune section des lignes AF, FI, en quelque lieu que nous tirions ces deux lignes, il sera donc dans leur commune section lors que AF sera en RIM, & IF en ABM, & partant il sera en M. Voicy en deux mots une régle générale Quadrat.

Un point F de la Quadratrice estant donné, & le demi-cercle BDE, par le moyen duquel elle est décrite. Si du centre A de ce demi-cercle & de l'intervale AF, vous décrivez une circonférence FCG depuis F jusques en un point G du diamétre AB, dans lequel se rencontre le sommet H de la quadratrice vers la partie de ce sommet; & si à cette portion de circonférence vous tirez une touchante en F, dans laquelle vous prenez une ligne FR égale à ladite portion de circonférence (d'où il suit que pour tirer la touchante en D, il ne faut que prendre dans AB prolongée depuis A une ligne égale au quart de cercle BD) la commune section du diamétre AB prolongé vers B, & d'une ligne RM tirée par R parallele à AF, sera dans la touchante de la quadratrice.

Ou sa converse à la façon d'Archiméde au livre des Hélices.

Si quadratricem linea recta contingat, producaturque donec occurrat semidiametro circuli quadratricis, in qua reperitur quadratricis vertex, etiamsi fuerit opus ad partes verticis productâ, & ab ejusmodi puncto sectionis recta linea ducatur parallela ei quæ à centro circuli quadratricis ad punctum contactûs in quadratrice ducitur; à puncto verò contactûs in quadratrice circumferentiæ circuli circulo quadratricis homocentri portio describatur ad partes verticis quadratricis donec eidem semidiametro etiam productæ occurrat, eique circumferentiæ portioni tangens ducatur ad punctum quod est communis sectio ipsius & quadratricis, occurret ejusmodi tangens circuli ei quæ à communi sectione tangentis Quadratricis & diametri productâ ducta fuerat parallela, eritque linea circulum tangentis portio inter punctum (quod est communis sectio ipsius & producta parallela) & quadratricem intercepta æqualis prædictæ portioni circunferentiæ circuli.

Nota, l'on peut rendre la régle plus générale, faisant comme la circonférence FCG est à FK; ainsi une ligne prise dans FR, mesme prolongée, plus grande ou plus petite que FR, soit à une ligne plus grande ou plus petite que

F K prife dans F K, mefme prolongée ; mais ne la prenant pas égale, la conftruction en eft plus difficile.

Remarquez deux ou trois chofes avant de paffer outre. La premiére, pour plus
grande intelligence l'on peut déduire l'application de la feconde partie de la
quatriéme propofition de ce traité en cette façon.

La vîteffe du mouvement de la ligne I F, & partant de fon extrémité mobile F eftant donnée dans F K, elle fera auffi donnée dans F A ; & parce que
le point mobile F doit eftre la commune fection des deux I F, F A, la ligne I F
ayant la pofition K A B coupera F A, c'eft-à-dire en A ; ce point a donc eû
deux mouvemens, l'un de la gauche vers la droite égal à F K, l'autre en montant égal à K A, & ces deux fe réduifent à un feul F A : pareillement la vîteffe
de la ligne A F eftant donnée dans F R, fon point mobile F devant eftre la
commune fection de A F & F I fe trouvera en I, & partant il a eû les deux
mouvemens F R, R I, qui fe réduifent à un feul F I, qui eft le troifiéme cofté
du triangle F R I.

Ces quatre mouvemens (car nous avons divifé en deux parties celuy qui fait
que le point mobile F doit eftre la commune fection des deux lignes A F, I F)
eftant réduits aux deux I F, F A achevez-en le parallelogramme I F A M, la
diagonale F M fera la direction du mouvement meflé de ces deux.

Cecy avoit déja efté expliqué plus briévement, mais il y a plaifir de confidérer une chofe par divers biais & en différentes façons.

La feconde ; fi l'on demandoit la touchante de la quadratrice au point D,

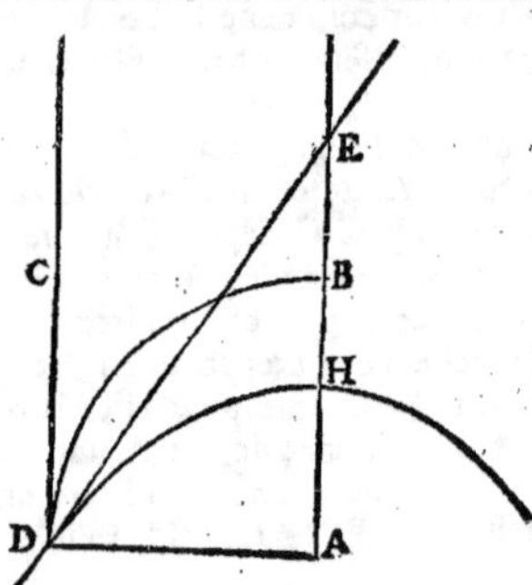

où la ligne A D eft d'abord perpendiculaire à D C, que puifque le mouvement
de A D eft donné dans D C, ou bien
A B, & celuy de D C eft donné auffi
d'abord dans D A, & la raifon de ces
deux mouvemens eft comme de la ligne D A au quart de cercle D B, il ne
faut que prendre dans A B prolongée
autant qu'il le faut une ligne A E, à
commencer en A, égale au quart de
cercle, & du point E l'on tirera la touchante E D.

L'on euft pû faire trois divers cas
pour les touchantes de cette ligne, mais
le difcours eft tout le mefme voulant
tirer la touchante au deffus de D entre D & H, que lors qu'on la tire en un
point plus éloigné de H & au deffous de D, comme au premier éxemple.

La troifiéme, que *Viete loc. cit.* appelle le point H *finis quadrataria*, &
le point D *principium* ; mais il ne confidére que la portion D H, qui luy fert
pour la quadrature du cercle, & puis il s'arrefte à la façon de décrire la quadratrice, & il eft manifefte que le point D fe trouve d'abord, & que décrivant la
quadratrice D H à l'ordinaire, le point H fe trouve après les autres qui font
entre D & H : mais nous pouvons concevoir le point H tout le premier ; &
parce que confidérant la Quadratrice prolongée des deux coftez, chacun des
autres points en a un réciproque de l'autre cofté également éloigné de H, &
que le point H eft le feul qui n'a point de réciproque, nous l'avons appellé le
fommet de la Quadratrice.

Dixiéme éxemple de la Ciſſoïde.

SOIT propoſé le cercle A B C D, plus grand ou plus petit, ſuivant qu'on veut décrire la Ciſſoïde, avec ſes deux diamétres à angles droits A C, B D : du point D prenez de part & d'autre des points également diſtans D 1 & D 1 ſur les quarts de cercle D A, D C, puis D 2, D 2, puis D 3, D 3 &c. tirez par les points 1 2 3 4 &c. du quart de cercle D C des lignes paralleles au diamétre B D, puis du point C joignant les lignes C 1, C 2, C 3, C 4 &c. aux points 1 2 3 4 &c. du quart de cercle D A, là où C 1 coupera la parallele 1 1, & C 2 la parallele 2 2, & C 3 la parallele 3 3, & C 4 la parallele 4 4, vous aurez des points par leſquels la Ciſſoïde eſt décrite.

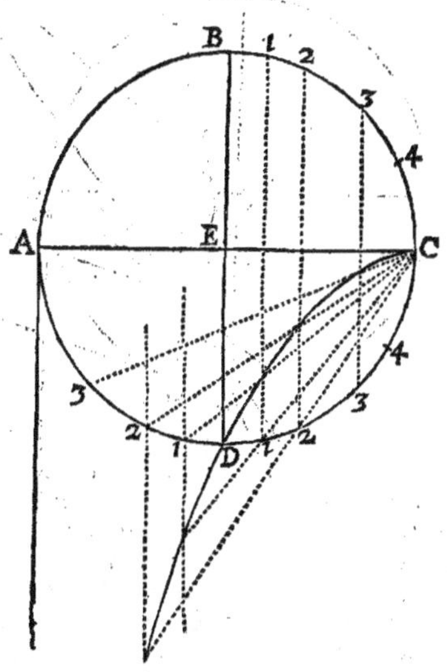

Que ſi vous voulez prolonger la Ciſſoïde C D en dehors du cercle, tirez par les points 1 2 3 4 &c. du quart du cercle D A des lignés paralleles au diamétre B D, & prolongez-les tant qu'il faudra en dehors du cercle du coſté de D, puis par les points réciproques 1, 2, 3, 4 du quart de cercle D C, tirez du point C d'autres lignes occultes C 1, C 2, C 3, C 4, & prolongez-les autant qu'il le faudra hors le cercle, les points où chacune de ces lignes coupera ſa réciproque, ſçavoir C 1, la parallele 1 1 ; C 2 la parallele 2 2 &c. ces points feront dans la Ciſſoïde prolongée.

Par un diſcours ſemblable à celuy dont nous nous ſommes ſervis pour la quadratrice, l'on montrera que cette ligne peut eſtre prolongée infiniment, & qu'elle ne rencontrera jamais une ligne droite infinie tirée du point A parallele au diamétre B D, ou ſi vous aimez mieux la touchante du cercle de la Ciſſoïde au point A.

Et parce que la Ciſſoïde peut eſtre continuée de l'autre coſté par le moyen d'un autre cercle égal à A B C D, & décrit ſur ſon diamétre A C prolongé vers C, en ſorte que ces deux cercles ſe touchent en C, il nous ſera permis d'appeller le point C, le ſommet de la Ciſſoïde, puiſque c'eſt l'unique dans la Ciſſoïde, qui n'en a point de réciproque, ou ſi vous voulez de ſemblable : car les points de la Ciſſoïde prolongée plus loin que D, à l'égard de C peuvent eſtre appellez réciproques des points de la portion D C de la Ciſſoïde. Ce qui eſt aſſez clair par la méthode de trouver ces points.

Cecy poſé, il faut éxaminer les mouvemens particuliers du point qui décrit la Ciſſoïde, pour en donner les touchantes.

Il faut donc remarquer d'abord, que ſi vous faites tourner la ligne C D circulairement autour du point C, en ſorte qu'elle paſſe ſucceſſivement par C 1, C 2, C 3 &c. de D vers A, prenant les points 1 2 3 4 dans le quart de cercle D A, & qu'en meſme temps le diamétre B D ſoit porté parallelement à ſoy-meſme vers C, mais en montant de telle façon que ſon extrémité D décri-

C c

ve le quart de cercle D C d'un mouvement égal & uniforme, & que lors que

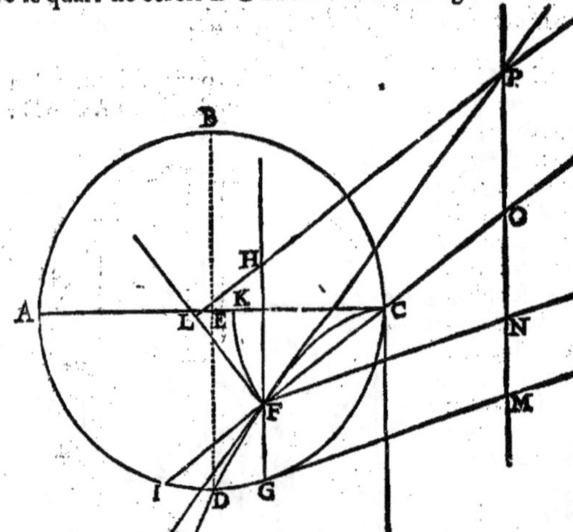

la ligne C D aura la position C A, le diamétre B D ait la position de la touchante du cercle en C, c'est-à-dire de l'axe de la Cissoïde, le point qui aura toûjours esté dans la commune section de ces deux lignes aura décrit la portion D C de la Cissoï-de.. Cecy posé.

Soit proposé le point F de la Cissoï-de lequel soit pris dans cette figure entre les points C & D ; mais dans la suivante il sera plus éloigné du sommet, & au dessous de D à l'égard de C, tirez la ligne F G parallele au diamétre B D, coupant le cercle en G en sa partie inférieure dans le quart de cercle D C en cette premiére figure, & prolongez-la du costé de F vers H, puis tirez la ligne C F, & prolongez-la jusqu'à la circonférence du cercle en I, (dans la seconde figure elle coupe le cercle avant que d'arriver en F) vous voyez donc que la ligne C F I en tournant autour du centre C jusqu'à ce qu'elle ait passé par toutes les positions des lignes tirées du point C à tous les points de la circonférence I A jusqu'à ce qu'elle soit arrivée dans la position C A, dans ce mesme temps la ligne F G s'estant meûë, comme nous avons expliqué, parallelement à soy-mesme vers C, en sorte que son point G ait décrit la circonférence G C du cercle de la Cissoïde, sera arrivée en C, & aura la position de la touchante du cercle de la Cissoïde au point C.

Mais pendant le mouvement circulaire de la ligne C F vers A, si vous décrivez du centre C & de l'intervale C F un arc de cercle F K compris entre C F & C A & coupant C A en K, il se trouve que le point F de la ligne C F porté par le seul mouvement de la ligne C F, ce point, dis-je, a décrit l'arc F K, il a donc décrit l'arc F K en mesme temps que le point G porté par le mouvement que nous avons expliqué de la ligne F G, a décrit la circonférence G C, mais chaque point de la ligne F G décrit une ligne égale & semblable à celle que décrit le point G, & partant le point F de la ligne F G porté par cette ligne décrit une circonférence égale à G C : vous voyez donc que ne considérant que les deux mouvemens du point F, que les deux lignes C F, F G luy donnent sans considérer que ce point doit toûjours estre en leur commune section par le mouvement de la ligne C F, il aura décrit la circonférence F K en mesme temps que la ligne F G luy aura fait décrire une circonférence égale & parallele à G C, & partant que ces deux mouvemens sont proportionnez, comme les circonférences F K & G C, mais les directions de ces deux mouvemens sont l'une F L touchante de l'arc F K, & perpendiculaire à C F ; l'autre est F N parallele à G M, qui touche le cercle de la Cissoïde en G (car puis que la circonférence que le point F décrit est parallele à celle que décrit le point G, & puisque les points G F sont dans la mesme ligne droite, les touchantes font paralleles) & partant fi vous faites que comme l'arc F K eft à l'arc G C, ou comme le demi-diamétre C F de l'arc F K, au dia-métre entier C A de l'arc G C, ainfi F L foit à F N, vous aurez les raifons de ces

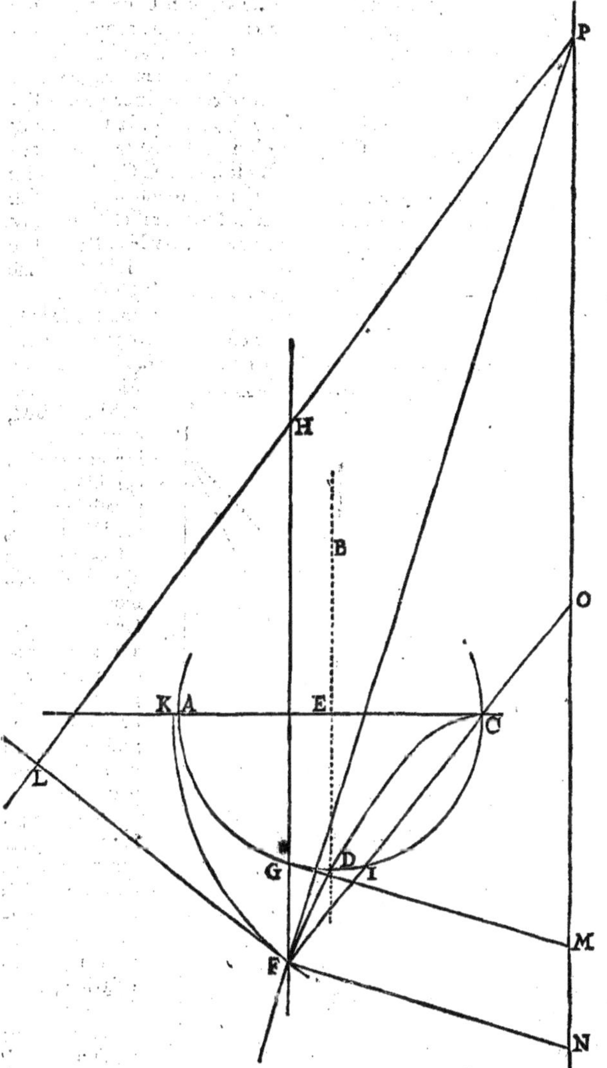

mouvemens dans leurs lignes de direction: cecy pofé vous ne compofez pas un mouvement des deux feuls F L, F N, car vous vous fouvenez qu'outre ces deux mouvemens le point mobile F doit encore eftre toûjours la commune fection des lignes C F, F G H. Voicy cette conftruction d'une autre façon.

Eftant donné le cercle de la Ciffoïde A B C D, fon centre E, la Ciffoïde

CDF &c. comme nous avons expliqué, & qu'il faille en trouver la touchante en un point comme F. Par le point F tirez FGH ou GFH parallele au diamétre BD, coupant le demi-cercle ADC en G, & prolongez-la vers le costé du diamétre AC, comme en H; du sommet C de la Cissoïde tirez la ligne CFI en la première figure ou CIF en la seconde coupant le demi-cercle ADC en I; du centre C & de l'intervalle CF décrivez l'arc de cercle FK vers le diamétre CA coupant ledit diamétre mesme prolongé vers A s'il en est besoin en K, tirez FL touchante de cette circonférence vers le diamétre AC, du point G tirez aussi GM touchante du cercle de la Cissoïde, & par le point F menez FN parallele à GM, & prolongez-la vers le costé de C à l'égard du point A, faites que comme l'arc FK est à l'arc GC, c'est à-dire comme la ligne CF est à CA, ainsi FL dans la première touchante, & prise si vous voulez *ad libitum*, soit à FN; par L tirez LHP parallele à FC, & prolongez-la vers le costé de C à l'égard de F, puis par N tirez NOP parallele au diamétre BD, & prolongez-la jusqu'à ce qu'elle rencontre LHP, comme en P, de ce point tirez la ligne PF, ce sera la touchante de la Cissoïde.

Dans cette construction nous ne faisons point mention des points H & O, ni du parallelogramme HFOP, quoy-qu'il eust esté besoin d'en parler auparavant pour examiner tous les mouvemens du point F de la Cissoïde: l'on eust pû faire le mesme dans la quadratrice, où la seule intersection des lignes RIM & ABM, nous eust donné le point M, sans considérer le parallelogramme IFAM &c.

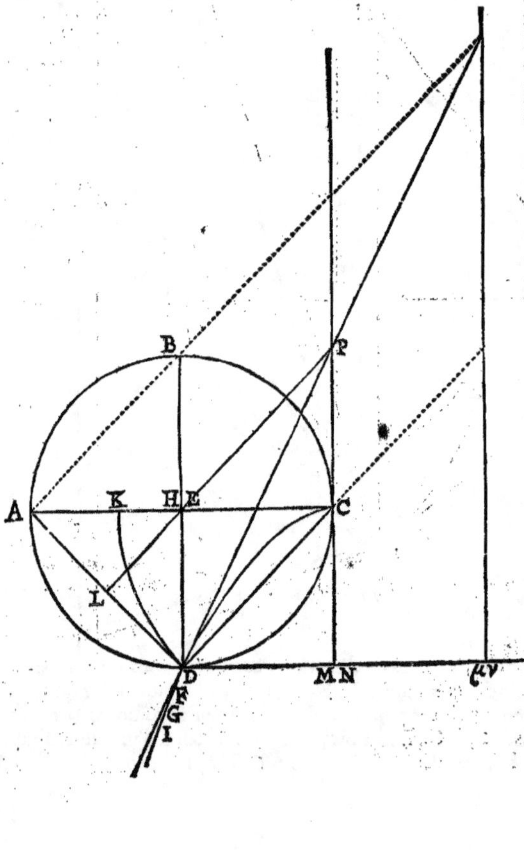

L'on pourroit ajoûter des démonstrations Géométriques à ces constructions, pour prouver tous ces points de rencontre, mais cela seroit un peu long.

L'on peut encore considérer ces mouvemens de tous les biais que nous les aavons considérez dans la quadratrice, & énoncer ce Théoreme, que si d'un point P de la touchante FP, l'on tire PL parallele à CF coupant FL en L, & PN parallele

Voyez la figure de la Quadratrice.

parallele à B D coupant F N en N, & dire que comme l'arc F K est à l'arc
G C, ainsi F L est à F N, ce qui est facile.

Il suffira avant de passer outre, de dire quelque chose de la touchante de la
Cissoïde au point D, dont voicy la figure sur laquelle je remarque :

Premiérement, que faisant trois cas pour les touchantes de cette ligne, l'un
pour le point D, le second pour les points d'entre C & D, & le troisiéme pour
les points audessous de D (car la touchante au point C est le diamétre A C ;
& généralement en toutes les lignes courbes qui ont un axe, leurs touchantes
au sommet sont perpendiculaires à cét axe ;) l'on auroit pû mettre celuy-cy
le premier, n'eust esté qu'il falloit expliquer plus généralement & sans con-
fusion les mouvemens du point F : or en cette figure les points D F G I ne
sont qu'un mesme, le point H peut estre le mesme que le point E ou que le
point B, comme en la seconde construction de cette figure, que nous avons
marquée par des lignes ponctuées & avec des lettres Greques, & les points
M N, ou μ ν sont un mesme point.

Secondement, sans supposer dans F L ou G M des lignes égales aux arcs
F K & G C, l'on fait par une construction Géométrique, que comme l'arc
F K est à l'arc G C, ainsi F L est à G M en cette façon.

Puisque l'angle A C D est à la circonférence de l'arc A D, & au centre de
l'arc F K, il s'ensuit que l'arc A D ou D C est double en ressemblance à F K,
& partant que comme le demi-diamétre E C est au demi-diamétre C D ou
D A, ainsi l'arc D C est au double de l'arc D K, & par conséquent que comme E C est à la moitié de D C ou de D A, ainsi l'arc C D est à l'arc F K : prenant donc D M égale à E C, & F L égale à la moitié de F A ou de D A, l'on
aura fait cette construction Géométrique, & la parallele à C F passera de L
par le centre E ; ou encore prenez d'un costé la toute D A, & de l'autre G μ
double de D M, la parallele à C F sera A B &c.

Onziéme exemple, de la Roulette ou Trochoïde de M. de Roberval.

SOIT proposé le cercle duquel le centre est *a*, le demi-diamétre *a* B, &
sa touchante B C au point B prolongée en C, l'on imagine que le cercle

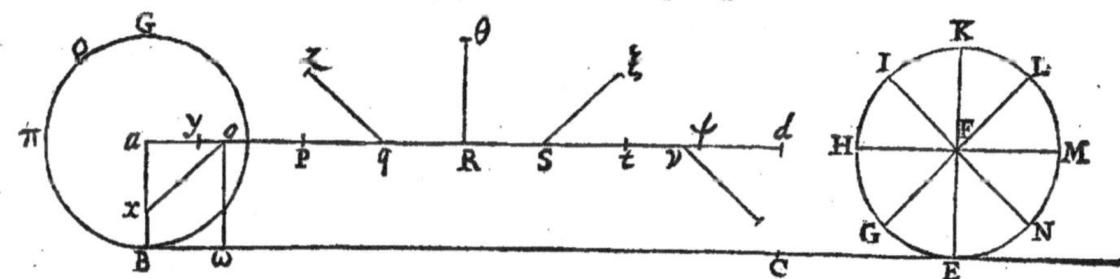

a B faisant une révolution sur la ligne B C, soit que B C soit égale à la circonférence du cercle, soit qu'elle soit plus grande ou plus petite (ce que je
suppose indifférent, & facile à démontrer) le point B de ce cercle estant
porté par les deux mouvemens, l'un droit qui le porte de B vers C, l'autre circulaire à cause de la révolution du cercle ; que ce point, dis-je, décrit la
Roulette ou Trochoïde ; ou si vous voulez, ayant tiré par le centre *a* la ligne
a d égale & parallele à B C vers le mesme costé, l'on imagine que le cercle
glissant de B vers C sans tourner à l'entour de son axe, en sorte que le centre *a* décrive la ligne *a d* par un mouvement uniforme, en mesme temps le
point B décrive la circonférence de son cercle passant de B par π Q G B d'un

mouvement uniforme, & que le centre *a* estant arrivé en *d*, ce point se retrou-
ve en C, où la ligne B C touche le cercle, & qu'enfin ces deux mouvemens,
l'un circulaire, par le moyen duquel le point B parcourt une fois la circonférence de son cercle, l'autre droit, par lequel il est emporté vers C, meslez
comme nous avons dit, estant tous deux uniformes, font décrire la Roulette
à ce point B.

D'où vous voyez que ces deux mouvemens estant uniformes, le point B
peut décrire trois diverses sortes de Roulettes, suivant que son mouvement circulaire sera proportionné à son mouvement droit, ou si vous voulez suivant la
raison de la circonférence de son cercle à la ligne *a d*, que le centre décrit,
puisque cette circonférence peut estre ou égale à la ligne *a d*, ou plus grande
ou plus petite.

Nous ne nous arrestons pas à considérer les lignes qui peuvent estre décrites, posé que l'un ou l'autre de ces mouvemens, ou mesme posé que ni l'un ni
l'autre ne fust uniforme.

Cecy posé, pour décrire aisément cette ligne, soit prolongée la ligne B C,
comme en E; du point E soit tiré E F égale & parallele à *a* B; du centre F
décrivez le cercle E G H I K L M N, qui sera égal au premier, divisez
sa circonférence en tant de parties égales que vous voudrez par les points
G H I K L M N, & tirez par ces points les demi-diamétres du cercle. Divisez la ligne *a d* en autant de parties égales que vous avez divisé la circonférence G H I &c. aux points *o* P *q* R S *t u*, par le point *o* tirez *o x* égale & parallele au rayon F G, par P tirez P *y* égale & parallele à F H, puis *q z* égale
& parallele à F I, & ainsi des autres, vous aurez les points B *x y* ζ θ ξ ψ C, par
lesquels la Roulette doit estre décrite.

La raison de cette description est manifeste, car prenez dans la ligne *a d*
un des points de sa division comme par éxemple le premier *o*, & tirez *o ω*
perpendiculaire sur B C, & par conséquent parallele aux rayons *a* B, F E,
mais par la description *o x* est parallele à F G, & partant l'angle *x o ω* est
égale à l'angle G F E, & décrivant du centre *o* & de l'intervale *o x*, l'arc *x ω*,
cét arc est égal à l'arc G E: mais posé que le centre *a* ait décrit la ligne *a o*,
& soit en *o*, le point B doit avoir décrit un arc égal à E G; car par l'hypo-
these E G est à sa circonférence totale, comme *a o* est à *a d*, & les mouvemens sont uniformes; donc le point B a décrit l'arc *ω x*, il est donc en *x*,
& par conséquent le point *x* est un point de la Roulette; ce qu'il falloit démontrer. L'on démontrera la mesme chose de tous les autres points.

Il s'ensuit de cette démonstration, que décrivant le cercle G H I K L M N
d'un autre centre pris dans la ligne *a d*, comme du centre *o*, P, R &c. & faisant le reste de la construction, l'on trouvera les mesmes points de la Roulette.

Ces connoissances suffisent pour trouver les touchantes de la Roulette par
les mouvemens composez; car ayant pris un point de la Roulette, & ayant
trouvé les deux directions de son mouvement droit & de son mouvement circulaire; si l'on entend dans ces lignes de direction deux lignes qui soient entre
elles comme la ligne B C ou la base de la Roulette, est au cercle de la Roulette,
chacune de ces lignes estant prise dans la direction du mouvement homolo-
gue, la direction du mouvement composé de ces deux sera la touchante.

Car soit proposé la Roulette A B C de laquelle la base est A D C, le
sommet B & l'axe B D, & que l'on en demande la touchante au point E. Décrivez le cercle B F D de la Roulette, soit autour de l'axe B D, soit sur quelque diamétre perpendiculaire à la ligne A D C; du point E tirez la ligne E F
parallele à A C, & coupant en F la circonférence du demi-cercle de la Roulette (la plus proche du point E, si le point E estant pris entre A & B, vous
avez décrit le cercle plus vers C que le point E, sinon au contraire &c.)

tirez F G touchante du cercle, puis faites que comme A C eſt à la circonférence du cercle, ainſi E F ſoit à F H, prenant le point H dans la touchante F G, du point H tirez H E, ce ſera la touchante de la Roulette.

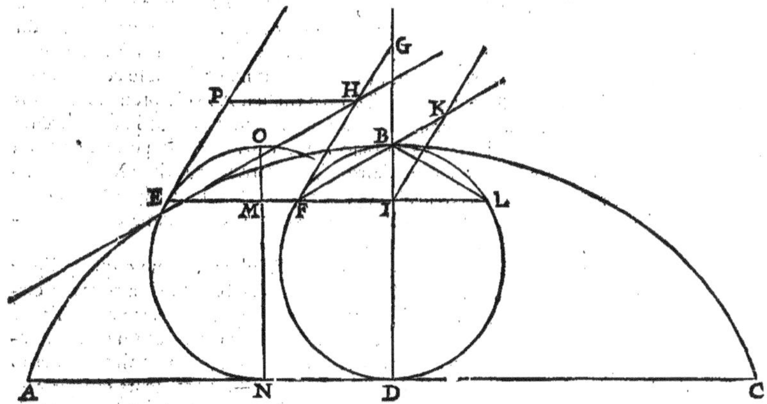

Mr de F. tire cette touchante en cette façon. Tirez la ligne E F, comme cy-
deſſus. Tirez encore une ligne F B, & par le point E tirez E H parallele à
F B, la ligne E H ſera la touchante.

Or il eſt facile de démontrer que cette méthode s'accorde avec la premiére, mais elle n'eſt pas ſi générale n'eſtant propoſée qu'au cas que la Roulette,
ſoit du premier genre, c'eſt-à-dire que ſa baſe A C ſoit égale à la circonférence de ſon cercle, ce que vous remarquerez dans cette démonſtration que nous
chercherons analytiquement, comme il s'enſuit.

Il faut démontrer qu'ayant tiré comme cy-deſſus la ligne E F & F G touchante du cercle au point F, & ayant pris F H dans F G égale à E F; ſi l'on
tire deux lignes l'une H E, l'autre F B, elles ſeront parallele.

Pour le prouver, tirez I K parallele à F H juſqu'à ce qu'elle rencontre au
point K la ligne F B K prolongée vers B; prolongez encore la ligne E F I L
juſqu'à l'autre coſté du cercle en L, & tirez la ligne B L, & ſuppoſons que les
lignes F B, E H ſont paralleles; donc l'angle E H F eſt égal à l'angle F K I:
mais par la conſtruction l'angle H E F eſt égal à l'angle E H F, parce que
nous avons pris F H égale à E F; il faut donc montrer que l'angle K F I eſt
égal à l'angle F K I: mais l'angle F K I eſt égal à G F K par la conſtruction,
ayant tiré I K parallele à F G, il faut donc prouver que l'angle K F I eſt égal
à l'angle G F K, mais G F K eſt égal à l'angle B L F, dans la ſection alterne;
il faut donc prouver que K F I eſt égal à B L F; ce qui eſt certain.

En retournant, l'angle K F I eſt égal à B L F, mais B L F dans la ſection alterne eſt égal à l'angle G F K, donc K F I eſt égal à l'angle G F K: mais à cauſe
des paralleles F G, I K, l'angle G F K eſt égal à F K I, donc K F I & F K I ſont
égaux, & le triangle F I K eſt iſoſcele; mais le triangle E F H eſt auſſi iſoſcele
par la conſtruction le triangle E F H eſt donc ſemblable à F I K, & l'angle
H E F eſt égal à l'angle K F I, d'où il s'enſuit que la ligne E H eſt parallele à
F B K; ce qu'il falloit démontrer.

Dans la figure précédente ayant fait décrire le cercle de la Roulette autour de ſon axe, & tiré la touchante F H, ç'a eſté toute la meſme choſe,
comme ſi ayant fait tirer le cercle de la Roulette en la poſition qu'il doit
eſtre lors que le point A du cercle eſt arrivé en E, nous luy euſſions tiré ſa

touchante par le point E, car ces positions de cercles estant paralleles, & le point E estant aussi élevé sur la base A C, que le point F, les touchantes des cercles sont paralleles, & partant l'une peut servir aussi-bien que l'autre, pour en mesler un mouvement droit, puisque l'une & l'autre rencontre la ligne E F, qui est la direction de ce mouvement droit. C'est pourquoy si l'on vouloit décrire le cercle de la Roulette en la position qu'il est lors que le point qui la décrit est arrivé en E, ayant premiérement décrit le cercle B F D autour de l'axe B D, & tiré la ligne E F I parallele à A D C, prenez E M dans E F I égale à F I, qui est comprise entre la circonférence & le diamétre du cercle qui est perpendiculaire à la base A C, vous aurez le point M par où doit passer ce diamétre perpendiculaire. Et partant si vous tirez M N perpendiculaire à A C, & si vous la prolongez vers M en O en sorte que N M O soit égale au diamétre du cercle de la Roulette, vous aurez le diamétre dudit cercle en la position requise ; ce qui est facile.

Je ne vous diray rien des propriétez de la Roulette, comme que la ligne droite E F est à l'arc F B, en mesme raison que la base A C à toute la circonférence du cercle &c. M. de Roberval ne m'a pas encore fait voir le Traité qu'il en a fait, où après en avoir démontré cette propriété & un grand nombre d'autres, il compare ces lignes les unes aux autres, les semblables, celles de divers genres, les égales, les inégales, leurs ordonnées, leurs espaces &c. ce qu'il a expliqué dans un si bel ordre, qu'il m'a dit que son Traité estoit aussi limé comme s'il eust esté sur le point de le faire imprimer.

Douziéme exemple, de la compagne de la Roulette.

C'Est ainsi que l'a voulu nommer M. de Roberval qui l'a inventée, & qui en a imaginé l'hipothese & la description en cette sorte.

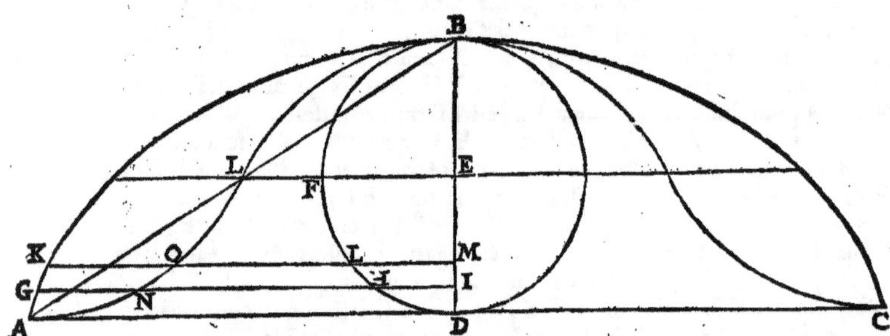

Soit proposé la Roulette A B C de laquelle la base est A C l'axe B D, le centre du cercle dans l'axe est E, & le cercle de la Roulette B F D à l'entour de l'axe. Entendez que la Roulette est décrite par la seconde façon qui en a esté donnée dans l'exemple précédent ; c'est à sçavoir que pendant que le cercle de la Roulette glisse depuis A jusques en C, en sorte que son centre E décrit d'un mouvement uniforme une ligne parallele & égale à A C, en mesme temps le point mobile A parcourt par un mouvement uniforme la circonférence de ce cercle, & décrit la Roulette par le mouvement composé de ces deux ; imaginez maintenant que pendant que ce point parcourt ainsi la circonférence D F B, un autre point A ou D mobile dans le diamétre du cercle, qui est toûjours perpendiculaire à A C, monte le long de ce diamétre de D vers B d'un mouvement inégal, en sorte qu'il soit toûjours également élevé sur la base A C, comme est le point qui décrit la Roulette, c'est-à-dire

qu'ayant

qu'ayant tiré du point de la Roulette comme G, la ligne G H I coupant la
circonférence du cercle en H & l'axe en I, lors que le point mobile qui décrit la Roulette se rencontre en G dans la Roulette, c'est-à-dire en H,
dans le cercle, le point qui décrit cette compagne se rencontre en I dans l'axe.

De mesme tirant par un autre point K la parallele à la base K L M, qui coupe la circonférence B L H D en L & le diametre B D en M, lors que le
point de la Roulette est en K, c'est-à-dire dans le cercle en tel endroit qu'en
L, le point de la compagne de la Roulette est dans B D en tel endroit que
M, & ainsi des autres.

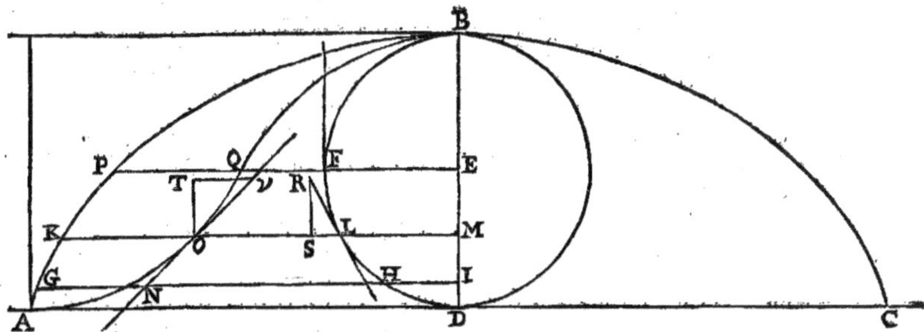

D'où il s'ensuit, que pour décrire cette ligne, ayant tiré des points de la
Roulette des lignes paralleles à A C, si dans chacune de ces lignes, à commencer aux points de la Roulette, l'on prend une ligne égale à la portion de
la mesme ligne comprise entre la demi-circonférence du cercle & son axe,
l'on aura les points par lesquels cette ligne est décrite. Ainsi tirant comme
nous avons dit, la ligne G H I, si dans la mesme ligne vous prenez G N égale
à H I, vous aurez le point N, par lequel passe la compagne de la Trochoïde;
de mesme prenant dans K L M la ligne K O égale à L M, vous aurez un autre
point O de la mesme ligne. Et si par le centre E vous tirez E F perpendiculaire à B D, & si vous la prolongez en P jusqu'à la Roulette; ayant pris de P
vers F la ligne P Q égale à E F, dans la mesme ligne P F vous aurez le point
Q, qui est le milieu de cette ligne-cy, & auquel elle change de courbure,
comme vous remarquerez mieux cy-après. Or ç'a esté la mesme chose de décrire le cercle autour de l'axe de la Roulette, que de luy donner toutes les
diverses positions qu'il a en glissant sur la ligne A C, ce qui a déja esté remarqué dans la Roulette.

Cecy posé vous voyez que le point qui décrit cette ligne-cy est porté par
un mouvement composé de deux droits, l'un uniforme, l'autre inégal, &
desquels les directions sont perpendiculaires l'une à l'autre, se prenant dans
les lignes A D, B D ou dans leurs parallelles.

Et parce que le point qui décrit cette ligne-cy monte de la mesme façon
que celuy qui décrit la Roulette monte dans le demi-cercle, tirant la touchante du point réciproque dans le demi-cercle, & composant le mouvement dont elle est la direction de deux mouvemens droits, l'un parallele à
A D & l'autre à B D, l'on aura dans la ligne parallele à B D la quantité du
mouvement qui fait monter ce point; & sçachant la raison de la base A C à
la circonférence du cercle, puisque le point qui décrit la compagne de la
Roulette est porté d'un mouvement uniforme & égal à A C, comme le point
qui décrit la Roulette a un mouvement uniforme & égal à ladite circonférence, si l'on fait que comme la circonférence du cercle est à A C, ainsi la
touchante du cercle soit à une ligne droite, cette ligne sera la quantité du

E e

mouvement parallele à A C du point de cette ligne-cy qui eſt réciproque à celuy du cercle auquel l'on a tiré la touchante.

Par éxemple, ſoit en la derniére figure cy-deſſus la Roulette A B C du
premier genre, c'eſt-à-dire que ſa baſe A C ſoit égale à la cirçonférence de
ſon cercle & le reſte, comme il a eſté dit : pour tirer la touchante de cette ligne
au point O, je tire au cercle par le point L réciproque du point O, la touchante du cercle L R, & je compoſe le mouvement L R de deux R S, S L,
dont l'un R S eſt parallele à B D ; puis comparant les mouvemens du point O
à ceux du point L, puiſque par la ſuppoſition le point O monte autant que le
point L, je tire O T parallele & égale à R S, ce ſera la direction & la quantité de ce premier mouvement du point O ; puis aprés parce que le point O
a dans une ligne parallele à A C un mouvement égal à celuy du point L le
long de la circonférence de ſon cercle, c'eſt-à-dire un mouvement égal à
celuy du point L le long de la touchante L R, ayant tiré T V parallele à A C,
& égale à L R, j'auray les directions & la raiſon des deux mouvemens du
point O, & partant la ligne O V ſera la touchante de cette ligne au point O ;
ce qu'il falloit faire.

Treiziéme éxemple, de la Parabole de M. des Cartes.

MONSIEUR des Cartes nous apprend le moyen de décrire en deux
façons cette ligne courbe, qui eſt une eſpece de Parabole : la premiére
par ſa régle compoſée qui eſt en la 318. page de ſa Méthode, & la deuxiéme en
la page 405. de la meſme méthode, ou bien 337. qui eſt en faiſant mouvoir une
Parabole ordinaire avec ſon plan le long de ſon diamétre M C, & prenant un
point fixe comme G hors le meſme diamétre, mais dans un autre plan fixe ſur
lequel le plan de la Parabole ſe meuve en coulant, ces deux plans convenans
toûjours l'un à l'autre pendant le mouvement de celuy de la Parabole : puis
dans le diamétre B C ſoit marqué un point B, qui ne ſe puiſſe mouvoir qu'au
mouvement de la Parabole, demeurant toûjours à pareille diſtance du ſommet ; & ſoit entendu une ligne droite G B indéfinie, qui tourne à l'entour
du point fixe G comme centre, & qui paſſe toûjours par B pendant que la
Parabole ſe meut, cette ligne G B coupant la Parabole mobile continuellement en de nouveaux points, la ligne courbe qui paſſera par tous ces points
ſera la Parabole de M. des Cartes, laquelle à proprement parler eſt une
Conchoïde de Parabole, & peut-eſtre double, car la ligne G B peut couper
la Parabole propoſée en deux points.

Pour avoir la tangente de ladite ligne courbe, par éxemple en A, tirons
premiérement deux lignes paralleles au diamétre de la Parabole T S V, que
nous faiſons mouvoir ſur la ligne droite M C, deſquelles paralleles l'une
D G Z paſſe au point G, qui eſt comme le Pole, & l'autre parallele E A X
paſſe au point A auquel nous voulons la touchante ; en ſuite éxaminons
premiérement le mouvement du mobile au point B, ledit mobile eſtant porté
ſur la ligne G B F, laquelle ſe meut circulairement ſur le point fixe G en
tirant vers les points D C, duquel mobile au point B nous avons la direction,
à ſçavoir B C, parce que par la deſcription de la ligne courbe Q R A, ledit
mobile ſe maintient toûjours dans la ligne M C : nous avons auſſi les deux
autres directions deſquelles eſt compoſée B C, l'une la circulaire D B, la ligne D B eſtant perpendiculaire ſur G B, & l'autre direction la ligne droite
B F, nous aurons donc ces directions, & les raiſons des vîteſſes dudit mobile
au point B : or les points qui ſont dans la Parabole mobile montant tous
également, ſi nous menons du point C une parallele à B G, ſçavoir C D, les
lignes D G, E A & B C ſeront égales, & par conſéquent E A & D G ſeront

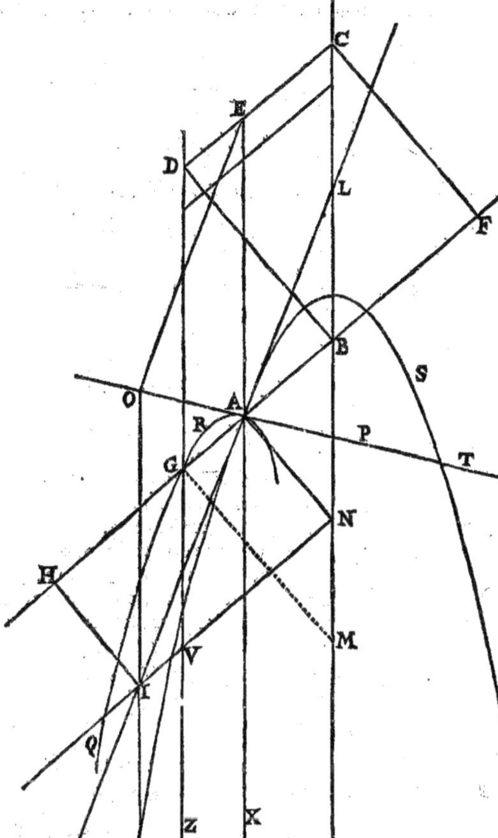

les mefmes dire-
ctions que B C;
enfuite examinons le mouvement du point
A, auquel nous
voulons avoir la
touchante; &
confidérons le
point B comme
eſtant fixe & ar-
reſté, autour du-
quel fe meuve
circulairement
la meſme ligne
BG vers V M T,
car c'eſt le meſ-
me mouvement
circulaire que le
précédent; donc
l'une de ces di-
rections, à ſça-
voir la circulai-
re, ſera A N; &
les angles D G B
& G B M eſtant
égaux, en meſ-
me temps que le
point B ira en D,
auſſi le point G
ira en M, & A
en N, les lignes
G M & A N eſ-
tant paralleles à
B D; donc la di-
rection circulai-

re du point A ſera A N : mais le meſme point A ſe maintenant toûjours dans
la Parabole T S V, ſa direction ſera la touchante de la meſme Parabole T S V.
Soit donc menée cette touchante, à ſçavoir I L, & achevé le parallelogramme
A H I N, nous avons donc A I pour direction de ce point A ſe mouvant circulairement, & ſe maintenant auſſi dans la Parabole S T V, nous avons auſſi
la direction du meſme point A ſe maintenant dans M G, à ſçavoir A E égale
à B C, & par conſéquent le parallelogramme E O I A eſtant achevé, la ligne
droite O A diagonale du parallelogramme ſera la direction du point A, &
par conſéquent la touchante de la ligne courbe Q G R A audit point A; ce
qu'il falloit faire.

PROJET

D'UN LIVRE DE MECHANIQUE
traitant des Mouvemens composez.

PAR un mouvement composé j'entens celuy qui se fait de deux ou plusieurs mouvemens différens entre eux, soit par leurs directions ou leurs vitesses, ou par toutes les deux, lors que tous ces mouvemens sont communiquez à un mesme mobile, ou en mesme temps, ou successivement, soit que la communication s'en fasse en un instant, ou avec du temps.

On peut considérer le mouvement composé en trois états différens; sçavoir, ou dans ses causes, ou en soy-mesme pendant sa durée, ou dans ses effets.

Les causes d'un mouvement en tant que composé sont les mouvemens particuliers qui le composent, qui sont ou simples, ou composez eux-mesmes.

Icy on discourra des causes des mouvemens simples qui sont les principes actifs de la nature dans ses corps différens, soit qu'ils agissent par des causes ordinaires & réglées comme par la pesanteur, ou légereté, & par de pareilles qui nous paroissent uniformes ou à peu prés, soit que ces causes, quoy-qu'ordinaires, ne soient pas réglées, comme l'action du feu, celle des ressorts, celle des animaux &c. Ce qu'on amplifiera par les éxemples des feux artificiels, par la poudre à canon, ou autrement par les arcs, les arquebuses à vent, & les autres actions de l'air. On y ajoûtera les mouvemens particuliers du soleil & des étoiles : on y fera entrer l'artifice des hommes, qui par leurs propres forces, & par celles tant des animaux que des autres corps naturels, peuvent faire des mouvemens composez, d'autant plus diversifiez qu'ils ont de connoissance & d'industrie.

La nature en général possede les principes des mouvemens simples, dont il s'en compose une infinité d'autres dans les animaux, vegetaux, mineraux &c.

Quoy qu'on connoisse les mouvemens simples qui en font un composé, il n'est pas toûjours facile de connoistre ce composé, ni les lignes qu'il décrit par sa composition, particuliérement quand elles sont courbes, comme il arrive d'ordinaire. Delà vient cette science spéculative qui tient beaucoup de la Géometrie, & qui traite des lignes & des figures décrites par les mouvemens composez; de leurs tangentes & de leurs autres propriétez.

Le mouvement composé consideré en soy n'est point différent d'un mouvement simple; & on le peut considérer comme simple, quand il est connu, de mesme que s'il estoit produit dans la nature par sa simplicité; mesme on peut considérer non-seulement un mouvement composé; mais aussi un mouvement simple droit ou courbe, comme estant composé de plusieurs autres tant simples que composez; ce qui sert souvent pour la découverte de plusieurs belles véritez touchant la nature & les propriétez des lignes & des figures, qu'on ne découvriroit pas si facilement sans cette considération, quoy-que souvent elle ne soit qu'une fiction, mais pourtant une fiction d'une chose possible.

Il est remarquable que quand un mouvement composé se présenteroit à nous, si nous ne sçavons point qui sont ceux qui l'ont composé, quand mesme

nous

nous fçaurions qu'il n'eſt pas ſimple, nous ne fçaurions pourtant découvrir avec certitude qui ſont les compoſans. La principale raiſon de ce defaut vient de ce que tout mouvement peut eſtre compoſé de pluſieurs ſortes, & meſme d'une infinité de ſortes, entre leſquelles il ſeroit difficile, pour ne pas dire impoſſible, de rencontrer la véritable.

Touchant les effets du mouvement compoſé, ils ne ſont remarquables qu'au meſme temps qu'il ſe compoſe; car aprés qu'il eſt compoſé, ſes effets ne ſont plus différens de ceux d'un mouvement ſimple.

En général ces effets ſont de changer de vîteſſe, ou de direction, ou de tou-tes les deux, ſans compter que de deux ou de pluſieurs mouvemens actuels il ſe peut compoſer un repos.

Mais en particulier, ou ils ſont des lignes différentes, ou des figures diffé-rentes, ou ils changent des temps égaux en des inégaux, ou au contraire, & partant quelquefois ils réglent, quelquefois ils déréglent; ils établiſſent, ils détruiſent, & ainſi d'une infinité d'actions cauſées dans toute la nature par une telle compoſition.

Mais il ne ſera pas hors de propos d'apporter icy pour exemple quelques-uns de ces effets particuliers, pour porter les eſprits à la conſidération d'une infinité d'autres.

Les caroſſes courant viſte, & voulant tourner trop court, verſent. Il en eſt de meſme de ceux qui ſautent hors d'un caroſſe qui court.

De l'effet des lances, qui rompent, qui fauſſent, ou qui gliſſent ſur les cuiraſſes.

Des balles de mouſquet, de piſtolet &c. ſur des corps mobiles, tant ſur ceux qui les repouſſent que ſur ceux qui les laiſſent entrer plus ou moins, ou qui écraſent la bale; du coup oblique qui eſt une eſpéce de mouvement com-poſé, meſme ſur un corps immobile. On citera les ſillons des balles & des boulets ſur la terre & ſur l'eau, & on examinera ſi la réfraction ne feroit pas un pareil effet.

Les montres & les horloges ſe déreglent dans le tranſport, & les pendules y ſont des plus ſujettes.

Les pierres & quelques boulets de fer rougis au feu s'en vont en piéces au ſortir des canons.

Le choc de l'air, de l'eau & des corps terreſtres font des compoſitions de mouvemens ſurprenans & ſouvent dangereux tant ſur la terre que ſur la mer.

DE
RECOGNITIONE
ÆQUATIONUM.

ÆQUATIONEM recognoscere, est statum illius examinare, eo fine ut innotescat ejus constitutio hinc ab origine ejusdem, usque ad ultimam ordinationem: atque ut nota fiat laterum datorum, ad ea quæ quæruntur habitudo; item ut dignosci possit, an de unico latere ignoto explicabilis sit ipsa æquatio, an vero de pluribus, & quot; atque utrum aliqua ex ipsis sint æqualia, an vero omnia inæqualia. Rursus sintne latera quæsita positiva, seu realia, seu etiam possibilia: an contra, ficta, seu nulla, seu etiam impossibilia. Quæ omnia ut melius intelligi possint, præmittenda sunt quædam, tum circa vocabulorum ac notarum, seu signorum explicationem, tum etiam circa ordinem, quem in ordinando hoc opere sequi decrevimus.

Ac primum, quod ad vocabula, notas, seu signa spectat, sive de lateribus sit quæstio, sive de potentiis eorumdem laterum, quædam agnoscimus quæ suâ naturâ aliquid indicant supra nihilum, quædam verò quæ suâ naturâ aliquid indicant infra, dicantur omnia tum hæc, tum illa positiva; priora quidem positiva supra, posteriora autem positiva infra.

Rursùs tam positiva supra, quam positiva infra, vel affirmativa sunt, vel negativa; sed affirmativa supra æquivalent negativis infra, & è contrario. Et quidem, signum affirmationis tam supra quàm infra, est hoc vulgò receptum $+$. Signum negationis tam supra quàm infra, est hoc aliud vulgò quoque receptum $-$. Signum differentiæ inter duas magnitudines, est ejusmodi $=$. Quo ambiguum relinquitur quænam ex duabus magnitudinibus propositis, inter quas tale signum intercedit, major est aut minor. Signum æqualitatis tale est ∞; quo significatur magnitudines inter quas illud intercedit, esse æquales; sive una magnitudo uni magnitudini æquetur; sive una pluribus; sive plures uni; sive denique plures pluribus.

Operæpretium fuisset si quæ suâ naturâ habentur infra magnitudines, certo aliquo signo ab aliis distincto notatæ essent: verùm quia passim, immò ferè semper accidit ut in eadem quæstione, sub iisdem terminis, magnitudines quæsitæ sint supra, vel infra, ex natura ipsius quæstionis, ac vi æquationis ad ipsam pertinentis; ideò talis dictinctio commodè fieri non potuit fiet tamen ut notâ ejusmodi æquationis constitutione, innotescat etiam natura ipsorum laterum, & quicquid ad numerum eorumdem determinandum requiritur, ut magis patebit in sequentibus.

Præterea omnis multiplicator nihilo æquivalens multiplicans quodvis multiplicatum (seu illud multiplicatum nihilo æquivaleat, seu aliquid supra, aut infra indicet) producit aliquid nihilo æquivalens. Idem accidit, sive multiplicator nihilo æquivaleat, sive aliquid indicet supra aut infra, dummodo multiplicatum æquivaleat nihilo.

Idem prorsus intelligendum de divisione, quod de multiplicatione; divisor enim hic gerit vices multiplicatoris, quotiens multiplicati, & divisum producti; quandoquidem multiplicatio restituit divisionem, & divisio multiplicationem. Hæc de notis seu signis, nunc de ordine dicamus.

Multis quidem modis ordinari potest æquatio, præcipuè si multipliciter

affecta sit; & revera à diversis authoribus diversimodè constitutus est ordo
ipse, nobis accommodatissimus ille videtur qui omnia quibus æquatio constat homogenea ex una parte constituit; sic ut omnia simul nihilo æquivaleant, quod quidem nullo negotio semper efficitur; illud autem vel unico
exemplo planum fiet. Proponatur methodo Vietæ hæc æquatio $A^3 - BA^2 + C^2 A \infty Z^c$ manifestum est per anthitesim oriri hanc æquationem $Z^c - C^2 A + BA^2 - A^3 \infty O$, vel hanc $A^3 - BA^2 + C^2 A - Z^{\text{sol.}} \infty O$.
Etsi vero utraque formula nostro instituto accommodari possit, priorem ta-
men eligimus, eam scilicet in qua magnitudo omninò data $Z^{\text{sol.}}$ afficitur
semper affirmatè, ac secundum eam intelligi debent quæcumque postea
dicturi sumus.

De constitutione æquationum quadraticarum.

CAPUT UNICUM.

Propositio prima.

SI $ZP - RA + A^2 \infty O.$
Sunt duo latera, ambo supra, quorum summa est R; rectangulum vero
sub ipsis est ZP & fit A alterutrum ex istis,
Intelligatur enim $A - B \infty O$ sic ut $+ A$ æquetur ipsi $+ B$ vel $A - C \infty O$
sic ut $+ A$ æquetur isti $+ C$; unde si ducatur $A - B$ in $A - C$ quod
inde orietur æquabitur nihilo. Productum autem illud est $BC \overline{}\, \begin{smallmatrix} BA \\ CA \end{smallmatrix} + A^2$,
proinde hoc æquatur nihilo, quod semper accidet. Sive enim A æquetur ipsi
B ita ut $A - B \infty O$, quicquid valeat $A - C$, si $A - B$ ducatur in $A - C$,
hoc est si nihilum per quodvis multiplicetur, producitur nihilum; sive A
æquetur ipsi C, ita ut $A - C \infty O$, quicquid valeat $A - B$, si $A - C$ ducatur in $A - B$, hoc est si nihilum per quodvis multiplicetur, producitur
nihilum.

Jam BC vocetur ex hipothesi ZP; & $B + C$ vocetur R; fietque id quod
proponitur nempe $ZP - RA + A^2 \infty O$ qua in æquatione A potest explicari tam de ipso B quam de ipso C à quibus producitur BC sive ZP.

Pro determinatione.

DETERMINATIO alicujus æquationis est constitutio illa in qua vel
omnia, vel quædam ex lateribus de quibus explicabilis est æquatio
inter se æqualia sunt; unde cum de duobus tantum lateribus explicari potest
æquatio, quales sunt quadraticæ, unica tantum potest esse determinatio,
cum scilicet duo latera sunt æqualia. Cum autem de tribus lateribus æquatio explicabilis est, quales sunt cubicæ; tunc duplex esse potest determinatio, altera quidem major, cum omnia tria latera æqualia sunt, altera verò
minor, cum duo tantum æqualia sunt. Atque ita quo plura erunt latera in
aliqua æquatione, id est quo potentia illius altior erit, eo plures erunt illius
determinationes.

Jam in proposita æquatione unica esse potest determinatio in qua duo
latera de quibus A est explicabile erunt æqualia; cum scilicet ZP æquatur
$\frac{1}{4}R^2$: tunc enim unumquodque ex ipsis lateribus A æquale est $\frac{1}{2}$ ipsius R.

Nam in prædicta formula $BC \overline{}\, \begin{smallmatrix} BA \\ CA \end{smallmatrix} + A^2 \infty O$ in casu determinationis
B intelligitur æquari ipsi C, unde illa æquatio æquivalet huic $B^2 - 2BA +$

A² ∞ O, sive etiam huic per interpretationem ZP — RA + A² ∞ O ut
proponitur, ubi quoniam R ∞ 2 B manifestum est ZP esse quadratum ipsius B,
sive dimidii ipsius R, sive etiam ZP esse quartam partem quadrati ipsius R,
& A quod æquatur ipsi B vel C, esse dimidium ipsius R.

Propositio secunda.

Si ZP + RA — A² ∞ O.

Sunt duo latera inæqualia, quorum alterum, idemque majus est supra,
alterum minus est infra, differentia amborum est R, & rectangulum sub
ipsis ZP & fit A, alterutrum ex ipsis, (intelligatur enim B — A ∞ O sic ut
A dum erit supra, æquetur ipsi B; vel C + A ∞ O sic ut A dum erit infra,
æquetur ipsi C. Atque ex hypothesi sit B majus quàm C.) Si igitur B — A
ducatur in C + A, quod inde orietur æquabitur nihilo.

Productum autem id est B C $\genfrac{}{}{0pt}{}{+\,B\,A}{-\,C\,A}$ — A² æquatur nihilo. Quo pacto
æquatio explicabilis est de A supra, æquali ipsi B. Ubi tamen æquatio
hanc interpretationem accipere debet ut B C ∞ ZP & B — C ∞ R. Quod si
quis singulas æquationis partes conferre velit, ut noscat qua ratione ipsæ se
invicem tollant, is reperiet + B C & + C A sese tollere, item + B A
& — A² se tollere quoque. Unde fit ut omnia homogenea simul nihilo
æquivaleant.

Jam si C intelligatur æquari ipsi A, atque + C + A multiplicetur per
+ B — A, productum erit rursus B C $\genfrac{}{}{0pt}{}{+\,B\,A}{-\,C\,A}$ — A², quæ æquatio est eadem quæ supra, unde illa explicabilis quòque est de A dum ipsum æquatur
ipsi C, ita tamen ut ipsum sit infra ut indicat C + A ∞ O, vide notas post
æquationes cubicas. Hîc autem + B C + B A se invicem tollunt sicuti
— C A — A²; ut rursus omnia nihilo æquentur; atque æquatio eandem
quam supra accipere debet interpretationem.

Propositio tertia.

Si ZP — RA — A² ∞ O.

Sunt duo latera inæqualia, quorum alterum idemque minus est supra,
alterum majus est infra, differentia amborum R, & rectangulum sub lateribus ipsis ZP: A autem explicabile est de alterutro ex iisdem.

Intelligatur enim ut supra B — A ∞ O item C + A ∞ O & B minus sit
quam C, fiet ergo productum B C $\genfrac{}{}{0pt}{}{+\,B\,A}{-\,C\,A}$ — A² ∞ O quod quidem si hanc
interpretationem accipiat ut B C ∞ ZP, & C — B sit R, habebimus æqua-
tionem propositam: cætera se habent ut supra.

Nec ulla est in duabus prædictis propositionibus determinatio, quia in
utraque duo latera, de quibus A explicabile est, sunt semper inæqualia.

Item nulla alia est inter duas hasce æquationes differentia, nisi quod in
priori latus quod est supra majus est eo quod est infra, in posteriori autem
illud quod est supra, minus est eo quod est infra.

Propositio quarta.

Si ZP — A² ∞ O.

Sunt duo latera æqualia, quorum alterum est supra, alterum infra, rectangulum sub ipsis est ZP & fit A alterutrum ex iisdem.

Intelligatur

Intelligatur enim B—A ∞ O ſic ut +A ∞ +B ſupra. Item C+A ∞ O, ſic ut A ex ſe æquetur ipſi C infra; ponaturque B æquari eidem C: itaque ſi fiat multiplicatio ut in antecedentibus, productum erit B C $\genfrac{}{}{0pt}{}{+\,B\,A}{-\,C\,A}$ —A² ∞ O. Quod ſi hanc interpretationem accipiat ut BC ∞ ZP, quia tollunt ſe invicem $\genfrac{}{}{0pt}{}{+\,B}{-\,C}$ habebimus æquationem propoſitam ZP—A² ∞ O, quæ explicabilis eſt tam de A ſupra æquali ipſi B, quam de A infra æquali ipſi C.

<h3 style="text-align:center">Propoſitio quinta.</h3>

SI ZP+A² ∞ O.

Nullum propriè loquendo eſt latus, ſed unicum planum æquale ipſi ZP de quo quidem eſt explicabile ipſum A².

Ejuſmodi autem æquatio irregularis eſt, nec poteſt ipſa oriri ex multiplicatione, ut factum eſt in antecedentibus.

Nota ergo æquationes quaſdam de planis tantum explicabiles eſſe, quod etiam ad ſolida & ultra in infinitum extendi, quivis ſatis doctus reperiet.

<h3 style="text-align:center">De conſtitutione æquationum cubicarum.</h3>

<h2 style="text-align:center">CAPUT PRIMUM.</h2>

SI Zᶠ—SPA+RA²—A³ ∞ O.

Sunt tria latera poſitiva ſupra, quorum ſumma eſt R, ſumma trium rectangulorum ex ipſis binis ac binis ſumptis eſt SP, ſolidum autem ſub iiſdem contentum eſt Zᶠ, & fit A quodvis ex ipſis tribus. Vide poſtea propoſitionem ſpecialem.

Intelligamus enim $\genfrac{}{}{0pt}{}{\mathrm{B—A}\,\infty\,\mathrm{O}}{\genfrac{}{}{0pt}{}{\mathrm{C—A}\,\infty\,\mathrm{O}}{\mathrm{D—A}\,\infty\,\mathrm{O}}}$ & per quodvis ex iſtis tribus binomiis, per

illud ſcilicet quod nihilo æquari intelligitur, multiplicetur productum ex aliis duobus, quicquid illa duo valeant, & quicquid valeat eorumdem productum, fiet productum ex omnibus tribus æquale nihilo illud autem eſt.

$$\begin{array}{c} -BCA+BA² \\ BCD-BDA+CA²—A³ \; \infty \; O \\ -CDA+DA² \end{array}$$

Omnia autem hanc interpretationem accipiunt ut B C D ∞ Zᶠ.

$$\text{Item} \begin{array}{ll} -BC \;\infty\; SP\; \& & +B \;\infty\; R \\ -BD & +C \\ -CD & +D \end{array} \;\infty\; O$$

Quo pacto habebimus æquationem propoſitam Zᶠ—SPA+RA²—A³ ∞ O.

Quia vero in multiplicatione binomiorum, ipſum A triplicem valorem induere potuit, puta vel ipſius B, vel C, vel D, ſic ut in eandem formulam ſemper incidamus, nec ullo modo mutetur æquatio, patet ipſam de eodem triplici A explicabilem eſſe, ſub ipſo triplici valore.

Determinatio præcedentis æquationis.

HUjus æquationis determinatio duplex est, altera major, in qua omnia tria latera sunt æqualia; altera minor, in qua duo tantum æqualia sunt.

Major determinatio ejusmodi sortitur constitutionem ut Z^c æquale sit cubo tertiæ partis longitudinis R, sive ut ipsum $Z^c \infty \frac{1}{27} R^3$, & SP æquale sit triplo quadrati ejusdem tertiæ partis longitudinis R, sive ut ipsum $SP \infty \frac{1}{3} R^2$, patet hoc ex eo quod ex constitutione præcedenti, si B, C, D, intelligantur tria latera æqualia, erit solidum BCD, sive Z^c æquale ipsi B^3.

Item plana $\overset{BC}{\underset{CD}{BD}}$ simul, sive $SP \infty 3 B^2$; & tandem latera $\overset{B}{\underset{D}{C}}$ simul, sive R æqualia 3 B.

Minor determinatio longiori eget apparatu, pro quo ponamus duo latera æqualia esse ea quæ in constitutione præcedenti referebantur per B & C, quo pacto sic æquatio explicari poterit, ut $B^2 D \infty Z^c$;

Item $B^2 + 2 B D \infty SP$ & $2 B + D \infty R$.

Atque ita $B^2 D - B^2 A + 2 B A^2 - A^3 \infty O$
$- 2 B D A + D A^2$.

Jam quia B est A & $2B + D$ est R, ideo $R - 2A$ est D. Hanc ergo speciem induat D in posterum, ut sit $R - 2A$.

Item B^2 est A^2, quod ductum in D id est in $R - 2A$, producit $R A^2 - 2 A^3$ quæ species proinde æqualis est Z^c, & omnibus ordinatis

$$\frac{1}{2} Z^c - \frac{1}{2} R A^2 + A^3 \infty O.$$

Rursus B^2 est A^2; & $2BD$ est $2 R A - 4 A^2$ quæ ambas species simul constituunt, $2 R A - 3 A^2$ ambæ autem constituunt SP. Itaque $2 R A - 3 A^2 \infty SP$, & omnibus ordinatis

$$\frac{1}{3} SP - \frac{2}{3} R A + A^2 \infty O.$$

Hic nisi ambigua esset hæc æquatio plana, ac de duobus lateribus supra, explicabilis, jam haberetur valor ipsius A; sed quia duplex est valor ille, nempe, vel latus $(\frac{1}{9} R^2 - \frac{1}{3} SP) + \frac{1}{3} R$, vel $\frac{1}{3} R -$ latere $(\frac{1}{9} R^2 - \frac{1}{3} SP)$ estque ex illis, alter quidem utilis, alter inutilis, atque etiam si utilem agnoscere non sit difficile, tamen quia ex comparatione quarumdem aliarum æquationum ad simplicem lateralem, ac de unico eoque vero latere explicabilem devenire possumus, ideo sic progrediemur.

Sed supra etiam $\frac{1}{2} Z^c - \frac{1}{2} R A^2 + A^3 \infty O.$

Ascendat per A depressior harum æquationum nempe hæc

$$\frac{1}{3} SP - \frac{2}{3} R A + A^2 \infty O.$$

Atque ita fiet hæc $\frac{1}{3} SP A - \frac{2}{3} R A^2 + A^3 \infty O.$

Huic ergo æqualis est $\frac{1}{2} Z^c - \frac{1}{2} R A^2 + A^3 \infty O.$

Sublatoque communi A^3 & addito $\frac{1}{2} R A^2$ puta per anthitesim fiet hæc æquatio.

$$\frac{1}{2} Z^c \infty \frac{1}{3} SP A - \frac{1}{6} R A^2.$$

Et communi divisore $\frac{1}{6} R$ adhibito $\dfrac{3 Z^c}{R} \infty \dfrac{2 SP A}{R} - A^2.$

Atque omnibus ordinatis $3\dfrac{Z^f}{R} - 2\dfrac{SP}{R}A + A^3 \gg O$.

Sed rursus ut supra $\frac{1}{2}SP - \frac{1}{3}RA + A^2 \gg O$.

Ergo hæ duæ æquationes invicem æquales sunt, unde sublato communi A^2 & per anthitesim fiet hæc æquatio $3\dfrac{Z^f}{R} = \frac{1}{2}SP = 2\dfrac{SP}{R}A = \frac{1}{3}RA$.

Itaque $3\dfrac{Z^f}{R} = \frac{1}{2}SP$

$2\dfrac{SP}{R} = \frac{1}{3}R$　est valor ipsius A

Si ergo accidat aliquam ex præmissis differentiis vel utramque esse æqualem nihilo, vel alteram esse nihilo minorem, alteram verò nihilo majorem, nulla erit ejusmodi determinatio : sed æquatio explicari poterit de tribus lateribus supra, at de uno tantum. Aliquo tamen casu fieri poterit, ut sub proposita initio æquationis formula unicum inveniatur latus supra, & unicum infra, quod proprie latus non est, sed planum, tunc autem propositio specialis est cujus explicandæ hic est locus.

Propositio secunda specialis.

SI $Z^f - SPA + RA^2 - A^3 \gg O$.

Sit autem $\dfrac{Z^f}{R} \gg SP$.

Sunt duo latera, alterum suprà æquale ipsi R, alterum infrà non proprie latus, sed planum æquale ipsi SP, & A explicari potest de quolibet ipsorum. Fingatur enim BP $+ A^2 \gg Q$ quæ æquatio explicabilis est de unico plano infra æquali ipsi BP ut notatum est prop. 5ᵃ Æquat. quadraticarum. Item C $- A \gg O$ tum fiat multiplicatio ut consuevimus.

Orietur ergo BP C $-$ BPA $+$ CA² $- A^3 \gg O$.

Hæc æquatio eam accipiat interpretationem ut BP C $\gg Z^f$ & BP $\gg$ SP, atque C $\gg$ R.

Quo pacto incidemus in æquationem propositam, ubi manifestum est ex generatione $\dfrac{Z^f}{R} \gg SP$, & A esse æquale vel ipsi C, hoc est R supra, vel A² est æquale ipsi BP, hoc est SP infra.

CAPUT SECUNDUM.

Propositio prima.

SI $Z^f - SPA + RA^2 + A^3 \gg O$.

Sunt tria latera, quorum duo sunt supra, & tertium infra, idemque majus duobus reliquis simul sumptis, differentia seu excessus tertii, supra summam duorum priorum est R : at SP est differentia seu excessus summæ duorum rectangulorum, ejus scilicet quod sub primo & tertio, & ejus quod sub secundo & tertio, supra id, quod sub primo & secundo, solidum autem Z^f quod fit sub tribus, & A explicabile est de quolibet ex ipsis.

Intelligantur enim B $-$ A

C $-$ A

D $+$ A

Quorum D sit majus ambobus B & C simul sumptis; sit autem quævis
ex illis tribus speciebus nihilo æqualis, & fiat multiplicatio solito modo
orieturque,

$$BCD \begin{array}{c} -BDA+DA^2 \\ -CDA-BA^2+A^3 \\ +BCA-CA^2 \end{array} \infty\; O$$

& quia D majus ponitur quam B & C simul, manifestum est B C multo minus esse quam B D & C D simul sumpta. Itaque omnia hanc interpretationem recipiant ut $+$ D $-$ B $-$ C sit $+$ R, item $-$ B D $-$ C D $+$ B C
sit $-$ S P & B C D sit Z^f quo pacto incidemus in æquationem propositam

$$Z^f - S_P A + R A^2 + A^3 \;\infty\; O.$$

Patet autem ex formula, A explicabile esse tam de B aut C supra quàm
de D infra, quia in multiplicatione binomiorum ipsum triplicem hunc valorem induere potuit.

Determinatio præcedentis æquationis.

DETERMINATIO unica est, nempe minor, cum scilicet duo latera
supra sunt æqualia; aliter enim æqualia esse non possunt: siquidem
illud quod est infra, duobus reliquis simul majus est.

Posito ergo quod B & C sunt æqualia, explicari poterit formula æquationis hoc modo.

$$\begin{array}{c} B^2 D - 2 B D A + D A^2 \\ + B^2 A - 2 B A^2 + A^3 \end{array} \;\infty\; O.$$

Quoniam autem B est A & D $-$ 2 B est R, ergo D $-$ 2 A est R & per
antithesim R $+$ 2 A est D, hanc ergo speciem induat D in posterum ut sit
R $+$ 2 A.

Item B^2 est A^2, quod ductum in D, id est in R $+$ 2 A producit R A^2 $+$
2 A^3, quæ species proinde æqualis est Z^f & omnibus ordinatis

$$\tfrac{1}{2} Z^f - \tfrac{1}{2} R A^2 - A^3 \;\infty\; O.$$

Rursus B^2 est A^2, & 2 B D est 2 R A $+$ 4 A^2. Quarum ambarum specierum differentia est 2 R A $+$ 3 A^2, hæc idcirco æqualis est S P & omnibus ordinatis.

$$\tfrac{2}{3} S_P - \tfrac{2}{3} R A - A^2 \;\infty\; O.$$

Ascendat hæc æquatio per A gradum, atque ita rursus

$$\tfrac{2}{3} S_P A - \tfrac{2}{3} R A^2 - A^3 \;\infty\; O.$$

Ergo huic æquationi æquatur hæc

$$\tfrac{1}{2} Z^f - \tfrac{1}{2} R A^2 - A^3 \;\infty\; O.$$

Additisque communibus A^3, & $\tfrac{1}{2}$ R A^2 fiet hæc

$$\tfrac{2}{3} S_P A - \tfrac{1}{6} R A^2 \;\infty\; \tfrac{1}{2} Z^f.$$

Et communi divisore adhibito $\tfrac{1}{6}$ R, erit $\dfrac{2 S_P A}{R} - A^2 \;\infty\; \dfrac{3 Z^f}{R}.$

Et omnibus ordinatis $\dfrac{3 Z^f}{R} - \dfrac{2 S_P A}{R} + A^2 \;\infty\; O.$

Mutatisque

Mutatísque omnibus signis — $\dfrac{3\,Z^c}{R} + \dfrac{2\,SP\,A}{R} - A^2 \infty\; O.$

Sed rursus supra $\tfrac{1}{3}\,SP - \tfrac{2}{3}\,R\,A - A^2 \infty\; O.$

Itaque addito communi A^2 & per antithesim fiet hæc æquatio

$$\frac{3\,Z^c}{R} + \tfrac{1}{3}\,SP \;\infty\; \frac{2\,SP\,A}{R} + \tfrac{2}{3}\,R\,A.$$

Itaque
$$\cfrac{\dfrac{3\,Z^c}{R} + \tfrac{1}{3}\,SP}{\dfrac{2\,SP + \tfrac{2}{3}\,R}{R}} \qquad \text{est valor ipsius A.}$$

Propositio secunda.

S I $Z^c - SP\,A + A^3 \infty\; O.$

Sunt tria latera, quorum duo sunt suprà, & tertium infrà, idemque æquale duobus prioribus simul sumptis.

SP est excessus summæ duorum rectangulorum, ejus scilicet quod sub primo & tertio, & ejus quod sub secundo & tertio, supra id quod sub primo & secundo.

Z^c autem est id quod sub tribus continetur, & A explicabile est de quolibet ex ipsis tribus : ponantur enim eædem species quæ supra, nisi quod D intelligi debet æquale duobus B & C simul, fietque rursus eadem æquatio.

$$B\,C\,D \begin{array}{l} - B\,D\,A + D\,A^2 \\ - C\,D\,A - B\,A^2 + A^3 \\ + B\,C\,A - C\,A^2 \end{array} \infty\; O$$

Quoniam autem D, ponitur æquale duobus B & C simul, ideo evanescet affectio sub A^2 quia $- B\,A^2 - C\,A^2$ tollunt $D\,A^2$, superest ergo tantum.

$$B\,C\,D \begin{array}{l} - B\,D\,A + \\ - C\,D\,A + A^3 \\ + B\,C\,A \end{array} \infty\; O$$

Ubi rectangula B D & C D simul majora sunt quam B C.

Quæ æquatio si hanc interpretationem accipiat, ut B C D æquetur Z^c
& $\begin{array}{l} - B\,D \\ - C\,D \\ + B\,C \end{array}$ æquetur $- SP,$

Incidemus in æquationem propositam $Z^c - SP\,A + A^3 \infty\; O.$
Ubi manifestum est ipsum A explicabile esse tam de B & C suprà, quàm de D infrà.

Determinatio rursus unica est, nempe minor, cum duo latera suprà sunt æqualia, neque enim aliter æqualia esse possunt, cum illud quod est infrà duobus reliquis simul sumptis sit æquale.

Invenietur ergo hæc determinatio sic.

Positis B & C æqualibus, æquatio talis esse poterit,
$B^2\,D - 3\,B^2\,A + A^3 \infty\; O$ unde $SP \infty\; 3\,B^2.$ *

Posito ergo, quod B sit A ex hypothesi determinationis, tunc $SP \infty\; 3\,A^2.$
Itaque $\tfrac{1}{3}\,SP$ est valor ipsius A^2 & $Z^c \infty\; 2\,A^3.$

* Quoniam D æquatur B & C simul; ac B & C simul in D æquales sunt 4 B^2, ex quibus sublato B C quod est B^2 restat 3 B^2.

Propositio tertia.

SI $Z^f - S_P A - R A^2 + A^3 \,\infty\, 0$.

Sunt tria latera, quorum duo sunt suprà, & tertium infrà, idemque minus duobus prioribus simul sumptis, excessus summæ duorum priorum supra tertium est R, at rursus ut in duabus præcedentibus propositionibus summa duorum rectangulorum, ejus scilicet, quod sub primo & tertio, & ejus quod sub secundo & tertio excedit id quod sub primo & secundo, & excessus est S P; Z^f autem est id quod sub tribus continetur, & A explicabile est de quolibet ex ipsis tribus.

Ponantur enim eædem species quæ suprà, ea tamen lege ut D intelligatur minus quàm B & C simul, & rectangula B D & C D simul majora quàm B C, fietque rursus hæc æquatio ut suprà, nempe

$$
\begin{array}{l}
\quad - BDA + DA^2 \\
BCD - CDA - BA^2 + A^3 \,\infty\, O \\
\quad + BCA - CA^2
\end{array}
$$

Quæ æquatio si hanc interpretationem accipiat, ut excessus B & C simul suprà D, sit R; at excessus rectangulorum B C & C D simul suprà B C, sit S P; item solidum B C D sit Z^f, incidemus in æquationem propositam

$$ Z^f - S_P A - R A^2 + A^3 \,\infty\, O. $$

Ubi manifestum est A explicari posse tam de B & C suprà, quàm de D infrà.

Determinatio præcedentis æquationis.

HUjus propositionis determinatio triplex esse potest, prima major, cùm omnia tria latera sunt æqualia; secunda, cùm duo latera suprà tantùm sunt æqualia; & tertia, cùm alterum eorum laterum, quæ sunt suprà, æquale est ei quod est infrà. Utraque autem harum posteriorum minor est, quàm idcirco hic accidit esse duplicem.

Et quidem major determinatio facillima est.

Positis enim B, C, D æqualibus, factaque binomiorum multiplicatione, & sublatis quæ se invicem destruunt, manifestum est superesse

B C D — B D A — B A^2 + A^3 ∞ O.

Sive quod idem est B^3 — B^2 A — B A^2 + A^3 ∞ O.

Itaque Z^f est B^3 sive A^3.

S P est B^2 sive A^2 & R, est B sive A.

Prior autem duarum minorum determinationum, cùm scilicet duo latera suprà sunt æqualia, instituitur modo præmisso, tam in prima propositione primi capitis æquationum cubicarum, quàm in prima secundi capitis: positis enim lateribus B & C æqualibus, & argumentando ut suprà in prædictis propositionibus, præcipuè verò ut in prima secundi capitis, nisi quod hic D invenietur esse 2 A — R, reperiemus tandem valorem ipsius A esse

$$ \cfrac{\cfrac{3Z^f - \tfrac{4}{3}S_P}{R}}{\cfrac{2S_P + \tfrac{1}{3}R}{R}} $$

Tandem altera duarum minorum determinationum, cùm scilicet alterum laterum suprà æquale est ei quod est infra, facilis est: posito enim quod B sit æquale ipsi D in formula præmissa, ac sublatis iis quæ se invicem tollunt, remanebit hæc æquatio, $B^2C - B^2A - CA^2 + A^3 \infty O$.

Itaque in æquatione proposita $Z^f \infty B^3C$, $S^p \infty B^2$ & $R \infty C$:

At C est unum ex duobus lateribus suprà, itaque ipsum R est unum ex lateribus suprà.

Item eadem ratione B^2 sive S^p est quadratum alterius lateris suprà, idemque quadratum ejus quod est infrà: ergo A explicabile est, tam de R suprà, quàm de S suprà & infrà.

Propositio quarta.

SI $Z^f - RA^2 + A^3 \infty O$.

Sunt tria latera quorum duo sunt suprà, & tertium infrà, idemque minus quovis duorum priorum, excessus summæ duorum priorum supra tertium, est R. At summa duorum rectangulorum ejus scilicet quod sub primo & tertio, & ejus quod sub secundo & tertio, æqualis est ei quod sub primo & secundo. Z^f autem est id quod sub tribus continetur & A explicabile est de quolibet ex ipsis tribus.

Resumatur enim formula hujus capitis.

$$\begin{array}{l} \quad\ - BDA + DA^2 \\ BCD - CDA - BA^2 + A^3 \infty O \\ \quad\ + BCA - CA^2 \end{array}$$

Intelligaturque D minus esse quàm B & C simul, & singula: at rectangulum BC æquale sit ambobus simul BD & CD, itaque tollunt se invicem ipsa rectangula, & sic evanescit affectio sub latere A, quia B & C simul superant D; differentia esto R, & solidum BCD vocetur a solidum, quo pacto incidemus in æquationem propositam, nempe

$$Z^f - RA^2 + A^3 \infty O.$$

Ubi palam est A explicari posse, tam de B & C suprà, quàm de D infrà.

Determinatio.

HUjus propositionis unica est determinatio, eaque minor, cùm scilicet duo latera suprà sunt æqualia: neque enim aliter æqualia esse possunt, quia unumquodque eorum quæ sunt suprà, majus est eo quod est infrà.

Ponantur ergo æqualia B & C, unde in formula præmissa, sublatis quæ se invicem tollunt, talis erit æquatio.

$$\begin{array}{l} B^2D + DA^2 \\ \quad - 2BA^2 + A^3 \infty O. \end{array}$$

Jam quia B est A & $2B - D$ est R, ideò $2A - R$ est D. Item quia BD & CD simul æqualia sunt BC, ideò si loco tam B quàm C sumatur A, & loco ipsius D sumatur $2A - R$ fiet hæc æquatio.

$$4A^3 - 2RA \infty A^3 \text{ hoc est } 3A^2 - 2RA \infty O.$$

Et communi divisore 3 A fiet $A - \tfrac{2}{3} R \infty O$.

Quapropter $\tfrac{2}{3}$ R est valor ipsius A.

Propositio quinta.

SI $Z^c + SPA - RA^2 + A^3 \propto 0$.

Sunt tria latera, quorum duo sunt suprà, & tertium infrà, idemque minus quovis duorum priorum, ita ut excessus summæ duorum priorum, suprà tertium sit R; at summa duorum rectangulorum, ejus scilicet quod sub primo & tertio, & ejus quod sub secundo & tertio, minor est eo rectangulo, quod fit ex primo & secundo; differentia autem est SP; Z^c autem est id quod sub tribus lateribus continetur, & A explicabile est de quolibet ex ipsis tribus lateribus.

In formula præcedentium quam hic resumimus

$$-BDA - BA^2$$
$$BCD - CDA - CA^2 + A^3 \propto 0$$
$$+BCA + DA^2$$

Intelligantur latera B & C tam simul quàm sigillatim, majora esse quàm D, & rectangulum B C majus quàm duo simul B D & C D. Quo posito & adhibita hac interpretatione ut excessus summæ laterum B & C suprà D sit R; item excessus rectanguli B C suprà summam reliquorum B D & C D sit SP, at solidum B C D sit Z^c, manifestum est nos incidere in æquationem propositam, & A explicabile esse tam de B & C suprà, quàm de D infrà.

Determinatio.

HUjus æquationis determinatio unica est eaque minor, tum scilicet duo latera suprà æqualia sunt, neque alia reperiri potest laterum æqualitas, cum unumquodque ex duobus prioribus majus sit quàm tertium.

Posito ergo quod B sit æquale ipsi C in formula præmissa, & augmentando ut in prima propositione primi capitis, aut prima secundi æquationum cubicarum, inveniemus D esse $2A - R$, & SP esse $2RA - 3A^2$, unde tandem deducetur valor ipsius A,

$$\cfrac{\dfrac{3Z^c + \frac{2}{3}SP}{R}}{\dfrac{\frac{2}{3}R - 2SP}{R}}$$

Propositio sexta irregularis.

SI $Z^c + SPA + A^3 \propto 0$.

In hac æquatione A est explicabile de unico latere infrà, nec ulla datur vel trium, vel etiam duorum laterum multiplicatio, ex qua ipsa oriri possit. Potest tamen constitutio illius deduci, ex quatuor proportionalibus, hac ratione ut differentia extremarum sit Z^c; rectangulum autem sub extremis

$$\frac{\frac{1}{3}SP}{}$$

vel mediis sit $\frac{1}{3}SP$, & A sit differentia mediarum.

Sed neque hæc, neque aliæ similes quæ de solis lateribus infrà explicari possunt æquationes ad usum cummunem revocari possunt, nisi per transmutationem aliarum æquationum, quod etiam rarò aut nunquam accidit.

Propositio

Propofitio feptima irregularis.

$$S_I \ Z^f + RA^2 + A^3 \infty O$$

Rurfus in hac æquatione A explicabile eft de unico latere infrà, nec
ulla datur vel trium vel etiam duorum laterum multiplicatio, ex qua illa
oriri poffit. Facile tamen hæc æquatio tranfmutabitur in aliam fimilem ei,
quæ habetur propofitione 6ᵃ feu præcedenti, unde conftitutio ejus ex quatuor proportionalibus deducetur ut fuprà; fed neque alia effe poteft, quàm
præcedentis, utilitas.

Propofitio octava irregularis.

$$S_I \ Z^f + A^3 \infty O.$$

Unicum etiam eft latus infrà, idemque æquale lateri cubico ipfius Z^c.

CAPUT TERTIUM.

HOc caput tot propofitiones habet, quot præcedens, atque has illarum
figillatim inverfas, hac ratione, ut quæ illic fuprà erant latera, hic
fint infrà, & è contrario. Determinationes autem in utroque capite funt
penitus eædem: itaque expofita formula univerfali, quinque priorum propofitionum regularium, enumeratifque breviter fingulis octo propofitionibus, reliqua ad idem caput præcedens remittemus.

Pro formula igitur univerfali, intelligantur duo latera infrà, & unum
fuprà hac ratione

$$B + A \infty O$$
$$C + A \infty O$$
$$D - A \infty O$$

fiatque multiplicatio qualem confuevimus habita ratione fignorum, atque
ita reperiemus.

$$\begin{array}{l} + BDA - BA^2 \\ BCD + CDA - CA^2 - A^3 \infty O \\ - BCA + DA^2 \end{array}$$

Qua ratione duo latera infrà intelliguntur æqualia ipfis B & C; illud autem quod eft fuprà, intelligitur æquale ipfi D.

Jam differentia inter fummam laterum B & C & unicum D, efto R;
differentia autem inter fummam rectangulorum BD & CD atque unicum
BC, efto SP; item folidum BCD efto Z^f. Hoc pacto prout exceffus erit
pænes hæc vel illud, vel etiam aliquando nullus, orientur quinque propofitiones regulares.

Propofitio prima.

$$S_I \ Z^f + SPA + RA^2 - A^3 \infty O.$$

Sunt tria latera, duo quidem infrà, & unum fuprà, idemque majus fumma duorum priorum, & differentia eft R; rectangulum autem fub fumma
priorum & tertio excedit rectangulum fub duobus prioribus, & exceffus
eft SP. At Z^f eft id quod fub tribus continetur; & A explicabile eft de
quolibet ex ipfis.

Determinatio.

PRo determinatione, positis duobus lateribus quæ sunt infrà, inter se æqualibus, recurremus ad primam propositionem secundi capitis, mutatis tamen iis quæ hic sunt infrà, in ea quæ ibi erant suprà, reperiemus valorem ipsius A infrà, æquale esse.

$$\frac{\dfrac{3\,Z^f + \frac{1}{3}\,SP}{R}}{\dfrac{2\,SP + \frac{2}{3}\,R}{R}}$$

Propositio secunda.

SI $Z^f + SPA - A^3 \infty O$.

Vide secundam propositionem 2^i capitis, mutatis tamen suprà & infrà, ut jam diximus, neque etiam determinatione differunt.

Propositio tertia.

SI $Z^f + SPA - RA^2 - A^3 \infty O$.

Vide tertiam secundi capitis, mutatione facta ut diximus, determinatio eadem erit.

Propositio quarta.

SI $Z^f - RA^2 - A^3 \infty O$.

Vide iisdem mutatis, quartam secundi capitis ejusque determinationem.

Propositio quinta.

SI $Z^f - SPA - RA^2 - A^3 \infty O$.

Vide iisdem mutatis quintam propositionem 2^i capitis ejusque determinationem.

Propositio sexta irregularis.

SI $Z^f - SPA - A^3 \infty O$.

Unicum est latus suprà, pro quo vide sextam propositionem secundi capitis. Notabis tamen hanc utilem esse posse.

Propositio septima irregularis.

SI $Z^f + RA^2 - A^3 \infty O$.

Unicum est latus suprà pro quo vide sextam propositionem 2^i capitis. Notabis tamen hanc utilem esse posse.

Propositio octava irregularis.

SI $Z^f - A^3 \infty O$.

Unicum est latus suprà, æquale lateri cubico Z^f.

CAPUT QUARTUM.

HOc etiam caput inverfum eſt primi cubicorum; differunt enim in eo tantum quòd quæ illic erant latera fuprà, hic funt infrà, idque in prima propofitione, quæ prorfus regularis eſt: at in fecunda, quæ aliquo pacto eſt irregularis, ambo latera remanent infrà, etiamfi illic alterum effet fuprà, alterum infrà, nec etiam in ambabus formula eſt eadem, quapropter utramque hic apponemus etiamfi utraque fit inutilis, nifi ex tranfmutatione aliunde oriatur, quod etiam rarò, aut nunquam accidere poteſt.

Propofitio prima.

SI $Z^c + SPA + RA^2 + A^3 \infty O$.
Et Z^s non fit æquale ipfi SP.
$$\overline{}$$
$$R$$

Sunt tria latera pofitiva infrà, quorum fumma eſt R, tria rectangula fub ipfis, binis ac binis fumptis fimul, conftituunt SP: at Z^c eſt quod fub tribus continetur, & A explicabile eſt de quolibet ex ipfis.

Statuantur enim tria latera pofitiva infrà, in binomiis ut confuevimus hoc pacto

$$B + A \infty O$$
$$C + A \infty O$$
$$D + A \infty O$$

& fiat multiplicatio ut in fuperioribus, orieturque

$$\begin{aligned} & + BDA + BA^2 \\ &BCD + CDA + CA^2 + A^3 \infty O \\ & + BCA + DA^2 \end{aligned}$$

quæ æquatio fi hanc interpretationem accipiat, ut $B + C + D$ fit R, & $BD + CD + BC$ fit SP, item BCD fit $Z^{\text{ſol.}}$, incidemus in æquationem propofitam, ubi manifeſtum eſt A explicabile effe tam de B, quàm de C, & de D, infrà.

Determinatio eadem prorfus eſt, quæ in prima propofitione primi capitis cubicarum, atque id tam in majori quàm in minori determinationum ibi expofitarum.

Propofitio fecunda.

SI $Z^c + SPA + RA^2 + A^3 \infty O$.
Sit autem $Z^s \infty SP$.
$$\overline{}$$
$$R$$

Sunt duo latera ambo infrà, alterum quidem æquale longitudine ipfi R, alterum autem non proprie latus, fed planum æquale SP, & Z^s eſt id quod continetur fub primo latere in planum, quod fecundi locum obtinet five SPR, & A explicabile eſt de quolibet.

Statuatur enim $R + A \infty O$
& $SP + A^2 \infty O$
ut fint latus & planum, ambo pofitiva infrà, fiatque multiplicatio, atque ita orietur hæc æquatio.

$$RSP + SPA + RA^2 + A^3 \infty O.$$

Jam R Sp esto Z^c, qua ascita interpretatione incidemus in æquationem propositam, quæ proinde explicabilis est, tam de A æquali, ipsi R, quàm de A æquali potentiæ ipsi Sp°, ut est propositum.

Nota circa æquationes præmissas, & circa eas, quæ ad altiores gradus aut potentias pertinere possunt.

Prima.

OMNIS affectio sub latere positivo suprà, sequitur naturam sui signi, censetur enim affirmativa vel negativa suprà, prout illa afficitur signo affirmationis vel negationis. Idem intellige de affectionibus sub omnibus gradibus, atque etiam de omnibus potentiis ejusdem lateris positivi suprà.

Secunda.

UT autem innotescat etiam quid censendum sit de affectionibus sub latere positivo infrà ejúsque gradibus, & potentiis, præmittendum est primum id quod jam notavimus, nempe affirmativum infrà æquivalere negativo suprà, & è contrario.

Deinde circa latera suprà, ideo $+$ multiplicatum per $+$ producere $+$, quia multiplicator affirmativus affirmat affirmationem multiplicati. Ideo autem $-$ per $-$ producere $+$, quia multiplicator negationis negat negationem multiplicati, atque ita constituit affirmationem. At $+$ per $-$ vel $-$ per $+$, ideo producere $-$, quia multiplicator affirmativus affirmat negationem multiplicati, vel multiplicator negativus negat affirmationem multiplicati, atque ita constituit negationem.

Hinc igitur, quia latus affirmativum infrà, æquivalet negativo suprà, omnis affectio sub latere positivo infrà, sequitur contrariam sui signi naturam, ita ut si sit affirmativum infrà, æquivaleat negativo suprà & è contrario. Contra verò quadratum lateris positivi infrà, æquivalet quadrato lateris positivi suprà, quia fit ex $+$ A in $+$ A, vel ex $-$ A in $-$ A, unde quovis modo fit $+$ A^2 suprà, vel æquivalens. Itaque omnis affectio sub quadrato lateris positivi infrà, sequitur naturam sui signi affirmativi vel negativi: in altioribus verò gradibus, simili argumento concludemus idem accidere affectioni sub cubo, quod sub suo latere: & quadratoquadrato, quod suo quadrato, atque ita continuè per gradus altiores, ut illi qui statuuntur in locis imparibus, imitentur latus ipsum; qui autem statuuntur in locis paribus, imitentur quadratum.

Insuper omnis affectio, quæ retinet naturam sui signi, ducta in affectionem, quæ itidem naturam sui signi retineat, producit aliam, quæ etiam naturam sui signi retinet. Sed & affectio quæ sequitur contrariam sui signi naturam, ducta in affectionem quæ contrariam sui signi naturam sequatur, producit aliam, quæ sequitur eandem sui signi naturam.

Contrarium autem accidit dum ducuntur inter se duæ affectiones, quarum una sui signi naturam sequatur, altera contrariam, quæ enim inde fit affectio, sequitur contrariam sui signi naturam.

Tertia.

EX duabus notis præmissis non difficile erit explicare, cùm ex multiplicatione binomiorum in omnibus capitibus jam expositis, circa

quadratas

quadratas & cubicas affectiones, producatur tandem æquatio quæ nihilo
æquivaleat, id autem uno aut altero exemplo illustrabimus.

Proponatur primum, ut in propositione secunda quadraticarum, hæc
æquatio

$$+\ BA$$
$$BC - CA - A^2 \backsim O.$$

Quæ quidem æquatio orta est ex ductu affectionum B — A & C + A in
se invicem, intelligatur ergo primo casu, B suprà æquari ipsi A suprà; unde
B — A æquatur nihilo; quia tam B quàm A, cùm sint suprà, sequuntur
naturam sui signi, quæ signa cùm sint contraria, manifestum est B & A tollere se invicem.

Jam C + A cujuscumque valoris sit ducatur in B — A, fit rursus manifestò

$$+\ BA$$
$$BC - CA - A^2 \backsim O.$$

Ubi omnes affectiones sequuntur naturam sui signi, quia quæ ipsas pro-
duxerunt, sui signi naturam sequebantur, & quia B æquatur A, ideo BC
æquatur CA, quare propter signa contraria tollunt se invicem + BC
— CA.

Item BA æquatur A², quare propter signa contraria tollunt se invicem
+ BA — A², atque ita omnes affectiones simul nihilo æquivalent, dum
scilicet B æquatur ipsi A suprà.

Sed secundo casu, esto C suprà æquale ipsi A infrà: unde C + A
æquatur nihilo, quia ipsum + A infrà sequitur contrariam sui signi naturam, æquivaletque ipsi — A suprà, sicque tollunt se invicem + C + A.

Jam B — A cujuscumque valoris sit, ducatur in C + A, fit manifestò

$$+\ BA$$
$$BC - CA - A^2.$$

Ubi duæ affectiones sub latere A, scilicet + BA, sequuntur contrariam sui
$$- CA$$
signi naturam; at — A² & + BC sui ipsius signi naturam sequuntur; &
quia C æquatur A, ideo BC æquatur BA, & CA æquatur A², quare
tollunt se invicem + BC + BA, quia BC eandem, BA vero contrariam
sui signi sequitur naturam. Eadem ratione tollunt se invicem — CA — A²
quia CA contrariam, A² vero eandem sui signi naturam sequitur: atque
ita rursus omnes affectiones simul nihilo æquivalent, cùm ipsum C suprà
æquetur ipsi A infrà.

Cùm vero sic interpretamur æquationem ut BC sit ZP, at + B sit R,
$$- C$$
ut sic ZP + RA — A² ∽ O. Patet ipsum R, esse differentiam inter B
majus & C minus, quia illæ affectiones + BA & — CA habent signa
diversa, & præterea vel ambæ eandem, vel ambæ contrariam sui signi naturam sequuntur, impediunt ergo signa diversa ne simul jungi debeant.

Item in hac æquatione ZP + RA — A² ∽ O.

Dum A intelligitur esse suprà, omnes affectiones sunt suprà, sequuntur-
que naturam sui signi, & sic sola affectio A² æquatur reliquis duabus
simul.

E contrario vero cum A intelligitur esse infrà, tum ZP & A² sequuntur
naturam sui signi, RA vero contrariam, sicque + RA infrà æquivalet —
RA suprà. Unde + RA — A² simul æquivalent ipsi ZP.

K k

Jam in secundo exemplo proponatur æquatio propositionis primæ secundi capitis cubicatum

$$Z^c - S_p A + R A^2 + A^3 \infty O.$$

Cujus constitutionem deduximus ex multiplicatione sive ductu harum trium affectionum, B — A

$$C — A$$
$$D + A$$

Ex quo oritur hæc æquatio, posito tamen quod D majus sit quàm B & C simul.

$$\begin{aligned}&\quad\ \ — BDA + DA^2\\ BCD\ &— CDA — BA^2 + A^3 \infty O\\ &+ BCA — CA^2\end{aligned}$$

Quam quidem æquationem legitimam esse, sive B suprà æquetur A suprà, sive C suprà æquetur A suprà, sive tandem D suprà æquetur A infrà, sic ostendimus.

Ponamus primo casu B suprà æquari A suprà, unde B — A ∞ O.

Jam sub ipso valore A, quicquid valeat tam C — A, quàm D + A, multiplicentur invicem hæ duæ affectiones, orieturque

$$\begin{aligned}&\quad + CA\\ CD\ &— DA — A^2;\end{aligned}$$

Ubi omnes affectiones particulares sequuntur naturam sui signi, quia tam A, quàm B, C, D ex quibus ortæ sunt, sunt suprà. Hoc autem totum productum quicquid valeat ducatur in B — A, atque ita tandem orietur

$$\begin{aligned}&\quad\ \ — BDA + DA^2\\ BCD\ &— CDA — BA^2 + A^3\\ &+ BCA — CA^2\end{aligned}$$

Cujus omnes affectiones sequuntur sui signi naturam, propter rationem jam allatam. Quoniam ergo B ponitur æquale ipsi A, ideo BCD æquatur CDA, atque ita tollunt se invicem + BCD — CDA; eadem ratione tollunt se invicem — BDA + DA²: item + BCA — CA², ac tandem — BA² + A³, unde patet omnes affectiones simul, nihilo æquivalere, dum B æquatur ipsi A.

Secundo casu C suprà æquetur ipsi A suprà; unde C — A ∞ O.

Jam sub ipso valore A quicquid valeat tam B — A, quàm D + A, multiplicentur invicem hæ duæ affectiones, orieturque manifestò

$$\begin{aligned}&\quad + BA\\ BD\ &— DA — A^2\end{aligned}$$

Ubi omnes affectiones particulares sequuntur naturam sui signi, quia A, B, C, D ponuntur esse suprà. Hoc autem totum productum, quicquid valeat, ducatur in C — A, orietur rursus ut in primo casu

$$\begin{aligned}&\quad\ \ — BDA + DA^2\\ BCD\ &— CDA — BA^2 + A^3 \infty O\\ &+ BCA — CA^2\end{aligned}$$

Ubi etiam omnes affectiones sequuntur naturam sui signi propter eandem rationem. Quoniam ergo C ponitur æquari ipsi A, ideo BCD æquatur ipsi BDA, atque ita tollunt se invicem + BCD — BDA: eadem ratione tollunt se — CDA + DA²: item + BCA — BA²: ac tandem —$CA^2 + A^3$. Unde patet quod existente C æquali ipsi A, omnes affectiones simul nihilo æquivalent.

Tertio & ultimo casu, intelligatur D suprà æquari A infrà. Quo pacto $D + A \infty O$.

Jam sub ipso valore A, quicquid valeat tam $B — A$, quàm $C — A$, ducantur invicem hæ duæ affectiones, orieturque

$$\begin{array}{c} — BA \\ BC — CA + A^2, \end{array}$$

Ubi, quia tam B, quàm C sunt suprà, A autem infrà, duæ affectiones BC & A^2 sequuntur naturam sui signi, duæ verò reliquæ BA contrariam. Hoc autem totum productum quicquid valeat, ducatur in $D + A$, orieturque
$$\overset{CA}{}$$
idem omnino quod primo & secundo casu, nempe

$$\begin{array}{c} — BDA + DA^2 \\ BCD — CDA — BA^2 + A^3 \\ + BCA — CA^2 \end{array}$$

Hic verò omnes affectiones sub latere A, atque etiam cubi A^3 sequuntur contrariam sui signi naturam per regulas præmissas, quia oriuntur ex multiplicatione affectionum, $BD, CD, BC, \& A^2$, quæ omnes sequuntur naturam sui signi in A quod sequitur contrariam.

Quoniam ergo D suprà ponitur æquale A infrà, ideo BCD æquatur BCA, unde tollunt se invicem $+ BCD + BCA$: nam etiam si signa sint eadem, tamen natura est contraria. Eadem ratione tollunt se invicem $— BDA — BA^2$, item $— CDA — CA^2$, & denique $+ DA^2 + A^3$.

Unde patet quod existente D supra æquali ipsi A infrà, omnes affectiones simul nihilo æquivalent. Sive ergo B vel C supra æquetur ipsi A supra, sive D supra æquetur A infra semper stabit æquatio, & omnes affectiones simul nihilo æquivalebunt.

Itaque in æquatione proposita $Z^{\varsigma} — SPA + RA^2 + A^3 \infty O$.

SP intelligitur esse differentia inter summam duorum planorum BD, CD, & planum BC: at longitudo R est differentia inter summam laterum B, C, & latus D, quæ sunt æqualia tribus illis de quibus potest explicari A, in æquatione. Rursus cùm in eadem æquatione A intelligatur esse supra, tunc omnes affectiones sequuntur naturam sui signi, unde sola affectio SPA æquatur tribus reliquis simul sumptis. Contra verò cùm A intelligitur esse infrà, tunc affectiones sub latere A & ipsius cubo A^3 sequuntur naturam contrariam sui signi, duæ autem reliquæ eandem, unde $— SPA$ infrà æquivalet $+ SPA$ supra, & $+ A^3$ infrà æquivalet $— A^3$ supra, sieque sola affectio A^3 æquatur tribus reliquis simul sumptis.

His duobus exemplis rite perceptis, non erit difficile idem in omnibus æquationibus extendere, quæ ex duobus, tribus vel etiam pluribus lateribus efformabuntur.

Quarta.

CUM autem planum aliquod ex se ponitur sequi naturam contrariam sui signi, tunc occurrere posset difficultas circa affectiones lateris quod potentiâ æquale intelligitur eidem plano, & circa affectiones aliorum graduum ejusdem lateris, quæ difficultas etiamsi non difficile solvi possit, speciatim in omnibus affectionibus oblatis, quia tamen prolixa esset solutio, præcipuè quia extendi deberet non ad planum tantùm, sed etiam ad

gradus altiores, ideò nos folutionem afferemus in univerfum, quæ ad quaf-
cumque æquationes, etiam eas de quibus jam egimus, extendi poteft, eamque aliquo exemplo illuftrabimus.

Intelligatur ergo Bp fuprà $+$ A^2 infrà ∞ O. Ubi manifefto A^2 quod planum eft, fequitur naturam fui figni contrariam. Sit autem quævis æquatio,
quæ orta fit ex multiplicatione hujus affectionis Bp $+$ A^2 in aliam quamcumque affectionem, in qua æquatione A fit explicabile de latere A, quod
potentiâ æquale fit ipfi Bp. Ut oftendamus omnes affectiones æquationis fimul
nihilo æquavalere fic ratiocinabimur. Quia affectio Bp $+$ A^2 in aliam quamcumque affectionem ducitur, certum eft in ipfam duci primum feparatim
Bp quod fequitur naturam fui figni, deinde in eandem duci feparatim A^2
quod fequitur contrariam: quicquid ergo producat Bp, id omne fimul,
æquale eft ei, quod producitur ab A^2 propter æqualitatem Bp & A^2; fed
& fingula producta fingulis productis funt æqualia propter eandem rationem, & in fingulis æqualibus figna erunt eadem, quia Bp & A^2 habent
idem fignum. At propter contrariam naturam Bp & A^2 fingula producta
æqualia contrariæ erunt naturæ, atque idcircò tollent fe invicem, ita ut
nihil omnino remaneat, & tota æquatio nihilo fit æqualis, ut proponitur.

Ut autem in omnibus æquationibus idem locum habere manifeftum fit,
intelligatur Bp $-$ A^2 ∞ O, fintque tam Bp quàm A^2 fuprà, & utrumque
fequatur naturam fui figni. Tunc facta multiplicatione, ut dictum eft, fingula producta fingulis funt æqualia & ejufdem naturæ; fed figna erunt
contraria, quia Bp & A^2 habent contraria, atque ita rurfus tollent fe invicem omnes affectiones, ita ut nihil omnino remaneat, & tota æquatio
nihilo fit æqualis, ut proponitur.

In exemplo proponatur, ut in fecunda propofitione primi capitis cubicarum, Bp $+$ A^2 ∞ O. Ita ut Bp fit fuprà, at A^2 infrà, & ambo æqualia,
ducatur autem hæc affectio in hanc aliam, cujufcumque fit valoris C $-$ A
orietur manifeftò Bp C $-$ Bp A $+$ C A^2 $-$ A^3, fed ita ut $+$ Bp C $-$ Bp A
fiat fpeciatim ex ductu Bp in C $-$ A; at $+$ C A^2 $-$ A^3 fiat ex A^2 in
C $-$ A. Quia ergo $+$ Bp ducitur in $+$ C & producit Bp C, & $+$ A^2
ducitur in idem C & producit C A^2, funt autem æqualia Bp & A^2, atque
idem poffident fignum, erunt æqualia producta Bp C, idemque fignum
poffidebunt: at quia diverfæ funt naturæ Bp & A^2, illud fcilicet Bp fequitur eandem fui figni naturam, hoc verò A^2 contrariam; idem ergo eorum productis accidet, ut alterum eandem fui figni naturam, alterum verò
contrariam fequatur: tollent igitur fe invicem $+$ Bp C & $+$ C A^2. Eadem ratione quia Bp & A^2 æqualia fub eodem figno, fed diverfæ naturæ
ducuntur figillatim in A & producunt $-$ Bp A $-$ A^3, erunt hæc producta æqualia & fub eodem figno, fed diverfæ naturæ: ipfa ergo tollent fe
invicem, unde tota æquatio nihilo æquivalet. Nec erit difficile fimili argumento uti in quibufcumque æquationibus, femper enim fingulæ affectiones fingulis erunt æquales, quia fient ex æqualibus in eandem: at vel figna
erunt eadem & natura contraria, vel natura erit eadem & figna contraria,
ficque tollent fe invicem fingulæ affectiones, & tota æquatio nihilo æqui-
valebit.

Quinta.

OPERÆ etiam pretium eft fcire quot modis complicari poffint affectiones fpeciales, ut ex iis affectiones univerfales oriantur ad condendas
æquationes omnium potentiarum quadraticarum, cubicarum, quadrato-
quadraticarum, quadratocubicarum &c.

Ad

Ad hoc autem habenda primum est ratio numeri graduum ex quibus ipsa potentia componitur: nam quot modis potentia ipsa ex suis gradibus gigni poterit, tot modis complicari poterunt affectiones speciales ad condendam æqualitatem. Sic latus per se, latus tantùm est. Planum fit vel per se, vel ex duobus lateribus. Solidum fit vel per se, vel ex plano & latere, vel ex tribus lateribus. Planoplanum fit vel per se, vel ex solido & latere, vel ex duobus planis, vel ex plano & duobus lateribus, vel ex quatuor lateribus. Planosolidum fit vel per se, vel ex planoplano & latere, vel ex solido & plano, vel ex solido & duobus lateribus, vel ex duobus planis & latere, vel ex plano & tribus lateribus, vel ex quinque lateribus. Solidosolidum fit vel per se vel ex planosolido & latere, vel ex planoplano & plano, vel ex planoplano & duobus lateribus, vel ex duobus solidis, vel ex solido & plano & latere, vel ex solido & tribus lateribus, vel ex tribus planis, vel ex duobus planis & duobus lateribus, vel ex plano & quatuor lateribus, vel ex sex lateribus. Atque eodem modo & ordine in infinitum.

Secundo habenda est ratio affectionum specialium ex quibus totalis gignitur: nam ex illis quædam aliquando per se æquationem aliquam constituunt, quæ de unico, vel etiam de pluribus lateribus explicabilis est, omninò autem quævis æquatio superioris ordinis formari potest ex duabus vel pluribus æquationibus inferiorum ordinum in se ductis, atque id tot modis quot jam diximus potentias ex suis gradibus gigni posse. Exempli gratia, æquatio cubocubica potest formari ex quadratocubica ducta in lateralem, vel ex quadratoquadratica in quadraticam, vel ex quadratoquadratica & duobus lateribus, vel ex duabus cubicis, vel ex cubica in quadraticam & lateralem, vel ex tribus quadraticis & cæt.

Hinc patet eò pluribus modis complicari posse affectiones speciales ad condendam æquationem aliquam, quò altior est illa æquatio, seu quò altior est illius potentia: atque ipsam altiorem gigni posse ex omnibus inferioribus debitè complicatis nullâ exceptâ, & præterea eandem per se ipsam constitui aliquando nullo inferiorum habito respectu.

Sexta.

ILLUD autem notatu dignissimum est, quamcumque æquationem de tot lateribus explicabilem esse, quot sunt illa de quibus explicari possunt omnes affectiones, seu æquationes speciales à quibus illa producta est. Immo & latera illius lateribus illarum singula singulis esse æqualia sive potiùs eadem; atque adeò ejusdem affectionis & naturæ.

Exempli gratia æquatio lateralis ut $B - A \infty O$ de unico tantùm latere suprà explicabilis est, sicut & $C - A \infty O$. At ambæ invicem ductæ producunt quadraticam æquationem

$$\begin{array}{c} -BA \\ BC - CA + A^2 \infty O : \end{array}$$

Quæ de iisdem duobus lateribus suprà est explicabilis.

Rursus si hæc æquatio quadratica ducatur in hanc lateralem $D + A \infty O$; quæ de unico latere infrà explicari potest, producetur hæc æquatio cubica

$$\begin{array}{c} -BDA - BA^2 \\ BCD - CDA - CA^2 + A^3 \infty O \\ + BCA + DA^2 \end{array}$$

Quæ de tribus iisdem lateribus explicabitur, duobus quidem suprà, altero verò infrà.

Eodem modo si ipsa æquatio cubica ducatur in aliam lateralem de unico latere explicabilem, producetur æquatio quadratoquadratica, quæ de quatuor lateribus explicari poterit.

Item hæc æquatio cubica $Z^f - SpA - A^3 \infty O$.

De unico tantùm latere suprà est explicabilis

Hæc quadratica $Bp - RA - A^2 \infty O$

De duobus, altero suprà, & altero infrà : his ergo duabus æquationibus in se invicem ductis fiet hæc quadratocubica

$$- BpSpA + RSpA^2 - BpA^3$$
$$BpZ^f - RZ^iA - Z^f A^2 + SpA^3 + RA^4 + A^5 \infty O$$

Quæ de tribus iisdem lateribus, duobus quidem suprà, & tertio infrà, est explicabilis, atque ita de reliquis.

Cùm verò quædam æquatio per se ipsam constituitur, nec constare potest ex ductu duarum aut plurium inferiorum, tunc illam de unico tantùm latere contingit explicari posse, quales sunt omnes illæ irregulares de quibus diximus suprà cap. 2° & 3° cubicarum.

Præterea si accidat omnia latera alicujus æquationis esse fictitia, & impossibilia, ejusmodi æquatio in quamcumque aliam ducta tertiam producet, quæ de lateribus secundæ æquationis tantùm explicabilis erit ; quòd si etiam secundæ illius latera omnia fictitia sint, quæ ex ambabus primâ scilicet & secundâ oritur æquatio, habebit latera omnia fictitia, & impossibilia. At si duarum priorum æquationum latera quædam fictitia sint & quædam positiva, tunc æquatio quæ ab ipsis duabus producitur, tot latera habebit positiva quot in duabus à quibus producta est, reperiuntur. Cætera erunt etiam fictitia.

In exemplo esto hæc æquatio quadratica

$$Zp - RA + A^2 \infty O$$

& intelligatur Zp majus esse quàm $\tfrac{1}{4} R^2$; unde duo latera de quibus aliàs explicabilis esset ipsa æquatio, sunt fictitia : esto quoque hæc æquatio lateralis $B - A \infty O$ de unico latere suprà explicabilis, ducanturque in se invicem æquationes ipsæ, unde producetur hæc æquatio cubica

$$- BRA + BA^2$$
$$ZpB - ZpA + RA^2 - A^3 \infty O.$$

Quæ quidem æquatio de unico tantùm latere suprà est explicabilis, reliqua duo sunt fictitia.

Corollarium.

EX hac nota intelligi potest methodus, quâ dignosci poterit num æquatio proposita habeat quædam latera fictitia, an verò omnia sint positiva, an etiam omnia fictitia : illud autem aliquando & longissimæ & difficillimæ indagationis est, præcipuè in æquationibus ultrà cubum elatis & multipliciter affectis. In universum autem considerandum erit quot modis æquatio proposita ex aliis inferioribus produci poterit, habitâ ratione formulæ, & quot modis accidere poterit ut illæ inferiores habeant latera, vel fictitia, vel positiva, quidve tam hæc quàm illa efficiant, dum inter se multiplicantur : nam hoc intellecto, dum proponetur illa æquatio, examinandum erit num id illi conveniat, quod à parte laterum fictitiorum produci debuit, num vero id quod à parte laterum positivorum exempli gratia, propositâ hac æquatione cubicâ

$$C^f - DpA + FA^2 - A^3 \;\infty\; O.$$

Cujus formula similis est ei quam sub finem notæ sextæ adduximus, patet eam produci potuisse à duabus, alterâ planâ, sub hac formula

$$Zp - RA + A^2 \;\infty\; O$$

Altera autem laterali sub hac formulâ $B - A \;\infty\; O$. Unde æquationis productæ formula est hæc, quæ etiam ibi adducta est

$$\begin{array}{c} - BRA + BA^2 \\ ZpB - ZpA + RA^2 - A^3. \end{array}$$

Conferantur ergo inter se singula homogenea ambarum ipsarum æquationum, scilicet C^f cum ZpB, item Dp cum ambobus simul BR & Zp, & longitudo F, cum ambabus B & R: his enim collatis si reperiatur Zp majus esse quàm $\frac{1}{4} R^2$, concludemus latera æquationis planæ fuisse fictitia, atque adeo & eadem, in æquatione cubicâ, fictitia esse. Quòd si Zp non sit majus quàm $\frac{1}{4} R^2$, erunt in utraque æquatione latera positiva. Verùm tota difficultas consistit in modo & ratione examinandi: hic enim in exemplo, videndum esset, num longitudo F sic dividi possit in duas partes, quæ referant B & R, & rectangulum sub ipsis demptum ex Dp relinquat $\frac{1}{4}$ quadrati alterutrius partium, putà ipsius R. Ac præterea C^f applicatum ad reliquam partem exhibeat idem $\frac{1}{4} R^2$, hoc enim casu æquatio proposita explicabilis erit de tribus lateribus, duobus quidem æqualibus, tertio verò utcumque, & ambo æqualia simul æquivalebunt primæ portioni ipsius F, putà ipsi R, eritque hic casus minoris majorisve determinationis.

Aliter, quòd tamen eódem recidit, dividatur longitudo F, sic ut rectangulum sub partibus unà cum $\frac{1}{4}$ quadrati unius portionum æquale sit Dp, est autem hujusce divisionis problema planum de duobus lateribus explicabile, & determinationi obnoxium, ac tunc si divisio fieri non possit, statim pronuntiare licet æquationis planæ latera fuisse fictitia. Si autem divisio fieri possit, sitque ipsa maxima eademque unica, cùm scilicet altera pars ipsi B correlata, erit $\frac{1}{2} F$, altera autem ipsi R correlata, erit $\frac{1}{2} F$, tunc nisi C^f sit præcise $\frac{1}{4} F^3$, erit rursus æquatio plana, fictitia: existente autem C^f æquali ipsi $\frac{1}{4} F^3$, erit tunc casus majoris determinationis, de quâ dictum est propos. prima, cap. 1. cubicarum. At verò si factâ divisione longitudinis F, ut dictum est, non incidamus in maximam, cùm scilicet portio ipsi B correlata non erit $\frac{1}{2} F$, sed major, vel minor (duplex enim hoc casu contingere potest solutio) tunc si ductâ alterutrâ ex iis duabus partibus quæ ipsi B correlatæ sunt, in $\frac{1}{4}$ quadrati alterius sibi congruentis, fiat solidum æquale ipsi C^f, habebitur casus minoris determinationis, in quo tria latera erunt positiva, duo quidem æqualia, ad æquationem quadraticam pertinentia, quorum summa erit illa portio longitudinis F, quæ ipsi R correlata est, & tertium singulis productis inæquale, quod ad æquationem lateralem pertinebit, eritque tertium illud portio ipsi B correlata. Quòd si ex duobus illis solidis quæ hac ratione fieri possunt, (videlicet ob duplicem solutionem, quæ contingere potest, divisa longitudine F, ut proponitur) neutrum æquale reperiatur ipsi C^f, sit autem hoc C^f, maximo prædictorum minus, minimo majus: tunc tria æquationis latera erunt positiva, sed inæqualia. Si tandem C^f, vel maximo prædictorum majus, vel minimo minus extiterit, hoc casu erunt duo illa latera fictitia quæ ad æquationem planam pertinebunt, ac solum reliquum illud erit positivum, quod æquationis lateralis proprium erit.

DE
GEOMETRICA PLANARUM
ET CUBICARUM ÆQUATIONUM
RESOLUTIONE.

ÆQUATIONEM geometricè resolvere, est invenire geometricè omnia latera de quibus ipsa æquatio explicabilis est.

Inventio autem ejusmodi laterum dicitur esse geometrica, cùm illa deducitur ex locis propriis secundùm geometriæ leges descriptis, atque inter se certo ac legitimo modo compositis ; ita ut ex ipsorum locorum sectione vel tactione, lineæ quædam rectæ deducantur quæ latera quæsita exhibeant.

Quoniam verò ista laterum inventio pendet à locis geometricis, non abs re fuerit aliqua de ipsis locis præmittere, tum circa eorum naturam atque constitutionem, tum etiam circa eorumdem divisionem, ac diversos gradus ; ut quæ simpliciora sunt, à magis compositis distinguantur.

Locus ergo geometricus in universum, est magnitudo quædam ex qua deduci possunt quotcunque aliæ magnitudines secundùm eandem atque uniformem quandam legem, quæ eandem aliquam atque uniformem sortiantur proprietatem.

De locis ejusmodi complures libros antiqui conscripsere, quorum numerum & titulos apud Pappum Alexandrinum legere licet ; sed illi temporis injuria, summo rei literariæ detrimento, perierunt. Neque nos eorum instaurationem hîc intendimus, quia ad nostrum institutum, paucis iisque non admodùm difficilibus, egemus. Non abs re tamen fore judicavimus selectiores aliquot ex illustrioribus locis in exemplum hîc afferre, quò eorum natura & constitutio magis elucescat. Nec ultra constructionem seu compositionem ipsorum progrediemur : demonstrationem autem, quia plerumque nimis longa est, ad eam partem geometriæ quæ talem materiam tractare debet, remittemus.

In primo ergo exemplo. Esto quævis circuli circumferentia A B C, cujus centrum sit D ; manifestum est ergo rectas omnes ab ipsa circumferentia ad centrum D ductas esse æquales. Itaque ex præmissa loci definitione, circumferentia illa locus est ; quandoquidem ea magnitudo est ex qua deductæ quotcumque aliæ magnitudines, lineæ rectæ scilicet, secundùm eandem atque uniformem legem, puta quæ ad idem centrum D tendant, eandem aliquam atque uniformem sortiuntur proprietatem, ut scilicet omnes sint inter se æquales.

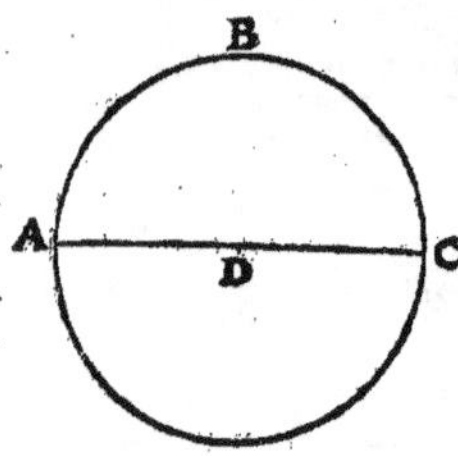

Geometræ autem, cùm magnitudinem aliquam ad quendam locum referre volunt, primùm magnitudinis istius genus ac speciem, deinde ejusdem conditiones exprimunt, ac tandem locum ipsum enuntiant, addito modo quo ipsa magnitudo ad prædictum locum refertur.

In

In exemplo ergo præmiſſo ſic illi loquerentur. Si ab aliquo punĉto educantur quotcunque rectæ, quæ uni eidemque rectæ ſint æquales, erit alterum cujuſvis eductæ extremum ad circuli circumferentiam.

In altero exemplo. Eſto quævis circumferentia circuli ABC, cujus diameter
ſit A C, atque in ea diametro ſtatuatur punĉtum
quodvis D, à quo erecta ad diametrum perpendicularis recta D B, terminetur ad circumferentiam in B: erit ergo hæc BD media proportionalis inter diametri portiones A D, D C ; unde
ipſa circumferentia, rursùs alio reſpectu locus
erit, quippe ad medias proportionales.

Phraſis geometrica hujus loci talis eſſet. Rectâ lineâ utcunque terminatâ, ſi inter terminos
illius ſumatur quodvis punĉtum, à quo educatur ad rectos angulos ipſi rectæ quævis alia recta, quæ inter prioris rectæ portiones media proportionalis exiſtat, erit alterum eductæ extremum ad circuli circumferentiam.

In tertio exemplo. Eſto adhuc quævis circumferentia circuli A B C, atque
in ea recta quædam A C quæ ſubtendat arcum
A B C utcunque ; atque in eo arcu, ſumpto quovis punĉto B, ducantur rectæ B A, B C ad ejuſdem arcus ſive chordæ ipſius extrema : manifeſtum eſt angulum A B C æqualem eſſe omni alii
angulo qui in eadem portione A B C exiſtet. Manifeſtum eſt quoque potuiſſe ſuper rectam A C
conſtitui portionem circuli A B C, quæ cujuſcun-
que anguli A B C capax eſſet ; unde circuli portio A B C hoc reſpectu locus erit ; quippe ad angulos æquales.

Phraſis geometrica hæc erit. Rectâ lineâ utcunque terminatâ, & expoſito quovis angulo rectilineo : ſi à rectæ lineæ terminis ad aliquod punĉtum
inclinentur duæ aliæ rectæ quæ angulum expoſito æqualem contineant : erit
hoc punĉtum, ſive vertex anguli, ad alicujus portionis circuli circumferentiam.

In quarto exemplo. Eſto ut ſuprà quivis circulus cujus diameter A B ; atque ex punĉtis A, B, ducantur ad
quodvis punĉtum C in circumferentia exiſtens, rectæ AC, BC.
Patet ergo ambo ſimul quadrata A C, B C æqualia eſſe quadrato diametri A B, ac proinde
ipſam circumferentiam locum
eſſe ad ſummam duorum quadratorum uni eidemque quadrato ſemper æqualem.

Atque etiam ſi aſſumpta punĉta non ſint ipſa A, B, ſed alia
duo quæcunque in rectâ A B

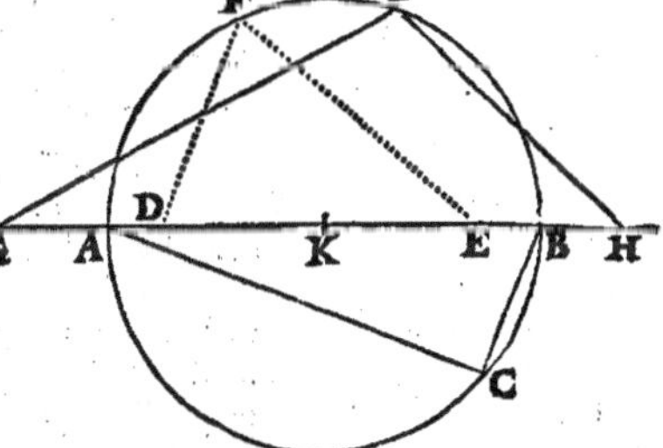

etiam productâ, ſi libuerit, modò ipſa punĉta à centro K hinc inde æqualiter diſtent, vel intra circulum, qualia ſunt D, E ; vel extra, qualia ſunt G, H ;
ducanturque ad quodvis circumferentiæ punĉtum F vel I rectæ DF, EF ;
vel rectæ G I, H I ; ſemper ambo quadrata D F, E F ſimul ſumpta uni eidemque ſpatio erunt æqualia, nempe ſummæ amborum quadratorum D B, B E,
vel ſummæ amborum E A, A D ; ſimiliter ambo quadrata G I , I H ſimul

sumpta, uni eidemque spatio æqualia erunt, nempe summæ amborum quadratorum G B, B H, vel summæ amborum H A, A G. Hinc ergo circumferentia illa, lato illo respectu, locus erit ad summam duorum quadratorum
uni eidemque spatio semper æqualem.

Phrasis geometrica. Rectâ lineâ quâcunque expositâ, signatisque in ea utcunque duobus punctis, si ab ipsis punctis ad tertium quodpiam punctum duæ
rectæ inclinentur, & sint species quæ ab ipsis fiunt simul sumptæ exposito alicui spatio æquales, tertium illud punctum erit ad alicujus circuli circumferentiam.

Species dicunt geometræ, non quadrata; ut indicent hoc universaliter verum esse, non de quadratis modò, sed etiam de figuris similibus, similiterque
super rectis de quibus agitur descriptis. Quod enim de quadratis verum est,
idem quoque de ejusmodi figuris verum esse omnino constat. Immò, si assumpta puncta in superiori quarto exemplo plura sint quàm duo, sive omnia
in eadem rectâ existant, sive non, quicunque tandem sit illorum numerus, &
quæcunque positio ; atque ab iisdem punctis ad aliud quoddam punctum
totidem rectæ ducantur, singulæ scilicet à singulis punctis, & omnium ipsarum rectarum species simul sumptæ alicui spatio sint æquales: erit illud aliud
punctum ad circuli circumferentiam. Dabitur quippe circulus quispiam in
cujus circumferentia sumpto quovis puncto, atque ab eo ad omnia puncta
primò posita ductis totidem rectis, erunt harum omnium ductarum species simul sumptæ eidem spatio æquales : quo quidem respectu circumferentia illa
erit locus, qui omnium locorum planorum elegantissimus jure censeri possit ;
sed illius, sicuti & aliorum discussio specialior, ad specialem de locis tractatum pertinet, nos autem hîc ad generalem quandam locorum notionem at-
tendimus.

In quinto exemplo. Esto item circulus, cujus diameter A B, quæ producatur versùs A extra circulum utcun-
que in C ; & ducatur recta C F tangens circulum in F, à quo demittatur
in diametrum perpendicularis F D.

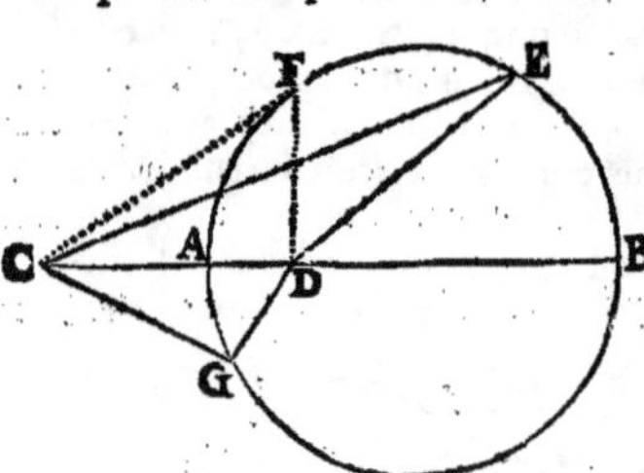

Itaque erit ut C A ad A D, ita C B ad
B D. Jam in circumferentia sumatur
quodvis punctum E, vel G &c. à quo
rectæ ducantur E C, E D, vel G C,
G D &c. erit sanè semper E C ad E D,
vel G C ad G D, vel etiam F C ad
F D &c. ut C A ad A D, vel ut C B
ad B D; ut hoc respectu circumferentia A F E B G sit locus nobilissimus ad
binas & binas rectas in eadem ratione existentes.

Phrasi geometricâ. Si à duobus punctis C, D, ad idem aliud punctum E
duæ rectæ inclinentur C E, D E, in data ratione inæqualitatis existentes : erit
tertium illud punctum E ad cujusdam circuli circumferentiam.

Omninò, quot proprietates habet magnitudo aliqua, modò proprietates
ipsæ magnitudini conveniant, non autem punctis quibusdam tantùm numero
definitis : tot modis ipsa magnitudo locus esse potest ; ita ut si infinitæ numero sint tales proprietates ad aliquam magnitudinem pertinentes, etiam infinitis modis, talis magnitudo locus esse possit. Sed & uniuscujusque modi
locus denominationem sortietur à proprietate illa, respectu cujus ipse locus est.

Sic, in quinque allatis exemplis, propter quinque nobilissimas circuli proprietates, quinque etiam modis circumferentia illius locus esse ostenditur.
At cùm innumeræ aliæ sint ipsius circularis figuræ proprietates, quarum unaquæque in suo genere eximia est, sequitur ut innumeris etiam modis circum-

ferentia circuli locus esse queat: at nos quid sit locus geometricus indicare
tantùm atque exemplis quibusdam illustrare decrevimus, non autem integrum
eorum tractatum instaurare: itaque paucis aliis exemplis alterius generis locorum ad præcedentia additis, ad id quod propositum est accedemus.

In sexto ergo exemplo. Esto parabola A B, cujus diameter sit A C, vertex
A , atque ad
diametrum or-
dinatim appli-
cata sit quævis
recta BC, & la-
tus rectum po-
natur esse D.
Notum est er-
go ex conicis,

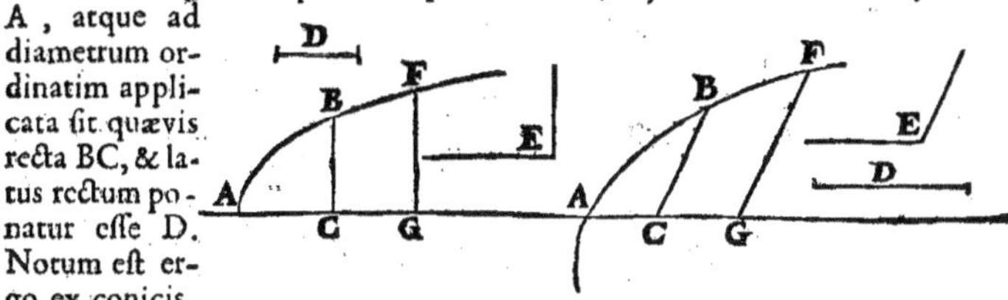

quadratum rectæ B C æquale esse rectangulo contento sub latere recto D,
& sub rectâ A C, quæ ex diametro inter verticem A & applicatam B C inter-
cipitur, sive diameter illa sit axis, sive alia quæcunque. Itaque ordinatim applicata B C, quæcunque illa sit, media proportionalis est inter latus rectum
D & portionem diametri A C. Ac proinde parabola quævis locus esse potest ad medias proportionales, quarum altera extremarum sit semper eadem.

Phrasi geometricâ. Rectâ lineâ quacunque expositâ A C quæ indefinita
sit, atque signato in ea quocunque puncto A ; item aliâ rectâ quavis D, longitudine datâ, & dato angulo quocunque E, si in priori recta sumatur quodcunque punctum C ad unas partes ipsius A, & educatur recta CB in angulo
A C B qui æqualis sit angulo E, & punctum B sit semper ad unas partes rectæ
A C, ipsa autem B C media sit proportionalis inter expositam D & portionem
A C: erit punctum B ad parabolam.

Quòd si plures sint in eadem parabola ordinatim ad eandem diametrum
applicatæ, putà B C, F G, inter quas à vertice A interceptæ sint portiones
diametri A C, A G: erunt hæ portiones A C, A G, inter se longitudine, ut
applicatæ potentiâ; hoc est, erit quadratum BC ad quadratum FG ut recta
A C ad rectam A G; quo pacto parabola erit locus ad quadrata rectis lineis
proportionalia, quod satis ex dictis patet.

In septimo exemplo. Esto rursus parabola B A C, cujus diameter A D, atque ad ipsam diametrum ordinatim ap-
plicata sit recta B D C; sumpto autem in
ipsa parabola quovis puncto H, ducatur
recta H E parallela diametro A D, occurrens ipsi B C in puncto E. Erit ergo
ut recta A D ad rectam H E, ita rectangulum B D C ad rectangulum B E C. Similiter, sumpto in eadem parabola alio
quovis puncto I, & ductâ rectâ I F parallelâ ipsi A D vel H E, erit quoque recta A D
ad rectam I F, ut rectangulum B D C ad
rectangulum B F C, & recta H E ad rectam I F erit, ut rectangulum B E C ad
rectangulum B F C: atque ita de reliquis similiter ductis. Unde parabola erit
locus ad rectas lineas rectangulis proportionales.

Phrasi geometricâ. Si expositâ quacunque rectâ B C, sumptisque in ea
quotcunque punctis D E F &c. educantur ad easdem partes ipsius rectæ B C
aliæ rectæ totidem terminatæ D A, E H, F I &c. atque omnes inter se parallelæ,

fintque rationes eductarum eædem cum rationibus rectangulorum quæ fub portionibus rectæ primò expofitæ continentur, quæ quidem portiones fumantur à fingulis punctis eductarum ufque ad extrema B, C, prout fingula puncta fingulis eductis refpondent : erunt reliqua eductarum puncta extrema A, H, I, &c. ad parabolam.

Quòd fi recta B C ordinatim applicata producatur in directum extra parabolam ex quacunque parte versùs B vel C quantùm quifquis voluerit ufque in K, & ducatur recta K L prædictis A D, H E, I F, &c. parallela, quæ parabolæ etiam productæ occurrat in L, fed ad alteras partes ipfarum A D, H E, I F, &c. tunc quoque erit recta A D ad rectam K L ut rectangulum B D C ad rectangulum B K C, atque ita de reliquis.

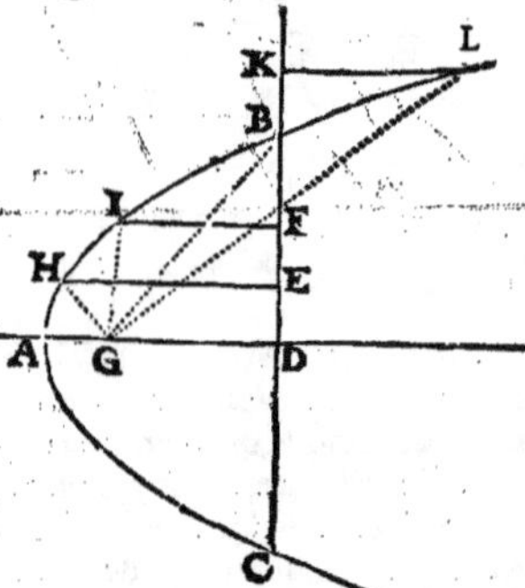

Nec ideo phrafis geometrica à præcedenti diverfa eft, nifi in eo tantùm quod rectæ K L, A D, funt ad diverfas partes ipfius B C; quandoquidem fic exigit loci natura.

Neque etiam refert an rectæ A D, H E, I F, K L, &c. fint perpendiculares ipfi B C, vel ad illam obliquæ; hoc enim vel illo modo femper verum erit quod proponitur.

In octavo exemplo. In alterutra figurarum præcedentium ponatur recta A D effe axis parabolæ, ad quam ideo perpendicularis fit ordinatim applicata B C, exiftentibus angulis A D B, A D C rectis; fitque in axe A D producto, fi opus fit, focus G, à quo ad puncta H, I, B, L, &c. quæcunque in parabola exiftunt, ducantur totidem rectæ G H, G I, G B, G L, & reflectantur aliæ rectæ H E, I F, L K ad quamvis ordinatim applicatam B C quantùm fatis productam, perpendiculares : tunc verò (eximia fanè parabolæ proprietas) quævis ducta G H cum fua reflexa H E, æqualis erit cuivis alii ductæ G I cum fua reflexa I F &c. Siquidem reflexæ ipfæ refpectu ipfius B C, omnes fint ad partes verticis A, & fumma cujufvis talis ductæ cum fua reflexa, putà fumma G H E, æqualis erit fummæ ambarum G A D, five uni rectæ G B quæ fola ducta eft, cui nulla convenit reflexa refpectu ordinatæ B C. Quòd fi ductæ quædam, ut G L &c. fuas reflexas L K &c. habeant ad alteras partes verticis A refpectu ordinatæ B C : tunc differentia inter ductam G L & reflexam L K æqualis eft eidem G B. Erit ergo parabola locus ad quotcunque rectas ab eodem puncto ductas, atque à parabola ad eandem aliquam aliam rectam perpendiculariter reflexas, ita ut fumma vel differentia cujufvis ductæ & fuæ reflexæ æqualis fit alicui datæ rectæ lineæ.

Phrafi geometricâ. Expofitâ quacunque rectâ lineâ indeterminatâ B C, fignatifque in ea duobus punctis B, C, atque ad eandem erectâ perpendiculari rectâ quadam longitudine datâ A D, exiftente puncto D in ipfa B C; fumpto etiam quocunque puncto G in eadem A D : fi ductâ quâcunque rectâ G H ad partes puncti A, eâdemque reflexâ perpendiculariter ad rectam B C in punctum E inter puncta B, C, fumma ambarum G H E æqualis fit datæ alicui rectæ : vel fi ductâ quâcunque rectâ G L ad alteras partes puncti A, eâdemque reflexâ perpendiculariter ad rectam B C in punctum K ultra puncta B, C, differentia ambarum G L, L K, æqualis fit datæ alicui rectæ, ei fcilicet cui fumma G H E æqualis eft : punctum reflexionis H, vel L, erit ad parabolam cujus ipfum punctum G erit focus ; recta A D, axis; & recta A G erit quarta pars lateris recti.

Talis

Talis verò locus parabolicus ad specula uftoria pertinet. Nam si affuma-
tur pars concava B A C, & radii folis fint rectæ F I, E H, &c. qui ad fenfum funt paralleli; illi ad puncta I, H, &c. reflectentur à forma parabolica,
& reflexi concurrent ad focum G; ubi si speculum fit fatis amplum, & fol
in debita difpofitione, intenfiffimus calor excitabitur. Hoc autem ideò fit,
quia si per punctum I duceretur recta parabolam tangens, tunc rectæ F I,
G I, ad ipfam tangentem angulos æquales conftituerent : eorum autem angulorum alter effet angulus incidentiæ, alter autem angulus reflexionis,
atque ita de reliquis ad alia puncta H, &c. pertinentibus.

Quod si candela in puncto G conftituetur, ejus radii G H, G I, &c.
poft reflexionem à speculo fierent paralleli, puta H E, I F, &c. atque ita lu-
men candelæ longiffimè produceretur; fed hæc funt alterius loci.

Nono exemplo. Efto ellipfis vel hyperbola, cujus axis fit A B, centrum C,

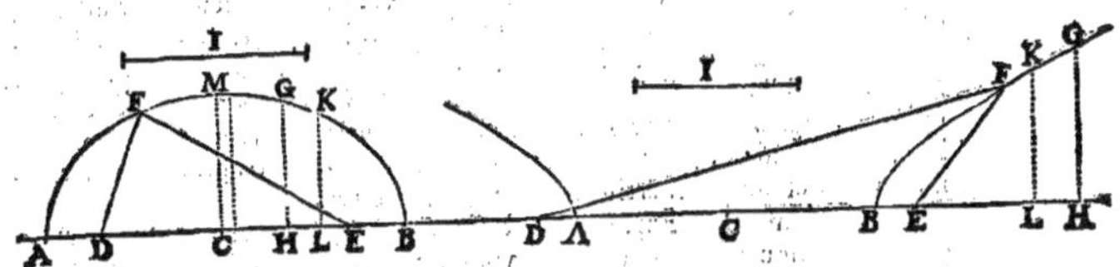

vertices autem fint A & B, & foci D, E, quorum D propior fit vertici
A, at E fit propior vertici B; atque in fectione fumatur quodvis punctum
F, à quo ad foeos ducantur rectæ D F, F E. Patet ergo ex conicis, in ellipfi fummam ambarum D F E, in hyperbola autem, differentiam ipfarum D F,
F E, axi A B æqualem effe. Unde hoc pacto ellipfis locus erit ad fummam,
hyperbola autem ad differentiam duarum rectarum à duobus certis punctis
procedentium & ad idem tertium aliud quodpiam punctum inclinatarum.

Phrafis geometrica, ad imitationem præmiffarum, facilis eft.

Decimo exemplo. In iifdem fectionibus noni exempli, efto I recta latus
rectum fuæ fectionis, & recta A B fit quæcunque diameter cui conveniat tale latus rectum, five ipfa diameter fit axis, five non, atque ad ipfam diametrum fint ordinatim applicatæ quotcunque rectæ G H, K L, &c. quarum
puncta K, G fint in fectione, puncta autem L, H fint in diametro A B quæ
in hyperbola producta fit indefinitè. Ergo ex conicis, rectangulum A L B
eft ad quadratum L K, ut diameter A B ad latus rectum I; item rectangulum A L B eft ad rectangulum A H B, ut quadratum L K ad quadratum H G:
unde utraque fectio ad utramque talem proprietatem locus eft.

Nec phrafis geometrica difficilis eft, modò quis ea quæ fuperiùs expofita
funt imitari voluerit.

Si A B fit axis, fitque ipfi æquale latus rectum I, vel rectangula ad quadrata fint in ratione æqualitatis: tunc loco ellipfis habebimus circulum, ut
in fecundo exemplo. At non mutabitur hyperbola, nifi specie tantùm, illa
enim in genere femper erit hyperbola; fed hoc cafu æqualitatis, affymptoti
illius erunt inter fe ad angulos rectos, cùm in ratione inæqualitatis illæ
affymptoti fint ad angulos obliquos; fed hæc omnia ex conicis manifesta
funt.

Undecimo exemplo. Efto quæcunque fectio conica, cujus axis A B, vertex A, & focus B; atque producto utrinque axe, fumatur in eo ultra verticem punctum C, ita ut, in parabola quidem, recta A B æqualis fit rectæ A C,
in hyperbola verò ipfa A B major fit quàm A C; in ea fcilicet ratione quam
habet diftantia focorum ad longitudinem axis inter vertices fectionum op-

N n

poſitarum intercepti; at in ellipſi, A B minor ſit quàm A C, in ea rurſùs ratione quam habet diſtantia focorum ad axem ellipſis inter vertices interceptum.

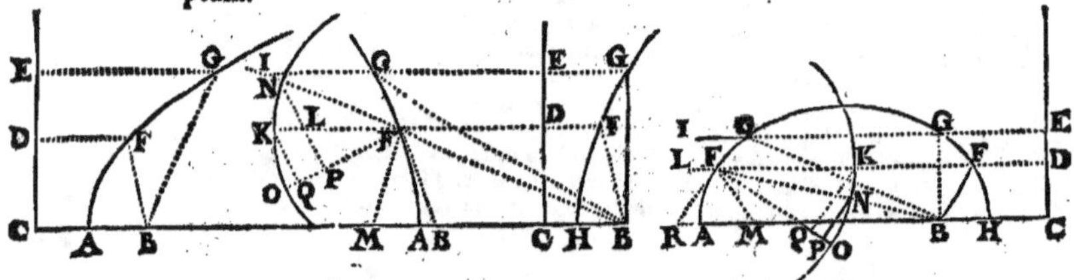

Hæc autem utraque ratio eſt ea quam in figuris noni exempli habet recta D E ad rectam A B; tum ex C excitetur C D perpendiculariter ad C B, eademque C D indefinitè utrinque producatur. His poſitis, ſumantur in ſectione quotcunque puncta F, G, &c. à quibus ducantur totidem rectæ D F, E G, &c. ipſi B C parallelæ quæ occurrant rectæ C D in punctis D, E, &c. ac tandem jungantur rectæ B F, B G, &c. ac tunc erit ut B A ad A C, ita B F ad F D, vel B G ad G E, atque ita de reliquis : unde quævis trium illarum ſectionum locus eſt ad pulcherrimam illam proprietatem.

Phraſi geometrica. Expoſitis duabus rectis C B, C D ad angulum rectum conſtitutis, ſignato in altera illarum unico puncto B quod à puncto C diverſum ſit, in altera verò ſumantur quotcunque puncta D, E, &c. à quibus ductæ ſint rectæ F D, G E, &c. ipſi C B parallelæ, quæ in punctis F, G, &c. inclinentur ad punctum B, & ſint rationes B F ad D F, B G ad E G, &c. omnes inter ſe eædem : puncta F, G, &c. erunt omnia in una eademque ſectione conica, cujus punctum B focus erit.

Hujus propoſitionis, in parabola quidem, unicus eſt caſus, quia in ea unicus eſt focus, & vertex unicus; at in hyperbola atque in ellipſi, quia in utraque duplex eſt focus B, M, & vertex duplex A, H : ideò in unaquaque ex illis ſectionibus, quadruplex eſt caſus, duo quidem reſpectu unius focorum propter duplicem verticem, & duo reſpectu alterius focorum propter eundem duplicem verticem. At quoniam id quod de uno ex iſtis focis verum eſt, verum quoque eſt de altero ſimiliter conſiderato; ideò ad explicandos iſtos caſus ſufficiet, ſi unum focorum, putà B, aſſumpſerimus.

Ille ergo focus B neceſſariò propior eſt uni verticum quàm alteri. Eſto vertex propior H, remotior autem eſto A. Itaque, ſive puncta F, G. &c. ſint prope verticem remotiorem A, ſive eadem puncta F, G ſint prope verticem propiorem H, ſemper vera eſt propoſitio, nempe B F rectam eſſe ad rectam F D ſibi conterminam ad punctum F, ut recta B G ad rectam G E ſibi conterminam ad punctum G. Hinc verò quædam deduci poſſunt conſequentiæ quæ apud Apollonium in ſuis conicis non reperiuntur, nec tamen forſan illis cedunt quas ipſe habet ibidem, qualis eſt hæc. In hyperbola, ſumma ambarum B F, B F, ſuprà diverſos vertices A, H tendentium, & ad eandem rectam F F axi A H parallelam pertinentium, ſe habet ad ipſam F F, ut recta B M, quam diſtantiam focorum eſſe ſupponimus, ad axem A H. In ellipſi, differentia earumdem B F, B F ad eandem F F, ſe habet ut diſtantia focorum B M ad axem A H; ac proinde in hyperbola, ſumma ipſarum B F, B F eſt ad ſummam B G, B G, ut recta F F ad rectam G G. In ellipſi, differentia ipſarum B F, B F eſt ad differentiam B G, B G, ut recta F F ad rectam G G; atque ita de multis aliis quas conſultò omittimus, quia id tantùm, quid ſit locus geometricus, declarare, atque exemplis quibuſdam illuſtrare intendimus.

Illud tamen minimè prætereundum putamus quod ad Dioptricam pertitinet, nec ita pridem innotuit, nempe talem proprietatem fumptam in ratione inæqualtatis, ad refractiones pertinere, atque illis effe fpecificam, ad hoc ut radii omnes qui ante refractionem erant ejufdem ordinis (hoc eft vel paralleli, vel ad idem punctum inclinati, five illi ad ipfum punctum tendant, five ab eo divergant) iidem poft refractionem fiant adhuc ejufdem ordinis, qui tamen ordo diverfus fit à priori. Et convertendo. Si fuperficies quædam refractiva talis fit, ut qui ante refractionem ejufdem ordinis erant radii, iidem poft refractionem fint adhuc ejufdem ordinis, fed ab ordine priori diverfi: fiet neceffariò ut tali fuperficiei talis conveniat proprietas, quam in hoc undecimo exemplo fectionibus conicis convenire diximus, in ratione tamen inæqualitatis.

Hîc vero in univerfum tres funt cafus. Primus eft, cùm radii qui ante refractionem erant paralleli, poft refractionem fiunt adhuc paralleli, fed diverfo à priori parallelifmo; qui quidem cafus ad fola refractiva plana pertinet, nec admodum utilis eft. Secundus cafus eft, cùm radii qui ante refractionem erant paralleli, poft refractionem ad idem punctum inclinantur; vel contrà, qui ante refractionem ad idem punctum inclinabantur, poft fiunt paralleli; qui cafus ad ellipfim pertinet atque ad hyperbolam, quibus proprietas illa convenit in ratione inæqualitatis, non autem ad parabolam, cui ipfa convenit in ratione æqualitatis. Tertius cafus eft, cùm radii qui ante refractionem ad unum punctum inclinabantur, poft refractionem ad unum aliud punctum inclinantur; qui cafus aliquando ad fuperficiem fphericam pertinet, fed in aliquo tantùm cafu admodùm particulari, aliàs enim ac multò magis univerfaliter, ipfe pertinet ad alias fuperficies de quibus in exemplo fequenti dicturi fumus.

Quomodò autem fecundus cafus ad ellipfim pertineat vel ad hyperbolam, aut, quod univerfalius eft, ad fuperficiem fpheroïdis vel conoïdis hyperbolici, quæ fuperficies ab ipfis ellipfi vel hyperbolâ circa fuos axes converfis gignuntur; non inutile erit hoc loco declarare. Pofthàc enim, fequenti exemplo, quomodò tertius cafus ad alias fuperficies pertineat, aperiemus.

In figura ellipfis vel hyperbolæ undecimi hujus exempli, fumpto in fectione quovis puncto F, quâ parte illa fectio magis diftat à foco B, eademque vertici A propior eft, & factâ conftructione ut ibidem; producatur recta D F ad partes F utcunque in L, tum circa axem A H intelligatur circunvoluta fectio, ut habeatur fphæroïdes, vel conoïdes hyperbolicum, ad cujus formam perficiatur perfpicillum vitreum vel cryftallinum, vel ex aliqua ejufmodi materia quæ aëre denfior fit, & radios ab ipfo aëre in eandem obliquè incidentes refringat; & ratio inter aërem & talem materiam, quòd ad rarefactionem & condenfationem fpectat; five, ut vulgò jam loquimur, ratio refractionis inter aërem & ipfam materiam, eadem fit ei rationi quæ eft inter rectas B A, A C; five inter rectas A H, B M; conferendo femper majorem terminum rationis ad minorem, dum confertur corpus rarius ad denfius: (quid fit autem ratio refractionis inter duo corpora diverfæ denfitatis, jamjam explicabimus) dico quod in tali perfpicillo, fi radius incidentiæ fit L F, qui axi A H parallelus eft, idemque progrediatur ab L ad F, frangetur radius ille in F, & fractus inclinabitur ad punctum B. Quòd fi radius incidentiæ fit B F progrediens à puncto B, ille frangetur in F, & poft fractionem fiet radius F L axi H A parallelus. Nam in refractione, ficuti & in reflexione, progreffus cujufvis radii, & regreffus ejufdem, fiunt per eafdem lineas: atque omninò quævis fpecies vifibilis eundo & redeundo idem fervat iter.

Quoniam ergo ponimus fuperficiem fphæroïdis vel conoïdis hyperboli-

ci, exhibere nobis perspicillum ipsum à quo radii refringuntur in ingressu
vel in egressu ejusdem superficiei; & superficies illa duplici modo accipi
potest, primo quidem prout convexa est, ita ut convexitas pertineat ad
corpus densius; secundo prout concava est, ita ut cavitas pertineat ad idem
corpus densius: sciendum est nos de priori modo jam locutos esse: quod
si de secundo modo loquamur, contrarium accidet: nam si radius incidentiæ sit FF axi parallelus, atque ipse radius à parte foci remotioris B inci-
dat in sectionem cujus vertex est A, is post refractionem in puncto F, fiet
radius FI qui diverget tanquam si ab ipso foco remotiore B profectus sit,
eritque in directum cum recta linea BF. Si autem radius incidentiæ sit
IF, qui ad focum B inclinatur, is post refractionem fiet FF axi parallelus.

In his duobus modis manifestum est sphæroïdem à conoïde hyperbolico
in eo differre, quod priori modo radius LF in conoïde sit intra densum
corpus, & FB intra rarum; in sphæroïde autem, LF sit intra rarum & FB
intra densum: at secundo modo, è contrario in conoïde radius LF sit in
raro, & FB in denso; in sphæroïde autem, LF sit in denso, & FB in
raro.

Jam quid sit ratio refractionis inter duo corpora diaphana diversæ densi-
tatis, putà inter aërem & vitrum, sic explicabimus.

Esto AB superficies communis duorum corporum propositorum; sitque
rarius, putà aër versùs partem superiorem C; densius autem, putà vitrum, sit versùs partem inferiorem E: & sumpto in rariori, quovis puncto
C, progrediantur ab eo quotcunque radii CD, CF, CP &c. cadentes
in superficiem AB, in punctis D, F, P, &c. per quæ ingrediantur in vitrum: ex iis autem radiis, CD perpendicularis sit ad illam superficiem;
cæteri autem obliqui, ita ut CF minùs obliquus sit quàm CP. Omnes ergo,
præter CD frangentur in ingressu vitri; at CD solus rectà sine fractione
transibit ad E. Jam cujusvis aliorum, putà ipsius CF, fractio sic se habebit.
Centro F & intervallo FC describantur duo circuli quadrantes ACI quidem
intra aërem, KG4 autem intra vitrum, ita ut recta IFK sit diameter ad
superficiem AB perpendicularis, & quadrantes habeant angulos AFI, KF4
rectos, ad verticem oppositos; quo pacto illi jacebunt in eodem plano,
eruntque sibi invicem oppositi. Producatur in directum recta CF intra
vitrum usque ad circumferentiam quadrantis in G.

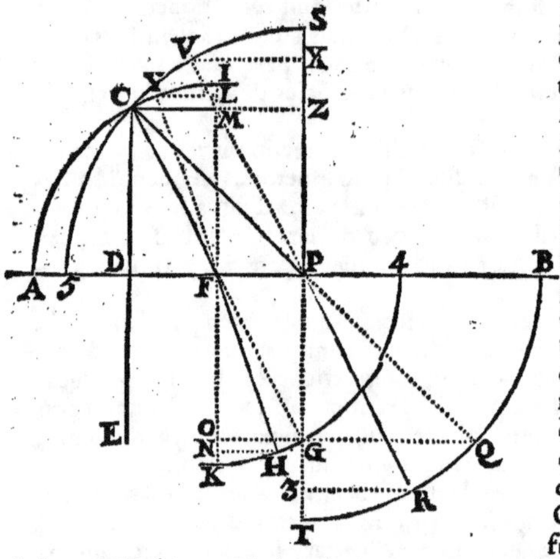

Si igitur radius CF fractus non esset in F, ille rectà progrederetur in G;
at propter fractionem fit contrà, ut deviet ab ipsa rectitudine CFG, fiatque CFH ex duabus rectis CF, FH angulum obtusum ad F constituenti-
bus, sic ut intra aërem angulus inclinationis CFI major sit quàm angulus
HFK qui est quoque angulus inclinationis intra vitrum; hic enim inclinationem

nationem radiorum menfuramus per angulos quos illi faciunt cum perpendiculari erecta à puncto incidentiæ, & hi anguli refpectu ejufdem radii
fracti, majores funt intra rarum quàm intra denfum.

Præterea producatur in directum recta H F ultra centrum F ufque ad
circumferentiam in Y; atque à quatuor punctis C, Y, G, H in circumferentia exiftentibus, cadant in rectam I F K totidem perpendiculares C M,
Y L, G O, H N, ex quibus duæ majores C M, G O inter fe æquales erunt,
ficuti & duæ minores Y L, H N inter fe. Ratio ergo quam habet utravis
majorum ad utramvis minorum, ea eft quam vocamus rationem refractionis ab aëre ad vitrum, putà ratio C M ad H N vel ad Y L; & convertendo, ratio minoris ad majorem, putà H N ad C M vel ad G O, vocabitur ratio refractionis à vitro ad aërem; ac univerfaliter major ratio vocatur ratio refractionis à rariori ad denfius; minor autem, ratio refractionis
à denfiori ad rarius.

Et hæc quidem ratio refpectu duorum eorumdem corporum nunquam
mutatur, fed eadem femper manet per omnes radiorum in fuperficiem communem incidentium inclinationes, ut conftanti experientia comproba-
tur: neque enim hoc, cùm à corporum natura pendeat, aliter haberi potuit
quàm ab experentia, ex qua tale Dioptricæ fundamentum longè præcipuum atque nobiliffimum depromptum eft.

Sed efto in eandem fuperficiem A B alius radius C P priori C F obli-
quior; ac centro P, intervallo P C defcribantur ut priùs duo circuli quadrantes 5 C S, T Q B prior in aëre, pofterior in vitro, ambo ad verticem
oppofiti, atque in eodem plano jacentes, & communem diametrum haben-
tes rectam S P T quæ ad planum A B perpendicularis exiftat; hic autem
radius C P frangatur in P, & poft fractionem abeat in R, ita ut angulus inclinationis C P S intra rarum major fit angulo inclinationis R P T intra
denfum; producatur quoque C P in directum in Q, & R P producatur in
directum in V, fintque puncta 5, C, V, S, T, R, Q, B in eadem circuli circumferentia, in cujus diametrum S P T cadant quatuor perpendiculares C Z, Q G,
R 3, V X, quarum duæ majores C Z, Q G funt inter fe æquales, ficuti &
duæ minores R 3, V X inter fe. Rursùs ergo, ratio cujufvis majoris ex quatuor illis perpendicularibus ad quamvis minorem, putà ratio C Z ad R 3
vel ad V X, eft ratio refractionis à raro ad denfum; & ratio cujufvis minoris ad quamvis majorem, eft ratio refractionis à denfo ad rarum, putà R 3
ad C Z vel ad Q G; & hæ rationes eædem funt cum præcedentibus C M
ad H N, vel H N ad C M, &c.

Tale autem fundamentum refractionis ad prædictas fectiones ellipfim
& hyperbolam fic accommodatur. Sumpto in quavis illarum fectionum
puncto F, & facta conftructione omninò ut fuprà, ac pofito quòd fectionis
fpecies talis fit ut ratio axis A H ad diftantiam focorum B M, fit ratio refractionis à raro ad denfum in ellipfi, & à denfo ad rarum in hyperbola,
inter duo corpora propofita aërem & vitrum; ducatur recta F R quæ fe-
ctionem tangat in F; tum recta F O ipfi tangenti perpendicularis, atque
adeo perpendicularis quoque ipfi fectioni, quæ quidem F O utrinque producatur indefinitè, fed hoc loco fpeciatim, ad partes concavas fectionum;
deinde centro F & intervallo quocunque F O, defcribatur circuli quadrans
cujus arcus fecet rectam F L in K, & rectam B F in N; & à punctis K, N in
rectam F O deducantur perpendiculares K Q, N P: demonftrabitur ex natura conicorum, harum perpendicularium K Q, N P rationem eandem effe
cum ratione axis A H ad diftantiam focorum B M, ac proinde effe rationem refractionis inter duo corpora propofita aërem & vitrum. Pofito ergo
quòd L F in ellipfi, in hyperbola autem K F fit radius incidentiæ, erit F B

*Vide figuras
præcedentes
pag. 142.*

O o

radius refractionis; & contrà, si BF sit radius incidentiæ, erit LF in ellipsi, & KF in hyperbola, radius refractionis.

Cætera quæ plurima sunt, minutatim persequi, Dioptricæ sunt partes; nobis verò qui de locis agimus hoc ostendendum restat, cur tale argumentum, quod manifestò ad Dioptricam pertinet, hoc loco attigerimus.

Id ergo ostendere voluimus, non solùm in rebus purè geometricis locorum geometricorum vim cerni posse, sed etiam in aliis Matheseos partibus quæ objectum suum à Physica mutuantur, modò talis objecti actiones per lineas geometricas producantur: quod sanè radiis specierum visibilium accidere satis superque notum est. Idem autem in Mechanica locum habere facilè ostenderetur; atque etiam in Astronomia: sed istam segetem, quia ad hanc materiam directè non spectat, alio tempore metendam relinquamus.

Porrò, si quis phrasi dioptricâ uti voluerit in enuntiando ejusmodi loco dioptrico, is hoc modo loqui poterit.

Si perspicilli alicujus superficies, radios omnes parallelos in eam incidentes sic refringat ut ad idem punctum inclinentur: vel si omnes radios ad idem punctum inclinatos, parallelos efficiat, talis superficies erit superficies sphæroïdis, vel conoïdis hyperbolici, & punctum inclinationis erit focus ab ipsa superficie remotior, qui autem paralleli erunt radii, iidem & axi ipsius superficiei erunt paralleli, sed & axis ipse inter vertices interceptus, ad distantiam focorum eam rationem habebit quæ est ratio refractionis inter corpus ex quo fit illud perspicillum, & medium diaphanum per quod transeuntes radii in tale perspicillum incurrunt.

Duodecimo exemplo. Ostendamus quomodò tertius ille casus de quo undecimo exemplo locuti sumus, & quem hûc remisimus, aliquando ad superficiem sphæricam, sed multò magis universaliter ad alias superficies pertineat, quas antiquis notas fuisse nullibi apparet.

Sunto ergo in figuris sequentibus, duo puncta A, B; & quæratur perspicillum quod radios ad punctum A inclinatos sic refringat, ut post refractionem iidem ad punctum B inclinentur. Et quidem jam monuimus perinde esse, sive radii ad punctum A convergant, sive ipsi radii à puncto A divergant, utroque enim modo, eosdem dici ad punctum A inclinari: quod idem de quocunque alio puncto B &c. intelligi debet, ne quis circa ea quæ dicta sunt, vel quæ dicenda sunt, hærere possit.

Hinc ergo quadruplex casus particularis oriri potest. Vel enim radii ab uno punctorum A, B, divergentes, sic refringendi sunt ut post fractionem iidem ad alterum convergant; vel radii ab uno punctorum A, B divergentes, sic refringendi sunt, ut post refractionem ab altero divergant: vel radii ad unum punctorum A, B, convergentes, sic refringendi sunt, ut post refractionem ad alterum convergant; vel denique radii ad unum punctorum A, B convergentes, sic refringendi sunt, ut post refractionem ab altero divergant.

Et quidem omnes illi quatuor casus differunt inter se perspicillis duplici modo inter se diversis. Priori modo, cùm perspicilla ipsa diversi sunt generis, quòd ad formam sive figuram spectat: quemadmodum diversi sunt generis sphæroïdes, & conoïdes de quibus undecimo exemplo egimus. Posteriori modo, cùm talia perspicilla differunt tantùm secundùm convexum & concavum, prout scilicet hoc vel illud ad corpus densius pertinet, vel ad rarius.

Verùm, in universum, eorum omnium constructio non multò magis diversa est quàm constructio ellipsis à constructione hyperbolæ, quam suprà initio undecimi exempli ostendimus differre tantùm secundùm rationem

majoris inæqualitatis, & rationem minoris inæqualitatis. Dicamus ergo
breviter de ejusmodi constructione, ut appareat ipsam ad quosdam eosque
pulcherrimos geometriæ locos pertinere.

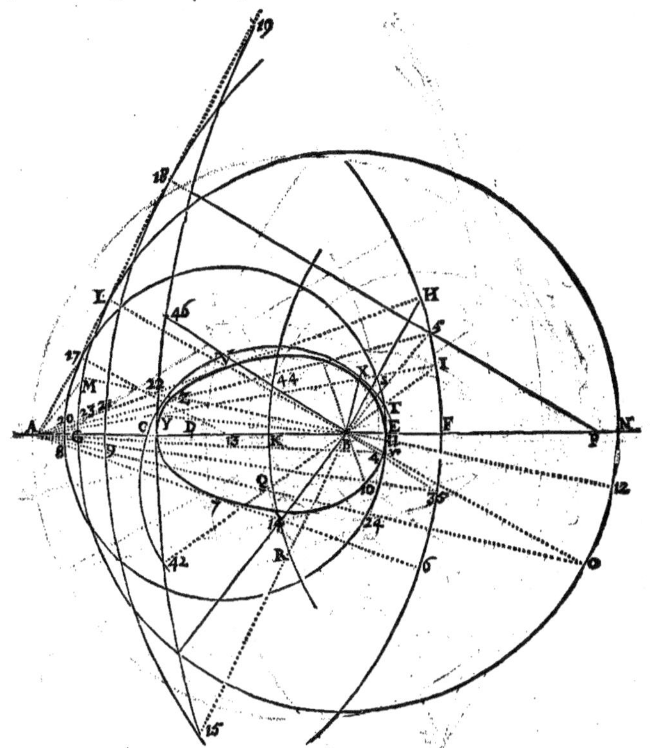

Sunto ergo puncta A, B data, oporteatque in plano figuram describere,
quâ circa rectam A B circumvolutâ, gignatur forma ad perspicillum apta,
ita ut radii à puncto A divergentes, quotquot in perspicillum ipsum incide-
rint, refringantur ad punctum B. Ex duobus autem mediis diaphanis per quæ
radii five species transibunt, alterum, idemque rarius fit aër; alterum autem, idemque densius esto vitrum, atque inter illa duo corpora ratio refractionis data fit.

Ducatur recta A B, quæ indefinitè producatur ultra B versùs E (ad alteras enim partes versùs A inutile fuerit) ac inter puncta A, B, sumatur quodvis punctum C in recta A B, quod punctum C futurum sit vertex figuræ
planæ quæsitæ, quæ ad ovalem formam apprimè accedet, caret tamen ad-

huc fpeciali nomine, proptereaquòd ipfa geometris hucufque ignota fuiffe
apparet. Nec multùm refert an vertex ille C punéto A, an verò punéto B
propior fit; hoc enim liberum eft, quamquam ad praxim utilior futurus fit,

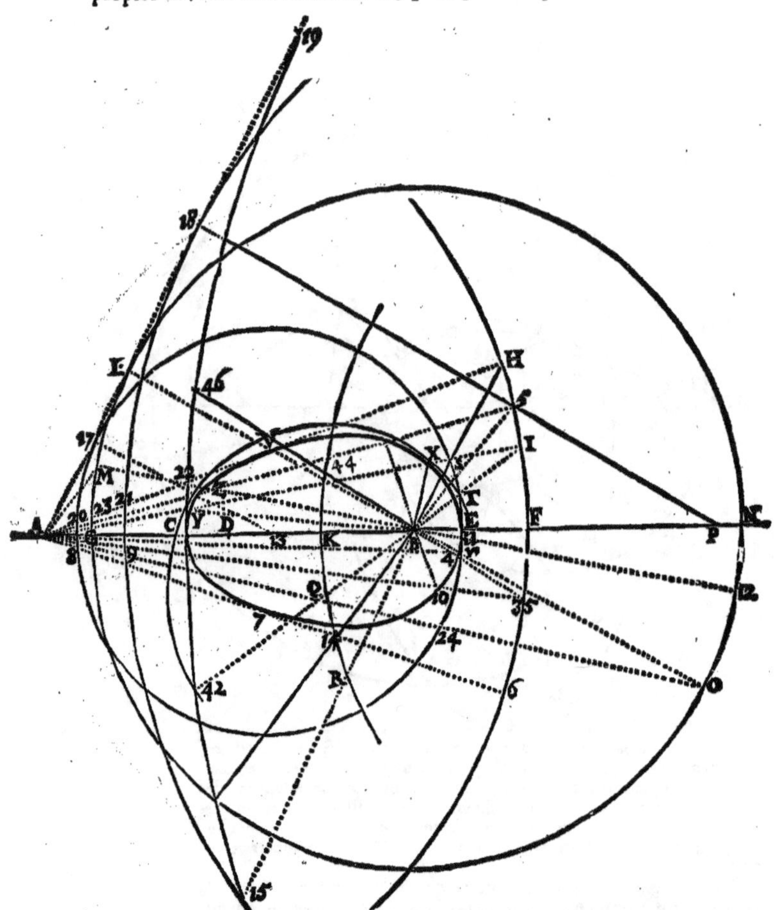

fi ad punétum A magis accedat. Pofito autem hoc primo ac præcipuo vertice C ex arbitrio, jam vertex alter E à punéto A remotior erit, immò ultra punétum B in reéta AB produéta; neque ex arbitrio pendebit illud punétum E, fed illius pofitio ex prædeterminatis fic habebitur. Fiat ut fumma
terminorum (id eft antecedentis & confequentis fimul) eorum inter quos ratio refraétionis confiftit, ad eorumdem differentiam, ita reéta CB ad BE,
& habebitur fecundus vertex quæfitus E; fietque ut fi ex CB fecetur CD
æqualis ipfi BE, tum reéta CE quæ axis erit futuræ ovalis, fit ad reétam BD
in ratione refraétionis à raro ad denfum; fiat quoque BE ad EF in eadem
fed inverfa ratione nempe ut BD ad CE; & ut CE ad BD, ita AF ad BG;
fed punétum F fit in reéta AE produéta ultra E, punétum autem G è contrario

trario fit propè A. Tum centro A intervallo A F, defcribatur circulus F H, (fufficiet aliqua hujus circuli portio) & centro B intervallo B G alius circulus integer G M L N O, quem tangat recta A L in puncto L, à quo ducatur diameter L B O quæ angulum A L B rectum conftituet; ducatur quoque recta B H ipfi A L parallela, five ad L B perpendicularis, ita ut anguli recti A L B, L B H fint alternatim oppofiti, & recta B H occurrat circumferentiæ F H in puncto H, & jungatur recta A H fecans B L in puncto V: hæc A H determinabit portionem circuli F H quæ ad propofitum noftrum utilis erit, fed & eadem A H tanget ovalem defcribendam in puncto V, & ratio B V ad V H erit ratio refractionis ut B E ad E F, ficuti & L V ad V A. Jam conftructio ovalis per puncta talis erit.

Sumpto in arcu F H quocunque puncto I, ducatur recta A I, in qua tale reperiatur punctum X, ut ductâ rectâ B X, ratio hujus B X ad X I fit ratio refractionis ut B E ad E F, five ut B V ad V H; fic enim punctum X erit in ipfa ovali. Et quia in eadem recta A I aliud reperiri poteft punctum Y, ad quod fi ducatur recta B Y, erit quoque B Y ad Y I in eadem ratione refractionis : tale punctum Y ad eandem ovalem adhuc pertinebit. Quoniam autem recta A I ducta eft utcunque, fi multæ ducantur eodem modo ad quotlibet puncta in arcu F H affumpta, habebuntur fimili conftructione in fingulis ex illis rectis, duo puncta ad ovalem pertinentia. Inventis ergo hac ratione quotcunque punctis per quæ ipfa ovalis tranfire debet, defcribetur illa ut defcribi folent multæ lineæ curvæ per quotlibet puncta inventa per quæ linea illa tranfire debet.

Porrò, ex tali conftructione methodus non inelegans deduci poteft quâ ipfa ovalis motu aliquo continuo defcriberetur, nec machina ad talem defcriptionem requifita, quamquam fatis compofita, admodum difficilis effet, nec unico modo perficeretur, immò forfan innumeris : at verò hæc ad organicam potius pertinent, nos autem de locis geometricis hîc agimus.

Patet ergo talem ovalem locum effe ad rectas in ratione data exiftentes; fiquidem B E ad E F, B X ad X I, B Y ad Y I, B V ad V H, &c. funt femper in eadem ratione, nempe in ratione refractionis à denfo ad rarum.

At phrafi geometricâ fic loquemur. Expofitâ quâcunque rectâ A B indefinitâ, fignatifque in ea duobus punctis A, B, ac defcripto centro A & intervallo A F majori quàm A B, circulo F I H, ductâque ad ejus circumferentiam quâcunque rectâ A I quæ fic fecetur in X, ut ratio rectæ B X ad X I data fit, fed minoris inæqualitatis : erit punctum X ad lineam quampiam alicujus generis quod nec ad rectas nec ad conicas pertinet, & tamen ad Dioptricam utile effe poterit.

Quomodò autem, & quando ejufmodi ovalis Dioptricæ inferviet, fic declarabimus. Ad hoc fanè duæ conditiones præcipuæ requiruntur. Prima eft, ut ratio data B X ad X I fit ratio refractionis à denfo ad rarum inter duo corpora diaphana per quæ radius opticus five fpecies vifibilis tranfire debet. Secunda, ut datis duobus punctis A, B, femidiameter A F non fit cujufcunque longitudinis, fed illa major quidem fit quàm A B, at minor quàm ea recta ad quam A B habet rationem refractionis à denfo ad rarum, fequàm B E ad E F; ut fic poftquàm factum fuerit ut F E ad E B, ita F A ad B G, ipfa B G minor fit quàm A B; nam his conditionibus aut altera earum deficientibus, defcriberetur quidem aliqua linea curva, fed quæ ad Dioptricam inutilis effet : cùm autem aderunt illæ conditiones, tunc ufus illius in Dioptrica talis erit.

Duæ quidem funt partes ejufmodi curvæ. Prior ac præcipua eft ea quæ exiftit circa verticem C ufque ad duo puncta contactus V, 7; pofterior eft reliqua circa alterum verticem E ufque ad eofdem contactus : fed hæc pofte-

P p

rior pars inutilis est, prior verò facit ut existente corpore denso diaphano ab ipsa ovali comprehenso, atque ad formam illius perpolito, putà vitro cui alterum corpus rarius undique contiguum sit, putà aër qui vitrum ambiat; radii omnes à puncto A procedentes, atque in superficiem V C 7 incidentes refringantur præcisè in punctum B; atque è contrario, radii omnes à puncto B procedentes, atque in eandem superficiem V C 7 incidentes refringantur præcisè in A: qua ratione primo casui particulari ex quatuor præmissis factum est satis. Sic, si radius incidentiæ in raro sit A Y, radius refractionis in denso erit Y B; atque è contrario, si radius incidentiæ in denso sit B Y, erit radius refractionis in raro Y A.

Quòd si corpora permutentur, ut rarius sive aër contineatur sub forma ovali proposita, densiore sive vitro ipsum coarctante: tunc radii omnes qui intra densum dirigebantur versùs punctum B, inciduntque in superficiem V C 7, sic refringuntur, ut intra rarum divergant, tanquam si à puncto A progrediantur. Atque è contrario, radii omnes qui intra rarum ad punctum A convergebant inciduntque in eandem superficiem, sic refringuntur intra densum, ut divergant tamquam si à puncto B progrediantur. Sic radio incidentiæ existente L V, M Z, fiet radius refractionis V H, Z 5; & à contrario, existente radio incidentiæ H V, 5 Z, fiet radius refractionis V L, Z M; hoc autem pacto satisfecimus quarto ex quatuor casibus particularibus.

Alio modo, nec minus eleganti, describi potest ejusmodi ovalis per puncta, beneficio circuli G M L N O superiùs descripti. Ducatur enim ab ejus centro B ad illius circumferentiam ex utraque parte, quæcunque diameter L B O, in qua producta si opus sit, inveniatur tale punctum V, ut ducta recta A V sit ad V L in ratione refractionis, sed à raro ad densum; (in priori constructione, B X ad X I habebat eandem rationem, sed inversam, quippe à denso ad rarum) sic enim rursùs punctum V erit ad eandem ovalem. Simili modo, si in eadem diametro L B O productâ si opus sit, inveniatur punctum aliud 4, ita ut ducta recta A 4 sit ad 4 O in eadem ratione refractionis à raro ad densum ut A V ad V L, sive ut F E ad E B, erit punctum 4 ad ovalem. Quòd si ducantur aliæ quotcunque diametri per centrum B, sed diversæ à diametro L B O, putà M B 12, &c. habebuntur simili constructione in unaquaque duo puncta, putà Z, 11, &c. ac per omnia illa puncta ducetur ovalis.

Nec admodùm difficile erit invenire ex tali constructione motum aliquem continuum qui ipsam ovalem uno tractu perficiat; quod rursùs ad Organicam pertinet.

Mirum autem est quanta in præmissa ovali sit locorum geometricorum seges; nec verò qualiumcunque, sed talium qui inter elegantissimos annumerari possint & debeant. Lubet ergo ex amplissima illa messe spicas aliquas selectiores metere, ex quibus geometræ de tota judicium ferre possint.

In prima ergo constructione diximus B X esse ad X I in ratione refractionis à denso ad rarum. Quòd si ergo, ductâ utcunque semidiametro A I, quæratur in ea punctum X quod ad ovalem esse debet: manifestum est in triangulo B X I (intellige ductam esse rectam B I) dari basim B I, angulum I, & rationem laterum B X, X I. Quia etiam infinitæ sunt semidiametri, putà A 35, A H, &c. manifestum est quoque infinita esse talia triangula B 10 35, B V H, &c. in quibus omnibus basis data est unà cum angulis qui sunt ad puncta 35, H, &c. & ratione laterum, quæ semper est ratio refractionis à denso ad rarum. Jam ergo eò deducta est quæstio, ut omnium illorum triangulorum inveniantur vertices X, 10, V, &c. Et quidem tale problema vulgare est; at in praxi proposita, si constructio illius toties repetenda esset quot sunt triangula, sive quot sunt invenienda puncta per quæ ovalis ducenda sit, id sanè & tædiosum esset, & errori valdè obnoxium. Huic ergo difficultati pulcherrimè occurret geometria, exhibendo nobis locos quosdam, nempe circulorum circumferentias quæ brevissimo compendio dabunt puncta quæsita. Sed quoniam loci illi ex vulgari constructione problematis deducuntur, operæ prætium erit ipsam explicare; pendet autem illa ex loco quinti exempli præmissi, hoc modo.

Proposita basi BI cujusvis ex triangulis, putà BXI, cujus vertex X inveniendus sit; secetur ipsa BI in T, ita ut IT ad TB sit quemadmodum FE ad EB, hoc est in ratione refractionis, ita tamen ut BT sit minor terminus, quandoquidem latus BX debet esse minus quàm XI, atque in eadem ratione. Tum productâ rectâ IB ultra B usque in 42, fiat I 42 ad 42 B in eadem ratione, seceturque bifariam recta T 42 in Q; ac centro Q, intervallo autem QT, vel Q 42, describatur circulus T X Y 42, qui secabit rectam AI, dabitque in ea punctum X quæsitum : sed & idem circulus dabit in eadem AI punctum Y : erunt ergo illa puncta vertices duorum triangulorum BXI, BYI, quorum latera erunt in ratione proposita refractionis, ut quidem BX ad XI, ita BY ad YI, & utraque ratio est ut BE ad EF, sive ut BT ad TI.

Quòd si super omnibus basibus datis B 35, BH &c. fiat similis constructio; habebuntur hâc vulgari constructione vertices omnium triangulorum. Patet autem in unaquaque ex illis constructionibus dari centrum unum quale est centrum Q, & duo intervalla qualia sunt QT, Q 42, ad describendos tot circulos quot sunt bases datæ, sive quot sunt centra.

Sed, quod mirum permultis videri possit, omnia illa centra existunt in una eademque quadam circuli circumferentia, qualis est R Q K, quæ secat bifariam axem EC in K; & centrum illius P existit in eodem axe producto ultra E, sic ut ratio F B ad B K eadem sit cum ratione semidiametri A F ad semidiametrum K P : unde respectu duorum circulorum FH, R K, quorum centra sunt A, P, punctum B ad utrumque ex istis circulis est similiter positum : ita ut si per punctum illud B ducatur recta quæcunque I B Q, arcus I F, Q K, qui ad ipsos circulos pertinent, sint similes, ut si unus illorum sit 30. grad. exempli gratia, erit & alter 30. grad. Similiter si ducatur alia recta H B R, erunt arcus H F, R K similes, & punctum R erit centrum respectu basis B H, ad inveniendum verticem V trianguli B V H in recta A H; atque ita de reliquis. Verùm in hac recta A H hoc speciale est (quia ipsa tangit ovalem) quòd circulus centro R descriptus, exhibeat in ipsa unicum duntaxat punctum V in quo circulus ille tangit tantùm rectam ipsam A H, non autem secat, sicuti secant suas rectas reliqui circuli quorum centra sunt in arcu R K, à puncto R ad K.

Manifestum est ergo circumferentiam R Q K centro P descriptam, esse locum ad centra infinitorum aliorum circulorum, quorum beneficio inveniuntur vertices infinitorum triangulorum : hæc ergo circunferentia dicatur primus centrorum locus; dabitur enim alius, ut infrà patebit; dicetur etiam aliquando circulus R Q K primus centrorum circulus.

Præterea, sicuti in basi B I inventum est supra punctum T; sic in unaquaque alia basi putà B 35, BH &c. reperiri potest punctum ipsi T analogum : erunt ergo infinita talia puncta, sicuti numero infinitæ sunt tales bases : at illa omnia existunt in una eademque circuli circunferentia E T 24 8, quæ ovalem tanget in vertice E; centrum autem illius erit punctum 13 in recta E A inter B & A : eritque ut F B ad B E, ita semidiameter F A ad semidiametrum E 13 : quo pacto rursùs punctum B ad utrumque circulum F I H, E T 8, similiter positum erit. Sicuti autem ad inveniendum punctum

X verticem trianguli B X I usi sumus intervallo Q T à centro Q ad punctum
T in basi B I; sic ad inveniendum punctum 10 verticem trianguli B 10 35,
utemur intervallo 44. r à centro 44 in circulo R Q K; ad punctum r in
circulo E T 8.

Patet igitur circumferentiam E T 8 centro 13 descriptam, esse locum ad
infinita intervalla infinitorum aliorum circulorum, quorum beneficio inveniuntur vertices infinitorum triangulorum. Hæc ergo circumferentia dicatur primus intervallorum locus, dabitur enim statim alius, dicetur etiam aliquando circulus E T 24 8, primus intervallorum circulus.

Rursus, quemadmodum in eadem basi B I productâ ultra B, inventum est
punctum 42; sic in unaquaque alia basi reperietur punctum ipsi 42. analogum: ac infinita illa puncta existunt in una eademque circuli circumferentia 15 46 42 C quæ ovalem tanget in vertice C; centrum autem ipsius circumferentiæ erit 27 in axe C E producto ultra E; sed in præmissa figura
centrum illud 27. nimis remotum esset à reliquis, unde non potuit in ea
signari: atque ut suprà, punctum B respectu hujus circuli, similiter positum est ut respectu circuli F I H; quia ut recta F B ad rectam B C, ita est
semidiameter A F ad semidiametrum hujus circuli C 27. Quoniam etiam
hic circulus terminat intervallum Q 42 æquale intervallo Q T, & intervall-
lum 44 46 æquale intervallo 44 r, & sic de reliquis; dicetur idem, secundus intervallorum circulus; & circumferentia illius, secundus intervallorum
locus.

Huc usque ergo habemus quatuor circulos, quorum respectu punctum B
similiter positum reperitur, nempe F I H qui primus omnium est; K Q R
qui primus est centrorum circulus; E T 8 qui primus est intervallorum circulus; & C 42 46 qui intervallorum secundus est. Atque etiamsi punctum
B nullius ex ipsis quatuor circulis centrum existat; tamen quia ipsum in
unoquoque similiter positum est, fit ut omnis recta quæ per B ducta circulos omnes illos secat, abscindat ab omnibus quatuor circumferentiis, arcus
similes ad axem C E productum utrinque si opus fuerit, terminatos. Sic recta I T B Q 42 abscindit quatuor arcus I F, T E, Q K, & 42 C omnes inter
se similes, atque ita de cæteris.

Cur autem fiat ut in uno ex istis circulis centrum P sit ad unas partes
puncti communis B; in alio verò centrum 13 sit ad alteras; nulla alia est
causa quàm quòd vertices ipsorum circulorum sunt ad diversas partes ejusdem puncti B: sed minima quæque persequi in exemplis, non vacat: hæc
enim facilè supplebit vel mediocris geometra.

Suprà dedimus duas nostræ ovalis constructiones per puncta, quarum prior
utebatur circulo F I H ad determinandas triangulorum bases B I, B H, &c.
Posterior verò utebatur circulo G M L N O ad determinandas aliorum triangulorum bases, putà basim A M trianguli A Z M; basim A L trianguli A V L;
basim A O trianguli A 4 O, &c.

Itaque circunferentia prioris horum duorum circulorum F I H dici potest primus basium locus; & circulus dicetur primus basium circulus.

Eâdem jure circunferentia posterioris circuli G M L N O dicetur secundus basium locus; & circulus, secundus basium circulus.

Quæcunque autem diximus de primo centrorum loco, ac de primo &
secundo intervallorum, referuntur omnia ad primam constructionem; sicuti
& primus basium locus. At si ad secundam constructionem respiciamus,
ad quam pertinet secundus basium locus G M L N O; tunc respectu illius
constructionis dabitur secundus centrorum locus hoc modo.

Primus intervallorum locus E T 24 8 secat axem E C productum inter
C & A, in puncto 8. & idem locus tangit rectam A L in puncto 17; sicuti

ex conſtructione ſecundus baſium locus eandem A L tangit in L; ſecetur bifariàm recta C 8 in puncto 9; tum centro P (hoc enim commune eſt centrum tam primi quàm ſecundi centrorum circuli) intervallo autem P 9, deſcribatur circulus 9 18, qui eandem rectam A L productam ultra L tanget in 18; hic ergo erit ſecundus centrorum circulus, & circunferentia illius erit quoque ſecundus centrorum locus; quomodo autem centra ſecundæ conſtructionis in tali loco accipiantur, poſteà declarabimus. Sed & ſecundus intervallorum locus 15 42 C tangit eandem rectam A L ſupra punctum 18 in puncto 19; eritque recta 18 19 æqualis rectæ 18 17, proptereà quòd recta 9 8 æqualis eſt rectæ 9 C.

Quòd autem tres circuli, nempe ſecundus centrorum, & ambo intervallorum, tangant rectam eandem A L productam quantùm ſatis, id vi geometriæ deducitur ex conſtructione illorum , atque ex eo quòd ſecundus baſium circulus eandem tangat ex conſtructione; ſed demonſtratio, ut elegantiſſima eſt, ita & longiſſima: nos ergo ipſam cum plurimis aliis relinquimus.

Quoniam itaque quatuor illi circuli, ſecundus baſium, ſecundus centrorum, & ambo intervallorum, eandem rectam tangunt, habentque omnes centra ſua in eadem recta A B producta quantum ſatis ; atque huic rectæ A B occurrit ipſa tangens A L in puncto A; ſequitur tale punctum A reſpectu omnium quatuor illorum circulorum, eſſe ſimiliter poſitum. Sed & in omnibus quatuor, erunt diſtantiæ à puncto A uſque ad illorum vertices 8, G, 9, C, ſemidiametris illorum proportionales : erit quippe recta A 8 ad rectam A G ut ſemidiameter 13 8 ad ſemidiametrum B G. Et ut recta A 8 ad rectam A 9, ita ſemidiameter 13 8 ad ſemidiametrum P 9 : atque ita de reliquis.

Unde ſi per punctum illud A ducatur quæcunque recta quæ circulos illos omnes ſecet, auferet hæc ab omnibus ſimiles arcus circunferentiarum, à recta A B uſque ad puncta ſectionum extenſos; putà arcus 8 20, G 23, 9 21, & C 22, inter rectas A B, A V &c.

Dicamus verò nunc quâ ratione ſecundæ conſtructionis noſtræ ovalis centra in circunferentia 15 9 18, quæ ſecundus centrorum locus eſt, accipiantur. Ad hoc autem ducatur à centro B ad ſecundum baſium locum G M L, quævis ſemidiameter B L, quæ producta perficiat integram diametrum L B O ut ſuprà; ducaturque tam A L, quàm A O, quarum utraque baſis erit, illa quidem trianguli A V L, hæc autem trianguli A 4 O, quorum vertices quæruntur: illi ergo vertices, beneficio talis ſecundi centrorum loci, ſic reperientur. Prima baſis A L occurrit illi ſecundo centrorum loco in puncto 18; & eadem occurrit primo intervallorum loco in puncto 17; ſecundo autem, in puncto 19 : ſumetur ergo pro centro punctum 18 , pro intervallo, 18 17, vel 18 19, (æqualia enim ſunt illa ut ſuprà notavimus) tale enim intervallum dabit in ſemidiametro B L, punctum V quæſitum. Sed & hoc ſpeciale eſt huic puncto V, quòd ducta A V tangat ovalem in ipſo V, eò quòd centrum 18 eſt punctum contactus rectæ A L & ſecundi loci centrorum. Similiter, ſi altera baſis A O producatur quouſque illa ex altera parte verſùs O, occurrat tam ſecundo centrorum loco in puncto 26, quàm ambobus intervallorum , in punctis 24, & 25, dabit illa centrum aliud 26, & duo intervalla æqualia 26 24, & 26 25 ; quorum illud quod erit 26 24, terminabitur in primo intervallorum loco ; (centrum 26, & alterum intervalli punctum 25, in noſtra figura , nimis longè diſtarent à puncto A) tali ergo centro, ac tali intervallo, inveniemus in ſemidiametro B O, punctum quæſitum 4 in ovali.

Simili modo, ſi in ſecundo baſium circulo, ducatur diameter M B 12;

huic convenient duæ bases, A M, & A 12, pro triangulis A Z M, A 11 12;
(finge triangula illa esse absoluta, quod vitandæ confusionis gratiâ hîc
factum non est) ac unaquæque ex illis basibus secabit tam secundum locum centrorum, quàm utrmuque intervallorum; dabitque in illo quidem
centrum, in his verò, intervallum, cujus beneficio, in utraque semidiametro B M, B 12, invenietur punctum Z, vel 11, quæsitum.

In hac verò secunda constructione unicum centrum, putà 18 dat in
ovali unicum punctum putà V; quod idem de omnibus aliis verum est;
cùm è contrario, in prima constructione unicum centrum Q dederit duo
puncta X & Y.

Neque verò prætereundum est quomodo talium locorum beneficio, &
centra, & intervalla, ac denique puncta ad ovalem pertinentia facillimè
inveniuntur. Quod sanè in prima ex duabus præmissis constructionibus
præstitisse sufficiet: hinc enim, quâ ratione eadem methodus ad secundam
constructionem accommodari possit, illicò patebit. Quæcunque autem circa
tale argumentum dicturi sumus, praxim respiciunt, quæ hoc modo expe-
ditissima, & certissima reddi potest.

Descriptis ergo secundùm præscriptas leges sex circulis sive sex locis ut
suprà, duobus quidem basium, duobus centrorum, & duobus intervallorum: assumatur in primo loco basium, quodvis punctum I inter F & H
(ultrà enim inutile fore suprà notatum est) & jungatur recta A I, in ea
enim reperiri debent duo puncta X, Y, ad ovalem pertinentia: tum arcui
F I sumantur duo alii arcus similes, alter K Q in primo centrorum loco,
alter E T in primo loco intervallorum: ac sumpto intervallo Q T, & pede
circini manente in centro Q, notentur altero pede mobili duo puncta X, Y,
in recta A I, ut propositum est.

Verùm, inquiet aliquis, possuntne promptè ac expeditè haberi arcus similes in diversis iisque inæqualibus circulis? Possunt sanè, nec uno modo;
sed hic omnium facillimus jure videri possit. Duc quamcunque basim B H
(extrema ad extremum punctum H pertinens, in hac prima constructione,
reliquis præstat, in secunda constructione, nihil refert) quæ producta quantùm satis, dabit in primo loco centrorum arcum K R; ac in primo intervallorum, arcum E S, qui inter se, & ipsi F H similes erunt. Dividantur omnes
illi tres arcus singuli in quotcunque partes æquales, ita tamen ut partes
unius sint quoque numero æquales partibus alterius: putà, dividatur unusquisque primùm bifariàm, deinde quælibet pars rursùs bifariàm, atque ita
continuè quantùm quis voluerit. Hoc enim pacto, puncta arcus F H terminabunt semidiametros A I, A H, &c. Puncta autem prædictis ordine
correspondentia in arcu K R, dabunt centra Q, R &c. ac tandem puncta
eodem ordine sumpta in arcu E S, terminabunt intervalla. Cætera sunt facilia, nec est cur in iis immoremur.

Expeditis ut suprà, quæ ad primum & quartum ex casibus particularibus
refractionum pertinebant, superest nunc ut reliquis duobus, secundo scilicet & tertio, satisfaciamus: nempe ut explicemus rationem componendi
loci qui duobus illis casibus inserviat. Sed antequàm ad rem ipsam veniamus, lubet hîc aliquantisper immorari circa quatuor præcipua puncta figuræ
Vide Figur.
pag. 148. præcedentis, duo nempe focorum A, B; & duo verticum C, E: ex tali
enim consideratione magis elucescet analogia quæ inter casus jam expedi-
tos, & eos de quibus agendum superest, intercedit; quæ quidem analogia
ad eorumdem casuum figuras extenditur, habetque aliquid simile ei analo-
giæ quæ in doctrina conica reperitur inter hyperbolam & ellipsim.

Statuamus primùm ex illis quatuor punctis, duo B, & C, esse immobilia, eademque remanere in eo statu in quo hucusque constituti sunt: at

punctum A (quod primum ac præcipuum est) mobile esse, idemque diversas positiones successivè ad arbitrium obtinere, ac tandem quartum E eatenus mobile esse, quatenus necessitas geometrica id exiget : existente tamen omnia quatuor in una eademque recta linea A B, quæ ad hoc negotium, utrinque indefinitè producatur.

Ergo, respectu puncti B, vel ipsum punctum A erit versùs C, vel versùs E. Et siquidem illud sit versùs C; vel erit intra figuram inter B, C; vel illud erit in vertice C; vel idem erit extra figuram ultra C, ut in figura præmissa; sed ita ut ab ipso puncto C longissimè, immò infinitè distare possit. Rursùs, si respectu puncti B, punctum A sit versùs E; vel illud A erit inter puncta B, E intra figuram, vel illud erit in vertice E; vel idem erit extra figuram ultra E, sic ut ab ipso puncto E longissimè, immò infinitè distare possit. Tandemque illud idem punctum A considerari potest tanquam si puncto B congruat, ita ut ambo simul unicum punctum efficiant.

Incipiamus ab hoc ultimo statu quo punctum A puncto B congruit : tunc verò loco ovalis C V E 7 habebimus circulum, cujus centrum erit idem punctum commune A vel B, & intervallum sive semidiameter B C, cui æqualis erit B E; unde punctum E vi geometrica, tantùm distat à puncto B quantùm C ab eodem B. Duo loci basium describentur circa idem centrum B vel A secundùm præscriptas leges in præcedenti constructione : ex duobus locis centrorum, alter, nempe primus coalescet in unicum punctum B, alter erit circunferentia ejusdem circuli C V E 7 qui loco ovalis succedet : tandemque ipsa eadem circuli C V E 7 circunferentia referet duos reliquos locos intervallorum. Sed omnia ad Dioptricam erunt planè inutilia.

I.
Status.

Esto deinde punctum A intra ovalem inter B & C : ac tunc fiet figura ovalis in qua præcipuus vertex C propior erit præcipuo foco A quàm vertex E foco B; attamen distantia B E minor erit quàm B C; atque ita excessus rectæ A E supra rectam A C major erit quàm excessus rectæ B C supra rectam B E; ac duorum illorum excessuum ratio erit ipsa ratio refractionis. Sex loci, nempe duo basium, duo centrorum, & duo intervallorum, non aliter invenientur quàm in præcedenti figura, sed illi paulò aliter erunt dispositi, quod tamen nullius momenti est, quia hæc omnia ut priùs, ad Dioptricam sunt inutilia.

II.
Status.

Esto jam punctum A in præcipuo vertice C : quo pacto fiet ovalis quàm acutissima esse potest versùs ipsum C, versùs E autem, quàm obtusissima : siquidem, dum focus A procedit à B ad C, ipsa ovalis in vertice C fit semper acutior; in E autem, obtusior, quousque ipse focus A pervenerit in C, à quo procedendo extra ovalem, vertex C fit minùs acutus, E verò minùs obtusus. At hoc in statu foci primarii A in præcipuo vertice C constituti, ratio axis C E ad excessum quo recta B C superat rectam B E, est ipsa ratio refractionis. Primus locus basium, primus centrorum, & primus intervallorum inveniuntur ut in superiori constructione factum est, inter quos ille qui primus est intervallorum transit etiam per C vel A; quo pacto idem cùm transeat per extrema axis C, & E, tangit ovalem in ambobus illis punctis, & centrum illius est in medio axis ejusdem in K. Secundus locus basium, secundus centrorum, & secundus intervallorum omnes transeunt per idem punctum C vel A, sed centris differunt : illa tamen, quia hæc ovalis ad Dioptricam nihil confert, relinquenda judicavimus.

III.
Status.

Existat nunc focus A extra ovalem, ultra verticem C, non tamen infinitè : tunc autem omnia se habebunt prorsùs ut in præmissa figura; ita tamen ut, quò major erit ratio rectæ A B ad rectam B C, eò magis ovalis ipsa ad figu-

IV.
Status.

Q q ij

ram veræ ellipfis conicæ accedat, neque tamen unquam vera ellipfis fiat. Ac in illa, portio circa præcipuum verticem C ad Dioptricam utilis eft, ut in defcriptione figuræ præmiffæ notavimus.

V.
Status.

Vide Figur.
pag. 142.

Abeat nunc punctum A in infinitum ultrà C, qui ftatus nobiliffimus eft, præbet enim veram ellipfim conicam, ac prorsùs eam quæ undecimo exemplo expofita eft, quamque ibidem ad Dioptricam pertinere monuimus, cùm fcilicet ratio axis A H ad diftantiam focorum B M eft ipfa ratio refractionis. Hîc verò omnes fex loci bafium, centrorum, & intervallorum abeunt in lineas rectas: fed ex illis, fecundus bafium, & fecundus centrorum infinitè diftant à præcipuo vertice, qui in figura ejufdem exempli erit A; reliqui quatuor tranfeunt per puncta quæ ibidem funt C, H, A, & centrum ellipfis, funtque illi omnes quatuor ad axem ejufdem ellipfis perpendiculares. Quoniam autem à puncto illo qui præcipuus vertex eft & infinitè diftat, duci debent rectæ: fciendum eft ipfas duci debere axi ellipfis parallelas. Cætera facilè intelligentur ab eo qui doctrinæ Infiniti in Geometria affuevit.

Similiter, fi præcipuus focus A infinitè diftet ab altero foco B ex altera parte versùs fecundum verticem E, idem omninò accidet quod jamjam diximus, cùm idem infinitè diftaret versùs C; nam ex doctrina infiniti, idem eft diftare infinitè versùs C, ac diftare infinitè ad contrarias partes versùs E: quod fanè illis qui tali doctrinæ minimè affuefacti funt mirum videri folet, & plerifque abfolutè impoffibile.

Apparet ergo ex suprà dictis, id quod hucufque latuiffe opinamur, nempe in ellipfi conica, quatenùs illa ad Dioptricam referri poteft, tres intelligi debere focos, duos fcilicet internos, & unum externum qui infinitè diftet à quovis ex duobus verticibus. Unum dicimus externum, non duos, etiamfi cuivis doctrinæ infiniti imperito, ille minimè unus, fed duo infinitè à fe invicem diftantes videri poffint. Ille enim quandiu in diftantia finita à foco B diftitit, ut suprà, unicus fuit A; poftquàm autem abiit in infinitum versùs C, idem eodem modo fe habet, ac fi uno faltu tranfilierit ad alteram partem versùs E, paratus regredi ab illa parte versùs E fecundùm rectam lineam N F E B, ufque ad B unde moveri cœperat: immò, five versùs C, five versùs E infinitè diftare ipfe intelligatur, perinde eft, quod ad conftructionem pertinet: quæcunque enim recta ab eo duci intelligetur, illa axi C E femper exiftet parallela.

Supereft nunc ut ipfum focum A confideremus ab infinita diftantia versùs E regredientem ufque ad B fecundùm rectam N F E B, hic enim ftatus dabit locos illos qui duobus reliquis particularibus cafibus refractionum fatisfacient. De his agemus pofteà, fed priùs operæprætium fuerit ftatuere puncta A & C fixa, B verò mobile ad arbitrium; at E rursùs eatenùs mobile tantùm, quatenùs vis geometriæ id poftulabit. Neque enim hujus fpeculationis fructus minor futurus eft quàm præcedentis cum qua fanè multa habet communia, fed multa etiam planè diverfa, cùm fcilicet punctum B in infinitum abibit.

Itaque vel puncta immobilia A & C funt fimul, vel illa à fe invicem fejuncta funt. Si fimul fint, vel punctum mobile B eifdem congruit, ita ut tres fimul exiftant; vel idem B ab ipfis A, C, diftat; idque vel fecundùm diftantiam finitam, vel infinitam.

VI.
Status.

Si tria puncta A, B, C fimul exiftant, tum quartum E cum iifdem exiftet, evanefcetque ipfa ovalis, quæ in idem punctum coalefcet, atque unà cum ea omnes fex loci: eftque ftatus hic prorsùs inutilis.

VII.
Status.

Si puncta A C fimul exiftant, B autem ab iis utcunque diftet, fed finitâ diftantiâ, habebimus tertium ftatum ex iis qui suprà expofiti funt, cùm punctum A mobile erat, idemque in C conftituebatur.

Si

Si punctis A, C, invicem constitutis, punctum B ab utroque infinitè distet ex utravis parte (perinde enim est ex doctrina infiniti, ut suprà,) tunc nulla habebitur ovalis, sed loco illius succedent duæ rectæ secantes se invicem in puncto communi A C, ita ut recta A B angulum ab illis contentum bifariàm dividat; eritque ille angulus tantus quantus debetur assymptotis hyperbolæ illius de qua undecimo exemplo dictum est, posito quòd ratio axis ad focorum distantiam sit ipsa ratio refractionis. Sex loci abeunt in lineas rectas ad rectam A B perpendiculares, sed ex iis tres primi infinitè distant, sicuti & punctum B; tres secundi in unicam coalescunt rectam quæ per punctum commune A C transit: at illa omnia ad Dioptricam sunt inutilia.

Jam puncta A C, quâcunque distantiâ finitâ à se invicem distent, & punctum mobile B incipiat ab A, moveaturque ad C, & ultrà usque in infinitum.

Existente ergo puncto mobili B in A, loco ovalis habebimus circulum, cujus centrum erit punctum illud commune A vel B, intervallum A C. Et hic status suprà expositus est, fuitque primus.

I X.
Status.

Existente autem ipso puncto mobili B inter A & C, multi habebuntur status inter se diversi, de quibus agemus posteà; illi enim sunt qui reliquis duobus casibus particularibus refractionum satisfaciunt.

X.
Status.

Existente jam ipso B in C, evanescet ovalis, eademque in idem punctum B vel C coalescet; quod jam suprà notatum est, atque inter inutilia repositum: is status sextus fuit.

X I.
Status.

Existente deinde puncto B ultra C, ita ut C sit inter duo B, A, habebimus statum figuræ præmissæ in qua tamdiu immorati sumus: & idem status suprà fuit quartus.

X I I.
Status.

Existente porrò puncto B ultra C vel ultra A in distantia infinita ex quacunque parte (perinde enim est, ut jam non semel notavimus) tunc statum nobilissimum habebimus: abibit enim ovalis nostra in hyperboiam illam de qua undecimo exemplo dictum est, cùm scilicet ratio axis ad focorum distantiam est ipsa ratio refractionis. Ac hujus quidem hyperbolæ vertex præcipuus erit, hoc loco, in C; alter minus præcipuus E abibit in infinitum: quæ autem huic hyperbolæ opponitur alia hyperbola, respectu præcipui foci A erit inutilis. Sex loci abeunt in lineas rectas ad axem infinitè productum perpendiculares; sed ex iis duo primi infinitè distant versùs C, nempe primus basium, & primus centrorum; primus intervallorum transit per verticem hyperbolæ inutilis, secundus intervallorum transit per præcipuum verticem C. Secundus centrorum transit per centrum hyperbolarum; secundus autem basium transit per illud punctum in quo recta A C sic dividitur, ut tota A C ad portionem ipsi puncto C conterminam, habeat rationem refractionis à raro ad densum.

X I I I.
Status.

Apparet ergo idem hyperbolæ conicæ accidere quod de ellipsi suprà dictum est, quodque antiquos latuisse opinamur; nempe, præter duos focos vulgares de quibus in conicis agitur, quique distantiâ finitâ à centro ultra vertices removentur, dari tertium qui ex utravis parte infinitè distet ab eodem centro, quatenùs scilicet ipsa hyperbola ad Dioptricam refertur, &c. ut suprà de ellipsi.

Tandem verò punctum mobile B ab infinita distantia ultra A regrediatur versùs ipsum A à quo moveri incœpit, ita ut idem A existat inter C & B; ac tunc habebimus secundum statum illum inutilem de quo dictum est dum punctum A mobile statuebatur, atque illud existebat intra ovalem inter B & C; nec est quod hîc ultrà addamus.

X I V.
Status.

Quòd si quærat aliquis quinam hujusce speculationis circa mobilia puncta fructus futurus sit, præcipuè circa locorum doctrinam ad quam pertinere debent hæc nostra exempla: sciat ille primùm quidem in universum, tali,

R r

vel aliâ simili consideratione apprimè detegi naturam figurarum omnium; cùm scilicet ritè notaverimus quid ex diverso situ præcipuorum punctorum ad illas pertinentium, eisdem figuris accidere possit, unde illæ immutari queant.

At in specie, quòd ad locos attinet, meminerit vix aliter detegi posse quomodo illi invertantur, aut in figuras genere, aut specie diversas permutentur; quemadmodum supra vidimus locum illum de quo hoc duodecimo exemplo agimus, nunc esse ovalem aliquam, nunc circulum, & aliquando ellipsim, aut etiam hyperbolam: quod adhuc in iis quæ statim dicturi sumus, non minùs evidenter apparebit.

X V.
Status.   Præteriimus supra eum statum in quo punctum B mobile procedens ab A, progreditur, non quidem versùs C, sed ad contrarias partes usque in infinitam distantiam, quia status ille ad Dioptricam inutilis est: quandiu enim ipsum existit in distantia finita, habetur secundus status in quo A statuitur inter B & C, de quo supra; cùm autem idem existit in distantia infinita, habetur hyperbola inutilis, cujus focus internus est A, vertex autem inter A & C; ac illud C est vertex hyperbolæ oppositæ, quæ sanè opposita poterit esse utilis, sed illa eadem prorsùs erit cum ea de qua duodecimo statu locuti sumus.

Nihil etiam diximus de puncto C infinitè distante, quia tunc evanescit omnis figura, atque unà cum ea, quæcunque puncta ad eandem pertinebant: quæ omnia in infinitum abeunt.

In universum ergo, res eò reducitur ut vel A focus infinitè distet, ac tunc habetur ellipsis utilis; vel B focus infinitè distet, ac tunc habetur hyperbola, cujus altera ex oppositis utilis est, altera inutilis; vel ex tribus punctis A, C, B medium sit C, ac tunc habetur status utilis, cui inservit figura præmissa; vel A & C simul existant, vel A sit medius inter C & B, vel idem A sit in B, qui tres status sunt inutiles, sicuti & inutiles sunt duo illi in quibus vel tria puncta A, C, B, vel, quod eodem recidit, duo B & C simul existunt; vel tandem punctum B medium sit inter C & A: unde septem oriuntur status nondum expediti, atque omnes utiles, de quibus agendum nobis superest, quia illi omnes & soli duobus reliquis particularibus refractionum casibus satisfacient. Nec multùm in singulis immorabimur; illi enim omnia habent præmissis anologa, scilicet focos, vertices, & locos basium, centrorum, & intervallorum; sed illa omnia positione differunt, atque ex diversa illa positione, figuræ diversissimæ evadunt.

Primus ergo status ex illis septem reliquis esto ille in quo duo puncta B, & E media sunt inter focos C, A; ac vertex secundus E medius quoque est inter B & A; cui statui inservit figura sequens: in qua quatuor puncta C, B, E, D, se habent prorsùs ut anteà; ita scilicet ut rectæ C D, B E, sint æquales; sicuti & C B, D E; sitque tota C E ad mediam B D in ratione refractionis à raro ad densum. At quia præmissæ conditiones omnes non solùm huic statui, sed etiam tribus sequentibus conveniunt, ideò huic primo illud peculiare esto, quòd ratio rectæ A E ad rectam E B sit major ipsâ ratione refractionis à raro ad densum. In secundo autem statu ponetur hæc ratio A E ad E B esse præcisè ratio refractionis à raro ad densum. In tertio è contrario, ponetur A E esse ad E B in ratione minori quàm sit ratio refractionis à raro ad densum, non minori tamen quàm à denso ad rarum. In quarto, ponetur ratio A E ad E B esse minor ratione refractionis à denso ad rarum, quousque punctum A pervenerit ad verticem E. In quinto, ponetur punctum illud A esse in E. In sexto, ponetur idem A esse inter B & E intra ovalem; ita tamen ut ratio totius B E ad portionem E A major sit quàm ratio refractionis à raro ad densum. In septimo denique statu, ponetur ipsum A rursùs intra ovalem inter B & E, sed propiùs ad idem B; ita ut ratio B E ad E A non major sit ratione refractionis à raro ad densum, sed vel eidem æqualis, vel ipsâ minor.

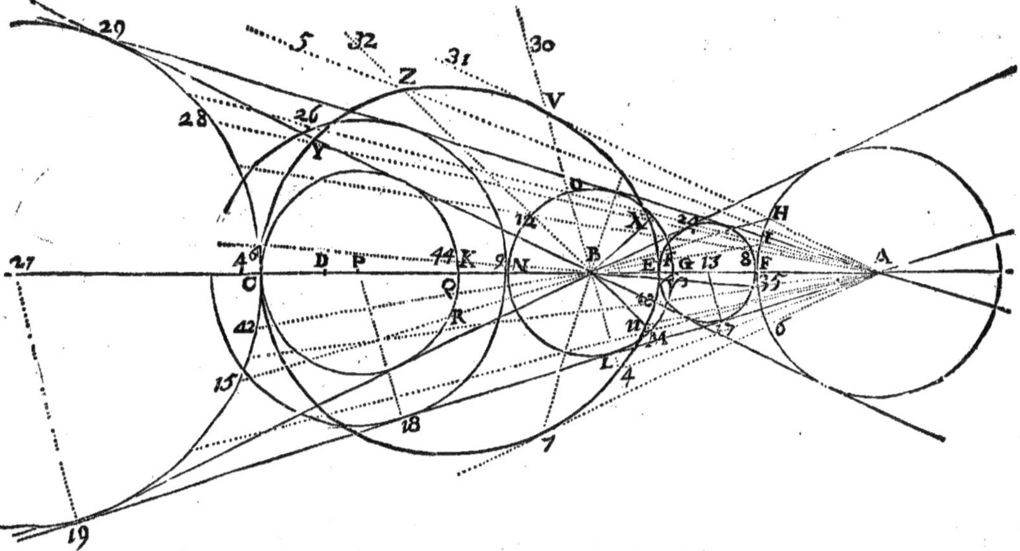

Etsi verò figuræ omnes, quæ singulis ex istis casibus propriæ sunt, differant tam inter se, quàm ab ea quam primam suprà exposuimus, ipsæ tamen plurima habent inter se similia : immò illæ omnes sic delineari ac notis distingui possunt, ut una eademque explicatio omnibus inserviat, nec alia distinctio adhibenda sit, quàm circa positionem aliquot punctorum, quorum quæ in una figura priora fuere, eadem in alia figura fient posteriora, & quæ erant media, fient extrema, aut omninò quid simile. Talis sanè est præmissa explicatio, quæ etiamsi primæ figuræ usqueadeò quadret, ut illi soli propria esse appareat, & reverà soli illi propria sit strictè loquendo ; eadem tamen paucis tantùm mutatis, omnibus inservire potest. Id verò in hac secunda figura clarè intueri licet : sed ad hoc monendus est lector ut quotiescumque in dicta aliqua inciderit quæ secundæ illi figuræ quadrare non videbuntur, tum ipse huc recurrat ad ea quæ statim dicturi sumus, quæque continent præcipua capita in quibus discrepant ejusmodi figuræ.

Ac primùm, in hac secunda figura, quia punctum A est ultrà tria puncta C, B, E, versùs E, quod contrarium est primæ figuræ : fit ut punctum G sit quoque ad easdem partes ipsius E, cùm in prima esset versùs C.

Secundò, anguli recti A L B, L B H, in secunda figura sunt interiores & ad easdem partes respectu parallelarum A L, B H, qui tamen in prima erant alterni.

Tertiò, in secunda figura, intervallum A F minus est quàm A B, quod in prima majus erat.

Quartò, cujuscunque longitudinis reperiatur intervallum A F in secunda figura, semper ovalis utilis erit ; quod in prima verum non erat.

Quintò, hæc secunda figura satisfacit secundo & tertio casui ex quatuor illis particularibus casibus refractionum ad perspicilla pertinentium qui suprà expositi sunt, cùm prima satisfaceret primo & quarto, ut dictum est. Nam in eadem secunda, posito corpore denso diaphano ab ipsa ovali comprehenso, atque ad formam illius perpolito, putà vitro, cui alterum corpus rarius undi-

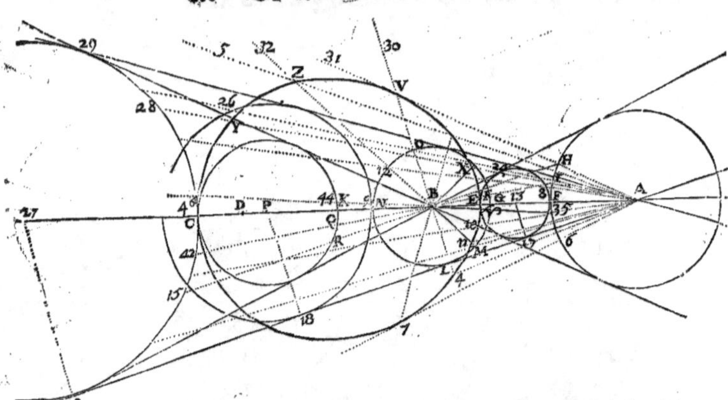

que contiguum sit, putà aër qui vitrum ambiat: radii omnes ad punctum A tendentes, atque in superficiem V C 7 incidentes, refringuntur præcisè in punctum B; hic verò est terius ex iisdem quatuor casibus. Atque è contrario, radii omnes à puncto B procedentes, atque in eandem superficiem V C 7 incidentes, post refractionem divergunt extra ovalem tanquam si omnes ex puncto A progressi sint: & hic est secundus casus. Sic, si radius incidentiæ in raro sit 28 Y tendens versùs A, radius refractionis in denso erit Y B: atque è contrario, si radius incidentiæ in denso sit B Y, erit radius refractionis in raro Y 28.

Quòd si corpora permutentur, ut rarius sive aër contineatur sub forma ovali proposita, densiore seu vitro ipsum coarctante: tunc radii omnes qui intra rarum procedunt à puncto A, inciduntque in superficiem V C 7, sic refringuntur, ut intra densum divergant tanquam si à puncto B progressi sint. Atque è contrario, radii omnes in denso ad punctum B convergentes, atque in eandem superficiem V C 7 incidentes, sic refringuntur, ut intra rarum ad punctum A convergant. Sic radio incidentiæ existente A Z intra rarum, fiet in denso radius refractionis Z 32 qui à puncto B procedit; & è contrario, existente intra densum radio incidentiæ 32 Z qui ad punctum B tendit, fiet intra rarum radius refractionis Z A. Quo pacto rursùs alio modo satisfactum est secundo ac tertio ex prædictis quatuor casibus particularibus.

Sextò, centra circulorum illorum sex quos suprà assignavimus pro locis centrorum, intervallorum, & basium, multò aliter in hac secunda figura, quàm in prima, disposita sunt. Nam in hac secunda figura centrum P quod ad locos centrorum pertinet, reperitur inter vertices C, E, quod tamen in prima figura erat ultrà. Item, in eadem secunda figura, centrum 27. quod ad secundum locum intervallorum pertinet, abit ultra verticem C, quod tamen in prima abibat ultra E.

Septimò, quoniam ambo foci A, B in hac secunda figura reperiuntur extra utrumque circulum intervallorum: fit ut tam ambæ rectæ quæ à puncto A procedentes, tangunt secundum locum basium G L N O, quàm ambæ quæ

à

à punûto B procedentes, tangunt primum locum basium F I H: tam hæ tangentes, inquam, quàm illæ, tangant quoque utrumque circulum intervallorum E T 24 8, & 19 C 29, si scilicet tangentes illæ quantùm satis producantur.

Cæteras differentias quivis facilè percipiet: ideò nos ultrà progrediemur.

Assignavimus suprà differentiam quæ intercedit inter septem illos status in quibus punûtum B reperitur inter A & C, diximusque primum in hoc à cæteris distingui, quòd in eo ratio A E exterioris ad B E interiorem (intellige respeûtu ovalis) major sit ratione refraûtionis à raro ad densum. Huic autem statui omninò accommodata est secunda figura præmissa, in qua ideò primus locus intervallorum E T 24 8 totus extra ovalem existit versùs A, & punûtum F inter duo A & E constituitur.

Jam secundus status nobilissimus est, in quo scilicet ratio A E ad E B est *Vide Figuram sequentem.* ipsa ratio refraûtionis à raro ad densum, unde punûta A & F in unum idemque punûtum coalescunt.

In tali autem statu, loco ovalis habemus circulum qui utilis est eodem prorsùs modo quo utilis est præmissa ovalis secûndæ figuræ, putà portio illa quæ est circa verticem C usque ad contaûtus V, 7, quæ portio satisfacit secundo & tertio ex quatuor casibus particularibus refraûtionum, ut diximus in quinto ex septem capitibus, quibus præmissa secunda figura à prima discrepat. Nec quicquam circa talem explicationem immutandum est, ita ut illa conveniat tam ovali secundæ figuræ, quàm circulo tertiæ sequentis, in qua, etiamsi punûta B, C, D, E eodem prorsùs modo disposita sint quo in secunda figura, tamen, propter rationem refraûtionum à raro ad densum quæ intercedit inter reûtas A E, E B, fit ut sex loci de quibus toties suprà diûtum est, singuli amissâ suâ extensione seu magnitudine, in punûta coaluerint; primus scilicet locus basium in punûtum A; secundus basium in punûtum B; ambo centrorum in punûtum K, quod est centrum propositi circuli C V E 7; primus intervallorum in punûtum E; ac tandem secundus intervallorum in punûtum C.

At verò, quòd proprietas adeò insignis circulo C V E 7 conveniat; posito scilicet quòd tam ratio A E ad E B, quàm ratio diametri E C ad B D sit ratio refraûtionis à raro ad densum, ac proinde etiam ratio A C ad C B; (hæc enim tertia ex duabus prioribus sequitur) quòd, inquam, quivis radius 36 33 à raro quod est extra circulum, putà ab aëre incidens in densum quod est intra circulum, putà in vitrum, in punûtum 33 quod est in circumferentia, si dirigatur ad punûtum A, non tamen ad idem A perveniat, sed frangatur in ingressu 33, ac fraûtus abeat in B, illud ex sequenti demonstratione manifestò patebit; quæ quidem demonstratio circulo specialis est, nec prolixa; universalis enim, quæ tam ovalibus quàm circulo conveniret, longiori indigeret apparatu, ut jam suprà monuimus.

Ad hoc autem tria notanda sunt. Primum, quoniam est ut A E ad E B, ita A C ad C B, & quatuor punûta A, B, C, E sunt in eadem reûta linea, estque A extra circulum, B intra; at E C est diameter; sit necessariò ut eduûtâ ex B punûto reûtâ perpendiculari ad diametrum E C, atque eâ utrinque produûtâ usque ad circumferentiam, punûta in quibus ipsa circumferentiæ occurrit, sint ipsa V & 7, in quibus reûtæ A V, A 7 ipsum circulum tangunt, ita ut duûtâ reûtâ K V, angulus K V A reûtus sit, atque ita, ratio reûtæ A V ad V B sive K V ad K B, rationi reûtæ A K ad K V sit similis: atque earum rationum conversæ similes, scilicet B V ad V A, B K ad K V, & V K ad A K. Secundum, propter eandem rationem A E ad E B, & A C ad C B, fit ut duæ quæcunque reûtæ A 33, B 33 quæ ad idem punûtum 33 in circumferentia utcunque assumptum ducuntur, in eadem quoque ratione existant, putà ut A E ad E B, sive ut A C ad C B: nam circumferentia E V 33 C 7 talem locum exhibet, qualem quinto loco explicuimus, atque ideò etiam eadem est ratio A V ad

VB, & AZ ad ZB, & AY ad YB, &c. unde, quoniam ponitur ratio AE
ad EB esse ratio refractionis à raro ad densum, erit quoque AV ad VB,
A 33 ad 33 B, &c. ratio refractionis à raro ad densum. Tertium, ductâ rectâ
5 33 34 quæ circulum tangat in puncto 33, tum rectâ 33 K ad centrum K,
erit angulus K 33 34 rectus; ac eodem modo fient refractiones radiorum in
punctum 33 incidentium à circuli circumferentia E 33 C, quo à linea recta
tangente 5 33 34; siquidem in universum, linea quæcunque curva, & recta
ipsam tangens, easdem efficiunt refractiones radiorum in punctum contactus
incidentium. Positâ ergo curvâ C 33 E, vel rectâ 5 33 34 pro dioptrica, sive
pro superficie refractiva, & existente puncto 33 puncto incidentiæ, erit recta
33 K perpendicularis ad dioptricam.

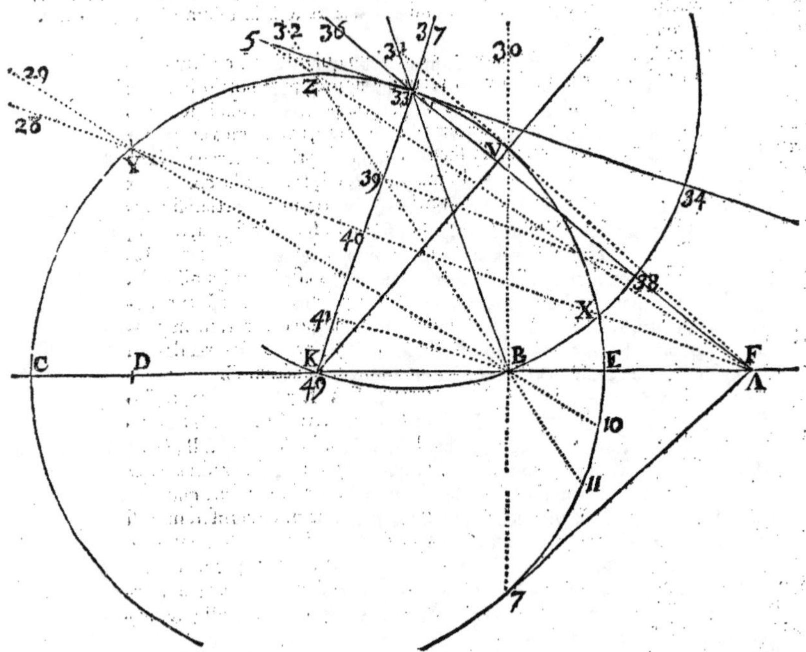

His præmissis, centro 33 intervallo quocunque, putà 33 B, describatur
circulus secans perpendicularem 33 K in puncto 49, rectam 33 A in puncto
38, & rectam 33 34 in puncto 34; eritque arcus 49 34 quadrans; & rectæ 33 49,
33 B, 33 38, & 33 34 erunt æquales. Sed, quod præcipuum est, demissis in rectam 33 49 productam si sit opus, perpendicularibus A 40, B 41, & 38 39:
ostendendum est 38 39 ad B 41 esse in ratione refractionis, putà ut AE ad
EB; hoc enim demonstrato, manifestum erit ex lege refractionum quam undecimo exemplo suprà exposuimus, fore ut si radius incidentiæ sit 36 33 38 A,
tunc radius refractionis sit 33 B, & vicissim, si radius incidentiæ sit B 33, tunc
radius refractionis sit 33 36: hoc autem sic demonstramus.

Ratio perpendicularis 38 39 ad perpendicularem B 41, componitur ex rationibus 38 39 ad A 40, & A 40 ad B 41: est autem 38 39 ad A 40, ut 38 33
ad 33 A, sive ut B 33 ad 33 A; & ut A 40 ad B 41, ita A K ad K B: quare

ratio 38 39 ad B 41 componitur ex rationibus B 33 ad 33 A, & A K ad K B:
ut autem B 33 ad 33 A, ita BV ad VA, ut jam secundo loco notavimus, &
ita B K ad K V; ideoque ratio 38 39 ad B 41 componitur ex rationibus A K
ad K B, & B K ad K V, quæ ambæ constituunt rationem A K ad K V. Ut
ergo 38 39 ad B 41, ita A K ad K V, sive A V ad V B, sive A E ad E B,
quæ est ratio refractionis, ut propositum est. Cúmque idem accidat omnibus punctis quæ in arcu VC 7 assumi possunt, patet arcum illum esse locum
ad propositas refractiones, quarum ratio erit ut A E ad E B; quæ sanè perin-
signis est circuli proprietas huc usque, ut existimamus ignota.

Hoc pacto iis satisfecimus quæ initio duodecimi exempli ostendere polliciti fumus, nempe casum tertium ex tribus universalibus Dioptricæ casibus,
de quibus undecimo exemplo dictum est, aliquando ad superficiem sphæricam
pertinere, sed multò magis universaliter ad alias superficies (nempe ovales de
quibus suprà) quas antiquis notas fuisse nullibi apparet. Patet enim hunc secundum statum qui ad circulum, atque adeo ad sphæram pertinet, esse spe-
cialissimum, alios verò qui ad ovales, esse universaliores.

Porrò, qui supersunt status quinque, ad alias ovales pertinent, quas figurâ
exhibere supervacaneum hoc loco duximus; neque enim ex prædictis difficile fuerit easdem satis accuratè describere. Quamobrem, postquàm ea breviter exposuerimus in quibus illæ à prædictis præcipuè differunt, tunc ulteriùs exemplis parcemus, duodecim præmissis contenti, quæ sanè perillustria
sunt; atque ita ad id quod initio propositum est, accedemus.

Tertius ergo status ad ovalem quandam pertinet, in qua sex loci basium,
centrorum & intervallorum describuntur. Sed quia punctum A reperitur in- *Vide Figur.*
ter E & F, hinc fit ut quinque ex illis locis, integri intra ovalem constituan- *pag. 160.*
tur, nempe præter primum basium, reliqui omnes; primus enim basium, vel
totus est extra ovalem, vel aliquid tantùm habet intrà; punctum N est versùs E; punctum G est versùs K; punctum 8 est versùs B, atque ita pleraque
ex punctis contrario modo disposita sunt quo in secunda figura: est tamen
ovalis ipsa tota, ut omnes de quibus hucusque egimus, ad easdem partes cava,
quod tribus proximis sequentibus statibus non accidit. Cùmque A E est ad
E B in ratione refractionis à raro ad densum, tunc ipsa ovalis ultima est earum quæ ad easdem partes totæ cavæ existunt; ulteriùs enim, puncto A propiùs accedente ad E, tunc partes ovalis vertici E hinc inde vicinæ, incipiunt
esse ad exteriores partes cavæ, ut mox declarabimus.

Quartus status omnia habet tertio similia, nisi quòd circa verticem E,
partes aliquæ ipsius ovalis quæ ad talem statum pertinet, nempe partes illæ
quæ circa verticem E proximè disponuntur, exteriùs versùs A cavæ sunt. At
post aliquam distantiam hinc inde ab ipso vertice E, eadem ovalis incipit
rursùs ad interiores partes versùs centrum K esse cava, nec posteà mutatur
talis cavitas interior, sed durat per totum ovalis reliquum circa præcipuum
verticem C; & quò minor est ratio A E ad E B, eò major est cavitas circa
verticem E. Quo pacto ejusmodi ovalis aliquo modo accedit ad formam
cordis alicujus animalis, cum hac tamen differentia, ut pars quæ est circa E
cava sit exteriùs, non ad formam anguli ut cor, sed ad formam quasi rotun-
dam; ut si fingas ovalem aliquam quæ priùs tota interiùs cava erat, ictu quodam alterius ovalis fortioris circa verticem E inflicti, retusam esse ad interiores partes, ut communiter accidit corporibus rotundis debilioribus, dum
in firmiora rotunda illidunt. In hac verò ovali, sicuti & in omnibus præmissis, semper reperitur aliqua pars circa verticem E, quæ ad Dioptricam inutilis est, nempe usque ad ea puncta V, 7, in quibus ductæ rectæ A V, A 7,
ipsam ovalem tangunt, ut jam suprà sæpius dictum est.

Quintus status dum A est in E; quod ad sex locos basium, centrorum, &

intervallorum attinet, non admodùm differt à tertio & quarto statu præmissis. Ejus verò ovalis circa verticem E exteriùs cava est quàm maximè. Cæterùm eadem integra ad Dioptricam utilis esse potest, estque prima earum quæ nullas partes habent inutiles; quæ proprietas duobus reliquis statibus etiam convenit. In hoc etiam statu hoc speciale est circa locos, quòd quatuor ex illis, nempe duo loci intervallorum, secundus centrorum, & secundus basium tangant se invicem, atque etiam ovalem in ipso vertice E; unde quæ ab eodem E vel A excitatur perpendicularis ad axem C E, eosdem quatuor locos tangit in ipso eodem E.

In sexto statu, ovalis adhuc cava est circa verticem E, sed minùs quàm in quinto in quo illa circa idem punctum E maximè cava erat; & quò major est ratio rectæ BE ad EA, eò minùs cava est eadem ovalis. In ea sex loci reperiuntur, sed ita ut quatuor de quibus in quinto statu dictum est, extra ovalem excurrant ultra E; unde evanescit tangens A L, quam tamen refert analogicè ea recta quæ ex puncto A excitatur perpendiculariter ad axem C E; exhibet enim illa punctum L ubi secat secundum locum basium; punctum 17, ubi secat primum intervallorum; punctum 18, ubi secat secundum centrorum; & punctum 19, ubi secat secundum intervallorum, quod in septimo casu verum quoque reperitur. Sed & pro diversis rationibus refractiónum in diversis mediis, atque etiam pro diversis rationibus B E ad E A, accidere potest ut evanescat tangens B 24, quæ ex puncto B educta tangebat quatuor locos, nempe duos intervallorum, primum centrorum, & primum basium, quam tamen analogicè hoc casu referet ea recta quæ ex puncto B ad axem C E perpendiculariter excitabitur, eo modo quo de tangente A L jamjam dictum est, quod quivis Geómetra facilè intelliget.

At ubicunque existat hoc punctum B, sive extra quatuor illos locos; sive in vertice eorumdem, dum vertex ille est in B; sive intra ipsos, ut in hoc statu accidere potest: semper punctum B ad prædictos quatuor locos similiter positum est; ita ut duæ quæcunque rectæ ab eodem B eductæ, & vel tangentes vel secantes quatuor illos circulos, auferant ab illis totidem arcus similes, si sumantur ut sibi respondent. Eadem est ratio puncti A respectu suorum quatuor locorum, de quibus hoc & quinto statu dictum est. Unde inferre licet tam punctum A ad duos locos intervallorum similiter positum esse, quàm punctum B ad eosdem, etiamsi positio puncti B positioni puncti A minimè similis existat.

Tandem, in septimo statu sex loci non longè aliter se habent quàm in sexto; sed ovalis circa verticem E non ampliùs cava est ad partes exteriores: verùm illa tota interiùs cava existit, nec quicquam in ea speciale reperitur quod sit alicujus momenti.

De tangentibus & rectis ad prædictas omnes ovales perpendicularibus, multa dici possent elegantissima, quæque hanc materiam, atque adeo totam Geometriam maximè illustrarent: verùm illa ideò præterimus, quia propriè non sunt hujus loci. Hoc tamen monebimus: In omni statu in quo puncta A & C sunt ad easdem partes respectu puncti B, sive ipsa A, C sint simul, sive illorum alterum propiùs accedat ad B, quodcunque illud sit, vel A, vel C: tunc omnem rectam quæ ad ovalem perpendicularis erit, occurrere axi ejusdem ovalis in puncto aliquo quod erit inter ipsum B & alterum ex prædictis duobus A, C, quod eidem B propinquius erit. At verò in omni statu in quo punctum B existet inter prædicta A, C, tunc omnem rectam ejusmodi quæ ad ovalem perpendicularis existet, vel axi parallelam esse, vel eidem occurrere ultra puncta A, B, nullam autem vel in ipsis punctis, vel inter ipsa. Sed de his satis: nunc ad propositam nobis materiam de locis ad analysim aptis accedamus.

De

De locorum divisione in diversos gradus.

MULTI sunt locorum gradus, immò infiniti; alii enim simpliciffimi sunt; alii autem magis ac magis compositi, idque in infinitum. Eorum tamen omnium Antiqui duo in universum genera statuerunt.

Primum genus est eorum qui solis constant lineis, sive illæ rectæ sint, sive curvæ. Ac de his sanè intelligi debet omnis sermo in quo de locis simpliciter agitur, nullo addito vocabulo quod contrarium indicet.

Secundum genus est eorum qui superficiebus constant, vocanturque illi communiter loci ad superficiem; quorum quidam per se subsistunt, nec ab aliis oriuntur; quidam contrà oriuntur sive generantur à locis simplicibus primi generis, dum illi circa axes aliquos conversi, superficies aliquas producunt.

Rursùs, primum genus locorum in tres classes communiter distribui solet, nimirùm in locos planos, in locos solidos, & in locos lineares.

Loci plani duo sunt tantùm, nempe linea recta, & circuli circumferentia.

Loci solidi tres sunt, nempe parabola, hyperbola, & ellipsis; qui ex sectione superficiei conicæ & plani alicujus quod nec per verticem coni transeat, nec basi sit parallelum, nec subcontrariè positum, originem ducunt.

Loci lineares sunt omnes aliæ quæcunque lineæ præter rectam, circuli circumferentiam, & conicas sectiones, putà conchoïdes omnis generis, spirales, cissoïdes, quadratrices, trochoïdes, & infinitæ aliæ, quæ tales sunt & tam multiplices ut etiam nomine careant. Neque enim aliter comparati debent loci lineares cum locis planis aut cum solidis, quàm genus polygonorum quæ laterum multitudine triangulum aut quadrangulum excedunt, cum ipso triangulo aut quadrangulo. Nam, quemadmodum sub tali nomine polygoni continentur pentagonum, hexagonum, eptagonum, octogonum, &c. quæ omnes figuræ non minùs inter se differunt & specie & proprietatibus quàm triangulum à quadrangulo, & utrumque horum à cæteris: sic sub uno nomine linearium infiniti loci continentur qui non minùs differunt inter se naturâ & proprietatibus, quàm linea recta aut circuli circumferentia à parabola, hyperbola, aut ellipsi; aut quàm hæ quinque lineæ ab iisdem locis linearibus, seu à conchoïdibus, spiralibus, cissoïdibus, &c.

At verò non omnes loci lineares ad analysim nostram apti sunt, sed illi tantùm quos ad æquationes analyticas revocari posse contingit. Quid sit autem locum aliquem ad æquationem revocare, posteà declarabimus, & exemplis illustrabimus. Nunc autem, quoniam à multis quæri solet an ejusmodi loci tam plani quàm solidi & lineares, omnes in universum geometrici dici debeant, extiterunt non pauci inter Geometras vulgò habiti, qui præter locos planos, nullos alios admittebant, ac cæteros tanquam à Geometria prorsùs alienos respuebant, ita ut problema quodvis insolutum existimarent, quod beneficio locorum planorum solvi non posset, quantumcumque idem aut per locos solidos aut per lineares solveretur: ideò non abs re fuerit hoc loco disquirere quid geometricum, quid verò minimè geometricum censeri debeat, positis tamen iis omnibus quæ vulgò in elementis omnibus geometricis admitti solent.

Sanè in universum, quæstio est de nomine, ut manifestò patet: tamen, quia multi præ arrogantiâ, ea omnia damnare consueverunt quæ ignorant, ne scilicet re quadam alicujus pretii privari videantur; ac sic multa respuunt quæ à doctis communiter recipiuntur.

Ut talium sic leviter sub appositis suo modo falsis nominibus res bonas damnantium malitiam quivis veritatis studiosus vitare possit, lubet rem ipsam à fundamentis resumere, quibus intellectis, facile erit cuicunque propositionem aliquam geometricè aut secùs solutam, temerè affirmanti aut neganti res.

Tt

pondere, atque ipsius affirmationem aut negationem falsam, levem, aut temerariam esse, ex ipsius scientiæ principiis evidenter demonstrare.

Ac primùm omnium convenit propositiones arithmeticas à geometricis distinguere, siquidem illas arithmeticè, hoc est per operationes sive regulas arithmeticas; has verò geometricè, hoc est per locos geometricos, solvi consentaneum est, ut debito seu legitimo modo solutæ dici debeant. Neque tamen negamus utrasque operam sibi mutuam præbere, ac sibi invicem auxiliari, idque multipliciter; quod ideò non impedit ne arithemetica arithmeticè, geometrica geometricè tractentur.

Arithmeticæ ergo propositiones solvuntur vel addendo, vel substrahendo, vel multiplicando, vel dividendo, vel radices extrahendo; atque id tam in numeris rationalibus seu unitati commensurabilibus, quàm in numeris irrationalibus seu surdis, vel unitati incommensurabilibus; &, sive in numeris simplicibus, sive in compositis ejusmodi operationes instituantur, juvante ubicunque Geometria si opus fuerit, cujus præcipuæ partes sunt distinguere atque imperare ubi & quando addere, aut substrahere, ubi & quando multiplicare aut dividere, ubi & quando radices extrahere conveniat.

Quo in opere non multùm refert utrùm solutio in minimis aut in simplicissimis numeris exhibeatur, vel in majoribus aut magis compositis; sæpè enim accidit ut vel multiplicationes, vel divisiones, vel radicum extractiones adeò intricatæ sint, ut ipsas explicare nimis arduum opus sit, nec quodpiam tantæ operæ prætium satis dignum existat.

Neque tamen diffitendum est ea ingenia longè aliis prælucere, quibus datum est quæstiones quascunque simplicissimo modo solvere : at illa bonis suis gaudeant, modò ne aliorum solutiones minùs simplices tanquam spurias ac minimè recipiendas, nimis arroganter damnare contendant.

In exemplo. Proponatur in numeris hæc æquatio cubica numericè solvenda. B ^{solidum} — C ^{plano} in A — A ^{cubo} ↘ O, & B $^{\text{f.}}$ sit numerus infrà positus, nempe apotome, sicuti & CP. 729.

$$\text{B}^{\text{f.}}_{\text{Apotome.}} \left\{ \begin{array}{l} + \quad\quad 142884 \\ - \sqrt{q}\ 17962705800 \end{array} \right. \quad —729\text{A}—\text{A}^3 ↘ \text{O}.$$

Ponamus autem quendam vel nescire, vel non admodum curare methodum quâ ejusmodi æquatio brevissimo aut simplicissimo modo solvi queat, sed tantùm id curare, quo modo illa utcunque solvatur.

Equidem ex constitutione illius, patet ipsam irregularem esse, nec de tribus lateribus explicabilem, verùm de unico tantùm, eodemque suprà : hoc ex nostro opere de æquationum cubicarum recognitione, cap. 3. prop. 6. patebit.

At illius constitutio ex Vieta elegantissimè deducitur. Sunt quippe quatuor quidam numeri continuè proportionales, quorum qui continetur sub extremis vel mediis est tertia pars numeri radicum, sive tertia pars affectionis sub A, qui numerus in nostro exemplo est C. 729, & ejus tertia pars est 243: differentia autem extremorum est ille numerus qui oritur diviso B $^{\text{f.}}$ per eandem tertiam partem numeri C. Quia ergo numerus ille solidus est hæc apotome 142884 — $\sqrt{}$ 17962705800; eo per 243 diviso, oritur hæc alia apotome 588 — $\sqrt{}$ 304200, quæ ideò est differentia numerorum extremorum. Est autem numerus quæsitus A in eadem serie, differentia numerorum mediorum. Eò itaque res reducitur, ut ex quatuor numeris continuè proportionalibus, datâ differentiâ extremorum, nempe 588 — $\sqrt{}$ 304200, dato etiam producto ex mediis vel ex extremis 243, inveniatur differentia mediorum. Et extremi quidem facili viâ habentur ex data differentia ipsorum, & producto eorumdem; nam semidifferentia est 294 — $\sqrt{}$ 76050, & hujus semidifferentiæ quadratum est hæc apotome 162486 —— $\sqrt{}$ 262938312 00, quod additum ipsi producto 243, dat hanc aliam apotomen 162729 —— $\sqrt{}$ 262938312 00, cujus radix quadrata est dimidia summa extremorum $\sqrt{}$ 88200 —— 273. Huic apotome si addas semidifferentiam extremorum prædictam, nempe 294 —— $\sqrt{}$ 76050, fit major extremorum quæsitorum, hoc nempe binomium $\sqrt{}$ 450 —+— 21. Quòd si ex eadem apotome $\sqrt{}$ 88200 —— 273, seu ex dimidia summa extremorum, demas eandem semidifferentiam extremorum 294 —— $\sqrt{}$ 76050, fit minor extremorum quæsitorum, nempe hæc apotome $\sqrt{}$ 328050 —— 567. Hoc pacto, datis extremis, quærendi sunt duo medii proportionales, ut habeatur eorum differentia quæ dabit numerum A quæsitum.

At in quatuor numeris continuè proportionalibus, hoc universale theorema est : Productus ex majori extremo in quadratum minoris extremi est cubus minoris medii. Item, productus ex minori extremo in quadratum majoris extremi est cubus majoris medii. Hac igitur regula ex datis extremis, majori quidem $\sqrt{}$ 450 —+— 21, minori autem $\sqrt{}$ 328050 —— 567, dabuntur duo cubi mediorum. Nam quadratum majoris extremi est binomium 891 —+— $\sqrt{}$ 793800 : hoc multiplicatum per minorem extremum dat hoc aliud binomium $\sqrt{}$ 2657205 0 —+— 5103, & hic est cubus majoris medii. Simili modo, quadratum minoris extremi est hæc apotome 649539 —— $\sqrt{}$ 4218578658 00; hoc multiplicatum per majorem extremum dat hanc aliam apotomen $\sqrt{}$ 1937102445 0 —— 137781, & hic est cubus minoris medii.

Inventis ergo duobus cubis numerorum mediorum, superest ut cuborum ipsorum radices extrahantur. At verò, talium cuborum alter, nempe major, est binomium : alter autem, seu minor, est apotome ; quicunque ergo artem calluerit quâ ex binomiis & apotomis cubicæ radices extrahuntur, is quæstionem, si non simplicissimo modo, at certè accuratè omninò solverit ; siquidem earum radicum differentia erit numerus A quæsitus, nec alio quovis modo , quamquam simpliciori, alius invenietur numerus. Quòd si reperiatur aliquis qui talem artem ignoraverit, is postquàm cubos prædictos invenerit, ibi subsistet, ac dicet numerum quæsitum A esse differentiam radicum cubicarum talium numerorum exhibitorum sic $\sqrt{}$^{cub.} hujus binomii | $\sqrt{}$q 26572050 —+— 5103 | —— $\sqrt{}$^{c.} hujus apotomes | $\sqrt{}$q 1937102445 0 —— 137781. | Et sanè ea dici poterit aliqua esse solutio, quoniam ipsa ad numeros certos ac determinatos reducta est. Adde quod plerumque accidit ut binomia aut apotomæ non habeant radices cubicas explicabiles, unde ipsarum differentia per ejusmodi radicum extractionem exhiberi non potest, quamvis illa aliquando rationalis existat ; quò fit ut eâdem, vel aliâ viâ quærenda sit, vel eâ ratione quâ suprà, per ipsos cubos irrationales exhibenda.

Verùm in proposito exemplo, radices cubicæ à perito rectè extrahi possunt, quibus exhibitis solutio longè erit elegantior ; sunt enim radices illæ binomii quidem, hoc binomium $\sqrt{}$q 162 —+— 9 ; apotomes verò, hæc apotome $\sqrt{}$q 1458 —— 27. Sint ergo hi numeri duo medii quæsiti, quorum differentia est hæc apotome 36 —— $\sqrt{}$q 648 quæ exhibet numerum A quæsitum ; quo pacto habemus hoc modo satis longo atque intricato, solutionem quæstionis propositæ ; atque etiamsi methodus talis solutionis simplicissima non sit, tamen numerus A inventus est simplicissimus.

Verumenimverò sagacior aliquis Analysta, multò compendiosiori viâ eandem inveniet solutionem. Is enim statim propositâ hâc eâdem æquatione cubica,

$$B^f. \left\{ \genfrac{}{}{0pt}{}{+\ 142884}{-\ \sqrt{}q\,17962705800} \right. —— 729A —— A^3,$$

animadvertet illam ad minores numeros reduci posse ; quandoquidem datur

numerus 3, cujus quadratus 9 dividere poteſt C P ∞ 729, ita ut ejuſdem numeri 3 cubus 27 dividere quoque poſſit B ſ. 142884 —— √q 1796270580 ;
ac diviſione per quadratum oritur 81, per cubum autem oritur 5292 —— √q
24640200.

Hoc pacto dabitur alia æquatio in minoribus numeris, nempe hæc,

$$\mathrm{D}\,ſ.\left\{ {\begin{array}{c} 5292 \\ {-\!\!-\,√q\,24640200} \end{array}} \right. -\!\!- \mathrm{FP}\ 81\ \mathrm{E} -\!\!- \mathrm{E^c} \infty \mathrm{O}.$$

Cujus æquationis radix E cùm inventa fuerit, ac per 3 prædictum multipli-
cata, dabitur prioris æquationis radix A quæſita. Eſt tamen hæc nova æquatio ejuſdem cônſtitutionis cum ea quæ initio propoſita eſt ; quare concludemus in ea contineri quatuor numeros continuè proportionales, ita ut numerus contentus ſub extremis vel mediis ſit 27 tertia pars FP, ſive numeri 81 ;
differentia verò extremorum ſit hæc apotome 196 —— √q 33800, quæ oritur
diviſo ſolido D per prædictum numerum 27. Datâ autem differentiâ extremorum, & producto ab iiſdem, dantur vulgari methodo iidem extremi, major nempe hoc binomium √q 50 ╌╂╌ 7, & minor hæc apotome √q 36450
—— 189. His datis extremis darentur cubi mediorum methodo ſuperiùs tra-
ditâ ; verùm, eidem Analyſtæ, quem ex ſagacioribus aliquem ſupponimus, dabitur locus ſubtili ſanè compendio ; datur nempe cubus quidam numerus 27
per quem illorum extremorum alter dividi poteſt, putà minor ſive √q 36450
—— 189, quâ diviſione reperitur hæc apotome √q 50 —— 7 ; ſumatur ergo talis apotome √q 50 —— 7 loco minoris extremi, majore eodem ſemper remanente binomio √q 50 ╌╂╌ 7, ut ſuprà. Hac tamen lege, ut poſtquàm inter illos extremos duo medii inventi fuerint, tum alter illorum minori proximus
multiplicetur per 9, quadratum ſcilicet numeri 3, cujus cubus 27 diviſor
fuerit minoris ipſius extremi, nempe √q 36450 —— 189 : alter autem eorumdem inventorum mediorum ab extremo minore diviſo remotior, multiplicetur per 3 radicem ejuſdem cubi 27 diviſoris ; hac enim duplici multiplicatione dabuntur veri duo medii inter duos extremos quos ex ſecunda æquatione præmiſſa ad minimos numeros reducta deduximus, nempe inter binomium √q 50 ╌╂╌ 7, & apotomen √q 36450 —— 189.

Reſumamus ergo duos minimos extremos ultimò inventos poſt diviſio-
nem per cubum 27, qui ſunt √q 50 ╌╂╌ 7, & √q 50 —— 7, inveniamuſque inter eoſdem, duos medios continuè proportionales.

Rurſùs autem hîc quiddam accidit notandum. Nam ſi quis per traditam
ſuprà regulam, datis extremis, quærat cubos duorum mediorum, is inveniet
tales cubos eſſe eoſdem ipſos extremos : quod ideò accidit, quia binomium
& apotome quæ ipſos extremos conſtituunt, iiſdem conſtant nominibus ; ac
prætereà quadrata ipſorum nominum unitate tantùm differunt, quod quoties accidit, toties duo extremi ſunt cubi duorum mediorum, unuſquiſque
ſcilicet illius qui ſibi proximus eſt.

Habeantur ergo duorum illorum extremorum radices cubicæ ; binomii
quidem, ſive √q 50 ╌╂╌ 7, hoc binomium √q 2 ╌╂╌ 1 : at apotomes, ſive √q 50 —— 7,
hæc apotome √q 2 —— 1 ; atque ita tandem habebimus quatuor continuè proportionales,

$$√q\,50 \,╌╂╌\, 7, \mid √q\,2 \,╌╂╌\, 1, \mid √q\,2 -\!\!- 1, \mid \&\ √q\,50 -\!\!- 7,$$

in numeris multò minoribus quàm anteà. Quòd ſi intacto primo, ut ſuprà decrevimus, ſecundum illorum multiplicemus per radicem 3, tertium verò per
ejus quadratum 9, at quartum per cubum 27, qui anteà diviſor extitit, habebimus quatuor illos proportionales qui ad æquationem de E ſuperiùs expo-
ſitam, pertinent, quorum primus erit in utraque ſerie idem √q 50 ╌╂╌ 7 ; ſecundus √q 18 ╌╂╌ 3 ; tertius √q 162 —— 9 ; & tandem quartus, √q 36450 ——
189.

189. Horum quatuor, differentia mediorum est $12 - \sqrt{972}$; is autem est numerus E quæsitus in æquatione, qui numerus, si tandem per 3 multiplicetur, per eum scilicet numerum cujus beneficio depressa est suprà æquatio de A, & ad æquationem de E reducta: dabitur numerus A quem initio quærebamus; & is erit idem qui anteà $36 - \sqrt{9648}$, sed multò breviori multóque simpliciori methodo inventus, propter quam tamen non est quòd, qui illam calluerit, nimiùm arroganter superbiat.

Hîc quærere posset aliquis an detur certa aliqua regula quâ dignoscamus num binomia aut apotomæ radices habeant cubicas explicabiles, & quomodo illæ eruantur.

Sciat igitur ille talem dari regulam, quam non abs re fuerit paucis indicare. Ac primùm, ponamus binomium aut apotomen propositam, esse primi vel secundi, quarti vel quinti ordinis, tum sic fiet:

Ex quadrato majoris nominis dematur quadratum minoris, ac tum si differentia reperiatur esse cubus numerus habens radicem minimè surdam, sed unitati commensurabilem, benè est, nec alia præparatione est opus: sin secùs, tunc aliqua præparatione utendum est, de qua dicemus posteà. Ponamus ergo prædictam differentiam habere radicem cubicam, quæ radix vocetur B planum; at majus nomen binomii aut apotomes, vocetur M solidum; minus autem vocetur N solidum: tum alterutra ex sequentibus duabus æquationibus cubicis solvatur, nempe

$$\tfrac{1}{4} M^{f.} + \tfrac{1}{4} B p \cdot A - A^3 \; \infty \; O,$$

$$\text{vel } \tfrac{1}{4} N^{f.} - \tfrac{1}{4} B p \cdot A - A^3 \; \infty \; O:$$

prior quidem, si binomium vel apotome primi vel quarti ordinis extiterit; posterior autem, si secundi vel quinti. Talis autem æquationis radix reperiri debet esse numerus minimè surdus, atque ideò inventu facillimus. Quòd si illa radix non reperiatur esse rationalis, seu unitati commensurabilis, tunc certò pronuntiare licebit, binomium aut apotomen non habere radicem cubicam explicabilem. Esto ergo illa cubicæ æquationis radix numerus rationalis integer vel fractus, tunc illa priori quidem æquatione erit majus nomen, à cujus quadrato si dematur B planum, relinquetur quadratum minoris nominis, ex quibus nominibus constituetur binomium vel apotome: atque hæc vel illud erit radix cubica quæsita. At secunda æquatione radix erit minus nomen, cujus quadrato si addatur B planum, fiet quadratum minoris nominis; atque ab illis nominibus constitutum binomium vel apotome, erit radix cubica quæ quæritur.

Jam verò existente binomio vel apotome primi, secundi, quarti, vel quinti ordinis, quadrata nominum non differant cubo numero, sed quocunque alio: tunc hac præparatione utemur. Differentia illa quæ cubus non est, vocetur C$^{ff.}$, ac per eandem differentiam multiplicetur utrumque propositorum nominum binomii vel apotomes cujus radix investigatur, putà M$^{f.}$ & N$^{f.}$; hac enim multiplicatione habebimus binomium aliud vel aliam apotomen ejusdem ordinis, cujus quadrata nominum cubo numero different. Atque omninò non refert quis sit multiplicator per quem multiplicentur nomina M$^{f.}$ & N$^{f.}$ modò quadrata nominum inde ortorum cubo numero differant; is ergo multiplicator quicunque ille sit, vocetur C$^{ff.}$ sive ille sit idem qui suprà, sive non; est tamen primus communiter simplicissimus.

Talis ergo binomii vel apotomes tali multiplicatione constitutæ radix cubica inveniatur ea methodo quam jamjam tradidimus mediante æquatione cubica convenienti: tum radix inventa dividatur per C p hoc est per radicem cubicam C$^{ff.}$ quæcunque sit illa radix, surda, vel rationalis; quotiens enim talis divisionis dabit radicem cubicam initio quæsitam.

V v

Ponamus tandem propositum binomium vel apotomen, esse tertii vel sexti ordinis; atque, ut suprà, majus nomen esto M$^{c.}$ minus autem N$^{c.}$; & C$^{ss.}$ esto differentia quadratorum nominum ipsorum. Tum inveniatur numerus aliquis D$^{ss.}$, qui multiplicans C$^{ss.}$ faciat cubum, multiplicans autem vel M$^{ss.}$, vel N$^{ss.}$ faciat quadratum: (dantur infiniti tales numeri, & facilè inveniuntur) ac per D$^{c.}$, hoc est per radicem quadratam numeri D$^{ss.}$, multiplicetur utrumque nominum M$^{c.}$ & N$^{c.}$; tali enim multiplicatione orietur aliud binomium vel alia apotome primi, secundi, quarti, vel quinti ordinis, cujus quadrata nominum different cubo numero; illius ergo radix cubica (si illa explicabilis sit) habebitur per præmissam regulam mediante congruenti æquatione cubica, ut dictum est: hæc ergo radix cubica divisa per D, hoc est per radicem solido-solidam, seu cubo-cubicam numeri D$^{ss.}$, dabit radicem cubicam binomii vel apotomes, cujus nomina sunt M$^{c.}$ & N$^{c.}$, quam invenire propositum erat.

Plurima super hac re dici poterant; sed nos regulam pulcherrimam indicare duntaxat, non minutatim persequi voluimus, & quæ dicta sunt sufficient Analystæ non omnino rudi ad cætera detegenda.

Nec est quòd quis dicat, hoc modo proponi obscurum per obscurius explicandum, dum inventionem radicis cubicæ alicujus binomii vel apotomes ad resolutionem æquationis cubicæ reducimus. Quandoquidem enim talis æquationis solutio reperiri debet numerus rationalis integer vel fractus (aliàs enim, si surdus existat non erit radix binomii vel apotomes explicabilis) non aliter, nec majori difficultate solvetur æquatio illa, quàm si simplex divisio absolvenda esset; quod sanè callere debet quicunque Analysim vel mediocriter coluerit. Legatur Vieta lib. de æquationum recognitione & emendatione, ac præcipuè capite illo quo æquatio sic transmutari potest, ut coefficiens sit quæ præscribitur: statuatur enim coefficiens unitas; tum verò solidum comparationis erit cubus aliquis suo latere auctus vel mulctatus: cætera plana sunt, unde nihil ultrà addemus.

Hoc exemplo satis declaravimus quid requiratur ad hoc ut problema aliquod arithmeticum arithmeticè solutum dici possit: qua de re tantis operibus egerunt Vieta, Cardanus, Bombellius, Tartalia, & alii quidam illustres præteriti sæculi viri, inter quos longè excelluit ipse Vieta, dum talium problematum solutionem, non quidem singularem pro singulis problematis, sed universalem pro qualibet specie problematum, per species ad id à se inventas inquisivit.

Neque abs re fuerit Analystam monere, quæstionem omnem in numeris propositam, in qua ex datis quibusdam numeris, alius aliquis numerus quæritur secundùm leges quasdam in eadem quæstione præscriptas, semper esse quæstionem singularem; atque etiamsi illa ad æquationem analyticam revocata, ad æquationes cubicas, aut ad altiores pertinere videatur: tamen non temerè statim pronuntiandum esse, talem quæstionem solidam esse aut linearem, sæpissimè enim accidit, ut illa vi inductionis logicæ plana sit; dico vi inductionis logicæ, quoties scilicet solutio illius datur in numeris qui logicâ inductione initâ, necessariò reperiuntur. Ut si experiar num æquatio aliqua de unitate sit explicabilis, num de binario, num de ternario, de quaternario, quinario, senario, &c. neque enim in infinitum abit tale experimentum, quandoquidem, ex hypothesi, numeri in ipsa æquatione expressi sunt, qui radicem quæsitam intra certos ac præfinitos terminos coercent. Aut si certâ aliquâ conjecturâ deprehenderim illam, non de integro numero, sed de fracto explicabilem esse, cujus numeri fracti denominator ex recognitione ipsius æquationis innotescat: tum inductione factâ, quæram numeratorem binarium, ternarium, quaternarium, quinarium, senarium, septenarium, &c.

donec illum invenero, qui experiundo fatisfaciat propofitæ quæftioni; neque enim rursùs in infinitum abit tale experimentum. Eodem modo, fi ex recognitione talis æquationis deprehendero ipfam nec de integro numero nec de fra&to explicari poffe, fed de furdo aliquo, cujus tales ex ipfa recognitione innotefcant conditiones, ut ille, quamquam furdus, inductione facta detegi poffit: tales omnes æquationes planæ cenferi debent, non autem folidæ aut lineares, fub quarum fpecie aliquâ contineri primo intuitu apparuerunt. Ac planè talis exiftit præmiffa æquatio cubica numerica, in qua fatis jamjam immorati fumus, quæ tamen prima fronte alicui minùs perito Analyftæ, folida quædam quæftio ex iis quæ infolubiles vulgò cenfentur, potuit apparere.

Nunc ergo ad geometriam redeamus, & quid geometricum fir, aut cenferi debeat explicemus. Geometricum in univerfum vocamus quodcunque intelligibile eft in materia geometrica, nullâ habitâ ratione fenfuum externorum, putà vifus, auditus, tactus, guftus, vel olfactus, nifi quatenùs illi intellectum movere poffunt ad fuas operationes exercendas. Verbi gratiâ, dum fpecies vifibilis circuli alicujus materialis in oculum incidens vifum movet, illa ex occafione caufa effe poterit cur intellectus ab illo fenfu excitatus talem figuram confiderandam fufcipiat, ac multas eafque infignes proprietates detegat, atque evidenter ex certis atque indubitatis principiis demonftret. Ejufmodi igitur cognitio ab intellectu elicita, atque in ipfo intellectu refidens tanquam fpecies aliqua intellectiva circa materiam geometricam, eft id quod geometricum appellamus.

Materia verò geometrica eft omne extenfum quatenùs extenfum, & quidquid ad illud pertinet fub eadem ratione; quales funt termini illius, quales figuræ, quales rationes & proportiones magnitudinum ad invicem, & fi quid aliud ad tale argumentum pertineat. Itaque lineæ omnes, omnefque fuperficies quæ certis atque intellectu planè perceptis regulis defcribuntur, omninò geometricæ funt, ficuti & figuræ quæcunque talibus lineis, ac talibus fuperficiebus continentur. Nec refert quòd illæ omnes lineæ, fuperficies, & reliquæ, mediante motu aliquo vel fimplici vel compofito, ut plurimùm fub intellectum cadant. Nam primùm, motus ille, five fit puncti alicujus ad lineam aliquam defcribendam, five fit alicujus lineæ ad defcribendam fuperficiem, five fuperficiei ad folidum defcribendum, eft fimpliciter intelligibilis; non autem fenfu externo perceptibilis, nifi quatenùs ad meram praxim refertur, quæ fenfus externos refpicit, nec ad puram geometriam, hoc eft purè intelligibilem, reducitur; fed & puncta, lineæ, aut fuperficies quæ moveri intelliguntur, purè funt geometricæ, abftrahuntque à materia fenfibili; & per fpatium purè geometricum, atque à materia fenfibili abftractum, motus fuos perficere intelliguntur, tranfeuntque à termino noto ad notum terminum per notum medium, fecundùm leges notas, & clarâ ac diftinctâ intellectus notione, aut firmo ratiocinio ftabilitas; aliàs enim, nifi has fortiantur conditiones, illæ tanquam fpuriæ, atque à Geometria prorsùs alienæ refpuuntur.

Secundò, etiamfi, qui rerum geometricarum minùs periti funt, putent lineas, fuperficies, & folida, motu punctorum, linearum, & fuperficierum reverà gigni, ita ut iidem exiftiment magnitudines illas tum primùm effe incipere, cùm primùm à tali motu producuntur: tamen ei qui rem penitùs infpexerit, manifeftò patebit illam longè aliter fe habere; quippe, pofito tantùm fpatio geometrico omnimodè extenfo, (illud autem fpatium, etiam nemine cogitante, in rerum natura ponitur) ponuntur ftatim tales magnitudines in tali fpatio, etiam nemine cogitante & abftrahendo ab omni motu, atque omnes fimul in ipfo exiftunt abfque omni intellectus operatione. At motus ad hoc infervit, ut per omnes partes ipfarum magnitudinum intellectum fuccessivè perducendo, illum faciliùs ad earumdem cognitionem pertrahat. Sic enim comparatus est humanus intellectus, ut vix quippiam, præcipuè si extensum est, simul ac totum apprehendat, sed tantùm successivè ac per partes; quod sanè est motu intellectivo moveri per tale extensum, nec tamen illud motu ipso in rerum natura ponitur, sed tantùm eodem mediante intelligitur, cùm priùs absque omni motu, atque ab intellectu independenter extaret.

Cùm ergo Euclides sphæram, conum, ac cylindrum; cùm Apollonius superficiem conicam; cùm Archimedes sphæroïdem, conoïdem, & helices; cùm alii conchoïdes, cissoïdes, quadratrices, trochoïdes, atque innumeras ejusmodi lineas & figuras per motus describunt; immò quidam lineam rectam per motum puncti, & circulum per motum rectæ lineæ: illi omnes sic intelligendi sunt, ut voluerint magnitudines ipsas priùs existentes, eodem modo quo à se conciperentur, aliorum intellectui exponere, seu ostendere; quod cùm aliter faciliùs non possent, hoc modo per motus, vel simplices, vel compositos omninò feliciter effecerunt.

Rursùs, quòd quædam lineæ aut quædam superficies, beneficio instrumentorum mechanicorum faciliùs describantur, quædam difficiliùs, id non facit ut illæ magis, hæ minùs sint geometricæ: ejusmodi enim mechanicæ descriptiones praxim respiciunt, & ad sensus externos referuntur, non autem ad puram Geometriam, quæ, ut sæpè diximus, solum respicit intellectum.

Quòd etiam ex iisdem lineis aut superficiebus, quædam simpliciores, quædam verò magis compositæ intellectui videantur; id etiam non impedit quin hæ & illæ æquè geometricæ dici debeant; quippe illud non ex natura talium magnitudinum, sed ex debilitate intellectus humani procedere manifestum est : ex nostra autem imperfectione rerum natura non immutatur.

Demus itaque hoc humanæ imbecillitati, quòd quæ simpliciori modo, saltem nostro respectu, solvi poterunt, eo solvi debeant; & contra talem regulam peccasse censeatur quisquis, cùm simpliciori loco uti posset, ad magis compositum recurrerit. Dicemus autem paulò pòst de distinctione locorum in magis aut minùs simplices ex constitutione Geometrarum qui nos hac in re præcesserunt, ut sic quis cuique quæstioni locus proprius sit innotescat.

Sed ut magis elucescat in hac materia locorum, nec facilitatem descriptionis, nec majorem aut minorem simplicitatem intellectionis alio modo attendendam esse quàm respectu imbecillitatis intellectus humani : videamus quis sit Geometriæ finis in locis ipsis constituendis. Constat autem nullum alium finem apud Geometras reperiri, nisi ut talium locorum beneficio ea detegant quæ intellectui latebant, ut quod verum est, verum esse; quod falsum est, falsum esse; quod fieri potest, fieri posse, & quo modo, & quot modis, manifestum fiat, idque semper in materia geometrica; quod tamen non impedit ne talis cognitio posteà materiæ sensibili applicetur. Ac planè ejusmodi loci primò & per se quædam sunt cognoscendi instrumenta; secundariò verò, & per applicationem mechanicam, illi sunt instrumenta faciendi. Et quidem, quòd ad cognitionem, scientiam, vel intelligentiam attinet, sive illa faciliùs, sive difficiliùs acquiratur, & sive per media simplicia, sive per composita, modò talia media sint clarè ac distinctè nota, qualia sunt quæ principiis purè geometricis innituntur, ita ut ab ejusmodi principiis incipiendo, & per media ipsa progrediendo, tandem ad intelligentiam illam deveniamus: certum est eandem fore perfectam, nec in genere intelligentiarum aut scientiarum, perfectiorem fore aliam, quamquam facilioribus aut simplicioribus mediis acquisitam. Atque omninò una eademque intelligentia seu scientia est, sed diversis mediis acquisita; quæ media, si faciliora aut simpliciora sint, vel secùs, hoc ex debilitate intellectus humani repetendum est; aliàs enim, si perfecta esset humana intelligendi potentia, tunc vel mediis non egeremus, vel certè & prin-

cipia

cipia cognitionis, & media omnia, fed & ipfam cognitionem uno intuitu,
nullo prorsùs labore nullaque difficultate haberemus, nec fimplicis aut compofiti ulla effet ratio.

Jam verò, fi ad materiam fenfibilem, feu ad praxim mechanicam applicetur cognitio aliqua geometrica, ita ut inde oriatur opus aliquod externum ex
tali materia conftans, multò minùs media aut operandi rationem accufabi-
mus in ipfo opere jam confecto, fi illud his aut illis mediis æquè benè abfo-
lutum fit; nec ullo jure tali refpectu quis dixerit hæc aut illa media effe ref-
puenda tanquam erronea ac minimè legitima, fed tantùm alia aliis effe præ-
ferenda ; quippe faciliora difficilioribus, & fimpliciora magis compofitis :
quod fanè ex noftra agendi debilitate rursùs repetendum eft; fecus enim,
pofità perfectâ agendi potentiâ, tunc agens & media & opus ipfum nullo labore confequeretur, ac proinde nec facilitatis nec difficultatis, ficuti nec fim-
plicioris nec magis compofiti ratio haberetur.

Propofitum locum geometricum ad æquationem analyticam
revocare , & qui fimpliciores fint loci ,
aut fecùs , explicare.

DICITUR locus aliquis geometricus ad æquationem analyticam revocari, cùm ex una aliquâ, vel ex pluribus ex illius proprietatibus fpecificis, quædam deducitur æquatio analytica, in qua una vel duæ vel tres ad
fummum fint magnitudines incognitæ.

Ac duplici quidem modo talis locus ad talem æquationem revocari poteft. Primus modus abfolutus eft, alter refpectivus.

Modus abfolutus dicitur ille in quo unicus proponitur locus per fe abfolutè ac nullo aliorum refpectu confiderandus, ita ut æquatio ex eo deducta,
ad ipfum præcisè pertineat, non verò ad ullum alium.

Modus refpectivus ille eft in quo duo communiter, aliquando etiam,
fed rarò, tres vel plures loci proponuntur inter fe comparandi, ut ex eorum
fectione, vel tactione, vel datâ aliquâ diftantiâ, vel omninò ex præfcripta aliqua conditione, vel inter ipfos habitudine deducatur æquatio aliqua analytica quæ ad omnes iftos locos fimul tali refpectu pertineat ; ita tamen ut
nihil referat fi æquatio illa ad alios etiam locos pertinere poffit.

Et hi quidem modi ambo admodum univerfales funt, continentque fub
fe finguli infinitos particulares modos, non folùm habita ratione multitudi-
nis locorum geometricorum qui & genere, & fpecie, & numero infiniti funt,
fed etiam in unico ex talibus locis dantur plerumque innumeri tales modi,
ex quorum fingulis innumeræ æquationes deduci poffunt; fiquidem tot dabuntur modi particulares, quot dabuntur diverfæ loci illius proprietates fpe-
cificæ : unde numerus talium modorum non magis finitus eft, quàm artificis
in indagandis proprietatibus vis & induftria ; fed & ex infinita locorum ipforum complicatione, id eft, fectione, tactione, &c. innumeri etiam oriuntur
modi refpectivi, fiquidem duorum tantùm diverfimodè complicatorum modi
nullo certo aliquo numero comprehendi poffunt.

At verò, etiamfi nullus ex talibus modis ad noftrum inftitutum inutilis
dici poffit, fi fcilicet ad abundantiam doctrinæ refpiciamus: tamen fi neceffi-
tatis tantùm ratio habeatur, pauciffimi fufficiunt, iique non admodùm intri-
cati aut difficiles exiftunt.

Dicamus ergo pauca, primùm de modo abfoluto, tum de refpectivo, atque utrumque, felectis aliquibus exemplis ex locis nobilioribus defumptis,
illuftremus.

DE CIRCULO.

PROPONATUR ergo primùm circulus cujus centrum sit A, circumfe- rentia B D C, & sit una diametrorum B C, ad quam referre oporteat om-

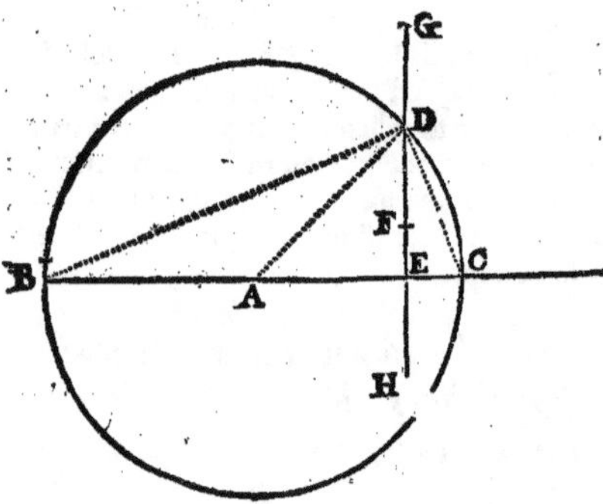

nia circumferentiæ puncta, me- diante aliqua æquatione ana- lytica; ac fundamentum hu- jus relationis esto proprietas il- la, quòd omnis recta, putà D E, cadens à circumferentia in dia- metrum ad rectos angulos, sit media proportionalis inter por- tiones diametri B E, E C; hæc ergo proprietas specifica dabit unum aliquem ex modis par- ticularibus circa circulum. Ex illo modo innumeræ deducen- tur æquationes, quales sunt quæ sequuntur.

Prima Æquatio.

A B esto	b,	Item A B esto	b,
D E	a,	D E	a,
D E quadratum	a^2,	D E quadratum	a^2,
B E	e,	C E	e,
E C	$2b - e$,	B E	$2b - e$,
B E C rectangulum	$2be - e^2$.	B E C rectangulum	$2be - e^2$,

<table>
<tr><td align="center">Ergo æquatio,</td><td align="center">Unde æquatio erit ut suprà,</td></tr>
</table>

$$+ 2be - e^2 \supset a^2,$$
vel
$$+ 2be - e^2 - a^2 \supset 0.$$

$$+ 2be - e^2 - a^2 \supset 0.$$

Itaque propositâ lineâ curvâ B D C, atque ab eadem in aliquam rectam utrinque terminatam B C, demissâ perpendiculari D E, si talis reperiatur æqua- tio qualem jam invenimus: tum pronuntiare licebit ejusmodi curvam esse cir- culi circumferentiam; est enim reciproca proprietas, & simpliciter converti potest quæ de illa concipitur propositio, ut satis facilè consideranti appare- bit. Omnis autem recta data referre poterit $2b$.

Quòd si loco circumferentiæ circuli assumpta esset ellipsis; tum sub iis- dem speciebus, $2be - e^2$ fuisset ad a^2 in data ratione majoris aut minoris inæqualitatis, nempe ut transversum latus ad rectum, quam rationem suppo- nimus esse datam. Conversa etiam vera est.

Rursùs, si D E in B C incidisset ad angulos obliquos, reliquis ut suprà po- sitis, in omni ratione haberetur ellipsis. Sed hæc ex conicis clara sunt.

Secunda Æquatio.

Iisdem positis: ex D E detrahatur data E F quæ vocetur c, & D F vo- cetur i, atque ideò D E quadratum erit $+ c^2 + 2ci + i^2$. Unde iisdem vestigiis insistendo, talis erit æquatio, $+ 2be - e^2 \supset c^2 + 2ci + i^2$,

$$\text{vel} - c^2 \begin{array}{c} + 2be - e^2 \\ \hline - 2ci - i^2 \end{array} \supset 0.$$

Itaque ex tali vel simili æquatione concludemus circuli circumferentiam: immò, si $+ c^2 + 2ci + i^2$ vocetur una specie a^2; (species enim illa de i quadrata est) tunc in primam æquationem omninò incidemus, ut manifestum est. Vicissim, facile erit ex prima in hanc secundam devenire.

De ellipsi eadem quæ suprà enuntiabimus.

Hæc æquatio non est reciproca, unde eam in ordinem non reduximus; siquidem ex illa non minùs ellipsim, parabolam, aut hyperbolam, quàm circulum concludere licet: quod etiam infrà satis patebit.

At verò ad tales æquationes reducetur alia quæ sequitur $+ 2be — u^2 \infty 0$, intelligatur enim u^2 majus esse quàm e^2, & differentia eorum vocetur a^2. Fiet ergo manifestò hæc æquatio $+ 2be — e^2 — a^2 \infty 0$, & hæc est prima præcedentium, ex qua ad secundam facilè deducemur. Hîc autem longitudo u æqualis erit rectæ B D, vel C D, cujus quadratum æquale est, vel duobus quadratis B E, D E simul, vel duobus C E, D E simul, quandoquidem ipsum u^2 æquale ponitur esse duobus simul $a^2 + e^2$.

Tertia Æquatio.

Iisdem positis, eidem D E addatur in directum quævis D G, & tota E G data sit sub specie c, & D G ignota vocetur i; atque ideò D E quadratum erit $c^2 — 2ci + i^2$. Unde iisdem vestigiis, $+ 2be — e^2 \infty c^2 — 2ci + i^2$, vel per antithesim, $— c^2 \begin{matrix} + 2be — e^2 \\ + 2ci — i^2 \end{matrix} \infty 0$.

Ex tali ergo vel simili æquatione concludemus circulum.

Quòd si recta D G sit data sub specie c, & E G ignota vocetur i: tunc iisdem vestigiis in eandem prorsùs æquationem incidemus. Idem accidet, si D E producatur versùs E in H, & vel tota D H sit c, E H autem sit i, vel è contrario, E H sit c, D H autem sit i.

Jam, vel $c — i$, vel $i — c$ esto a; quo pacto dabitur prima æquatio, ut manifestum est.

Sicut autem secta est D E in F, vel producta in G vel H: sic potuit secari vel produci C E, & vel ipsâ solâ manente D E insectâ & sine productione, vel etiam utraque tam C E quàm D E; quod satis per se atque ex præmissis clarum est. Idem de B E quàm de C E dictum esto.

Quarta Æquatio: ex eo quòd omnes rectæ à centro circuli ad ejus circumferentiam ductæ, sint æquales.

Iisdem positis, esto A E ignota sub specie y; & quoniam A D seu A B est b, & D E est a, ideò talis erit æquatio, $b^2 \infty a^2 + y^2$, sive $b^2 — a^2 — y^2 \infty 0$. Itaque, ex ejusmodi æquatione concludemus circulum, quia illa reciproca est.

Jam verò, ut suprà, esto a æqualis, vel $c + i$, vel $c — i$, vel $i — c$, prout scilicet vel E F erit c, & D F erit i; vel E G erit c, & D G erit i; vel D G erit c, & E G erit i: tumque habebimus alterutram ex duabus sequentibus æquationibus $\begin{matrix} + b^2 \\ — c^2 \end{matrix} — 2ci \begin{matrix} — i^2 \\ — y^2 \end{matrix} \infty 0$, vel $\begin{matrix} + b^2 \\ — c^2 \end{matrix} + 2ci \begin{matrix} — i^2 \\ — y^2 \end{matrix} \infty 0$: ex quibus circulum quoque concludere licet, modò sub similibus speciebus proponantur; sic enim illæ sunt reciprocæ, seu specificæ.

Eodem modo hîc A E secari vel produci poterit quo suprà dictum est de E D, B E, vel C E.

Quòd si proponatur aliqua ex his tribus $+ d^2 — fi — u^2 \infty 0$, vel $+ d^2 + fi — u^2 \infty 0$, vel $— d^2 + fi — u^2 \infty 0$: tunc licebit illas ad alterutram ex duabus præmissis postremis reducere. Nam $+d^2$ intelligetur æquale esse $\dfrac{+b^2}{-c^2}$, vel $-d^2$ æquabimus $\dfrac{+b^2}{-c^2}$; at $+a^2$ ponemus æquale esse $\dfrac{+i^2}{+y^2}$: unde sequetur id quod propositum est.

Non sunt tamen illæ tres reciprocæ; siquidem ex illis non minùs ellipsim, parabolam aut hyperbolam, quàm circulum concludere licet. Licebit autem quartam hanc æquationem ad primam aut ad duas sequentes reducere, posito quòd $b - y$ sit e, ut satis patebit ei qui attendere voluerit. Et reciprocè, tres priores poterunt ad quartam reduci, posito quòd $b - e$ sit y.

Hæc de circulo ad æquationem analyticam reducto, pauca quidem, sed ea præcipua sufficiant. Nunc pauca etiam de parabola dicamus.

DE PARABOLA.

ESTO parabola B D, cujus latus rectum sit A B, diameter B E, sive illa sit axis, sive non; atque ad hanc diametrum ordinatim applicata sit D E. Oporteat autem omnia parabolæ puncta referre ad diametrum B E, mediante aliqua æquatione analyticâ, ac fundamentum relationis esto proprietas illa, quòd quadratum applicatæ cujusvis, putà D E, æquale sit rectangulo contento sub latere recto A B & sub B E portione diametri interceptâ inter verticem B & ordinatam D E; quæ proprietas parabolæ specifica est, dabitque modum unum particularem ex quo multæ deducentur æquationes, quales sunt quæ sequuntur.

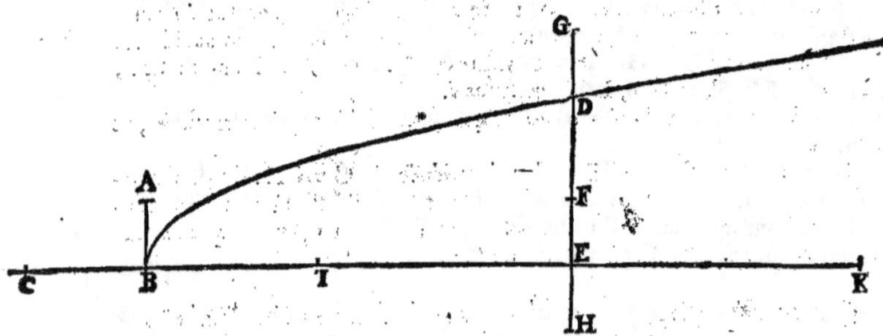

Prima Æquatio.

A B esto b,
D E a,
D E quadratum a^2,
B E e,
A B E rectangulum be.

Æquatio.

$$be \propto a^2,$$
vel
$$be - a^2 \propto 0.$$

Itaque, propositâ curvâ aliquâ B D, atque in ea sumpto quovis puncto D; tum ductâ quâpiam rectâ B E quæ ad unas quidem partes B terminetur ad eandem curvam, ad alteras autem partes sit indefinita: si ductâ rectâ D E datæ cuipiam rectæ terminatæ A B parallela, media proportionalis sit inter A B, B E: pronuntiabimus curvam illam esse parabolam. Est enim reciproca proprietas, ex vi hypothesis, quòd D E sit semper datæ parallela; aliàs enim posset æquatio præmissa circulum exhibere, ut notatum est ad secundam circuli æquationem, dùm proposita est æquatio $2be - a^2 \propto 0$. Hoc autem planè manifestum est.

Secunda

Secunda & tertia Æquatio.

Nec aliter habebuntur secunda & tertia æquatio, quàm in circulo dictum est, divisâ scilicet D E in F, aut eâdem productâ in G vel H; quo pacto talis erit secunda æquatio $be \infty c^2 + 2ci + i^2$, vel $- c^2 + be - 2ci - i^2 \infty 0$, atque id ex divisâ D E.

Tertia autem æquatio ex D E productâ talis erit $be \infty + c^2 - 2ci + i^2$, vel $- c^2 + be + 2ci - i^2 \infty 0$.

Et hæ quidem omnes æquationes sub speciebus exhibitis sunt reciprocæ, existente rectâ D E datæ alicui rectæ semper parallelâ; unde ex quavis illarum parabolam concludere semper licebit, speciebus tamen immutatis.

Quòd si recta B E dividatur in I, vel eadem producatur, sive versùs B in C, sive versùs E in K, reliquis eodem modo quo suprà positis, multæ inde orientur æquationes, quædam scilicet manente D E indivisâ ac sine productione, reliquæ autem ipsâ D E divisâ vel productâ. In exemplo enim esto B E divisâ, ac B I esto data sub specie d, I E autem esto y; unde rectangulum sub A B, B E, quia æquale est duobus simul, ei scilicet quod continetur sub A B, B I, & ei quod continetur sub A B, I E, talem induet speciem $bd + by$: itaque positâ D E indivisâ sub specie a, talis erit æquatio $bd + by \infty a^2$, vel $bd + by - a^2 \infty 0$. At positâ D E divisâ sub specie $c + i$, æquatio erit ejusmodi $bd + by \infty c^2 + 2ci + i^2$; vel $bd - c^2 + by - 2ci - i^2 \infty 0$. Quod si C B sit data sub specie d, C E autem sit y, erit ipsius B E species $y - d$: contrà autem, si C E sit d, & C B sit y, erit ipsius B E species $d - y$; hinc autem facile erit reliquas æquationes deducere, atque ex singulis, sub iisdem speciebus, parabolam concludere.

Ad prædictas autem æquationes reduci poterunt quæcunque ad circulum suprà, tam directè quàm indirectè pertinebant, si species debitè atque ex arte permutentur: at propter talem permutationem, æquationes illæ non erunt reciprocæ. Sed hoc indicasse sufficiat; nunc ad hyperbolam progrediamur.

DE HYPERBOLA.

EX infinitis modis quibus hyperbola aliqua ad rectam quandam referri potest, duo videntur præcipui: alter quidem, cùm illa ad aliquam ex suis diametris refertur; alter autem, cùm illa refertur ad unam ex suis asymptotis.

Esto hyperbola B D, cujus vertex sit D, rectum latus A B, transversum B C, centrum L in medio ipsius B C, cæteris ut suprà in parabola positis. (Vide figuram parabolæ, & finge esse hyperbolam) nisi quod distinctionis gratiâ, species transversi lateris hîc erit f, unde C E B rectanguli species erit $fe + e^2$. Est autem in omni hyperbola tale rectangulum ad quadratum cujusvis ordinatæ D E ut transversum latus ad rectum: in speciebus ergo, ut f ad b, ita $fe + e^2$ ad a^2. Ductis itaque extremis inter se, tum etiam mediis inter se, fiet æquatio universalis ad omnem hyperbolam pertinens.

Prima Æquatio.

$$bfe + be^2 \infty fa^2, \text{ sive } bfe + be^2 - fa^2 \infty 0.$$

Ex tali igitur æquatione concludemus hyperbolam cujus latus rectum erit b, & transversum f, existente a ordinatâ ad diametrum, e verò intercepta inter ordinatam & verticem, sive diameter sit axis, sive non, prout angulus ad E rectus erit vel obliquus.

Secunda Æquatio.

Secunda æquatio ex divisâ D E in F, ita ut species rectæ D E sit $c + i$, talis erit, $bfe + be^2 \eqdef fc^2 + 2cfi + fi^2$, sive $- fc^2 + bfe + be^2 - 2cfi - fi^2 \eqdef 0$.

Tertia Æquatio.

Tertia æquatio ex D E productâ in G vel H, ita ut species ipsius D E sit $c - i$, vel $i - c$, talis erit $bfe + be^2 \eqdef fc^2 - 2cfi + fi^2$, sive $- fc^2 + bfe + be^2 + 2cfi - fi^2 \eqdef 0$.

Poterit autem non tantùm recta BE, sed etiam recta D E, vel utraque dividi, vel produci; unde multæ nascentur æquationes magis intricatæ, quas, quia vix utiles esse possunt, curioso Analystæ relinquimus.

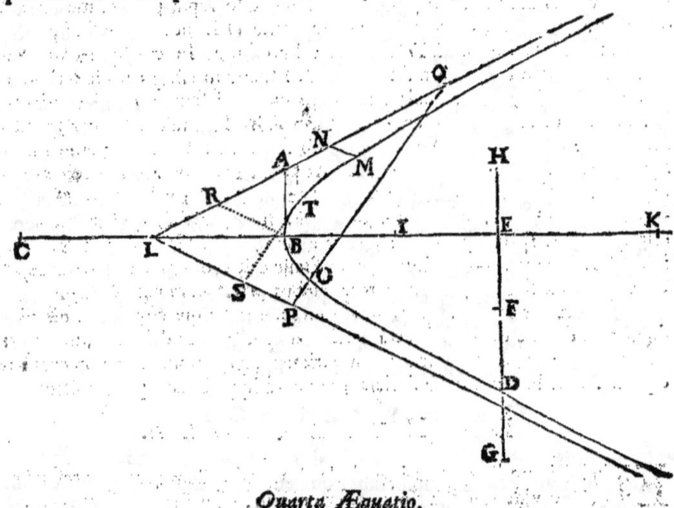

Quarta Æquatio.

Speciatim verò resumamus primam hyperbolæ æquationem, putà $bfe + be^2 - fa^2 \eqdef 0$, & ponamus transversum latus f æquale esse lateri recto b, quod accidit in quacunque hyperbola cujus asymptoti sunt ad angulos rectos. Itaque divisâ æquatione per f vel b, fiet hæc æquatio simplicior, $be + e^2 - a^2 \eqdef 0$, vel $fe + e^2 - a^2 \eqdef 0$.

Ex tali ergo æquatione concludere licebit hyperbolam rectangulam, cujus latus rectum erit b, ordinata a, sive ad axem, sive ad aliam quamcunque diametrum, & latus transversum erit f æquale ipsi b, e autem erit quævis intercepta inter applicatam seu ordinatam & verticem.

At ex hac speciali ac simplici æquatione multæ aliæ deduci possunt, si scilicet dividatur DE in F, vel ipsa D E producatur in G vel H, vel si BE dividatur in I, aut ipsa eadem B E producatur in K vel in L; vel rursùs, si utraque tam D E quàm BE dividatur aut producatur, vel denique multis aliis modis, pro majori & majori Analystæ sagacitate.

Quinta Æquatio.

Resumamus adhuc primam hyperbolæ æquationem, nempe $bfe + be^2$

—— $f a^2 \, \infty \, 0$, oporteatque talem æquationem reddere simplicem, ita tamen ut illa ad quamcunque hyperbolam pertineat.

Intelligatur esse ut b ad f, ita a^2 ad u^2, unde $f a^2$ æquale erit ipsi $b u^2$. Itaque in æquatione, loco ipsius $f a^2$ succedat ipsum $b u^2$, & omnia applicentur ad b, ac tum $f e + e^2 —— u^2 \, \infty \, 0$.

Ex tali ergo æquatione licebit non solum hyperbolam rectangulam, ut suprà, directè concludere, sed etiam per fictionem poterimus eandem æquationem ad quamcunque hyperbolam extendere, cujus latus transversum sit f, latus autem rectum sit recta quævis, & e sit quæcunque intercepta inter ordinatam & verticem; at ordinata non erit u (nisi si latus rectum æquale ponatur esse lateri transverso f, ut fiat hyperbola rectangula.) Verùm ut ipsa ordinata habeatur, fiet ut transversum latus f ad rectum quod vocabimus b, ita u^2 ad aliud quod vocabitur a^2, ac tum a erit ipsa ordinata : hoc autem ex præmissis manifestum est. Ex tali enim analogia fiet $f a^2 \, \infty \, b u^2$: at in æquatione simplici proposita habemus $f e + e^2 —— u^2 \, \infty \, 0$; quibus per b multiplicatis invenitur $b f e + b e^2 —— b u^2 \, \infty \, 0$. Jam loco ipsius $b u^2$ succedat $f a^2$, & sic tandem fiet prima hyperbolæ æquatio, nempe $b f e + b e^2 —— f a^2 \, \infty \, 0$.

Porrò ad prædictas æquationes reduci poterunt quæcunque suprà ad circulum & ad parabolam directè aut indirectè pertinebant, si species debitè atque ex arte permutentur, ut convenientem sortiantur interpretationem : at propter talem mutationem non erunt reciprocæ æquationes illæ; omninò enim nulla æquatio reciproca est, nisi sub iisdem omninò speciebus sub quibus illa ad locum aliquem directè pertinet.

In analysi speciosa communiter liberum est ex infinitis hyperbolarum speciebus eam eligere quam libuerit : quo sanè casu præstabit rectangulam assumere, propter illius majorem simplicitatem. Aliquando etiam sectio ipsa ex hypothesi data est, sed rarò, putà cum beneficio analyseos quæritur aliqua ejusdem sectionis proprietas, ut si quis ex dato puncto extra axem datæ sectionis, minimam rectam quæ ad ipsam sectionem duci possit inquirat, incidet illa in æquationem solidam quæ solvi poterit beneficio circuli & hyperbolæ, ita ut vel circulus quivis, vel quæcunque hyperbola ad arbitrium eligi possit. Eligetur ergo ipsa hyperbola data, cui circulus conveniens ex arte accommodabitur : aliàs enim peccatum multi existimàrent, si neglectâ ipsâ hyperbolâ datâ, assumeretur vel alia hyperbola vel parabola vel ellipsis, ut liberum est in omni æquatione solida; at hunc rigorem, ut elegantiorem concedimus, sic non omninò necessarium existimamus, propter rationes suprà allatas, cùm quid geometricum censeri debeat examinaremus.

Sexta Æquatio.

Iisdem positis, sunto hyperbolæ asymptoti L N, L P ad angulum quem- *Vide Figur.*
cunque; atque ex vertice B ducatur recta B R parallela uni ayšmptotωn L D, *sequentem.*
quæ B R occurrat alteri asymptotωn L N in puncto R. Itaque, ex hypothesi quòd data sit hyperbola, data quoque erit utraque L R, R B, unde & rectangulum sub ipsis datum est, sit species illius b^2. Tum sumpto in hyperbola quocunque puncto M, ducatur recta M N parallela cuivis asymptoto, putà L P, occurrensque alteri L N in puncto N; atque species rectæ L N esto a, species autem rectæ N M esto e. Quoniam itaque ex natura hyperbolæ, rectangulum sub L R, R B æquale est rectangulo sub L N, N M : dabitur hæc æquatio hyperbolarum generi propria seu specifica $b^2 \, \infty \, a e$, seu $b^2 —— a e \, \infty \, 0$.

Ex tali ergo æquatione semper hyperbolam concludere licebit, cujus b^2 erit rectangulum sub L R, R B, at a erit quævis portio unius asymptotωn,

putà L N ad centrum terminata, *e* verò recta intercepta inter hyperbolam &
alterum ipsius speciei *a* extremum, quæ tamen recta *e* alteri asymptoto parallela existet, putà asymptoto L P existente *e* ipsâ rectâ M N.

Quòd si recta L N dividatur vel producatur, ut species illius sit vel $c + i$,
vel $c - i$, vel $i - c$, manente N M indivisâ; aut si hæc N M dividatur
vel producatur, ut species illius sit $d + u$, vel $d - u$, vel $u - d$ manente L N indivisâ; aut si utraque L N, N M dividatur aut utraque producatur, aut denique altera earum dividatur, altera producatur : habebuntur
inde multæ æquationes inventu faciles, atque omni hyperbolæ specificæ; unde
ex qualibet illarum hyperbolam concludere licebit.

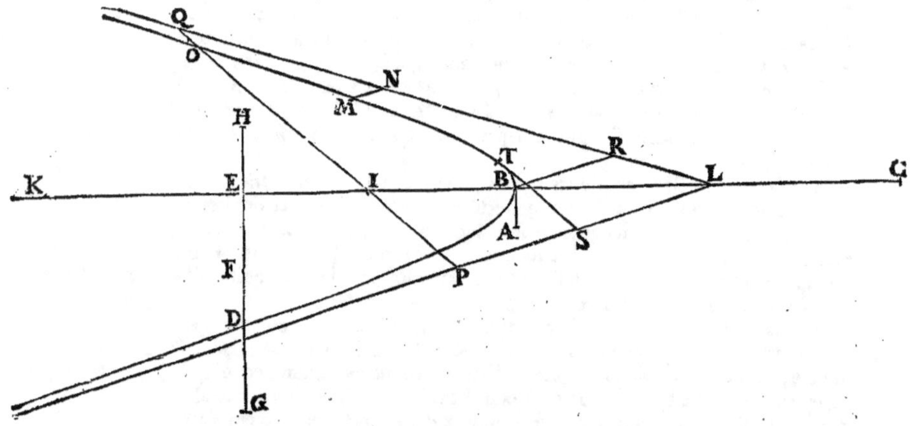

Apparet quoque tales æquationes ad quamcunque hyperbolam posse pertinere, nisi aut angulus asymptotων datus sit, aut rectum latus, aut transversum, aut alia quædam proprietas, quæ cum dato b^2, hyperbolæ ipsius speciem determinare possit.

Septima Æquatio.

Iisdem adhuc positis, ducatur quæcunque recta P O Q secans hyperbolam in O, asymptotos autem in P & Q; atque illi P Q parallela existat T S
tangens hyperbolam in T, occurrensque alteri asymptotων, putà L P in S; &
data sit positione & magnitudine ipsa T S, cujus species sit *b*, ex hypothesi
quòd hyperbola sit quoque data; sit etiam rectæ O P species *a*, rectæ verò
O Q species esto *c*. Quoniam itaque ex natura hyperbolæ, rectangulum P O Q
æquale est quadrato tangentis T S, fiet hæc æquatio hyperbolarum generi
propria seu specifica $b^2 \backsim a e$, seu $b^2 - a e \backsim 0$.

Ex tali ergo æquatione, eadem quæ suprà in sexta concludere licebit, atque id tam divisis ipsis P O, O Q, quàm iisdem productis.

DE ELLIPSI.

IN ellipsi præcipuæ æquationes non multùm differunt à tribus circuli prioribus æquationibus, ut ibi monuimus. Omninò autem, non alio modo se
habet circulus ad ellipses, quo hyperbola rectangula ad alias hyperbolas minimè rectangulas. Sicuti ergo in tali hyperbola rectangula æquatio simplex
fuit, quæ respectu totius generis hyperbolarum composita extitit, sic in circulo,

culo, prædictæ priores tres æquationes fimplices fuere, quæ in genere elli-
pfium fient compofitæ. At illud hîc breviter exponamus.

Prima Æquatio.

Efto ellipfis B D, cujus vertex B, rectum latus A B, diameter B C, five illa
fit axis five non, D E ordinata ad illam diametrum, cui parallela fit A B; fpe-

cies autem ip-
fius A B efto b;
ipfius B C, f;
ipfius D E, a;
ac tandem ip-
fius B E, e: un-
de rectanguli
C E B fpecies
erit $fe - e^2$.
At in omni el-
lipfi, ut diame-
ter B C ad la-
tus rectum A B,
ita rectangu-
lum C E B ad

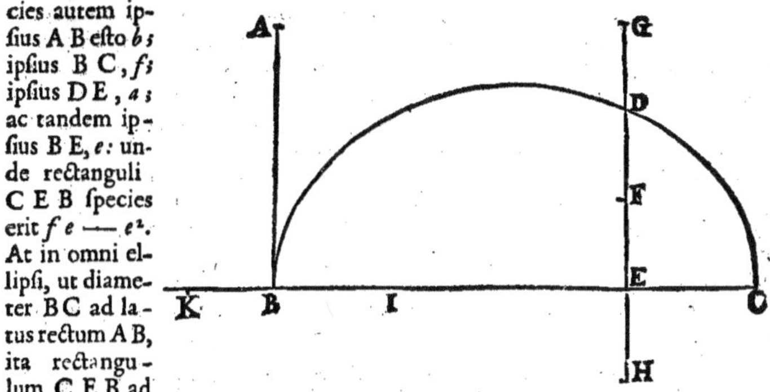

quadratum D E; itaque in fpeciebus, ut f ad b, ita $fe - e^2$ ad a^2: hinc
æquatio $bfe - be^2 \propto fa^2$, five $bfe - be^2 - fa^2 \propto 0$.

Poterit autem vel recta B E, vel recta D E, vel utraque dividi vel produci;
unde multæ nafcentur æquationes inventu non admodum difficiles; fed id
indicaffe fufficiat.

Ex ejufmodi ergo æquationibus femper ellipfim concludere licebit, cujus
latus rectum erit b, diameter f, ordinata ad diametrum a, vel quæcunque ipfam a in æquatione referet, ac tandem intercepta inter ordinatam & verticem erit e, vel quæcunque ipfam e in æquatione referet. Immò, dabitur
quoque ipfius ellipfis fpecies, ex hypothefi quòd angulus A B C vel D E C
datus fit; fi tamen angulus ille rectus effet, & rectæ b & f æquales, loco ellipfis haberemus circulum: quod demonftrare non erit difficile.

Secunda Æquatio.

Poteft præmiffa prima æquatio reddi fimplicior, fi fiat ut b ad f, ita a^2 ad
u^2; unde $fa^2 \propto bu^2$. Itaque in æquatione illa, loco ipfius fa^2 fuccedat illi
æquale bu^2, ac tum $bfe - be^2 - bu^2 \propto 0$: omnia applicentur ad b,
fietque æquatio fimplex $fe - e^2 - u^2 \propto 0$.

Et hæc quidem æquatio directè pertinet ad circulum, at indirectè & per
fictionem pertinere poterit ad quamcunque ellipfim, cujus diameter erit f, latus autem rectum erit recta quæcunque; at verò ordinata non erit u, (nifi latus rectum æquale fit ipfi f diametro, & angulus D E C obliquus) fed ut ipfa
habeatur ordinata, fiet ut f ad latus rectum quod vocabimus b, ita u^2 ad
aliud quod vocetur a^2, ac tum a erit ipfa ordinata; ex tali enim analogia fiet
$fa^2 \propto bu^2$: at æquatio fimplex erat $fe - e^2 - u^2 \propto 0$, quâ in b ductâ,
fit $bfe - be^2 - bu^2 \propto 0$. Jam loco ipfius bu^2 fuccedat ipfi æquale fa^2,
& fic tandem fiet prima ellipfis æquatio $bfe - be^2 - fa^2 \propto 0$.

Ad prædictas æquationes reducentur quæcunque fuprà ad circulum, ad
parabolam & ad hyperbolam directè pertinebant, fi fpecies debitè atque ex
arte permutentur, at iis conditionibus de quibus fæpius fuprà dictum eft.

Corollarium.

IN omnibus præmiſſis æquationibus liquidò conſtat, quatuor curvas ex quibus illæ deductæ ſunt, nempe circuli circumferentiam, parabolam, hyperbolam, & ellipſim ad ſuas diametros relatas eo modo quo ſuprà, non tranſcendere ſecundum gradum, hoc eſt quadratum incognitarum magnitudinum *a, e, i, u,* &c. Quòd ſi quis eaſdem ad alias rectas quàm ad ipſas diametros referat, ille rurſùs in ſimiles, ſive ejuſdem gradus æquationes incidet; unde in univerſum, ex talibus æquationibus aliquam ex ipſis quatuor curvis ſemper concludere licebit: & hoc ſufficit ad omnia loca plana & ſolida Antiquorum invenienda & componenda; ſi tamen his æquationibus paucæ addantur quæ pertinent ad lineas rectas, dum illæ ad alias rectas referuntur, quæ ſanè æquationes ipſum eundem ſecundum gradum non excedunt; at verò ad hanc inventionem & compoſitionem requiritur Analyſta non vulgaris. Sed hoc etiam indicaſſe ſufficiat: nunc pauca de locis linearibus ad æquationes geometricas abſoluto modo revocatis ſuperſunt dicenda, quod nos in conchoïde Nicomedis tantùm exequemur, ſiquidem illa etiam in ſequentibus ad noſtrum inſtitutum ſatis erit, videturque eadem eſſe locorum omnium linearium ſimpliciſſimus.

DE CONCHOÏDE NICOMEDIS.

ETSI multa ſint linearum curvarum genera quæ in infinitas ſpecies multiplicentur, tamen hac in parte, conchoïdum genus omnia alia genera longiſſimè, immò infinities infinitè ſuperat. Siquidem nulla datur curva ex qua infinitæ conchoïdes deduci non poſſint, atque omnes ſpecie, immò etiam genere differentes; ac præterea, cujuſvis conchoïdis infinitæ rurſùs dantur conchoïdes ſpecie ac genere inter ſe diſtinctæ, ita ut propoſitâ quâcunque curvâ putà circuli circumferentiâ, ſtatim ex ea innumeræ conchoïdes deducantur, quæ quamquam genere inter ſe diſtinctæ, tamen omnes ſint primi cujuſdam ordinis; tum ex unaquaque illarum innumeræ rurſùs aliæ naſcantur genere diverſæ, quæ omnes ſecundi cujuſdam ordinis exiſtant, ex quibus ſingulis eodem modo innumeræ tertii cujuſdam ordinis oriuntur; atque ita in infinitum infinities abit talis multiplicatio.

Nos verò ex omnibus illis generibus duo tantùm ſeligere decrevimus, quæ quamquam ſimpliciſſima exiſtant, tamen illa per ſe ſingula ad æquationes analyticas quinti ac ſexti gradus, hoc eſt quadrato-cubicas ac cubo-cubicas ſolvendas ſufficiunt; ita ut beneficio cujuſvis illorum generum poſſit angulus quicunque rectilineus in quinque partes æquales dividi. Horum generum prius erit illud cujus conchoïdes vulgò vocantur à Nicomede earum inventore, ſuntque conchoïdes circulares primi ordinis, de quibus Eutocius in Archimede, necnon alii permulti authores ſcripſere; quandoquidem per medium talis conchoïdis Nicomedes ipſe famoſiſſimum problema de cubo duplicando ſolvere aggreſſus eſt, quamquam ſanè modo non uſque adeò legitimo, cùm tale problema ad lineas ſimpliciores, putà conicas, pertineat: ſolidum enim illud eſt tantùm, at conchoïdes omnes ſunt loci lineares. Alterum duorum generum conchoïdum noſtrarum erit parabolicarum, de quibus primus egiſſe putatur Renatus *des Cartes* in ſua Geometria, qui etiam modo prorſùs legitimo iiſdem uſus eſt ad problemata analytica ſexti gradus ſolvenda; ad quem gradum illa quoque aſcendere cogit quæ ſunt quinti gradus; quod ſanè ei liberum, at non omninò neceſſe fuit, ſed modum quo aliter ab iis ſe expediret, aut non advertit, aut aliqua de cauſa neglexit.

In his duobus conchoïdum generibus hoc notatu dignum accidit, quòd quamquam simplicius sit circulare quàm parabolicum, si linearum genitricium ratio habeatur, (simplicior enim est circuli circumferentia quàm parabola) tamen, cùm ad æquationes ventum fuerit, reperiuntur illæ in conchoïde parabolica simpliciores quàm in circulari; non quidem ratione gradus ad quem illæ ascendunt, qui in utraque suâ naturâ sextus est existente æquatione universali, sed ratione multiplicitatis affectionum, seu homogeneorum per signa + & — distinctorum; at illud magis in sequentibus patebit.

Cùm autem dicimus ejusmodi conchoïdes ad sextum gradum pertinere, hoc intelligendum est dum illæ ad æquationes analyticas revocantur modo respectivo, non autem simplici seu absoluto; quod etiam rursùs infrà clariùs innotescet.

Antequàm ad æquationes accedamus, pauca præmittenda sunt de natura conchoïdum in universum; tum etiam pauca de conchoïde circulari in specie.

In universum ergo concipiatur quævis linea curva in plano jacens, quod planum moveri possit unà cum eadem curva motu quolibet tam lationis quàm circumvolutionis: hæc linea vocetur genitrix, à qua conchoïs describenda denominabitur, planum verò posteà vocabitur planum mobile: in hoc plano mobili notetur punctum quodcunque intra vel extra genitricem, quod vocetur polus mobilis: per hunc polum transeat quædam linea recta quæ circa talem polum liberè moveri possit, & tamen in ipso plano semper jaceat, ut recta illa sit instar regulæ mobilis quam communiter nomine Arabico vocare solent *alhidadam* in permultis instrumentis; hanc posteà vocabimus regulam. Concipiatur deinde quæcunque linea, recta vel curva, in aliqua superficie jacens, (nos hanc superficiem planam assumimus, quam tamen curvam etiam assumere licebit) quæ superficies, quia immobilis statui debet saltem ad faciliorem intelligentiam, dicatur superficies immobilis; & linea in ea concepta dicatur semita, quandoquidem per illam ac secundùm eandem moveri debet polus plani mobilis, dum planum illud posteà motu lationis secundùm præscriptas leges aliquas deferetur. Præterea, in superficie immobili extra semitam, ultrà citráve, notetur punctum quodcunque quod vocetur polus immobilis, circa quem movebitur regula de qua jam dictum est, ita ut eadem per duos polos, mobilem scilicet & immobilem, perpetuò transeat, jaceatque interim semper in plano mobili.

His positis, si statuamus planum mobile cum immobili, ita ut polus mobilis existat in semita, & regula per utrumque polum transeat, tum moveatur planum mobile secundùm certam quandam ac constitutam legem, quæ tamen lex ad arbitrium Geometræ initio pendet, modò posteà illam inviolatam servet, polo mobili secundùm semitam delato, neque ab ea usquam evagante, notenturque interim puncta in quibus regula genitricem secat, ac per omnia illa sectionum puncta, linea duci intelligatur: hæc erit conchoïs de qua nunc agimus.

Fieri autem potest, ac reverà sit sæpissimè, ut in una eademque plani mobilis atque ideò lineæ genitricis positione, regula ipsam genitricem in duobus vel pluribus punctis secet; unde etiam accidit non raro, ut conchoïs inde orta non sit unica linea continua, sed duplex, triplex, aut multis modis multiplex, ita ut partes illius aliquando, etiam in infinitum productæ, nunquam sibi invicem occurrant; aliquando, è contrario, illæ partes se secent, & aliquando eædem se tangant tantùm: sed & illud fieri potest, ut aliqua positione, regula lineæ genitrici nullo modo occurrat, quo pacto conchoïs non erit ad utramque partem infinitè extensa, vel certè ipsa erit interrupta, non verò continua. Sed hæc indicasse sufficiat in tam vaga atque multiplici linearum infinitis modis infinitarum descriptione.

In specie. Ponamus in aliqua ex tribus his figuris, planum mobile esse illud in quo est circulus cujus diameter est C D vel G F ; atque in eo plano lineam genitricem esse ejusdem circuli circumferentiam ; polum mobilem esse ipsius centrum B vel E, & regulam esse rectam A B, vel A E. Ponamus deinde planum immobile esse id in quo est recta B E in infinitum utrinque producta, quæ recta eadem sit semita per quam feratur polus mobilis B vel E, atque unà cum ipso planum mobile deferens circulum C D vel G F, polus verò immobilis in hoc plano immobili esto A, per quem transeat regula A B vel A E.

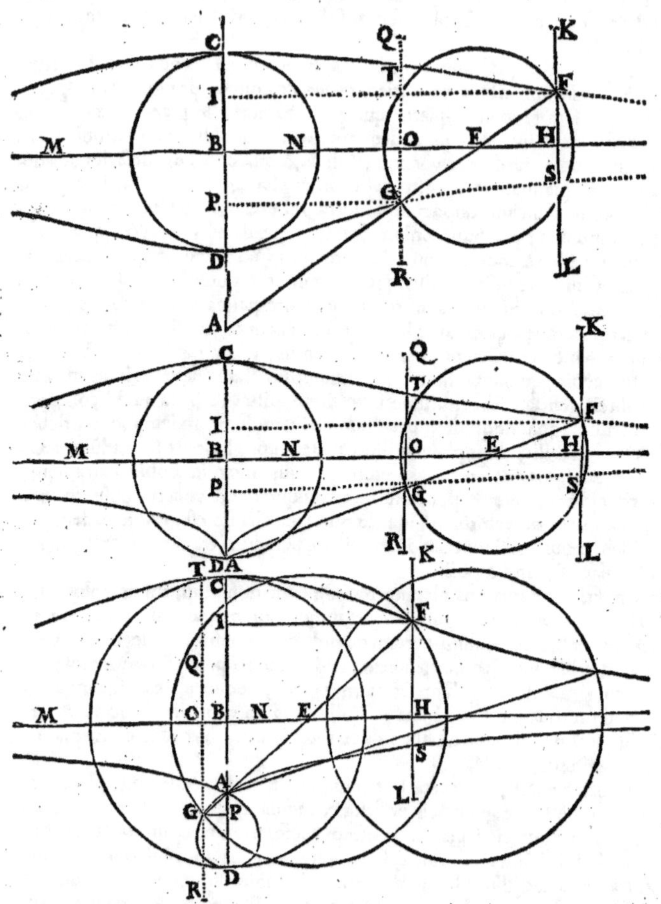

Manifestum est ergo, quòd dum centrum circuli, sive polus mobilis feretur secundùm semitam B E, regula per hunc polum mobilem ac per immobilem A semper transiens, positionem suam continuò mutabit. Jam lex motus esto , ut planum mobile semper inter movendum jaceat secundùm suam planitiem in plano immobili; hæc enim lex sola sufficit ad certam atque

que

que indubitatam defcriptionem. Hoc pacto, quia in quacunque circumferentiæ genitricis pofitione, regula ipfam circumferentiam in duobus punctis, nec
pluribus, femper fecat, quorum punctorum unum eft ad unas partes femitæ
versùs polum immobilem A, quale eft punctum D vel G, alterum ad alteras
partes ejufdem femitæ, quale eft C vel F: fit neceffariò ut conchoïs circularis inde orta componatur ex duabus lineis ad utrafque partes femitæ B E exiftentibus, quarum linearum unaquæque ex utraque parte in infinitum extenditur fic ut femita utriufque afymptotos exiftat. Illæ lineæ in figuris præmiffis
funt C T F, D G S, quarum exterior C T F (exteriorem voco eam quæ refpectu poli immobilis A jacet ad alteras partes femitæ B E) circa verticem C,
ad aliquam diftantiam ex utraque parte ipfius verticis, interiùs cava eft versùs
femitam B E : eft autem vertex C punctum id in quo recta A B ad femitam
B E perpendiculariter producta occurrit ipfi conchoïdi ; at ultra talem diftantiam mutatur cavitas ipfa, fitque ad partes exteriores, convexitas verò refpicit femitam ufque in infinitum. At conchoïs interior D G S, præter id quod
de exteriori jam diximus, quibufdam accidentibus obnoxia eft, prout recta
A B vel femidiametro D B major eft, vel eidem æqualis, vel ipsâ major ;
exiftente enim A B majore quàm D B, idem accidit quod de exteriori jamjam attulimus, quodque in prima trium figurarum fatis apparet ; exiftentibus
verò rectis A B, D B æqualibus, ut in fecunda figura, tunc conchoïs interior
ad punctum A vel D qui vertex eft, angulum conftituit quolibet acuto rectilineo minorem, ut fic conchoïs ex duabus lineis ad verticem A D fefe tangentibus componi videatur, quarum utraque ad partes femitæ B E femper
convexa eft ufque in infinitum. Verùm, exiftente rectâ A B minore quàm
D B, ut in tertia figura, tunc conchoïs inter puncta A, D ita involvitur, ut
fpatium comprehendat laquei inftar, cujus funiculi poftquàm ad punctum A
decuffatim fefe fecuerunt, abeunt ex utraque parte in infinitum, ita tamen ut
convexitas eorum ad partes femitæ B E femper refpiciat.

Sic ergo fe habet conchoïs circularis Nicomedis. Quòd fi polus mobilis
non fit centrum circumferentiæ genitricis, fed quodvis aliud punctum in
plano mobili affumptum: fient aliæ conchoïdes circulares à prædicta & à fe
invicem diverfæ in infinitum ; quod tamen indicaffe fufficiat. Sed & femita
poterit effe non recta linea ut B E, verùm alia circuli circumferentia in plano
immobili jacens ; quo etiam pacto aliæ atque aliæ conchoïdes circulares gi-
gnentur, quales habentur apud Vietam in fupplemento Geometriæ, quamquam
fane idem, ficuti de Nicomede diximus, modo non ufque adeo legitimo quàm
par fuerat ufus eft, in folvendis fcilicet problematis fuâ naturâ folidis, cùm conchoïdes illæ fint loci lineares. Sed hoc rursùs indicaffe fufficiat, ut inde poffit
quivis colligere quàm immenfa fit conchoïdum, etiam circularium, omnium
inter fe fpecie differentium multitudo : nunc ad æquationes analyticas modo
abfoluto, ipfam Nicomedeam revocemus, ut protinùs ad conchoïdem para-
bolicam deveniamus. Itaque in conchoïde exteriori C T F cujufvis ex tribus
guris præmiffis funto fpecies :

A B	b,
B C, E F	c,
F H, B I	a,
F I, B H	e,

Et quoniam ut recta A I ad I F,
ita eft F H ad E H : erit in fpeciebus,

ut $b + a$ ad e, ita a ad $\dfrac{a\,e}{b + a}$

$$E H \qquad \dfrac{a\,e}{b + a}$$

$$E H \text{ quadratum} \quad \dfrac{a^2\,e^2}{b^2 + 2\,b\,a + a^2}.$$

Ponitur autem triangulum E F H
effe rectangulum. Hinc æqualitas
in quadratis laterum,

$$c^2 \;\infty\; a^2 + \dfrac{a^2\,e^2}{b^2 + 2\,b\,a + a^2}$$

A A a

& omnibus in communem diviforem ductis,

$$b^2 c^2 + 2 b c^2 a + c^2 a^2 \;\infty\; b^2 a^2 + 2 b a^3 + a^4 + a^2 e^2;$$

$$\text{vel } b^2 c^2 + 2 b c^2 a \begin{smallmatrix}+\,c^2\,a^2\\ -\,b^2\,a^2\end{smallmatrix} - 2 b a^3 - a^4 - a^2 e^2 \;\infty\; 0:$$

unde ex tali æquatione fub iifdem fpeciebus licebit pronuntiare ipfam æquationem ad conchoïdem circularem Nicomedis exteriorem pertinere.

Neque verò in conchoïde interiori D G S magna erit differentia; omnibus enim rite ordinatis differet æquatio, non quidem fpeciebus, fed fpecierum affectionibus fecundùm figna + & —, idque in quibufdam affectionibus tantùm, ut ex formula fequenti apparet. Sunto ergo fpecies:

A B efto	b,	OE quadratum $\dfrac{a^2 e^2}{b^2 - 2 b a + a^2}$	
B C, E F, E G	c,	Ponitur autem triangulum E O G	
G O, B P	a,	effe rectangulum. Unde fiet æqualitas in quadratis laterum, nempe	
G P, B O	e,		
Ut $b - a$ ad e, ita a ad $\dfrac{a e}{b - a}$		$c^2 \;\infty\; a^2 + \dfrac{a^2 e^2}{b^2 - 2 b a + a^2}$	
O E $\dfrac{a e}{b - a}$		& omnibus ductis in communem diviforem,	

$$b^2 c^2 - 2 b c^2 a + c^2 a^2 \;\infty\; b^2 a^2 - 2 b a^3 + a^4 + a^2 e^2;$$

$$\text{vel } b^2 c^2 - 2 b c^2 a \begin{smallmatrix}+\,c^2\,a^2\\ -\,b^2\,a^2\end{smallmatrix} + 2 b a^3 - a^4 - a^2 e^2 \;\infty\; 0.$$

Itaque ex ejufmodi æquatione fub iifdem fpeciebus concludemus conchoïdem circularem Nicomedeam interiorem, ex qua æquatio illa ortum duxerit.

Porrò multis modis, immò innumeris, variari poffunt magnitudines ignotæ a & e; quippe fi altera earum vel ambæ dâtâ magnitudine augeantur vel minuantur, ut factum eft fuprà in circulo, parabola, hyperbola, & ellipfi. Finge enim productam effe HF in K, ita ut F K data fit fub fpecie d, H K autem in fpecie fit i: tum verò H F erit in fpeciebus $i - d$ quæ priùs erat a; unde loco fpeciei a & graduum ejus in æquatione, fubftitui poterunt $i - d$ & gradus ipfius; quo pacto fiet alia quæpiam æquatio à præmiffis diverfa, ac multò pluribus nominibus conftans, quæ fub fuis fpeciebus ad conchoïdem Nicomedis pertinebit. Idem etiam concludemus fi F H producatur in L, & ipfius H L fpecies fit d, ipfius autem F L fpecies fit i, fic enim rursùs H F erit in fpecie $i - d$, &c. Quòd fi iifdem productis, H K vel F L data fit fub fpecie d, & ipfius F K vel H L fpecies fit i, erit ipfius F H fpecies $d + i$ quæ priùs erat a; unde, &c. ut fuprà.

Potuit etiam dividi F H in V, ita ut ex duabus portionibus F V, V H, altera, putà V H, data effet fub fpecie d, altera F V ignota fub fpecie i; atque ita ipfius H F fpecies fuiffet $d + i$ quæ priùs erat a; unde, &c. ut fuprà.

Nec minùs produci potuit recta F I vel H B in M, vel eadem dividi in N. Sed hoc indicaffe fufficiat.

Eodem modo ratiocinabimur de rectis G O & G P vel O B, quo de rectis F H & F I vel H B, ut manifeftum eft.

Infinitos modos relinquimus, quia prædictos fufficere putavimus, ad hoc ut quivis fuopte ingenio quotvis alios ut libuerit, inquirat, & analyticè profequatur.

Appendix ad Isagogen topicam continens solutionem Problematum solidorum per locos.

PATUIT methodus quâ lineæ locales deteguntur: inquirendum restat quâ ratione Problematum solidorum solutio possit ex supradictis elegantissimè derivari. Hoc ut fiat, coarctanda illa quantitatum ignotarum extra limites suos evagandi licentia. Infinita enim sunt puncta quibus quæstioni propositæ satisfit in locis: commodissimè igitur per duas æqualitates locales quæstio determinatur, secant quippe se invicem duæ lineæ locales positione datæ, & punctum sectionis positione datum quæstionem ex infinito ad terminos præscriptos adigit. Exemplis breviter & dilucidè res explicatur.

Proponatur a cubus $+ b$ in a quadratum æquari z plano in b.

Commodè utraque æqualitatis pars potest æquari solido b in a in e, ut per divisionem istius solidi, illinc per a, hinc per b res deducatur ad locos. Cùm igitur a cubus $+ b$ in a quadratum æquetur b in a in e; ergo $aq + b$ in a æquabitur b in e:

Et erit, ut patet ex nostra methodo, extremitas ipsius e ad parabolam positione datam.

Deinde cùm zP in b æquetur b in a in e, ergo zP æquabitur a in e.

Et erit ex nostra methodo extremitas ipsius e ad hyperbolam positione datam. Sed jam probavimus esse ad parabolam positione datam. Ergo datur positione, & est facilis ab analysi ad synthesin regressus.

Nec dissimilis est methodus in omnibus æquationibus cubicis. Constitutis enim ex una parte solidis omnibus ab a adfectis, ex alterâ solido omninò dato, vel etiam cum solidis ab a vel aq affectis, poterit fingi æqualitas superiori similis.

Proponatur exemplum in æquationibus quadrato-quadratorum.

$aqq + b^f$ in $a + z$P in $aq \backsimeq d$PP : ergo $aqq \backsimeq d$PP $— b^f$ in $a — zq$ in aq æquentur hæc duo homogenea zq in eq.

Cùm igitur aqq æquetur zq in eq: ergo per subdivisionem quadraticam, aq æquabitur z in e, & erit extremitas E ad parabolam positione datam.

Deinde cùm dPP $— b^f$ in $a — zq$ in $aq \backsimeq zq$ in eq, omnibus per zq divisis,

$$\frac{d\text{PP} — b^f \text{ in } a}{zq} — aq \backsimeq eq.$$

Et erit ex nostra methodo extremitas E ad circulum positione datum; sed est & ad parabolam positione datam: ergo datur.

Non dissimili methodo solventur quæstiones omnes quadrato-quadraticæ. Expurgabuntur enim methodo Vietæ cap. 1. de emend. ab affectione sub cubo & quadrato-quadrato ignoto ab una parte, reliquis homogeneis ab altera constitutis, per parabolam, circulum vel hyperbolam solvetur quæstio.

Proponatur ad exemplum inventio duarum mediarum in continua proportione.

Sint duæ rectæ B major, D minor, inter quas duæ mediæ proportionales sunt inveniendæ, fiet a cubus $\backsimeq bq$ in d, posito nempe quòd major mediarum ponatur a.

Æquentur singula homogenea b in a in e.

Illinc fiet $aq \backsimeq b$ in e.

Istinc a in $e \backsimeq b$ in d.

Ideoque quæstio per hyperbolæ & parabolæ intersectionem perficietur.

Exponatur enim recta quævis positione data O V N in qua detur punctum O. Sint rectæ datæ B & D inter quas duæ mediæ proportionales inveniendæ. Ponatur recta O V æquari a, & recta V M ipsi O V ad rectos angulos æquari e. Ex priori æqualitate, qua aq æquatur b in e, constat per punctum O tanquam verticem, describendam parabolam cujus rectum latus sit b, diameter ipsi V M parallela & applicatæ ipsi O V: transibit igitur hæc parabola per punctum M.

Ex secunda æqualitate quâ b in d æquatur a in e, sumatur punctum ubilibet in recta O V, ut N, à quo excitetur perpendicularis N Z, & fiat rectangulum O N Z æquale rectangulo b in d. Excitetur perpendicularis O R.

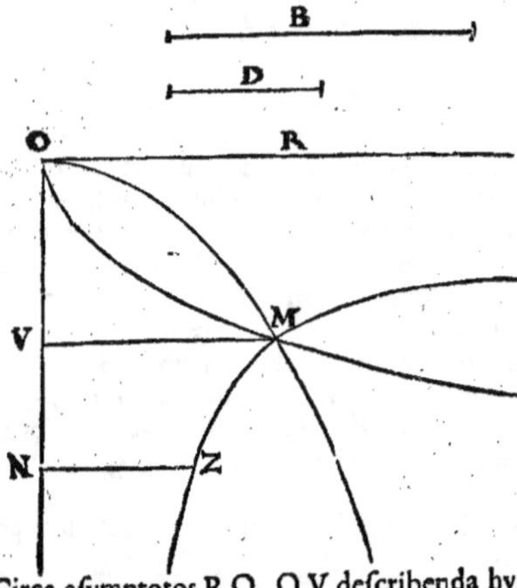

Circa asymptotos R O, O V describenda hyperbola per punctum Z, ex nostra methodo locali dabitur positione, & transibit per punctum M. Sed parabola etiam quam suprà descripsimus datur positione, & per idem punctum M transit: datur igitur punctum M positione, à quo si demittatur perpendicularis M V, dabitur punctum V, & recta O V major duarum continuè proportionalium quas quærimus.

Inventæ igitur sunt duæ mediæ per intersectionem parabolæ & hyperbolæ.

Si ad quadrato-quadrata lubeat quæstionem extendere, omnia ducantur in a, tunc aqq æquabitur bq in d in a.

Æquentur singula homogenea juxta superiorem methodum bq in eq.

Fient duæ æqualitates, nempe aq & b in e,

Et d in a & eq.

Quæ singulæ dabunt parabolam positione datam. Fiet igitur constructio mesolabii per intersectionem duarum parabolarum hoc casu.

Prior constructio & posterior sunt apud Eutocium in Archimede, & huic methodo facillimè redduntur obnoxiæ.

Abeant igitur illæ paraplerofes Vietææ quibus æquationes quadrato-quadraticas reducit ad quadraticas per medium cubicarum abs radice plana; pari enim elegantiâ, facilitate & brevitate solvuntur, ut jam patuit: perinde quadrato-quadraticæ ac cubicæ quæstiones, nec possunt, opinor, elegantius.

Ut pateat elegantia hujus methodi, en constructionem omnium problematum cubicorum & quadrato-quadraticorum per parabolam & circulum.

Ponatur $aqq + z^f$ in $a \backsimeq dPP$; ergo $aqq \backsimeq -z^f$ in $a + dPP$. Fingatur quadratum abs $aq - bq$, aut alio quovis quadrato dato, fiet quadratum $aqq + bqq - bq$ in aq bis. Addantur ad supplementum singulis æqualitatis partibus $bqq - bq$ in aq bis: fiet $aqq + bqq - bq$ in aq bis $\backsimeq bqq - bq$ in aq bis $- z^f$ in $a + dPP$; sit bq bis $\backsimeq nq$, & singulis homogeneis sive partibus æqualitatis æquetur nq in eq; fiet illinc per subdivisionem quadraticam $aq - bq \backsimeq n$ in e; ideóque punctum extremum e erit ad parabolam ex nostra methodo: isthinc fiet,

$$\frac{bqq}{nq} - aq - \frac{z^f \text{ in } a + dPP}{nq} \backsimeq eq.$$

Ideóque

Ideóque ex noftra methodo, punctum extremum *e* erit ad circulum. Defcriptione igitur parabolæ & circuli folvitur quæftio.

Hæc methodus facillimè ad omnes cafus tam cubicos quàm quadrato-
quadraticos extenditur. Curandum eft tantùm ut ex una parte fit *a* qq ; ex
altera quælibet homogenea, modò non afficiantur ab *a* cubo. At per ex-
purgationem Vietæam omnes æquationes quadrato-quadraticæ ab affectione
fub cubo liberantur : ergo eadem in omnibus methodus. Cùm autem æquationes cubicæ liberentur ab adfectione fub quadrato per methodum Vietæam, homogeneis omnibus in *a* ductis, fiet æquatio quadrato-quadratica,
cujus nullum ex homogeneis afficietur fub cubo; ideóque folvetur per fupe-
riorem methodum.

Id folùm in fecunda æqualitate curandum eft, ut *a* q ex una parte, ex altera *e* q fub contraria affectionis nota reperiantur, quod eft femper facillimum.

Sit enim in alio cafu, ut omnia percurramus, *a* qq ∞ *z* P in *a* q — *z*^{f} in *d*.
Fingatur quodvis quadratum abs *a* q — quovis quadrato dato ut *b* q , fiet
a qq + *b* qq — *b* q in *a* q bis. Adjiciatur utrique æqualitatis parti ad fup-
plementum *b* qq — *b* q in *a* q bis, fiet *a* qq + *b* qq — *b* q in *a* q bis ∞ *b* qq
— *b* q in *a* q bis + *z* P in *a* q — *z*^{f} in *d*.

Ut igitur commoda fiat divifio in fecunda æqualitate, fumenda differentia inter *b* q bis & *z* P quæ fit verbi gratiâ *n* q, & utraque æqualitatis pars
æquanda *n* q in *e* q.

Ut illinc fiat *a* q — *b* q ∞ *n* in *e*.

$$\text{Ifthinc}\quad \frac{b\,qq}{n\,q} \;-\; a\,q \;-\; \frac{z^f}{n\,q}\;\text{ in } d \;\infty\; e\,q. \quad *$$

Advertendum deinde *b* q bis debere præftare *z* P, alioquin *a* q non afficie-
retur figno defectus, & pro circulo inveniremus hyperbolam, cui promptum
remedium; *b* q enim ad libitum fumimus, ideóque ipfius duplum majus *z* P
nullius eft negotii fumere. Conftat autem ex methodo locali, circulum creari
femper ex æqualitate in cujus parte altera quadratum unum ignotum afficitur figno + ; in altera aliud quadratum ignotum figno —.

Si fumas ad hoc exemplum inventionem duarum mediarum, erit *a*^{c} ∞
b q in *d*.

Et *a* qq ∞ *b* q in *d* in *a*.

Adjiciatur utrinque *b* qq — *b* q in *a* q.

a qq + *b* qq — *b* q in *a* q æquabitur *b* qq + *b* q in *d* in *a* — *b* q in *a* q

Sit *b* q ∞ *n* q.

Et fingulæ æqualitatis partes æquentur *n* q in *e* q

Fiet illinc *a* q — *b* q ∞ *n* in *e*.

Ideóque extremum *e* erit ad parabolam.

Ifthinc fiet *b* q ½ + *d* ½ in *a* — *a* q ∞ *e* q; ideóque extremum *e* erit ad
circulum.

Qui hæc adverterit, fruftrà quæftionem mefolabii, trifectionis angularis,
& fimiles tentabit deducere ex planis, hoc eft per rectas & circulos expe-
dire.

TRAITÉ
DES INDIVISIBLES.

POu r tirer des conclusions par le moyen des indivisibles, il faut supposer que toute ligne , soit droite ou courbe, se peut diviser en une infinité de parties ou petites lignes toutes égales entr'elles , ou qui suivent entr'elles telle progression que l'on voudra, comme de quarré à quarré, de cube
à cube, de quarré-quarré à quarré quarré, ou selon quelqu'autre puissance.

Or d'autant que toute ligne se termine par des points, au lieu de lignes
on se servira de points; & puis au lieu de dire que toutes les petites lignes
sont à telle chose en certaine raison, on dira que tous ces points sont à telle
chose en ladite raison.

Quand toutes les petites lignes ont entr'elles pareille différence, comme
est la suite des nombres 1, 2, 3, 4, 5, &c. alors elles sont
toutes ensemble à la plus grande d'icelles prise autant de
fois qu'il y en a de petites , comme le triangle au quarré
qui a pour costé la plus grande ligne, c'est-à-sçavoir, comme 1 à 2, comme on voit au triangle qui est icy, que la
surface contient la moitié de l'espace que contiendroit le
quarré qui auroit 4 de costé comme le triangle ; & encore qu'il ne falluft
pas 10 points pour achever le quarré, parce que le costé A B seroit commun
à l'autre moitié du quarré, néanmoins dans les indivisibles cela n'est pas considérable, parce que le triangle n'excéde jamais la moitié du quarré que de
la moitié de son costé : or y ayant une infinité de costez audit quarré pris
dans les indivisibles, la moitié d'un d'iceux n'entre pas en considération ;
ainsi ce triangle-cy qui a 4 de costé n'excéde la moitié du quarré collatéral,
(c'est-à-dire qui a pareil costé) que de 2 qui est $\frac{1}{4}$ de ladite moitié, ou la moitié du costé. Si le triangle avoit 5 de costé, il n'excéderoit que de $\frac{1}{5}$ de la
moitié du quarré collatéral : s'il en a 6, il n'exédera que de $\frac{1}{6}$, & ainsi de suite ;
& puis qu'on voit que l'excés diminuë toûjours, il s'anéantira enfin dans la
division indéfinie.

De mesme si les lignes suivoient entr'elles l'ordre des quarrez, la somme de toutes ces lignes ou des points qui les représentent, seroit à la derniére prise autant de fois, comme la somme des quarrez au cube, ou comme
la pyramide à la colonne, sçavoir comme 1 à 3; car quoy-que prenant un
nombre fini de quarrez leur somme soit plus grande que le tiers du cube
collatéral au plus grand quarré, néanmoins dans la division infinie elle ne seroit que le tiers; car ladite somme ne passe jamais le $\frac{1}{3}$ du cube que de la moitié du plus grand quarré $\frac{1}{2}$ du costé. Or dans le cube il y a une infinité
de quarrez, & partant la moitié d'un d'iceux n'est pas considérable, & encore moins $\frac{1}{2}$ de la ligne ou costé du mesme cube.

Ainsi le cube estant 64, pour avoir la somme des quarrez dont le plus
grand soit collatéral audit cube, on prendra le tiers d'iceluy, sçavoir 21 $\frac{1}{3}$,
auquel joignant la moitié du plus grand quarré, sçavoir 8, on aura 29 $\frac{1}{3}$, à
quoy joignant encore $\frac{1}{6}$ de 4 qui est le costé, sçavoir $\frac{2}{3}$, on aura 30 pour la
somme des quatre premiers quarrez. Et ainsi par les propriétez des puissances
suivantes, on montrera que la somme des cubes est $\frac{1}{4}$ du quarré-quarré collatéral au plus grand cube; que la somme des quarrez-quarrez est $\frac{1}{5}$ de la cin-

quiéme puiſſance ; que la ſomme des cinquiémes puiſſances eſt $\frac{1}{7}$ de la ſixiéme puiſſance, & ainſi des autres. Mais il faut remarquer que les puiſſances ont ainſi rapport l'une à l'autre de proche en proche, & non point ſi on en omet une entre deux. Ainſi la ligne ou coſté n'a point de rapport au cube, ni le quarré au quarré-quarré, ni le cube à la cinquiéme puiſſance, &c. car les lignes priſes à l'infini ne faiſant qu'un quarré, & y ayant une infinité de quarrez dans le cube, ſi l'on ajouſte ou ſi l'on oſte un ſeul quarré cela n'opérera rien. La meſme choſe ſe montrera du quarré eû egard au quarré-quarré, & du cube eû égard à la cinquiéme puiſſance, &c.

La ſuperficie ſe diviſe auſſi en une infinité de petites ſuperficies, leſquelles ou ſont égales, ou ont égale différence, ou gardent entr'elles quelqu'autre progreſſion, comme de quarré à quarré, de cube à cube, de quarré-quarré à quarré-quarré, &c. Et d'autant que les ſuperficies ſont enfermées dans les lignes, au lieu de comparer les ſuperficies, on comparera les lignes à une autre choſe, & la ſomme de toutes les petites ſurfaces ou des lignes qui les repréſentent, ſont à la grande ſurface priſe autant de fois comme 1. à 3, comme il a eſté dit.

De meſme les ſolides ſe diviſent en une infinité de petits ſolides ou égaux, ou qui gardent quelque proportion, comme il a eſté dit des ſurfaces : & d'autant que les ſolides ſont terminez par des ſurfaces, au lieu de dire que ces petits ſolides ſont au grand ſolide pris autant de fois, je dis, l'infinité des ſurfaces ſont à la plus grande priſe autant de fois, comme le cube au quarré-quarré de ſon coſté, ou comme 1 à 4.

Par tout ce diſcours on peut comprendre que la multitude infinie de points ſe prend pour une infinité de petites lignes, & compoſe la ligne entiére. L'infinité de lignes repréſente l'infinité des petites ſuperficies qui compoſent la ſuperficie totale. L'infinité des ſuperficies repréſente l'infinité de petits ſolides qui compoſent enſemble le ſolide total.

EXPLICATION DE LA ROULETTE.

NOus poſons que le diamétre A B du cercle A E F G B ſe meut parallelement à ſoy-meſme, comme s'il eſtoit emporté par quelqu'autre corps, juſques à ce qu'il ſoit parvenu en C D pour achever le demi-cercle ou demi-tour. Pendant qu'il chemine, le point A de l'extrémité dudit diamétre marche par la circonférence du cercle A E F G B, & fait autant de chemin que le diamétre, en ſorte que quand le diamétre eſt en C D, le point A eſt venu en B, & la ligne A C ſe trouve égale à la circonférence A G H B. Or cette courſe du diamétre ſe diviſe en parties infinies & égales tant entr'elles qu'à chaque partie de la circonférence A G B, laquelle ſe diviſe auſſi en parties infinies toutes égales entr'elles & aux parties de A C parcouruës par le diamétre, comme il a eſté dit. En aprés je conſidére le chemin qu'a fait ledit point A porté par deux mouvemens, l'un du diamétre en avant, l'autre du ſien propre dans la circonférence. Pour trouver ledit chemin, je voy que quand il eſt venu en E il eſt élevé audeſſus de ſon premier lieu duquel il eſt parti ; cette hauteur ſe marque tirant du point E au diamétre A B un ſinus E 1, & le ſinus Verſe A 1 eſt la hauteur dudit A quand il eſt venu en E. De meſme quand il eſt venu en F, du point F ſur A B je tire le ſinus F 2, & A 2 ſera la hauteur de A quand il a fait deux portions de la circonférence, & tirant le ſinus G 3, le ſinus Verſe A 3 ſera la hauteur de A quand il eſt parvenu en G, & faiſant ainſi de tous les lieux de la circonférence que parcourt A, je trouve toutes ſes hauteurs & elevemens pardeſſus l'extrémité du diamétre A, qui ſont A 1, A 2, A 3, A 4, A 5, A 6, A 7 ; donc, afin d'avoir les lieux par où paſſe

ledit point A, & fçavoir la ligne qu'il forme pendant fes deux mouvemens,
je porte toutes fes hauteurs fur chacun des diamétres M, N, O, P, Q, R, S, T,
& je trouve que M 1, N 2, O 3, P 4, Q 5, R 6, S 7 font les mefmes que
celles qui font prifes fur A B. Puis je prends les mefmes finus E 1, F 2, G 3, &c.
& je les porte fur chaque hauteur trouvée fur chaque diamétre, & je les tire
vers le cercle, & des extrémitez de ces finus fe forment deux lignes, dont
l'une eft A 8 9 10 11 12 13 14 D, & l'autre A 1 2 3 4 5 6 7 D. Je fçay comme s'eft fait la ligne A 8 9 D: mais pour fçavoir quels mouvemens ont
produit l'autre, je dis que pendant que A B a parcouru la ligne A C, le
point A eft monté par la ligne A B, & a marqué tous les points 1, 2, 3,
4, 5, 6, 7, le premier efpace pendant que A B eft venu en M, le fecond
pendant que A B eft venu en N, & ainfi toûjours également d'un efpace à
l'autre jufques à ce que le diamétre foit arrivé en C D; alors le point A eft
monté en B. Voilà comment s'eft formée la ligne A 1 2 3 D. Or ces deux
lignes enferment un efpace, eftant féparées l'une de l'autre par tous les finus,
& fe rejoignant enfemble aux deux extrémitez A D. Or chaque partie contenuë entre ces deux lignes eft égale à chaque partie de l'aire du cercle A E B
contenuë dans la circonférence d'iceluy; car les unes & les autres font com-
pofées de lignes égales, fçavoir de la hauteur A 1, A 2, &c. & des finus E 1,
F 2, &c. qui font les mefmes que ceux des diamétres M, N, O, &c. ainfi la
figure A 4 D 12 eft égale au demi-cercle A H B. Or la ligne A 1 2 3 D divife
le parallelograme A B C D en deux également, parce que les lignes d'une
moitié font égales aux lignes de l'autre moitié, & la ligne A C à la ligne
B D; & partant, felon Archiméde, la moitié eft égale au cercle, auquel ajouf-
tant le demi-cercle, fçavoir l'efpace compris entre les deux lignes courbes,
on aura un cercle & demi pour l'efpace A 8 9 D C; & faifant de mefme pour
l'autre moitié, toute la figure de la cycloïde vaudra trois fois le cercle.

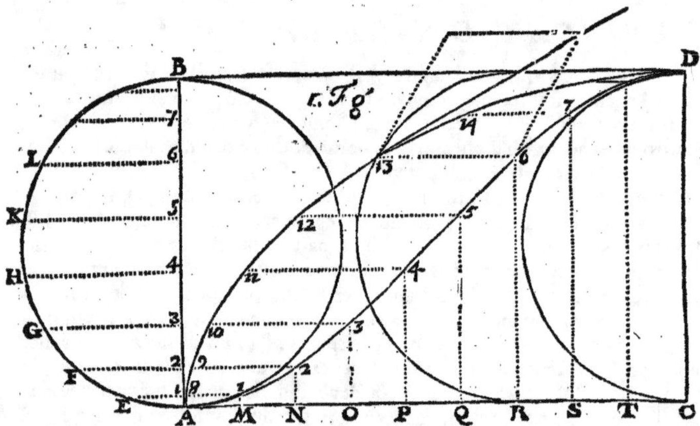

Pour trouver la tangente de la figure en un point donné, je tire dudit
point une touchante au cercle qui pafferoit par ledit point, car chaque point
de cercle fe meut felon la touchante de ce cercle. Je confidére enfuite le
mouvement que nous avons donné à noftre point emporté par le diamétre
marchant parallelement à foy-mefme. Tirant du mefme point la ligne de ce
mouvement, fi je paracheve le parallelogramme (qui doit toûjours avoir les
quatre

quatre coftez égaux lors que le chemin du point A par la circonférence eft
égal au chemin du diamétre A B par la ligne A C) & fi du mefme point je
tire la diagonale, j'ay la touchante de la figure qui a eû ces deux mouvemens pour fa compofition, fçavoir le circulaire & le direct. Voilà comme on
procéde en telles opérations quand on pofe les mouvemens égaux. Que fi
on les avoit pofez en quelqu'autre raifon , comme fi lors que l'un parcourt
dans un temps l'efpace d'un pied, l'autre parcouroit dans le mefme temps l'efpace d'un pied & demi, ou en autre raifon, il faudroit tirer les conféquences
fuivant ladite raifon.

PROPORTION
de la circonférence du cercle à fon diamétre.

SOIT le cercle A I B Q , fon diamétre A B, & foient tirez les finus C E,
G V, H X, I Y, L Z, M K, D F. Que les arcs C G, G H, H I, I L,
L M, M D foient égaux : je dis que la ligne E F eft à la circonférence C D,
comme tous les finus enfemble, fçavoir C E, G V & tous les autres, font à
autant de fi-
nus totaux ou
demidiamé-
tres. Je le mon-
tre ainfi. Je
continuë C E
jufques en N ,
G V jufques en
O, & ainfi des
autres. Je tire
enfuite la dia-
gonale de C en
O qui coupe la
ligne E V en
paffant. Je tire
auffi toutes les
autres diago-
nales, & par-
tant je fais des
triangles fem-
blables, auf-
quels triangles
femblables les
lignes D F &
N E ne font
point employées, mais cela n'importe à caufe de la divifion infinie dans laquelle nul fini ne porte préjudice. Je tire par-aprés la ligne B 8 faifant l'arc
8 A égal à C G; & du point 8 j'abaiffe la perpendiculaire 8 A pour avoir un
triangle femblable aux triangles C 2 E, G 3 V, & aux autres fuivans. Nous
feignons que la circonférence C D eft divifée par infinis finus, & que la ligne
8 A eftant fi proche de la circonférence 8 A, devient elle-mefme circonférence
& égale à 8 A, ou à C G, & à chacune des autres qui ont efté divifées en infini.
De plus, nous difons que la ligne B 8 peut eftre tant aprochée par une divifion infinie de la ligne A B diamétre, qu'elle devient elle-mefme diamétre.
Puis on dira : Comme C E eft à E 2, ainfi O V eft à V 2, & ainfi de

tous les triangles qui suivent la mesme régle. En aprés, le triangle C E 2 est
semblable au triangle G V 3, parce qu'ils ont les angles C & G égaux, soûte-
nant circonférences égales N O, O P, car toutes sont égales depuis N jusques
en T, & partant comme tous les doubles sinus C N & autres sont à la ligne
E F, ainsi C E à E 2 : or comme C E à E 2, ainsi B 8, qui est devenu diamétre,
à 8 A devenu circonférence, qui sera égale à C G & aux autres. Ainsi,
comme tous les sinus à la ligne E F, ainsi le diamétre B 8 devenu diamétre,
à 8 A devenu circonférence ; & au lieu de dire 8 A, je dis C G ; & coupant
les antécédens en deux, je dis, comme les sinus d'enhaut à la ligne E F, ainsi
le demi-diamétre ou sinus total à C G ; & multipliant C G autant de fois que
la ligne C D côntient de divisions, tous les sinus d'enhaut seront à E F, comme
autant de demi-diamétres ou sinus totaux qu'il y a de parties égales à C G
depuis C jusques en D, sont à la circonférence C D : & changeant, comme
tous les sinus d'enhaut sont à autant de sinus totaux ou demi-diamétres, ainsi
la ligne E F est à la circonférence C D.

Que si la ligne E F avoit esté le demi-diamétre, & que les sinus eussent
esté abbaissez du quart de la circonférence, le demi-diamétre eust esté au
quart de la circonférence comme tous les sinus divisans la circonférence sont
à autant de sinus totaux ou demi-diamétres.

FIGURE COURBE
égale au Quarré.

SUPPOSANT que le demi-diamétre du cercle est au quart de cercle
comme tous les petits sinus infinis à tous les sinus totaux, c'est-à-dire, autant de petits sinus à autant de sinus totaux : je trouve que le quarré du
demi-diamétre est égal à la figure qui est faite par tous les sinus posez à angles droits sur la circonférence ; car en la figure A B C, les lignes G H, I L,
M N, P O, qui sont les sinus de toute la circonférence B C, font par l'extrémité de leur sommet la ligne A C ; & continuant de faire & prolonger lesdits
sinus en sorte qu'ils soient égaux au sinus total ou demi-diamétre, ils forment
la figure A B C D. Je fais aussi sur A B son quarré A B E F.

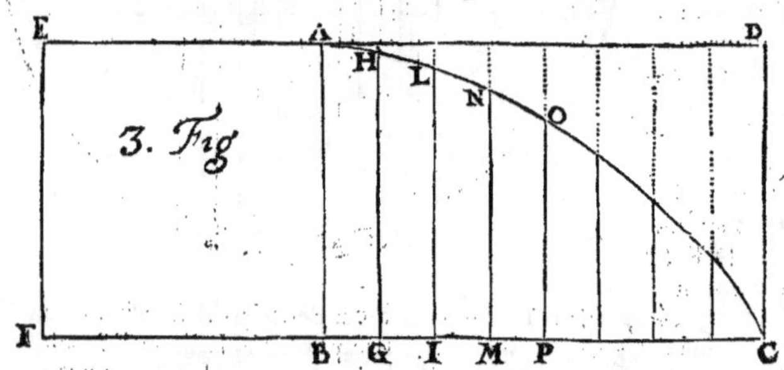

Puis je dis : Comme le demi-diamétre A B est à la circonférence B C,
c'est-à-dire au quart de la circonférence, ainsi tous les sinus sont à autant
de sinus totaux ou demi-diamétres ; & par les infinis, comme la figure
A B C sera à la figure A B C D composée des infinis sinus totaux & du
quart de la circonférence B C ; donc, comme le demi-diamétre est à la circonférence, ainsi la figure A B C est à la figure A B C D. Mais comme la
ligne A B est à la ligne B C, ainsi le quarré d'icelle est au rectangle fait de

AB & BC; donc la figure ABC est à la grande ABCD comme le quarré
ABEF est au rectangle ABCD; ainsi le quarré de AB a mesme raison
au rectangle AC que la figure ABC; & partant le quarré de AB qui est
ABFE est égal à la figure ABC, ce qu'on vouloit prouver.

DE LA PARABOLE.

SOIT la Parabole BALMNOPC, le sommet A, le diamétre AB,
la ligne touchante AD, laquelle soit divisée en infinies parties égales
AE, EF, FG, GH, HI, ID, & de tous les points soient tirées les lignes
paralleles au diamétre AB jusques à la ligne CB, sçavoir E 1, F 2, G 3, &c.
& des points où lesdites lignes coupent la Parabole, soient tirées les ordonnées LQ, MR, NS, OT, PV. Mais les lignes AQ, AR sont
entr'elles comme le quarré de la ligne LQ au quarré de la ligne MR; & la li-
gne AR est à AS comme le quarré de MR au quarré de NS, & ainsi de tou-
tes les autres lignes. Or la ligne AD es-tant divisée en par-ties égales, & les par-ties d'icelles estant égales aux lignes or-données, sçavoir AE à QL, AF à RM, AG à SN, AH à TO, & AI à VP, il s'ensuit que chaque quarré d'icelles lignes surpassera
le précédent selon la progression des nombres impairs, que les quarrez seront
faits des costez differens toûjours de l'unité, & que le costé du premier estant 1, les autres costez seront 2, 3, 4, 5, 6. De plus, les portions du diamétre
comprises & coupées par les ordonnées sont les mesmes que EL, FM, GN,
HO, IP, DC; & par ainsi ces lignes sont entr'elles comme les quarrez
1, 4, 9, 16, 25, 36 sont entr'eux. Je dis donc que toutes ces lignes prises
ensemble seront à la ligne DC prise autant de fois qu'icelles lignes, comme
la somme des quarrez (suivant l'ordre que j'ay dit, c'est-à-dire, à commencer
à l'unité, & suivre toûjours en augmentant de l'unité) est au quarré DC
pris autant de fois qu'il y a de divisions en la ligne AD, c'est-à-dire en la
présente division, six fois. Or multiplier un quarré autant de fois que vaut
son costé, c'est-à-dire, par son costé, c'est faire un cube : il est donc vray que
la somme de toutes ces lignes EL, FM, GN, HO, IP, DC est à la ligne DC prise autant de fois qu'il y a desdites lignes, comme la somme des
quarrez susdits est au cube du plus grand nombre. Mais le cube est le triple de la somme des quarrez, partant le triligne CPONMLAD sera
le tiers du rectangle CDAB, & par ainsi la Parabole ABCPONMLA
sera les deux tiers du parallelogramme ou quarré CDAB; ce qui a esté
démontré par Archiméde d'une autre maniére.

Que si nous voulons considérer une autre nature de Parabole comme
M. Fermat, faisant que les portions du diamétre soient l'une à l'autre comme le cube au cube, il se trouvera que la mesme Parabole que dessus, ou plû-

toſt le dehors d'icelle C O A D, ſera au rectangle A B C D comme la ſomme
des cubes à un quarré-quarré, c'eſt-à-dire, comme 1 à 4. Si nous feignons
que les portions du diamétre, c'eſt-à-dire, les petites lignes, E L, F M, G N,
H O, I P, D C ſont l'une à l'autre comme les quarré-quarrez entr'eux,
il ſe trouvera que la ſomme de toutes ces lignes ſeront à la ligne C D priſe
autant de fois, comme la ſomme des quarré-quarrez au quarré-cube,
c'eſt-à-dire, comme 1 à 5, & par ainſi la Parabole vaudra 4 & le rectangle 5 ;
& de cette ſorte on pourra continuër & trouver des Paraboles qui changent de valeur, & cela ſe peut faire de toutes les puiſſances juſques où on
voudra.

Quant au ſolide de noſtre Parabole, il ſe fait en feignant que tout le rectangle tourne ſur ſon axe, & qu'il ſe fait un grand cylindre par la révolution
de A B C D. La révolution de la premiére partie E A B 1 ſe peut nommer cylindre, mais celle de chacune des autres ſe nomme Rouleau, parce que nous
les devons conſidérer chacune à part, & cecy eſt pour les grands cylindres ;
mais en conſidérant les petits, comme la révolution que fait E A Q L,
F A R M, & tous les autres, nous rejettons ce qui eſt au dedans de la Parabole, & ne conſidérons que ce qui eſt dehors ; car toutes les parties de ces
petits cylindres ou rouleaux qui ſont dans la Parabole ne peuvent faire une
partie auſſi grande que fait le rouleau D I 5 C ; & par ainſi nous rejettons
toutes ces parties qui n'en valent pas une, qui n'eſt de nulle conſidération
dans les indiviſibles.

Et par les petites lignes, c'eſt-à-dire par les portions du diamétre, nous
conſidérons l'eſpace qui eſt hors la Parabole, & compris dans ces lignes.
Tous ces cylindres ſont entr'eux comme leurs baſes, c'eſt-à-dire, comme
leurs cercles ; mais les cercles ſont entr'eux comme le quarré du demi-diamétre de l'un au quarré du demi-diamétre de l'autre : comme en noſtre figure le quarré de la ligne A E eſt au quarré de A F comme le premier quarré
au ſecond quarré, & le quarré de A F eſt à celuy de A G comme le ſecond quarré au troiſiéme, &c. Mais un quarré ſurpaſſe ſon prochain de
deux fois ſon coſté, ſçavoir le coſté du moindre quarré, plus l'unité : il
arrive donc que toutes les lignes, ſçavoir A E, E F, F G, G H, H I, I D
ſont toutes différentes des quarrez, c'eſt-à-dire, chacune priſe deux fois plus
l'unité ; or toutes ces unitez ne ſe conſidérent point dans les indiviſibles
comme choſe finie. Nous prenons donc toutes ces lignes comme deux fois
un coſté chacune, puis aprés nous diſons que les petites lignes E L, F M, G N,
& les autres ſont entr'elles comme des quarrez ; nous les conſidérons comme des quarrez, & diſons que l'eſpace E L Q vaut deux coſtez d'un quarré
par ſon quarré E L, & le quarré de F M par le double de ſon coſté F A fait
l'eſpace F M R, & pareillement le quarré de G N par deux G A fait l'eſpace
G N S, &c. Or un quarré par deux fois ſon coſté vaut deux fois le cube ;
donc toutes ces petites lignes enſemble, ou l'eſpace qu'elles contiennent
hors la parbole ſont comme deux fois la ſomme des cubes au quarré de C D
pris autant de fois qu'il y a de diviſions en la ligne D A, c'eſt-à-dire, au
quarré de C D par le quarré du meſme C D, c'eſt-à-dire, au quarré-quarré.

Il faut maintenant conſidérer A B C D, ou la Parabole C P O M A B
ſe tournant ſur ſon axe comme la précédente, mais avec cette différence,
que la ligne A B eſt diviſée en parties égales entr'elles. Nous conſidérons
le ſolide ou cylindre que fait D C qui a pour baſe le cercle duquel le demi-
diamétre eſt la ligne D A ; les petits cylindres ont pour demi-diamétre de
leurs cercles les lignes E A ou L Q ſon égale, M R, N S, O T, P V, &c. or
tous ces petits cylindres ſont entr'eux comme leurs baſes, c'eſt-à-dire, leurs
cercles, & les cercles ſont entr'eux comme les quarrez de leurs demi-
diamétres :

diamétres : or les quarrez de ces petites lignes sont entr'eux comme les lignes A Q, Q R, R S, S T, T V, sçavoir en égale différence de l'unité,

c'est-à-dire, que les quarrez de toutes ces lignes sont entr'eux comme l'ordre des nombres naturels. Ainsi le quarré de L Q estant 1, celuy de M R vaudra 2, celuy de N S 3, celuy de O T vaudra 4, & celuy de R V vaudra 5. Or les cylindres estant entr'eux comme les quarrez des demi-diamétres de leurs bases ou cercles, il s'ensuit que tous les quarrez de ces petites lignes sont au quarré de la grande B C pris autant de fois, comme la somme de la suite des nombres naturels, à commencer à l'unité, sont au quarré du dernier.

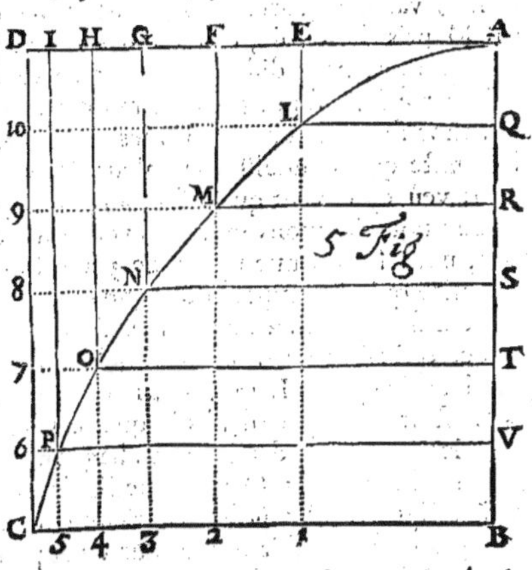

Mais le conoïde parabolique, c'est-à-dire, le solide fait par la révolution de C N L A B, est au cylindre total, sçavoir à celuy qui est fait par la révolution de A B C D, comme toutes les petites lignes à la grande prise autant de fois ; partant le conoïde parabolique est au cylindre, comme la somme des nombres, c'est-à-dire le triangle, est au quarré, ou bien comme la moitié à son tout ; car la somme des nombres est au quarré (en terme d'indivisible) comme la moitié au tout ; comme si la somme est 10 triangle de 4, le quarré est 16, dont la moitié 8 est excédée de 2 par ledit triangle. Or cela passe pour estre la moitié de l'autre ; car si on continuoit dans la suite des nombres on verroit que le triangle excéderoit toûjours la moitié du quarré d'une moindre portion, laquelle partant s'anéantiroit enfin dans l'infini.

Maintenant il faut considerer la figure A B C D comme faisant son tour *Voyez la Figure 4.* sur A D, lors la ligne C D sera le demi-diamétre de la base ou cercle du cylindre total : les lignes P I, O H, N G, M F, L E sont les demi-diamétres du cercle ou base de chacun de leurs cylindres. Or par la propriété de la Parabole, la ligne E L est à F M comme le quarré au quarré, & ainsi toutes les autres petites lignes de suite ; partant le quarré de E L sera au quarré de F M comme un quarré-quarré à un quarré-quarré, & ainsi toutes les autres petites ; donc toutes ensemble elles seront entr'elles comme le quarré-quarré de D C pris autant de fois qu'il y a de petites lignes, c'est-à-dire, comme la somme des quarré-quarrez au quarré-cube ; & telle est la raison du solide fait par la révolution de C D A au cylindre total fait par la révolution de C B, c'est-à-dire, qu'ils sont entr'eux comme 1 à 5.

Maintenant nous considérons que la figure tourne sur la ligne C D parallele à l'axe. Par cette révolution la ligne A D est le demi-diamétre de la base ou cercle du grand cylindre ; les lignes 10 L, 9 M, 8 N, 7 O, 6 P sont chacune le demi-diamétre du cercle ou base de leur cylindre qui sont l'une à l'autre comme leursdites bases ou cercles, & les cercles sont entr'eux comme les quarrez desdites lignes : donc tous les quarrez de ces petites lignes feront au quarré de la grande ligne prise autant de fois, comme les petits cylindres au grand cylindre. Mais je ne connois pas la raison des petits quarrez aux grands quarrez, laquelle je cherche par une grandeur qui leur

D D d

ſoit égale, & je dis que le quarré de L 10 vaut le quarré de Q 10 & le quarré de Q L moins le rectangle de Q 10 Q L pris deux fois; le quarré de M 9 vaut le quarré de R 9, & celuy de M R moins le rectangle de 9 R M pris deux fois, & ainſi des autres juſques à l'infini. Or faiſant la comparaiſon, nous diſons que les quarrez de Q 10 & Q L comparez au ſeul quarré Q 10 font égalité de raiſon entre les deux grands qui ſont égaux: le meſme ſoit entendu de tous les autres quarrez. Les grands eſtant égaux, il ne reſte qu'à connoiſtre la valeur des petits L Q, M R, &c. Mais nous avons veû cy-devant qu'ils ſont au grand quarré comme la moitié au tout: ſi donc nous joignons un tout avec ſa moitié, & le comparons à un autre tout, nous ferons une raiſon de 3 à 2. Poſons que le grand quarré vaille 2, l'autre qui eſt compoſé du grand & de ſa moitié vaudra 3; partant la raiſon ſera de ce dernier au premier de ⅔ ou de 3 à 2; & pourſuivant, on oſtera ce qui eſtoit de trop dans les deux quarrez mis cy-deſſus pour trouver la valeur du quarré L 10, & nous avons dit que deux fois le rectangle Q 10 Q L eſtoit de trop pardeſſus le quarré L 10, & ainſi des autres; il faut donc oſter les rectangles deux fois à chaque quarré. Or tous ces rectangles ont pour meſme hauteur Q 10, donc ils ſeront entr'eux comme leurs baſes ou petites lignes, & les ſolides entr'eux comme leurs baſes. Mais nous avons veû que ce ſolide fait par le tour de la parabole eſtoit le tiers du cylindre total: or il faut oſter deux fois le rectangle, partant il faudra diminuër de deux tiers la raiſon que nous avons trouvée de 3 à 2, & metant 9 à 6 au lieu de 3 à 2 & de ⅔ on en oſtera ⅓ ou ⅙, & reſtera ⅓ pour la valeur de C A B tourné ſur D C, & le reſte au cylindre entier, ſçavoir C A D, vaudra ⅔ du grand cylindre A B C D.

DE LA CONCHOÏDE.

LA Conchoïde ſe fait, quand d'un point on tire pluſieurs lignes qui coupent une meſme ligne ſoit courbe ou droite, & que toutes les lignes tirées depuis ladite ligne ſont toutes égales, telles que ſont B 1, D 2, E 3, F 4, G 5, &c. tirées par le moyen du cercle C G B R diviſé (ſelon la regle des indiviſibles) en parties infinies égales, & par iceluy a eſté compoſée la Conchoïde 19 C 1, en laquelle, comme en toutes les autres, les lignes depuis la circonférence du cercle juſques à ladite Conchoïde ſont toutes égales. Or toutes ces lignes qui diviſent la circonférence du cercle commençant au point C & finiſſant en 1, 2, 3, 4, 5, &c. diviſent tant la Conchoïde que le cercle en triangles ſemblables, leſquels par la force des indiviſibles ſe convertiſſent & deviennent ſecteurs, & ſont l'un à l'autre comme quarré à quarré (quoy-que dans le fini il y ait quelque choſe à dire;) ainſi le ſecteur C 1 2 eſt au ſecteur C B D ou C B V ſon égal, comme le quarré de C 1 au quarré de C B. En aprés, le ſecteur C B D ou C B V ſon égal eſt au ſecteur C 19 18 comme le quarré de C B au quarré de C 19. Mais pour joindre les deux quarrez qui appartiennent à la Conchoïde afin de les comparer aux quarrez du cercle, je regarde la valeur du quarré de C 1 qui vaut les quarrez de C B, B 1, plus le rectangle deux fois ſous C B B 1; le quarré C 19 eſt égal aux quarrez de C B, B 19 ou B 1 ſon égal (car B 19 commence à la circonférence du cercle, & va au point de la Conchoïde 19, & partant doit eſtre égale à B 1 qui part de la meſme circonférence, & va au point 1 de la Conchoïde) moins deux fois le rectangle C B B 19. Or le plus détruiſant le moins, ces deux grandeurs jointes enſemble font le quarré C B deux fois, plus le quarré de B 1 deux fois; par ainſi le ſecteur C 1 2, & le ſecteur C 19 18 ſeront aux ſecteurs C B D, C B V, comme deux fois les

quarrez C B, B1 à deux fois le quarré C B, & prenant la moitié, le quarré
C B ╂ le quarré B1 sera au quarré C B comme les secteurs C1 2, C19 18
aux secteurs C B D, C B V ; & tout l'espace de la Conchoïde est à l'espace du
cercle comme les quarrez C B, B1 au quarré C B, ou bien comme les secteurs C1 2, C19 18 aux secteurs C B D, C B V.

Je fais un demi-cercle de l'intervale B1, & je le divise en autant de triangles semblables qu'il
y en a au cercle pre-
mier, & au lieu de
compter le quarré
B1, je dis le quarré
20 21 ; donc comme
le quarré C B ╂ le
quarré 20 21 sont
au quarré C B : ain-
si l'espace du cercle
& demi - cercle en-
semble sont à l'es-
pace du cercle. Mais
nous avons montré
que toute la Con-
choïde est au cer-
cle comme le quar-
ré C B ╂ le quar-
ré B1 ou leurs se-
cteurs, est au quarré
C B ; par ainsi, toute
la Conchoïde est au

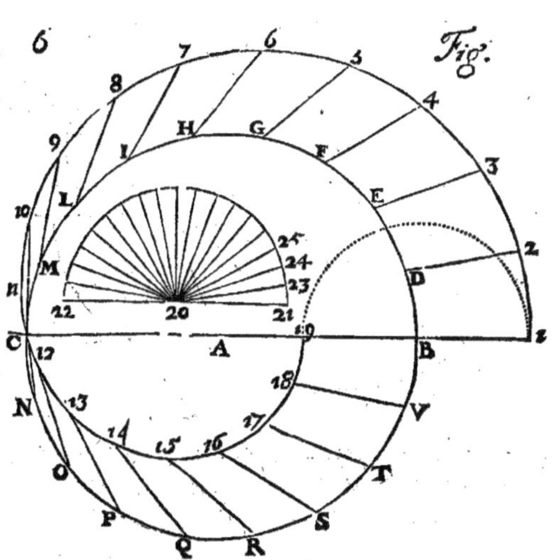

cercle en mesme raison que le cercle & demi-cercle est au mesme cercle ;
& partant la Conchoïde est égale au cercle & demi-cercle pris ensemble.

Conchoïde.

SOIT la base d'un cône oblique le cercle B F C duquel le centre est A ;
le sommet du cône est en l'air, avec telle obliquité, que de ce sommet
la perpendiculaire tombe sur le point N. Nous supposons par les indivisibles, que par tous les points du cercle soient tirées des touchantes, comme D H, E I, F L, G M, &c. Nous disons que si du sommet du cône on
tire une perpendiculaire sur chacune de ces touchantes, & que si du point
N sur lequel tombe la perpendiculaire tirée du sommet, on tire une ligne
à ce mesme point de la touchante, l'angle sera droit, & ladite ligne perpendiculaire à ladite touchante ; & la ligne qui passe par l'extrémité de
chacune desdites touchantes & où se fait le susdit angle droit, sçavoir la
ligne B H I L N M C, se trouve estre une Conchoïde.

Pour le prouver, il faut construire un cercle qui ait pour diamétre N A,
lequel cercle soit N P O A R, & faire voir que toutes les lignes comprises entre sa circonférence A P N R & la ligne B H I L N M C, sont
toutes égales entr'elles ; nous prouvons que A O H D est un parallelogramme ; car l'angle D est droit, puis que D H est touchante & A D demi-
diamétre ; l'angle H est aussi droit pour avoir esté tiré tel du point N sur
lequel tomboit la perpendiculaire tirée du sommet du cône ; l'angle O est
droit pour estre fait dans le demi - cercle N P O A, & partant le quatriéme O A D le sera aussi ; & partant c'est un parallelogramme, & les costez

oppofez font égaux; & par ainfi A D fera égale à O H comprife entre l'autre cercle & la ligne courbe, & A D eft égale à A B pour eftre toutes deux

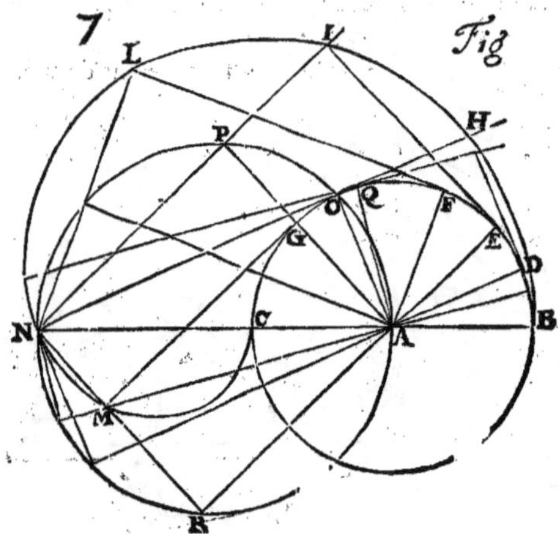

le rayon d'un mefme
cercle. Paffons outre,
& confidérons P I
E A. L'angle E eft
droit, eftant fait par
la touchante; l'angle
I eft droit, ayant efté
fait tel par la ligne
N I ; l'angle P eft
droit, comme eftant
fait dans le demi-
cercle, & partant le
quatriéme l'eft auffi,
& les coftez oppofez
du parallelogramme,
fçavoir P I & A E ou
fon égale O H, font
égaux ; & partant
A B, O H, P I font
égales, & ce font les
lignes comprifes en-

tre les deux circonférences, fçavoir entre le cercle N P A R, & la ligne
courbe B H I L N M C, & on prouvera le mefme de toutes les autres lignes;
& partant cette ligne courbe eft une Conchoïde.

DES ANNEAUX.

SI on décrit alentour d'une figure un parallelogramme (nous avons pris
un cercle en cét éxemple) & qu'on faffe tourner le tout fur un des coftez du parallelogramme, le folide fait par ce parallelogramme eft au folide fait par la figure, comme le plan du parallelogramme eft au plan de la
figure.

Nous expliquerons cecy par un cercle autour duquel eft écrit le parallelogramme E F H G: au milieu du cercle on a tiré la ligne A B parallele
au cofté F H du parallelogramme ; la nature de cette ligne doit eftre telle,
que toutes les lignes tirées dans le cercle foient coupées en deux également par cette ligne. Suppofant donc que le tout a tourné fur la ligne
F H, dans ce tour le parallelogramme a fait pour folide un cylindre, & le
cercle a fait pour folide un Anneau bouché qu'on nomme *Annulus ftrictus*,
c'eft-à-dire, qu'il fe diminuë peu à peu en forte que rien n'y peut entrer.
Or ces deux folides font égaux entr'eux, excepté les vuides, qui eftant rem-
plis au grand folide font de plus en iceluy qu'au petit ; il faut donc tirer
lefdits vuides du grand pour fçavoir ce qu'il refte pour le petit, & tout fe
mefure par les quarrez des lignes qui font dans la figure. Je commence
donc par la moitié du parallelogramme, & je confidére que cette moitié
fait un cylindre dans fa révolution, & que le demi-cercle fait une figure
différente de ce cylindre, de ces petits efpaces qu'il faut ofter du cylindre. Confidérant les quarrez du cylindre, je dis que le quarré de I S eft égal
aux quarrez de S 12 & I 12 plus deux fois le rectangle de S 12 I 12 ; le
quarré T K eft égal aux deux quarrez T 13, K 13 plus deux fois le rectangle K 13 T ; le mefme fe doit entendre des autres quarrez appartenant

au cylindre A F H B. Mais fi nous oftons chaque quarré qui compofe le vuide, & qui font hors le cercle de chacun des quarrez du folide, il nous
reftera tout le dedans du cercle, c'eft-à-dire, du petit folide. Si donc du
quarré S I on ofte le quarré S 12, il reftera le quarré I 12 plus deux fois
le rectangle S 12 I : cecy eft tiré du premier quarré du cylindre. Quand je
tire du fecond quarré du cylindre le quarré T 13, il me refte le quarré K 13
plus deux fois le rectangle K 13 T, & ainfi des autres. Puis donc que j'ay
de refte le quarré 12 I plus deux fois le rectangle S 12 I, je joins le quarré
avec une fois le rectangle, & par là j'ay le rectangle S I 12, & le rectangle
S 12 I. Je retiens ces reftes; & paffant à l'autre moitié du cercle pour la
joindre avec lefdits reftes, je confidére ce qu'elle fait quand le tout tourne
fur la mefme ligne qu'auparavant, & ce que font les grands quarrez S 8, T 9
& les autres. Je regarde combien ils furpaffent les petits quarrez I 8, K 9,
& les autres qui font dans le demi-cercle, & je dis ainfi : Le quarré S 8 eft
égal aux deux quarrez S I, I 8 plus deux fois le rectangle S I, 8; le quarré
T 9 eft égal aux quarrez T K, K 9 plus deux fois le rectangle T K 9, & ainfi
des autres. Or il faut ofter de tous ces quarrez les quarrez du cylindre,
fçavoir de S I, T K, & autres, & nous aurons de refte le quarré de I 8
plus deux fois le rectangle S I 8, le quarré de K 9 plus deux fois le rectangle T K 9, & ainfi des autres, & cecy fe doit joindre à l'autre efpace
du demi-cercle.

Pour faire cette jonction, je prens le quarré de 8 I que je joins au rectangle S 12 I que j'a-
vois de refte à l'autre demi-cercle, & je fais le rectangle S I 12 que j'avois
déja une fois, & partant
je l'ay deux fois. Au fe-
cond demi-cercle, les
quarrez 8 I, 9 K eftant
oftez, il m'eft refté deux
fois le rectangle S I 8
qui eft le mefme que le
précédent, & par ainfi
j'auray quatre fois le rectangle S I 8; donc quatre fois ce rectangle fera au
quarré de S O, comme le folide de l'anneau eft au cylindre total; & au lieu
de dire quatre fois le rectangle, je double les lignes ou coftez du rectangle,
& je dis que le rectangle tout feul S O par 8 12 eft au quarré S O, comme
le folide de l'anneau eft au cylindre total. Mais tous ces rectangles pris à
l'infini font tous d'égale hauteur entr'eux & avec le parallelogramme total;
ils feront donc entr'eux comme leurs bafes ou lignes, c'eft-à-dire, comme
l'efpace de ces lignes comprifes dans le cercle eft à l'efpace des grandes lignes qui compofent le parallelogramme : donc comme le folide au cylindre, ainfi le plan du folide eft au parallelogramme; ce qu'il falloit prouver.

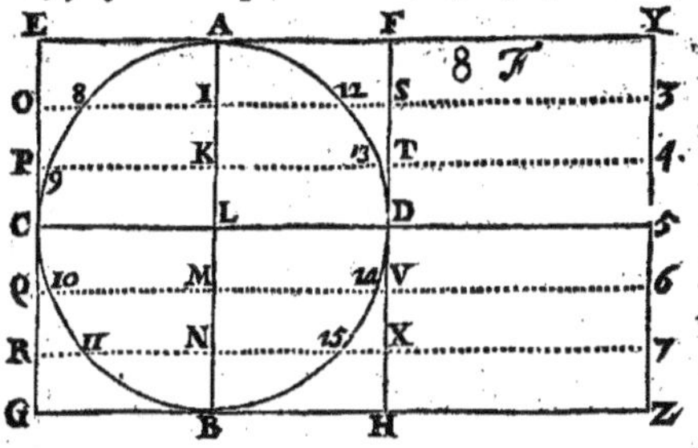

Nous trouverons la mefme chofe en faifant tourner toute la figure fur la
ligne Y Z. Il faut premiérement examiner ce que fait A B Z Y par fa révolution, & ce qu'il différe d'avec A B H F. Le quarré Z B vaut les quarrez de
Z H & H B plus deux fois le rectangle Z H B; le quarré 7 N eft égal aux
quarrez 7 X, X N plus deux fois le rectangle 7 X N, & ainfi de chacun
des autres grands quarrez. Il en faut ofter tous les quarrez qui compofent l'efpace H Y, fçavoir le quarré F Y, S 3, T 4, & les autres, lefquels eftant oftez, refteront le quarré S I plus deux fois le rectangle 3 S I,
& le quarré de T K plus deux fois le rectangle 4 T K; prenant le quarré

S I, & le joignant à l'un des rectangles, je feray le rectangle 3 I S, & le rectangle 3 S I; puis à 4 T, si on joint le quarré de K T à l'un des rectangles, on fera le rectangle 4 K T, & le rectangle 4 T K. Il faut retenir tout cecy, & passer à la considération du solide qui se fait par la révolution de A B G E tournant sur la mesme Y Z. Nous disons que le quarré de 3 O est égal aux deux quarrez de 3 I & I O plus deux fois le rectangle 3 I O; que le quarré 4 P vaut les quarrez de 4 K, K P plus deux fois le rectangle 4 K P, & ainsi des autres. De la valeur de ces quarrez il en faut oster tous les quarrez qui remplissent l'espace A B Z Y, sçavoir les quarrez 3 I, 4 K, 5 L, & les autres; & partant il reste le quarré O I plus deux fois le rectangle 3 I O; & ajoustant au rectangle 3 S I qui estoit resté au calcul de l'autre cylindre le quarré O I, je feray le rectangle 3 I O; & par ainsi dans le précédent cylindre j'auray deux fois le rectangle 3 I S; & dans ce dernier, le quarré O I estant osté, il reste deux fois le rectangle 3 I O qui est le mesme que 3 I S; partant le tout ensemble sera quatre fois le rectangle 3 I O; partant le quadruple du rectangle 3 I O sera au quarré de E Y, comme le cylindre, ou plûtost le rouleau G E F H est au cylindre total E G Z Y.

Il faut maintenant considérer ce que fait le cercle par sa révolution, tournant sur la mesme ligne Y Z, & le comparant au cylindre total; ce qui se doit faire en considérant une portion, sçavoir la moitié de la figure A 12 B 9 A. Nous prendrons donc premiérement la moitié A 12 15 B, & dirons :

Le quarré de 3 I vaut les quarrez 3 12, & 12 I plus deux fois le rectangle 3 12 I; le quarré de 4 K vaut les quarrez 4 13, & 13 K plus deux fois le rectangle 4 13 K, & ainsi des autres. De cette équation il faut oster les quarrez 3 12, 4 13, & tous les autres qui sont hors le cercle. Au rectangle 3 12 I j'ajouste le quarré I 12, & je fais le rectangle 3 I 12, & le rectangle 3 12 I. J'ajouste pareillement le quarré K 13 au rectangle 4 13 K, & je fais le rectangle 4 K 13, & le rectangle 4 13 K; ce qu'il faut retenir afin de l'ajouster à l'autre moitié que je cherche maintenant, & je dis que le quarré de 3 8 vaut les quarrez de 3 I & I 8 plus deux fois le rectangle 3 I 8; le quarré 4 9 vaut les quarrez 4 K & K 9 plus deux fois le rectangle 4 K 9. Or il faut ajouster tout cecy à la quantité que j'avois trouvée dans l'autre moitié du cercle, laquelle est le rectangle 3 I 12 & 3 12 I; & ajoustant au rectangle 3 12 I le quarré 8 I, je fais le rectangle 3 I 8, tellement que j'ay le rectangle 3 I 12 deux fois, & j'ay trouvé en la discussion de la seconde moitié (les vuides estant oftez, c'est-a-dire, les quarrez de I 3, K 4, &c.) le quarré 8 I (que j'ay ajousté au rectangle que j'avois trouvé auparavant) plus deux fois le rectangle 3 I 8 qui est le mesme que 3 I 12; tellement que j'ay quatre fois le rectangle 3 I 8, qui est au quarré de E Y comme l'anneau ou solide fait par le cercle roulant sur Y Z, au cylindre total. Le rectangle 4 K 13 pris quatre fois est au mesme quarré E Y comme le solide du cercle est au cylindre total fait par E G Z Y.

Il faut considérer le rapport que nous avons trouvé du rouleau par le tour du parallelogramme E G H F au grand cylindre. La proportion est

comme quatre fois le rectangle 3 I O au grand quarré E Y, ainsi le rouleau
E G H F au cylindre total. Pour conclure, nous disons que quatre fois le rectangle 3 I O trouvé dans le rouleau G F, est au grand quarré E Y, comme le
mesme rouleau G F au grand cylindre G Y. En suite j'ay quatre fois le rectangle 3 I 8 qui est au grand quarré E Y, comme le solide fait par le cercle
A 8 B 12 au cylindre total. Il se trouve que le grand quarré est conséquent
en lune & en l'autre des comparaisons; partant les solides seront entr'eux
comme les rectangles entr'eux : mais les rectangles sont tous d'égale hauteur; rejettant la hauteur ils seront entr'eux comme leurs bases, c'est-à-dire,
comme les lignes du cercle aux lignes du rouleau : or ces lignes, en cas
d'indivisibles, comprennent l'espace de chaque figure; donc comme le solide ou anneau est au rouleau G F, ainsi le plan A 8 B 12 est au plan G F;
ce qu'il falloit démontrer.

   Par tout ce discours nous n'avons trouvé que des raisons entre les solides & entre les plans : maintenant nous considérons si les solides sont égaux
ou non. Je parleray premiérement du cylindre que fait le parallelogramme
E F H G quand il roule sur la ligne F H : sa base est un cercle qui a pour
demi-diamétre la ligne G H; sa hauteur est la ligne H F : au lieu du cercle je
prens ce qui luy est égal, sçavoir le parallelogramme qui a le demi-diamétre
pour un costé, & la moitié de la circonférence pour l'autre; & par ainsi j'ay
trois costez ou lignes, qui me doivent servir pour les comparer avec le solide que je prétens estre égal à ce cylindre. Le solide donc a pour base le
parallelogramme E F H G, pour hauteur la circonférence d'un cercle duquel le demi-diamétre est L D. Or les solides, selon Euclide, sont entr'eux
en la raison composée de leur base & de leur hauteur; il faut donc considérer ce qu'ils ont de commun. Je trouve que dans le cylindre il y a trois
lignes, sçavoir G H, H F, & la demi-circonférence du cercle qui a pour
demi-diamétre la ligne G H : dans l'autre solide j'ay les lignes G H, H F, &
la circonférence du cercle qui a pour demi-diamétre la ligne L D. Mais
dans l'un & dans l'autre j'ay deux lignes communes, sçavoir G H & H F, entre lesquelles il ne peut avoir autre raison que d'égalité, puis qu'elles sont
égales, & partant on les peut oster, & la composition des raisons demeurera entre la circonférence d'un cercle & la demi-circonférence de l'autre.
Mais les circonférences sont entr'elles comme leurs diamétres : or le diamétre total du cercle entier qui est D C est égal au demi-diamétre G H; partant
la circonférence entiére appartenant à D C sera égale à la demi-circonférence appartenant au demi-diamétre G H; & par ainsi le cylindre sera égal
au solide; ce qu'il falloit prouver.

   Maintenant il faut considérer toute la figure, lors que le parallelogramme
E Y Z G se tournant sur la ligne Y Z fait le grand cylindre. Je dis que le
rouleau G F est égal au solide qui a pour base le parallelogramme G F, &
pour hauteur la circonférence d'un cercle qui aura pour demi-diamétre la
ligne L 5. Je dis encore que l'anneau (c'est-à-dire le solide qui se fait par
la révolution du cercle quand le tout roule sur Y Z) est égal au solide qui
a pour base le cercle A C B D, & pour hauteur la circonférence d'un cercle qui a pour demi-diamétre la ligne L 5.

   Pour prouver cette égalité il faut faire voir que les quatre solides sui-
vans sont proportionnaux, sçavoir le rouleau qui se fait quand le parallelogramme E F H G roule sur la ligne Y Z. Le second est l'anneau qui se fait
par le cercle quand le grand parallelogramme G Y tourne sur la ligne Y Z.
Le troisiéme est celuy qui a pour base le parallelogramme E F H G, & pour
hauteur la circonférence du cercle dont le demi-diamétre est la ligne Z B.
Et le quatriéme est celuy qui a pour base le cercle A C B D, & pour hau-

teur la circonférence du cercle dont le demi-diamétre eſt la la ligne L 5; & par ainſi, faiſant voir comme le premier deſdits ſolides eſt égal au troiſiéme, le ſecond par conſéquent doit eſtre égal au quatriéme. Or nous avons montré que comme quatre fois le rectangle Z B H eſt au quarré de G Z, ainſi le rouleau G F eſt au grand cylindre G Y. Maintenant il nous faut examiner comment la figure qui a pour baſe le parallelogramme E F H G, & pour hauteur la circonférence du cercle dont le demi-diamétre eſt la ligne L 5, eſt égale au meſme grand cylindre G Y.

Nous ſçavons que les ſolides ſont entr'eux en raiſon compoſée de leur baſe & de leur hauteur: je conſidére quelles ſont les parties de l'un & de l'autre des ſolides, & je trouve que le grand cylindre a deux parties, ſçavoir la ligne G Z qui eſt le demi-diamétre de ſa baſe qui eſt un cercle, l'autre ligne eſt H F. Mais d'autant que nous avons beſoin de trois coſtez en ce ſolide ou grand cylindre, pour le comparer au ſolide qui a pour baſe le parallelogramme G F, & pour hauteur la circonférence du cercle duquel la ligne L 5 eſt demi-diamétre, lequel ſolide a trois lignes, ſçavoir G H, H F, & la circonférence du cercle qui a L 5 pour demi-diamétre. Pour avoir trois coſtez au grand cylindre, au lieu de prendre ſon demi-diamétre qui repréſente ſon cercle, je prens ce qui eſt égal au cercle, ſçavoir le demi-diamétre G Z, & la demi-circonférence du meſme cercle (le rectangle fait de ces lignes eſt égal au cercle ſelon Archiméde.)

J'auray donc trois coſtez ou lignes au grand cylindre, ſçavoir G Z, H F, & la demi-circonférence du cercle dont G Z eſt le demi-diamétre. Il y a donc dans ces deux ſolides deux coſtez qui ſont ſemblables, ſçavoir H F en chacun d'iceux ; & partant ils ne ſervent de rien pour la compoſition des raiſons qui demeurera entre les lignes G H, G Z antécédent & conſéquent, & la circonférence entiére du cercle qui a L 5 pour demi-diamétre, à la demi-circonférence du cercle qui a G Z pour demi-diamétre. Mais d'autant que les circonférences ſont entr'elles comme leurs diamétres, au lieu des circonférences je prens le diamétre entier qui eſt deux fois L 5, & pour la demi-circonférence je poſe ſon demi-diamétre G Z ; partant la raiſon ſera compoſée des raiſons de la ligne G H à G Z, & de la ligne L 5 doublée à la ligne G Z.

Or ſi on multiplie les antécédens l'un par l'autre, & pareillement les conſéquens, on aura ladite raiſon compoſée ; donc G Z par G Z, c'eſt-à-dire le quarré de G Z eſt au rectangle de G H par le double de L 5 ou Z B en ladite raiſon compoſée ; partant les ſolides ſeront entr'eux comme le rectangle de Z B deux fois par G H au quarré de G Z. Au lieu de Z B deux fois par G H, on prendra G H deux fois par Z B : or Z B par G H deux fois, eſt quatre fois le rectangle Z B G ; partant le ſolide qui a pour baſe le parallelogramme G F, & pour hauteur la circonférence du cercle qui a L 5 pour demi-diamétre eſt au cylindre total, comme quatre fois le rectangle Z B G eſt au quarré G Z ; donc le rouleau & le ſolide auront meſme raiſon au cylindre total ; & par ainſi le rouleau qui ſe fait quand le parallelogramme E F H G roule ſur la ligne Y Z eſt égal au ſolide qui a pour baſe le meſme parallelogramme E F H G, & pour hauteur la circonférence du cercle qui a pour demi-diamétre la ligne Z B.

Puiſque ces deux ſolides ſont égaux, qui ſont le premier & le troiſiéme dans les quatre proportionnaux, les deux autres qui ſont le ſecond & le quatriéme ſeront auſſi égaux entr'eux. Ces deux ſolides ſont l'anneau qui ſe fait par le cercle, quand le grand parallelogramme tourne ſur la ligne Y Z : l'autre ſolide eſt celuy qui a pour baſe le cercle A C B D, & pour hauteur la circonférence du cercle duquel le demi-diamétre eſt la ligne L 5.

II

Il faut maintenant voir ce qui se fait quand le roulement se fait sur la ligne A B. Nous avons icy representé la figure comme un cercle ; le mesme se doit entendre d'une ellipse : & partant il faut voir ce que fait la sphére qui se forme par la révolution du demi-cercle A B C sur le diamétre A B, ou le sphéroïde qui se forme par la révolution de la demi-ellipse sur la mesme ligne A B.

Il faut entendre que le quarré de I 12 est au quarré de K 13, comme le rectangle B I A est au rectangle B K A, & le quarré K 13 est au quarré L D, comme le rectangle B K A au rectangle B L A, & ainsi des autres, tant au cer-cle qu'en l'ellipse. Or , tant la sphére que le sphé-roïde qui sont formez par le roulement, sont au cy-lindre qui se fait en mes-me temps , comme tous les quarrez I 12, K 13 & autres petits, au grand quarré B H pris autant de fois. Mais pour la rai-son des petis quarrez , j'ay pris la raison des pe-

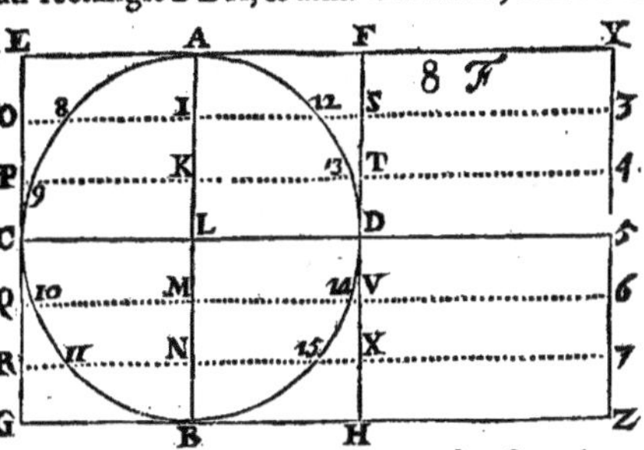

tits rectangles qui est la mesme : il faut donc avoir un grand rectangle pour le comparer aux petits rectangles , afin de laisser les grands quarrez. Je prendray le rectangle B L A qui vaut le quarré de L D ou M V, sçavoir les grands quarrez ; & pour faire la comparaison, je dis que le rectangle B I A avec le quarré de L I est égal au quarré de L A ou L D son égal, ou quel-qu'autre des grands quarrez ; le rectangle B K A plus le quarré de L K est égal au mesme grand quarré L D, & ainsi de tous les petits rectangles qui se pourront faire ; partant les grands quarrez excéderont les petits rectan-gles de tous les petits quarrez L I, L K qui vont toûjours en diminuant, & par ainsi font une pyramide que nous sçavons estre la troisiéme partie de son parallelipipede ou cube. Si donc nous ostons le tiers, il restera les deux tiers pour la valeur de la sphere ou spheroïde, qui seront par cette raison les deux tiers de leur cylindre ; ce qu'il falloit prouver.

DE L'HYPERBOLE.

DANS l'Hyperbole A E D B C le sommet est C, c'est-à-dire que du point C on commenceroit l'hyperbole opposée ; A C est le diamétre transversal coupé en deux au point B qui s'appelle le centre de l'Hyper-bole. Il faut voir quand l'Hyperbole tourne sur la ligne A D, qui est l'axe, quelle raison le solide ou conoïde hyperbolique qui se fait, peut avoir avec son cylindre, c'est à dire, le solide qui se fait quand le parallelogramme F D tourne aussi sur l'axe A D.

Nous sçavons que le conoïde est au cylindre, comme tous les quarrez en-semble compris dans l'espace A E D, sçavoir le quarré de H O, de I P, L Q , & les autres, sont au quarré de E D pris autant de fois qu'il y en a de petits. Il reste à chercher la raison des quarrez entr'eux avec le grand.

La propriété de l'Hyperbole est que le quarré H O est au quarré I P, comme le rectangle C H A est au rectangle C I A ; le quarré I P est au quarré L Q , comme le rectangle C I A au rectangle C L A, & ainsi des autres ; & par ainsi tous les petits rectangles sont au grand rectangle C D A pris autant de fois qu'il y en a de petits, comme tous les petits quarrez sont

au grand quarré pris autant de fois qu'il y en a de petits. Mais pour sçavoir quelle est cette raison, je change les petits rectangles en leurs égaux,
& au lieu du rectangle C H A je pose le rectangle C A H plus le quarré
H A; au lieu du rectangle C I A, je pose le rectangle C A I plus le quarré
I A, & ainsi des autres; pour le grand, il n'y faut rien changer. On fera ensuite la comparaison, premiérement des rectangles C A H, C A I, & des
autres petits entr'eux & au grand C D A pris autant de fois qu'il y en a
de petits; & nous trouvons que tous les petits rectangles sont de mesme
hauteur, sçavoir C A, & par ainsi ils seront entr'eux comme leurs bases.
Nous avons donc pour les petits rectangles un solide qui a pour hauteur
la ligne C A, & pour base tous les nombres naturels qui composent un
triangle. Si au lieu de la ligne C A je prens sa moitié A B, j'auray un solide
qui aura pour base le quarré de A D, & pour hauteur la ligne B C; cecy
est pour les petits rectangles. Pour le grand rectangle, son solide a pour
hauteur D C, & pour base D A pris autant de fois qu'il y a de petits rectangles, c'est-à-dire le quarré D A; partant les deux solides ont tous deux le
mesme quarré D A pour base; & partant nous n'avons à considérer que leur
hauteur D C pour le grand, & B C pour le petit; partant tous les petits rectangles sont au grand rectangle pris autant de fois, comme D C est à B C.

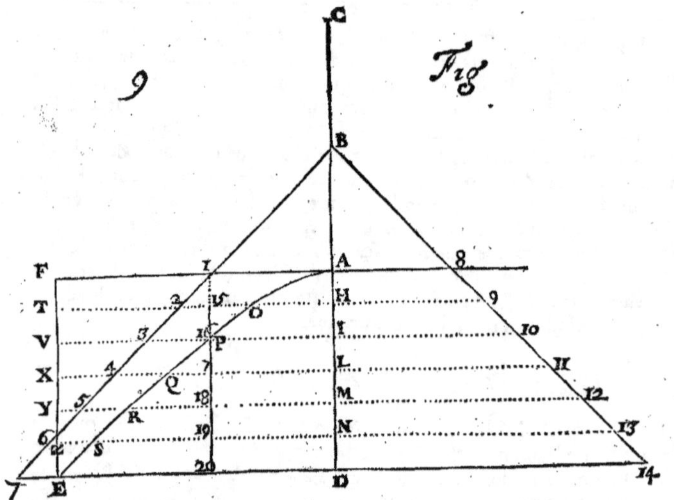

Il reste maintenant à considérer comment tous les petits quarrez sont
au mesme grand rectangle. Or tous les petits quarrez, sçavoir ceux de A H,
A I, A L, A M, A N, font une pyramide qui a pour base le quarré de A D,
& pour hauteur la mesme A D. (car les quatrez diminuez à l'infini font une
pyramide) Mais la pyramide est le tiers de son parallelipipede; c'est-à-
dire du solide qui a pour base le mesme quarré que la pyramide, & qui se
hausse autant que la pyramide, sçavoir de la ligne D A; donc au lieu de la
hauteur D A, j'en prens le tiers, & j'ay le solide qui a pour base le quarré
D A, & pour hauteur le tiers de D A; joignant donc ce tiers de D A avec
B C que j'avois trouvé devant, j'ay le tiers de D A plus B C ou A B son
égale, à la toute D C.

    Pour le faire plus élégamment, je diray: Comme le tiers de A G (car j'ay ajoûté à A C la ligne C G égale à B C) avec le tiers de D A qui est comme le tiers de D G à la ligne D C; ainsi le conoïde hyperbolique ou petit solide est au cylindre fait par A F E D. Que si nous voulons avoir la raison du cône qui se feroit, si le triangle A E D se tournoit sur la ligne D A (pour avoir ce triangle il faut tirer la ligne droite A E.) Euclide dit que le cône est le tiers de son cylindre : prenant donc le tiers de la ligne D C, elle sera au tiers de la ligne D G, ou toute la ligne D C à toute la ligne D G, comme le cône au conoïde hyperbolique ; ce qu'il falloit montrer.

Autre spéculation sur l'Hyperbole

DU centre de l'Hyperbole B j'ay tiré les asymptotes B 7, B 14. Si par le point A je tire la touchante 8 A 1, & que je tire d'un asymptote à l'autre infinies paralleles, comme les lignes 9 H 2, 10 I 3, & les autres, le rectangle 8 A 1 est égal au rectangle 9 O 2, 10 P 3; & ainsi tous ces rectangles sont égaux entr'eux. Quand le triangle B 7 D tourne sur D A, il se fait un cône qui est égal à tous les quarrez qui sont dans le plan, sçavoir au quarré de A 1, H 2, I 3, & à tous les autres, & dans le plan 1 B A. Si donc de tous ces quarrez j'en oste premiérement le vuide 1 B A, & tout ce qui est au dehors du plan E D A, il me restera le conoïde hyperbolique qui se fait par E D A tournant sur D A. Or le quarré H 2 vaut le rectangle 9 O 2 plus le quarré de H O; le quarré I 3 vaut le rectangle 10 P 3 plus le quarré de I P; le quarré de L 4 vaut le rectangle 11 Q 4 plus le quarré de L Q, & ainsi des autres. Mais chacun des rectangles est égal au quarré de A 1, lequel pris autant de fois qu'il y a de rectangles, fera le cylindre 1 20 D A; partant ostant ce cylindre, il restera les quarrez de H O, I P, L Q, qui sont égaux au conoïde hyperbolique ; ce qu'il falloit montrer.

PROPORTION DE LA SPHERE
ou Sphéroïde, ou de leurs portions, au Cylindre circonscrit, & au Cône inscrit.

ON considérera icy ce que fait la figure qui est en la page suivante tournant sur B D, & ne prenant que la portion 26 B L 4 que fait le cylindre & la portion de la Sphére ou Sphéroïde qui se fait par la révolution de la figure 4 1 B L. Le quarré de G 1 & les autres petits sont au grand quarré 4 L pris autant de fois qu'il y en a de petits, comme la portion de la Sphére ou sphéroïde (car c'est la mesme raison en l'une & en l'autre) est au cylindre 26 B L 4. Il est donc question de chercher la raison de ces petits quarrez au grand quarré. Or tous les petits quarrez sont au grand, comme les rectangles D L B, D I B, D H B, D G B sont au grand rectangle D L B; partant tous lesdits petits rectangles sont au grand rectangle D L B pris autant de fois, comme tous les petits quarrez sont au grand quarré pris autant de fois. Pour trouver la raison des petits rectangles au grand rectangle pris autant de fois, je change la valeur des petits rectangles en d'autres qui vaillent autant, & je dis ainsi : Le rectangle D B L moins le quarré B L vaut le rectangle D L B; le rectangle D B G moins le quarré B G vaut le rectangle D G B; le rectangle D B H moins le quarré B H vaut le rectangle D H B; le rectangle D B I moins le quarré B I vaut le rectangle D I B; partant dans les petits rectangles je trouve un solide qui a pour hauteur D B, & pour bases les petites lignes L B, L G, L H, L I qui font la somme de nombres naturels qui est un triangle lequel est toûjours la moitié de son quarré ; partant

je double le triangle pour avoir le quarré; & par ainsi j'auray un solide qui
aura pour hauteur D A moitié de D B (car doublant le triangle j'ay osté la
moitié de D B) & pour base le quarré de L B comme l'autre solide. Pour le
grand rectangle, sçavoir D L B pris autant de fois, il compose un solide qui
a pour hauteur la ligne D L, & pour base le mesme quarré L B. Les bases
estant égales, il n'y a que les hauteurs à considérer, sçavoir D B & B L. Mais

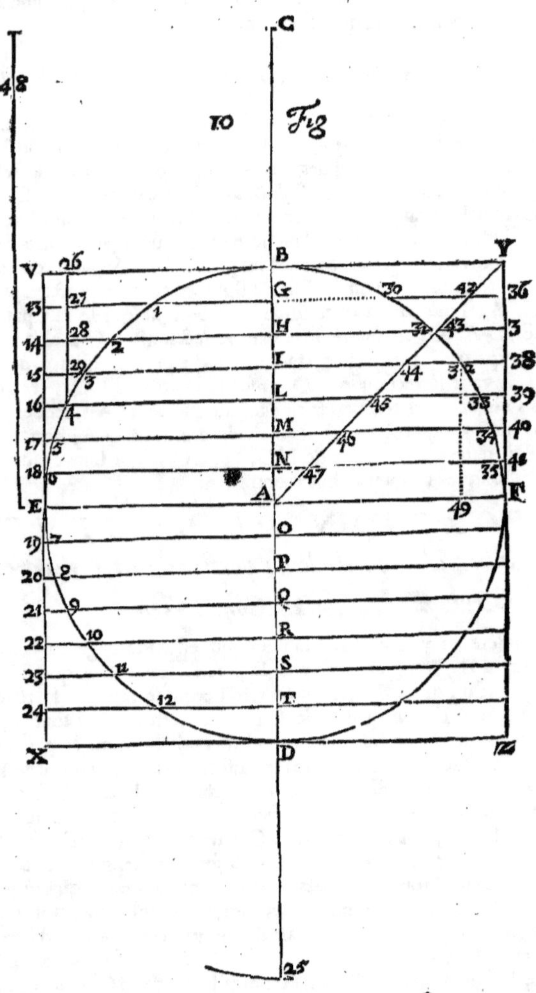

il faut oster des petits rectangles les quarrez qui estoient de moins : or ces
petits quarrez composent une pyramide qui a pour base le quarré de L B, &
pour hauteur L B. Au lieu de la pyramide je prens un parallelipipede qui
luy

luy soit égal : je retiens le mesme quarré L B, & pour hauteur le tiers de L B, qui est la hauteur du parallelipipede égal à la pyramide (car toute pyrami- de est le tiers de son parallelipipede.) Il faut oster ce solide de l'autre qui a mesme base, & partant il suffit d'oster la hauteur du dernier de la hauteur de l'autre. Voilà touchant le solide fait par les petits rectangles. Il reste main- tenant à chercher le solide du grand rectangle. Or ce solide n'est autre que celuy qui a le quarré L B pour base, & D L pour hauteur. Celuy-cy n'a point d'autre base que les autres, partant nous ne regarderons que la hauteur D L en celuy-cy, puis nous dirons que comme le tiers de la ligne 25 L (car D A moins le tiers de L B vaut le tiers de la ligne 25 L) est à la ligne D L, ainsi le solide fait par la figure 4 2 B L est à son cylindre fait par le parallelogramme 26 4 L B.

Que si nous voulons avoir le cône qui se feroit par la mesme révolution, si on tiroit une ligne B 4. Nous sçavons que le cône est le tiers de son cy- lindre ; je prendray donc le tiers de D L (laquelle représente le cylindre) & je diray que comme le tiers de la ligne 25 L est au tiers de la ligne D L, ainsi nostre solide est au cône : or qui dit le tiers d'une ligne au tiers d'une autre, dit la ligne entiére à la ligne entiére ; partant le solide sera au cône, comme la ligne 25 L est à la ligne D L ; ce qu'il falloit trouver. Dans la mes- me figure il faut considérer que, lors qu'elle tourne sur la ligne A B quand le cylindre V E F Y se fait, il se fait aussi un solide par la révolution du plan A B F, qui s'appelle un creux. Il se fait encore un autre solide par le plan B 30 F Y. Nous en avons encore un autre qui se fait sur le triangle A Y B qui est un cône. Il faut voir quel rapport ont entr'eux tous lesdits solides.

Les divisions estant faites à l'infini, & toutes les lignes tirées telles qu'on les voit en la figure, les figures sont entr'elles comme les quarrez de ces lignes sont entr'eux. Or pour ce qui est du cône que nous voulons égaler au so- lide fait par B 30 F Y, il faut dire que la grande ligne du cylindre total est coupée en deux également au point I, sçavoir la ligne 15 I 38, & en deux parties inégales au point 32 ; partant le rectangle 15 32 38 avec le quarré I 32, vaut le quarré I 38. Si donc du quarré I 38 j'oste le quarré I 32, il me reste le rectangle 15 32 38 qui appartient au solide B 30 F Y.

Puis aprés nous entrons dans les propriétez de l'ellipse ; (car ce que je concluray s'entendra du cercle comme de l'ellipse.) Le diamétre E F, le dia- métre B D & le costé droit du diamétre E F, sçavoir la ligne 48, sont trois proportionnelles ; & la premiére E F est à la troisiéme 48, comme le quarré de la premiére E F est est au quarré de la seconde D B. De plus, le rectangle E 49 F est au quarré de l'ordonnée 49 32 comme la ligne E F est à la ligne 48 costé droit d'icelle ; partant le rectangle E 49 F est au quarré 49 32, com- me le quarré E F est au quarré D B, ou le quarré de A F au quarré de A B. Au lieu de A F je pose son égale B Y ; donc le quarré B Y est au quarré B A, comme le rectangle E 49 F au quarré 49 32 ; ou bien prenant leurs égaux, le rectangle 15 32 38 au quarré I A égal au quarré 49 32. Mais le quarré B Y est au quarré B A, comme le quarré I 44 est au quarré I A ; par- tant le rectangle 15 32 38 sera au quarré I A, comme le quarré I 44 est au mesme quarré I A ; partant le rectangle 15 32 38 sera égal au quarré I 44 ; & par ainsi le cône sera égal au solide de B 30 F Y. Mais le cône est le tiers de son cylindre ; si donc j'oste le tiers du cylindre total, il restera les deux tiers pour le solide ou le creux qui se fait par le plan A F B, qui est ce qu'on cherchoit.

Or, non-seulement le cône est égal au solide extérieur, mais chaque par- tie est égale à chaque partie ; c'est-à-dire que le solide fait par N 47 46 M, est égal au solide fait par 35 41 40 34 ; le solide 45 L M 46 est égal au so- lide 33 39 40 34, & ainsi des autres. Par tout cecy nous venons à la con-

noiſſance du centre de gravité de tous ces ſolides ; car le centre de gravité
du cylindre A Y eſt au milieu de la ligne A B : or le centre de gravité du cône eſt aux ¼ de la ligne A B ; le centre de gravité du ſolide qui luy eſt égal,
ſe trouve au meſme lieu dans la ligne B A aux ¼ d'icelle ; partant, ſelon Archiméde, le centre de gravité de la Sphére ou Sphéroïde reſtant du cylindre ſera connu, parce qu'il eſt en la raiſon réciproque des deux ſolides, ſçavoir de la Sphére ou Sphéroïde, au ſolide de dehors, c'eſt-à-dire à B 30 F Y,
aux lignes qui ſont depuis le centre de gravité du grand cylindre, au centre
de gravité du petit ſolide, & à la ligne qui part du centre de gravité du meſme grand cylindre au centre de gravité de la figure reſtante que je cherche,
qui eſt de la Sphére ou Sphéroïde.

PROPORTION
du Cône au Cylindre.

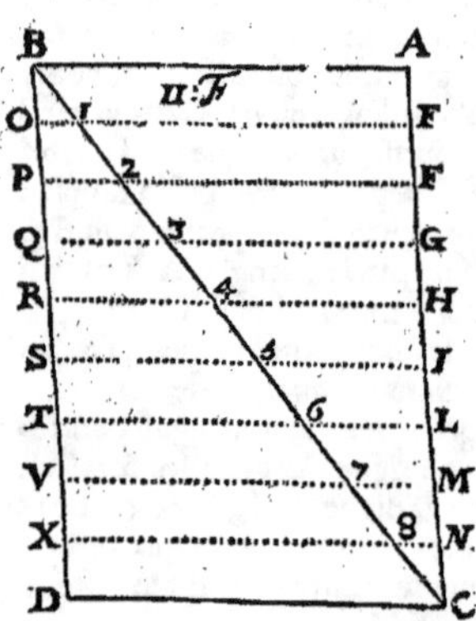

EN cette figure le triangle eſt au parallelogramme, comme tous les nombres
naturels ſont au quarré du plus grand ; c'eſt-
à-dire, comme 1 à 2. Que ſi vous le faites
tourner ſur la ligne B D, le cône qui ſe fera de B D C ſera au cylindre qui ſe fera ſur
A B D C comme 1 à 3 ſelon Archiméde.

DE LA CONCHOÏDE.

NOus conſidérons premiérement le grand triligne A 7 14. Le centre
de la Conchoïde eſt A ; la Conchoïde 14 7 eſt la premiére, & la ſeconde
Conchoïde eſt 16 17 ; la régle qui les ſepare B C ; les lignes qui partent de
cette régle ou ligne & qui vont aux deux Conchoïdes, ſçavoir C 7, M 6,
L 5, & les autres, ſont toutes égales entr'elles, & pareillement les lignes C 17,
M 22, L 19 ſont égales entr'elles & aux autres cy-deſſus, ſçavoir à C 7,
M 6, &c. Nous diſons donc ainſi :

· Le grand triligne eſt diviſé (ſelon les indiviſibles) en ſecteurs ſemblables infinis qui reſſemblent aux triangles, mais par les indiviſibles nous les
prenons pour ſecteurs : or les ſecteurs ſemblables ſont entr'eux comme leurs
quarrez ; nous devons donc chercher la raiſon & la valeur des quarrez pour
tirer nos conſéquences. Au lieu de chaque quarré nous conſidérons ſon égal ;
& par ainſi nous trouvons que le quarré A 7 vaut les quarrez A C, C 7 plus
deux fois le rectangle A C 7 ; le quarré A 17 vaut les quarrez A C, C 7 ou
C 17 moins le rectangle A C 17 pris deux fois. Tout cecy mis enſemble vaut
le quarré C 7 deux fois, plus le quarré A C deux fois, les rectangles qui
ſont par plus & moins ſe détruiſant l'un l'autre ; or ces quarrez nous repréſentent les deux trilignes, ſçavoir A 7 14, & A 17 16.

Je dis que le grand triligne A 7 14, & le petit A 17 16 ſont égaux à
deux fois les quarrez A C, & C 7. [La petite figure qui eſt icy a eſté faite,

d'autant que dans l'espace C 7 B 14 il n'y a point de secteurs qui rempliſſent ledit espace, mais seulement des quarrez qui ſont entr'eux comme les ſecteurs. Je prens donc des ſecteurs tous ſemblables, dont les angles ſoient égaux aux angles en A , & la hauteur égale aux lignes C 7, M 6, & autres : ces ſecteurs ſont aux grands ſecteurs, comme les quarrez de C 7, M 6, L 5, & autres, ſont aux grands quarrez A 7, A 6, A 5, & autres.] Ayant donc l'égalité ſuſdite entre les trilignes A 7 14 & A 17 16, & les quarrez A C & C 7 pris deux fois : au lieu des quarrez C 7 je prens des ſecteurs ſemblables, qui garderont la meſme raiſon entr'eux que leſdits quarrez ; partant au lieu de dire, deux fois les quarrez C 7, M 6, & les autres, je prens deux fois les ſecteurs compris dans la petite figure T V Y X, & je dis, deux fois les petits ſecteurs avec deux fois le triangle A C B ſont égaux au triligne A 7 14, & au triligne A 17 16 ; & c'eſt icy la première conséquence ou concluſion.

Pour la ſeconde, c'eſt quand nous oſtons du grand triligne A 7 14 le petit triligne A 17 16 , alors nous avons d'un coſté l'eſpace 16 17 7 14 pour comparer avec deux fois les petits ſecteurs, le triangle A B C , & l'eſpace 16 17 C B. Alors l'eſpace d'une conchoïde à l'autre, c'eſt-à-dire 16 17 7 14, eſt égal à deux fois les petits ſecteurs plus deux fois l'eſpace 16 17 C B ; & c'eſt icy une autre concluſion.

J'avois omis de dire que quand du grand triligne & du petit triligne j'en oſte le petit, il reſte le grand A 7 14 qui eſt égal à deux fois les petits ſecteurs, au triangle A C B & à l'eſpace 16 17 C B, qui eſt une autre concluſion.

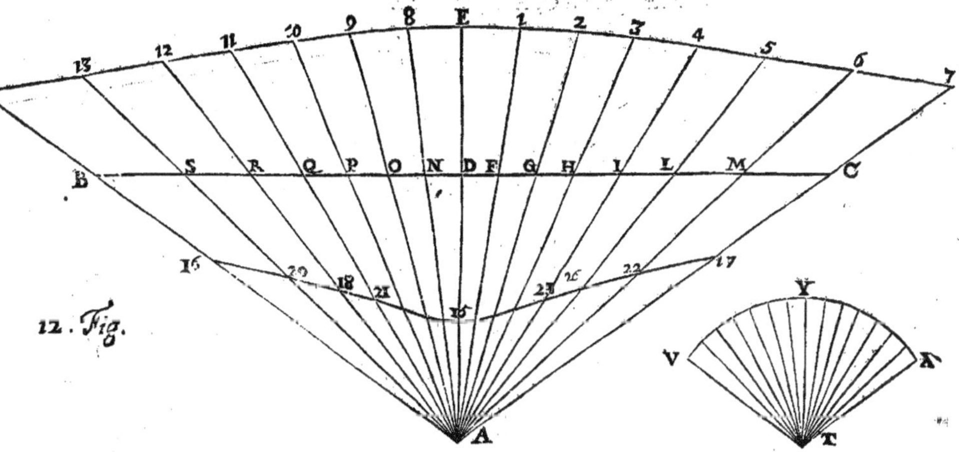

Que ſi on veut retrancher du grand triligne A 7 14 le triangle A C B, il reſtera l'eſpace 7 C B 14 qui ſera égal à deux fois les petits ſecteurs avec une fois C B 16 17, qui eſt une quatriéme concluſion.

Maintenant il nous faut voir quelle raiſon il y a entre le triangle A B G & l'eſpace B C 7 14. Cela ſe fera conſidérant le quarré A 7 duquel nous oſterons le quarré A C. Ayant donc diviſé le triligne A 7 14 en ſecteurs tous ſemblables & infinis, ainſi qu'il a eſté fait cy-deſſus aux autres concluſions, & ſçachant que les ſecteurs ſont entr'eux comme leurs quarrez, nous diſons que le quarré A 7 eſt égal aux quarrez A C & C 7 plus le rectangle A C 7 pris deux fois. Si j'en oſte le quarré A C, il me reſte le quarré

C 7 plus le rectangle A C 7 deux fois. Il faut confidérer quels folides ils font.

Tous les quarrez C 7, M 6, & les autres font tous égaux; & par ainfi tous joints enfemble font un parallelipipede ou folide qui a pour hauteur & largeur la ligne C 7, & pour longueur une ligne telle qu'on voudra, fçavoir autant qu'on aura pris de fois & ajoufté les quarrez l'un à l'autre; c'eft le premier folide qui fe forme.

L'autre fe fait du rectangle A C 7 pris autant de fois que les fufdits quarrez, & forme un folide qui a pour hauteur C 7 comme l'autre, mais fa longueur eft diverfe, fçavoir des lignes A C, A M, A L, & des autres qui toutes font inégales.

Or ces deux folides fe doivent mettre enfemble afin de les comparer à celuy qui eft compofé des quarrez A C, A M & autres qui tous font inégaux; & partant ce folide fera racourci de deux coftez. Or ce folide fe peut confidérer comme fi j'avois fait un cercle du centre A & de l'intervalle A D: car alors la ligne B C fera une touchante dudit cercle au point D; la ligne A D fera le finus total; & les lignes A N, A O, A P feront toutes des fécantes, & ainfi le folide fera formé des quarrez des fécantes. Or ces deux folides eftant de mefme hauteur, fçavoir de la ligne C 7 & autres, il eft aifé de les joindre enfemble, & de tous deux en faire un folide compofé de tous les quarrez C 7, M 6, &c. d'une part, & de la ligne C 7 multipliée par la fomme des lignes A C, A M, & les autres prifes deux fois (parce que le rectangle A C 7 eft deux fois dans le quarré A 7) c'eft-à-dire, qu'il faut doubler les lignes A C, A M, & autres.

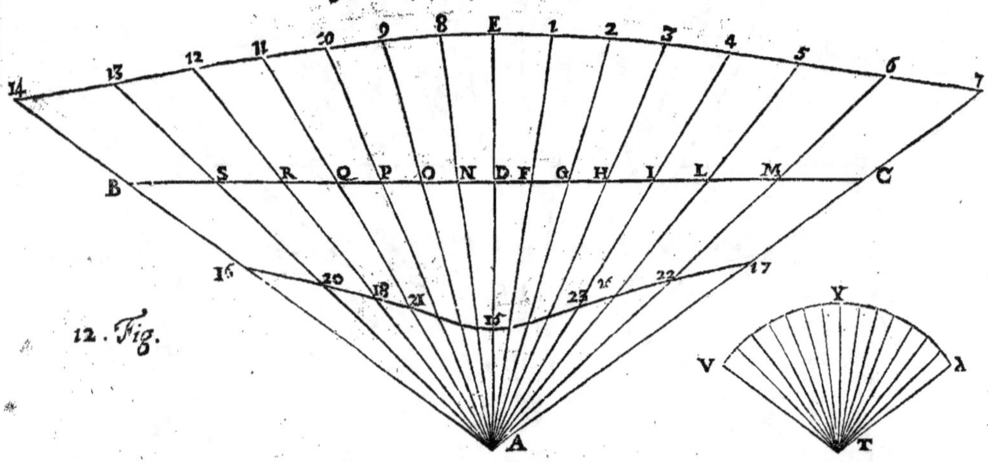

Le folide qu'il faut comparer à celuy-cy eft fait par la fomme des quarrez des lignes A C, A M, & des autres qui toutes font inégales. Nous difons donc, Comme le folide fait par la fomme des quarrez A C, A M, & autres, eft au folide compofé des deux cy-devant mis; ainfi le triangle A B C eft à la figure C 7 14 B. Mais dans le premier folide les lignes C 7, M 6 me font données, & partant leurs quarrez: de plus les lignes A C, A M, & autres me font auffi données, d'autant que la ligne A D (que je prens pour finus total ou demi-diamétre d'un cercle que je feins eftre fait) m'eft donnée, & la ligne D E fur lefquelles j'ay formé ma Conchoïde; & par le moyen de A D finus total & de l'angle B A D, je connois toutes les fécantes de ce cercle

que

que je pose estre décrite sur le rayon A D : ces sécantes sont A N, A O, A P, &
les autres qui suivent. Dans le dernier solide tous les quarrez de A C, A M
me seront donnez, puisque les lignes sont données ; & ainsi je joins les quarrez C 7, M 8 avec le rectangle fait de A C doublé & C 7, le tout pris autant de fois qu'il y a de quarrez. Or C A, & M A sont sécantes ; donc par
le calcul il nous sera facile d'en trouver la valeur que nous comparerons
avec le second solide qui est composé de l'aggrégé ou somme des quarrez
des sécantes ; & telle sera la raison de A B C à l'espace B C 7 14.

TRACER SUR UN CYLINDRE DROIT
un espace égal à un Quarré donné,
& ce d'un seul trait de Compas.

ON demande qu'il soit tracé sur un cylindre droit d'un seul trait de compas un espace égal au quarré de la ligne A B. Pour le faire je coupe en
deux également la ligne A B au point C, & je décris le cercle F M E, le diamètre duquel F E soit égal à A C. Sur ce cercle j'éleve un cylindre dont la
hauteur soit du moins le double de F E, & au milieu de cette hauteur soit le
point F ; puis ouvrant le compas de l'intervale F E, je décris un espace sur
la superficie du cylindre. Je dis que cét espace vaut le quarré de A B.

Pour le prouver, je divise le cercle en parties infinies aux points E G H I &
autres : de chacun de ces points j'éleve des perpendiculaires au plan du cercle en nombre infini, comme les points sont infinis : du point E qui est l'extrémité du diamètre, je tire à chaque point de la division des lignes droites
E G, E H, E I, & autres qui sont dans le demi-cercle E L F. Or toutes ces
petites lignes sont des sinus du quart d'une circonférence ; ce qui se con-
noistra, faisant du rayon F E & du centre F un cercle qui ait pour diamétre le double de E F ; mais icy je me contente de la quatriéme partie de la
circonférence. Si donc du centre F je tire des lignes en nombre infini qui
soient toutes égales à F E, elles iront jusques à la circonférence de ce cercle,
& couperont toutes les petites lignes E G, E H & les autres à angles droits, car
l'angle se trouve dans le demi-cercle E L F ; & partant toutes les petites lignes
sont les sinus du quart d'une circonférence.

Nous sçavons que le demi-diamètre du cercle est au quart de la circonférence, comme tous les petits sinus sont au sinus total pris autant de fois.
Nous sçavons aussi que le quarré du demi-diamètre est égal à la figure qui
est faite par les infinis petits sinus qui divisent ce quart de circonférence. Or
le demi-diamètre est F E qui est égal à la ligne droite A C moitié de A B ;
partant son quarré quatre fois vaudra le quarré de A B. Or les sinus E G,
E H, &c. sont égaux aux perpendiculaires élevées des points G H, &c. jusques
au retranchement fait par le compas, comme il sera montré ; & par ainsi la
figure ou l'espace tracé par le compas qui est ouvert de la grandeur E F, l'un des
pieds posé sur F qui est un point pris en quelque endroit que ce soit de la
surface du cylindre, & l'autre pied, par exemple sur le point E, & tournant
sur la superficie du cylindre tant qu'il revienne au mesme point E : cét espace compris sur le cylindre vaut quatre fois l'espace compris des petits sinus qui divisent le quart de la circonférence ; car le compas parcourt les
quatre quarts de la circonférence du cylindre, s'il se peut ainsi dire. Or le
cylindre est présumé prolongé tant en haut qu'en bas autant qu'il faudra,
dessus & dessous ledit point F, & le cercle F M E parallele à sa base pour
satisfaire à la question.

HHh

Reste à montrer que la ligne E H est égale à la perpendiculaire élevée du point H, quand elle a esté retranchée par le compas ouvert de la grandeur F E. Pour cét effet, il faut tirer la ligne F H, & concevoir deux triangles, l'un de la ligne F H & F E portée à l'extrémité de la perpendiculaire tirée du point H, & qui monte vers le haut du cylindre & de ladite perpendiculaire qui sort de H jusques au retranchement fait par F E portée sur la surface du cylindre. Ces trois lignes font un triangle rectangle qui est égal au triangle F E H; car en tous les deux triangles la ligne F H est commune; l'angle en H est droit, car il se fait de la ligne F H & de la perpendiculaire sur le point H en l'un des triangles, sçavoir en celuy qu'on veut montrer égal à F E H, & pareillement l'angle en H de l'autre triangle F E H est droit, estant dans le demi-cercle; la ligne F E qui a coupé la perpendiculaire élevée sur le point H est égale à F E; partant la ligne E H est égale à ladite perpendiculaire qui part du point H, & qui est coupée par la ligne F E par la révolution du compas. Le mesme se prouvera de toutes les autres lignes E G, E I, E L, E M, & autres.

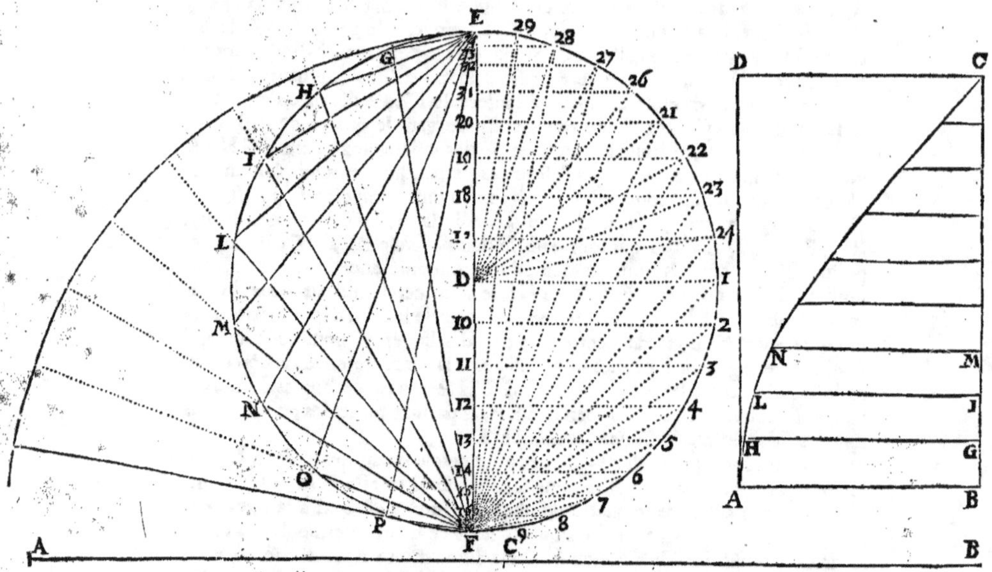

Or cette figure se trouve estre la mesme que la troisiéme figure cy-devant, si on suppose que la circonférence E H L F est égale à B C dans la troisiéme figure, & qu'elle est divisée infiniment en sinus G E, H E, I E, & les autres, tout ainsi que la ligne B C de la troisiéme figure est divisée en sinus infinis, sçavoir G H, I L, M N, &c. Or nous devons considérer cette troisiéme figure ou bien la présente, car il n'importe pas, & voir ce qu'elles font. Par exemple, quand la troisiéme figure tourne sur la ligne B C, elle fait un cylindre avec le rectangle B D, & un autre solide avec la figure courbe A C B. Je trouve que le cylindre est double du petit solide fait de la figure courbe. Pour le prouver je me sers de la treiziéme figure présente, & je feins avoir tiré une infinité de lignes du point F à tous les points, comme F P, F O, F N, & autres, qui sont toutes égales aux premiéres tirées du point E aux mesmes points, sçavoir à E G, E H, E I, &c. Je dis en suite que les quarrez de G E & G F sont égaux au quarré de F E : il en est de mesme des quarrez de E H & H F, & ainsi des autres ; partant tous ces quarrez ensemble seront égaux au quarré de E F pris autant de fois. Mais dans ces petits quarrez je n'ay besoin que de ceux qui composent la figure, sçavoir des quarrez de E G, E H, E I, & autres tirez du point E, qui font la moitié de tous ceux que j'avois comparez avec le grand quarré F E ; partant tous ces petits quarrez seront à autant de fois le grand quarré F E comme la moitié au tout. Mais les solides sont entr'eux comme tous les quarrez pris ensemble ; partant le petit solide fait de la figure courbe A B C en la troisiéme figure, sera au cylindre fait de B D, comme 1 à 2 ; ce qu'il falloit démontrer.

On considérera encore en la mesme figure un autre trait de compas. Je pose une des pointes sur le point F que je prens dans la circonférence du cercle F 1 E L, lequel cercle est la base mitoyenne du cylindre qu'on suppose toûjours prolongé en haut & en bas autant qu'il est nécessaire. On met donc l'un des pieds du compas en F, & l'ouverture d'iceluy est F 1 qui est la soutendante du quart de la circonférence totale F 5 1. Or cette circonférence est divisée en parties égales & infinies aux points 2, 3, 4, &c. sur chacun desquels j'éleve des perpendiculaires, comme cy-devant : des mesmes points je tire des perpendiculaires sur le demi-diamétre F D qui le divisent en une infinité d'autant de parties inégales. Il faut maintenant considérer les propriétez de toutes ces lignes. Nous voyons qu'il se fait plusieurs triangles rectangles dont les costez sont F 2, F 1, & la perpendiculaire sur le point 2, laquelle est en l'air ; le second, F 3, F 1, & la perpendiculaire en l'air sur le point 3 ; F 4, F 1, & la perpendicle en l'air sur le point 4, & cette perpendiculaire tirée en l'air s'augmente à mesure que la soutendante diminuë. Car les quarrez des deux lignes F 2 & la perpendiculaire en l'air sur le point 2, sont égaux au quarré de F 1 ; les quarrez de F 3, & de la perpendicculaire sur 3 en l'air sont égaux au mesme quarré F 1, & ainsi des autres. Mais le quarré F 1 est égal au rectangle E F D, le quarré F 2 est égal au rectangle E F 10, le quarré F 3 au rectangle E F 11, & ainsi des autres quarrez & rectangles ; partant tous les rectangles E F D, E F 10, E F 11, & les autres, sont entr'eux comme les quarrez F 1, F 2, F 3, &c. & partant tous les rectangles E F 10, E F 11, & autres tous ensemble sont au grand rectangle E F D, comme tous les quarrez F 2, F 3, &c. sont au grand quarré F 1. Quand du rectangle E F D j'ôte le rectangle E F 10, il reste le rectangle E F par 10 D qui est égal au quarré de la perpendicculaire tirée du point 2 en l'air ; quand du mesme rectangle E F D j'en ôte le rectangle E F 11, il reste le rectangle E F par 11 D qui est égal au quarré de la perpendicculaire tirée du point 3 en l'air. (Or j'ay besoin des quarrez de ces perpendiculaires, d'autant qu'en tournant la troisiéme figure sur B C, ces lignes représentent les demi-diamétres des cercles qu'il faut comparer avec le quarré du demi-diamétre de la base du cylindre.) Mais tous les rectangles susdits ont une mesme hauteur, sçavoir F E ; & partant ils sont entr'eux comme les lignes F D, F 10, F 11. Si on ôte de la base d'un rectangle la base d'un autre rectangle, il restera leur différence : comme si de F D j'ôte F 10, il restera D 10 ; si de F D j'ôte F 11, il restera D 11, & ainsi des autres. Or ces restes sont homologues avec les quarrez des lignes perpendiculaires qui restent quand j'ay ôté le quarré F 2 du quarré F 1 : du mesme quarré F 1 j'ay ôté le quarré F 3, puis F 4, &c. il reste les quarrez des perpendiculaires tirées en l'air des points 2, 3, 4, &c. partant les lignes D 10, D 11, & autres garderont entr'elles la mesme raison que les quarrez desdites perpendiculaires. Mais les lignes D 10, D 11, D 12, &c. sont sinus ; car les lignes 2 10, 3 11, 4 12, &c. sont perpendiculaires sur le diamétre E F ; donc les quarrez des perpendiculaires

HHh ij

sont au quarré de la grande F I prise autant de fois, comme tous les petits sinus sont au sinus total D F pris autant de fois. Mais les petits sinus sont au sinus total pris autant de fois, comme le demi-diamétre du cercle est au quart de la circonférence ; partant le solide fait par la révolution de la figure courbe A C B sur la ligne B C, sera au cylindre fait du rectangle B D, comme le demi-diamétre du cercle est au quart de la circonférence.

Considérons maintenant le trait du compas fait de l'intervale F 3, gardant toûjours le point F pour poser ledit compas. Il se trouve que le quarré F 4 avec le quarré de la perpendiculaire tirée du point 4 en l'air, est égal au quarré de F 3 ; le quarré F 5 avec celuy de la perpendiculaire sur le point 5 en l'air, sont égaux au mesme quarré F 3, & ainsi des autres. Or le rectangle E F 11 est égal au quarré F 3, & le rectangle E F 12 est égal au quarré F 4, & ainsi des autres rectangles & quarrez. Si donc du rectangle E F 11 j'oste le rectangle E F 12, il reste le rectangle E F par 12 11 égal au quarré de la perpendiculaire sur 4 tirée en l'air. Si du mesme rectangle E F 11 on oste le rectangle E F 13, il reste le rectangle E F par 13 11 qui est égal au quarré de la perpendiculaire tirée sur 5, & ainsi des autres. Que si nous feignons une parabole estre tirée du sommet 11 vers la circonférence du cercle, & que des points 11, 12, 13, 14, 15, pris sur son axe 11 F on tire des ordonnées jusques à la circonférence de ladite parabole, les quarrez de telles ordonnées seront égaux aux rectangles ; sçavoir le quarré de la ligne tirée du point 12 à la parabole, sera égal au rectangle fait par le costé droit de ladite parabole qui est F E, & la portion de l'axe 11 12 ; le quarré de l'ordonnée tirée du point 13 à la parabole, sera égal au rectangle E F par 11 13, & ainsi des autres. Ce qui fait voir que les quarrez des ordonnées sont égaux aux quarrez des perpendiculaires qu'on a tirées en l'air des points 3, 4, 5, &c. & par conséquent les ordonnées seront égales ausdites perpendiculaires. Mais d'autant que les perpendiculaires sont en égale distance l'une de l'autre, & les ordonnées inégalement distantes l'une de l'autre, cela est cause qu'on ne peut pas comparer le plan fait par les perpendiculaires avec le plan qui se fait par les ordonnées, d'autant que les perpendiculaires divisent la ligne en parties égales, mais les ordonnées ne divisent pas l'axe également, mais inégalement ; & ainsi le plan qui se fait des perpendiculaires ne peut pas estre comparé avec le plan fait par les ordonnées pour en sçavoir la raison.

Maintenant il faut considérer la raison des solides, si la figure se tournoit sur la ligne F 5 3 étenduë en ligne droite, supposant que le trait du compas se fasse du point F, & de l'ouverture F 3. Or nous avons trouvé par le précédent discours, que le rectangle E F par 11 12 est égal au quarré de la perpendiculaire sur 4 en l'air ; le rectangle E F par 11 13, égal au quarré de la perpendiculaire sur 5 en l'air, & ainsi des autres : partant toutes ces lignes seront homologues avec les quarrez desdites perpendiculaires. Or les lignes 11 12, 11 13, 11 14, &c. ne sont point sinus, parce qu'elles ne partent pas du demi-diamétre D 1, car il s'en faut la ligne D 11 qu'elles ne viennent jusques à D 1. Que si elles estoient des sinus, nous ferions la raison comme en l'autre précédente raison des solides, sçavoir comme les petits sinus au sinus total D 1 pris autant de fois. Or les lignes 11 12, 11 13, 11 14, &c. sont les mesmes que si du point 4 on menoit une perpendiculaire sur 11 3, & du point 5 & 6 sur la mesme 11 3, & ainsi de tous les autres points qui divisent la circonférence. Or toutes ces lignes ne sont point sinus, car il s'en faut la ligne 11 D, ou la perpendiculaire qui seroit tirée du point 3 sur la ligne D 1, sçavoir 3 25. Comme donc la ligne 11 3, ou D 25 son égale, à la circonférence F 5 3, ainsi tous les petits sinus sont au sinus total pris autant de fois. Mais pour trouver l'équation des solides il faut avoir la différence des si-

nus,

nus, fçavoir D 12, D 13, D 14, D 15, D 16 moins autant de fois D 11; partant toutes les différences des petits finus font au finus total pris autant de
fois, moins le mefme efpace D 11 pris autant de fois, comme le folide fait
par les quarrez des perpendiculaires au cylindre qui fe fait. Cecy fera mieux

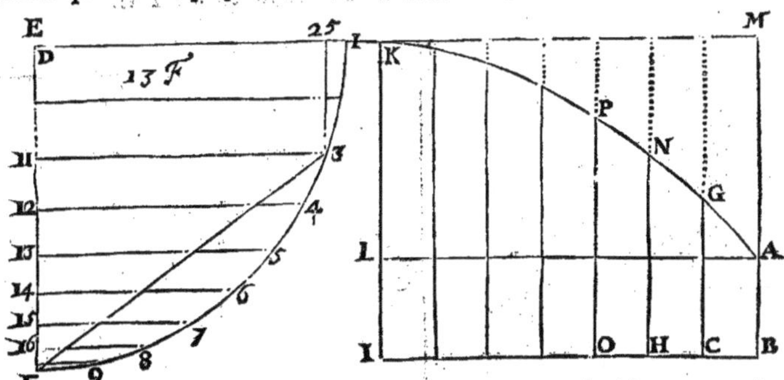

repréfenté par la petite figure qui eft icy. Que I B foit égal à la circonférence F 5 3; A B à D 11 ou à 3 25; & les lignes C G, H N, O P, &c. égales
à D 12, D 13, D 14, & autres finus, defquels il faut retrancher A B ou D 11
pris autant de fois, c'eft-à-dire, le parallelogramme A B I L. Tout cela fe
doit comparer au finus total pris autant de fois, qui eft D F en la grande
figure, mais en la petite c'eft I K qui fait le parallelogramme I K B M duquel il faut ofter le mefme parallelogramme A B I L; & partant il refte le
parallelogramme L A M K, & de I K A B il reftera le triligne L A P K; & partant le folide fait par les quarrez des perpendiculaires eft au cylindre de la
grande, comme le triligne L A K au parallelogramme L K M A. Mais ne nous
contentant pas de cela, nous cherchons des raifons en lignes; & retournant
à la grande figure, nous difons: Comme tous les petits finus font au grand
finus pris autant de fois; ainfi le finus 11 3 eft à la circonférence F 3. Or il
faut ofter de cette raifon ce qui y eft de trop, & dire: Comme tous les
petits finus moins 11 D pris autant de fois, au finus total pris autant de fois,
moins le mefme 11 D pris autant de fois; & changeant la proportion on
dira: Comme le finus total D F eft à D 11, ainfi la circonférence F 5 3 fera
à quelque portion de la mefme circonférence F 5 3, laquelle portion il faut
ofter de la ligne ou finus 11 3; & par ainfi la ligne 11 3, quand on en a ofté
ce qui avoit efté retranché de ladite circonférence F 5 3, eft à ce qui refte de
ladite circonférence F 5 3, comme le petit folide fait des quarrez de perpendiculaires eft à leur cylindre. Or tous les finus & la circonférence mé
font donnez; & partant la raifon des folides fera connuë, ce qu'il falloit
prouver.

Maintenant il faut confidérer fur la mefme figure la raifon des folides Voyez la fi-
gure fuivan-
te.
entr'eux quand elle roule fur la ligne circulaire F 2 21 étenduë comme droite,
& quand l'ouverture du compas eft F 21, fans répéter ce qui a efté dit cy-
devant: on trouve que les quarrez des perpendiculaires tirées en l'air des
points 21, 22, 23, 24, &c. font entr'eux comme les lignes 20 19, 20 18,
20 17, &c. Or toutes ces lignes fe doivent confidérer en cette forte, 20 D
— 19 D; 20 D — 18 D; 20 D — 17 D, & ainfi des autres. Les fuivan-
tes fe confidérent ainfi, 20 D + 10 D; 20 D + 11 D; 20 D + 12 D;
20 D + 13 D, &c. en forte que 20 D eft pris autant de fois qu'il y a de
divifions en la circonférence F 2 21 & les autres finus, fçavoir D 10, D 11
D 12, D 13 &c. font pris autant de fois qu'il y a de divifions au quart de

I I i

la circonférence F 3 21, pour faire cecy, il en faut oster les lignes D 19, D 18,
D 17, & les autres parties autant de fois qu'il y a de divisions dans la circonférence 1 21. Voilà une des équations ; l'autre est la ligne F 20 prise
autant de fois qu'il y a de divisions en la circonférence F 2 21.

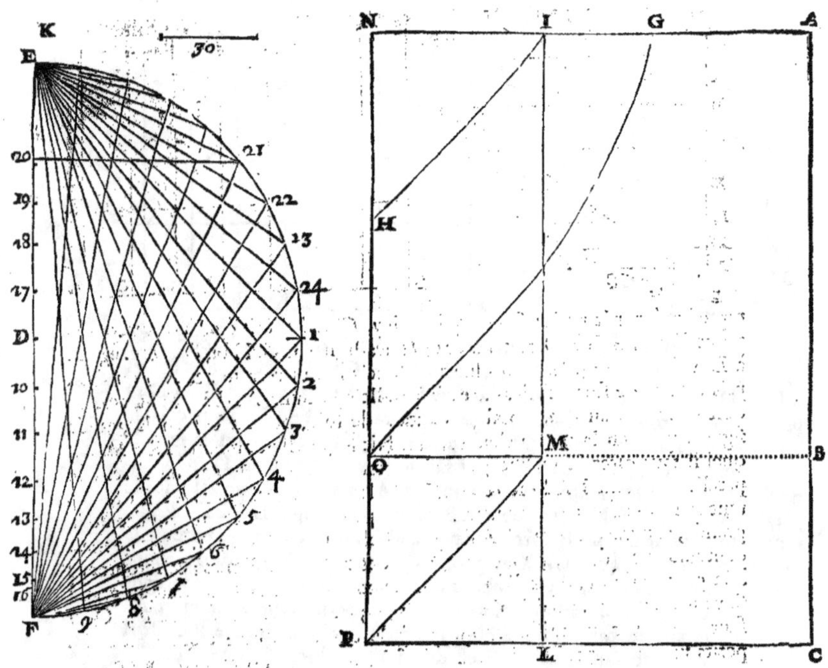

Pour mieux entendre ce discours, on fera la figure qui est icy à costé
du demi-cercle, en laquelle A B vaut F 1, quart de la circonférence ; B C
vaut 1 21 ; & la toute A C vaut la circonférence F 3 21 ; A N vaut F 20,
& par ainsi le parallelogramme N C vaut ce qui est contenu dans 20 F 2 21 ;
N G vaut F D sinus total ; A G ou son égale N I vaut D 20 ; N H égale à
O P vaut la circonférence 1 21. Nous disons donc que comme le rectangle
A N P C est au rectangle I N P L $+$ le triligne N G O $-$ le triligne
I N H ou O M P son égal, ainsi le cylindre est au solide qui se fait quand
la figure retranchée du cylindre tourne sur la circonférence F 1 21 étenduë
en ligne droite ; ce qu'il falloit démontrer.

Nous venons maintenant à une considération qui est que prenant toûjours le mesme point F, & l'ouverture du compas telle que son quarré soit
égal aux quarrez de F E & de la ligne 30, il se trouve, par éxemple, que
les quarrez de F E & de 30 sont égaux aux quarrez de F 22 & de la perpendiculaire tirée en l'air du point 22, & ainsi de tous les autres. Or le
quarré F E vaut les quarrez E 22 & 22 F ; partant les quarrez de E 22, 22 F,
& de 30 sont égaux au quarré de 22 F & à celuy de la perpendiculaire tirée de 22 en l'air. J'oste des deux équations ce qui est commun, sçavoir le
quarré F 22, & il me reste d'une part le quarré E 22 $+$ le quarré 30 égal au

quarré de la perpendiculaire tirée en l'air du point 1 2 ; & ainſi tous les quarrez des perpendiculaires tirées en l'air de tous le points qui diviſent la demi-circonférence, ſont égaux aux quarrez des lignes qui partent du point E,
& ſe terminent auſdits points, plus le quarré de la ligne 3 0. Il faut remar -
quer que la ligne 3 0 ne change point, mais les autres changent toûjours,
puiſque les quarrez E 22 & 22 F, E 23 & 23 F, & tous les autres ſont égaux
au quarré F E pris autant de fois. Mais de tous ces quarrez je n'ay beſoin
que de la moitié ; partant cette moitié ſera égale à la moitié du quarré F E
pris autant de fois. (On ne prend que la moitié de cette ſomme de quarrez,
parce qu'on n'en a pas beſoin d'autre choſe; car joignant leſdits quarrez au
quarré de 30 pris autant de fois, on aura la valeur des quarrez des perpendiculaires en l'air, qui eſt ce qu'il faut avoir.)

Nous conclurons donc que le ſolide qui ſe fait par la révolution des
perpendiculaires qui tournent ſur la circonférence étenduë comme une ligne droite, eſt égal à deux cylindres, le premier deſquels a d'une part la ligne F E, & de l'autre la meſme circonférence étenduë ; & de céluy-cy il
n'en faut prendre que la moitié. L'autre cylindre a la meſme circonférence
étenduë, & la ligne 30 pour hauteur ; car en l'un & l'autre cylindre, la figure tourne ſur la circonférence étenduë ; & ainſi le cylindre des perpendiculaires eſt égal à ce petit cylindre & à la moitié du grand tout enſemble ; ce qu'il falloit démontrer.

Il faut voir maintenant la comparaiſon des plans, & comment ils ſont
entr'eux. Nous avons trouvé que les quarrez de E 22 & de 30 ſont égaux
au quarré de la perpendiculaire élevée ſur le point 22, & le rectangle F E 19
eſt égal au quarré E 22. Je fais un rectangle égal au quarré 30 ſur la ligne EF,
& ſur quelqu'autre ligne tirée depuis E en K, & ainſi les deux rectangles
joints enſemble, ſçavoir F E 19, & F E K, qui valent le rectangle F E K 19
ſont égaux aux quarrez de E 22 & de la perpendiculaire 30, comme auſſi
au quarré de la perpendiculaire élevée ſur le point 22. Or ſi du point K comme ſommet je décris une parabole, dont le coſté droit ſoit égal à F E, & K F
ſoit l'axe : le quarré de l'ordonnée qui partira du point 19 ſera égal au
rectangle F E par 19 K, & ainſi de toutes les autres ; partant les quarrez
deſdites ordonnées ſeront égaux aux quarrez des perpendiculaires tirées en
l'air, & les meſmes ordonnées égales aux perpendiculaires ; c'eſt pourquoy
le plan occupé par les perpendiculaires devroit eſtre égal au plan occupé par
les ordonnées.

Mais la comparaiſon ne ſe peut pas faire de la ſorte, parce que les perpendiculaires ſont également diſtantes l'une de l'autre ; mais les ordonnées
le ſont inégalement, puis que la ligne F E eſt toute coupée en parties inégales, & partant le plan ne peut eſtre comparé au plan.

Nous venons maintenant à conſidérer qu'elle eſt la raiſon, ou comparai- *Voyez la*
ſon des quarrez des ſinus avec le quarré du diamétre F E. La circonféren- *figure ſui-*
ce F 1 E eſt diviſée en parties infinies & égales, & les lignes 24 17, 23 18, *vante.*
22 19, 21 20, 26 31, 27 32, 28 33, & 29 34 ſont toutes ſinus droits. Je dis
que le quarré D 24 demi-diamétre vaut le quarré 17 24, & le quarré 17 D
qui eſt ſinus de complément égal à la ligne tirée du point 24 perpendiculaire ſur le demi-diamétre D 1, & eſt égale au ſinus 29 34. Le meſme quarré
du demi-diamétre D 23 eſt égal aux quarrez de 18 23, & de 18 D ſinus de
complément égal à la perpendiculaire tirée de 23 ſur D 1, & auſſi au ſinus
droit 28 33. Le quarré de D 22 eſt égal aux quarrez de 22 19, & de 19 D
ſinus de complément égal à la perpendiculaire tirée de 22 ſur D 1 & au ſinus
27 32, & ainſi de tous les autres, en telle ſorte que tous les ſinus de complément ſont égaux aux ſinus droits, cy-devant marquez ; & ainſi les quarrez

de tous les sinus pris deux fois (ce qui se doit faire, puis que les uns sont égaux aux autres) sont égaux au quarré du demi-diamétre D 1 pris autant de fois qu'il y a de sinus. Mais le quarré du demi-diamétre n'est que le quart du quarré du diamétre; partant le quarré du diamétre sera huit fois la somme des quarrez des sinus, c'est-à-dire, que les quarrez des sinus sont au quarré du diamétre pris autant de fois comme 1 à 8. Voilà la premiére partie.

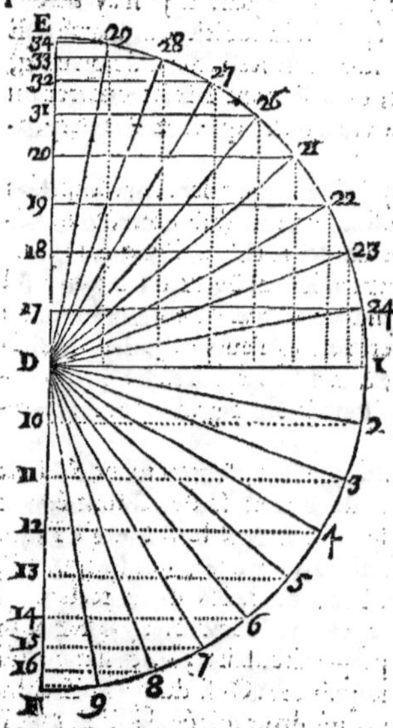

Pour la seconde. Le quarré de F E est égal aux quarrez de F 33 & 33 E, plus deux fois le rectangle F 33 E, qui est à dire le quarré 28 33 deux fois; le mesme quarré F E est égal aux quarrez F 32 & 32 E, plus deux fois le rectangle F 32 E, ou deux fois le quarré 32 27; le mesme F E est égal aux quarrez F 31 & 31 E, plus deux fois le rectangle F 31 E, ou le quarré 31 26; le mesme quarré F E est égal aux quarrez F 20 & 20 E, plus deux fois le rectangle F 20 E, ou le quarré 20 21, & ainsi de tous les autres tant en haut qu'en bas : & de cette sorte le quarré F E vient à estre égal à deux fois tous ces petits quarrez F 34, 34 E; F 33, 33 E; F 32, 32 E, & tous les autres, en telle sorte que le quarré F E pris autant de fois est double de tous ces quarrez, & de plus, à deux fois les quarrez de 34 29, 33 28, 32 27, & les autres. Nous avons veû comme tous les quarrez de ces sinus 34 29, 33 28, &c. sont au quarré du diamétre FE pris autant de fois, comme 1 à 8. Or ils sont icy deux fois, & les sinus verses aussi deux fois; partant deux fois les quarrez des sinus verses, & deux fois les quarrez des sinus droits sont égaux à huit fois les quarrez des sinus droits; & ostant de part & d'autre deux fois les quarrez des sinus droits, restera d'une part deux fois les quarrez des sinus verses égaux à six fois les quarrez des sinus droits; & prenant la moitié, les quarrez des sinus verses seront égaux à trois fois les quarrez des sinus droits; partant les quarrez des sinus verses sont à ceux des sinus droits, comme 3 à 1, mais le quarré de F E pris autant de fois est aux quarrez des sinus droits, comme 8 à 1 : donc le quarré de F E pris autant de fois est aux quarrez des sinus verses, comme 8 à 3, ce qu'il faloit trouver.

La précédente conclusion nous servira pour trouver la raison du solide que fait la Roulette, quand elle tourne sur la circonférence du cercle générateur étenduë en ligne droite. Car le solide fait par les sinus verses (voyez la figure de la Roulette, qui est placée cy-après page suivante) sçavoir par M 1, N 2, O 3, P 4, &c. est au solide fait par le parallélogramme composé du diamétre du cercle, & de la circonférence d'iceluy étenduë en ligne droite, comme 3 à 8 par la conclusion précédente. Nous sçavons aussi que l'espace compris entre les deux lignes A 11 D & A 4 D est égal au demi-cercle A H B, parce que les lignes d'un des espaces sont égales aux lignes de l'autre espace par la construction : partant le double de l'espace est égal au cercle entier A H B A, de sorte que tout ce qui se dira du cercle se doit entendre dudit espace doublé. Mais il a esté démontré que le cylindre de A B est au so-

lide

lide qui se fait lors que la figure A 12 D 5 A .... ligne ou circonférence A C, comme 8 à 2, lesquels 2 joints à .... trouvez cy-devant,
font 5, qui est la raison qu'il y a du solide entier de la roulette, à son cylindre
A B D C doublé; car A B D C n'est que la moitié de l'espace parcouru par la
roulette.

Remarquez que ce solide qui est au cylindre A D tourné sur C, comme 1
à 4, ou 2 à 8: est celuy que fait l'espace compris entre les deux lignes A 12
D & A 4 D, qui est égal à celuy que fe-roit le demi-cercle A H B par la mesme révolution, parce que l'une & l'autre figure a ces lignes éga-les, & posées en mesme dis-tance de A C, & partant est le

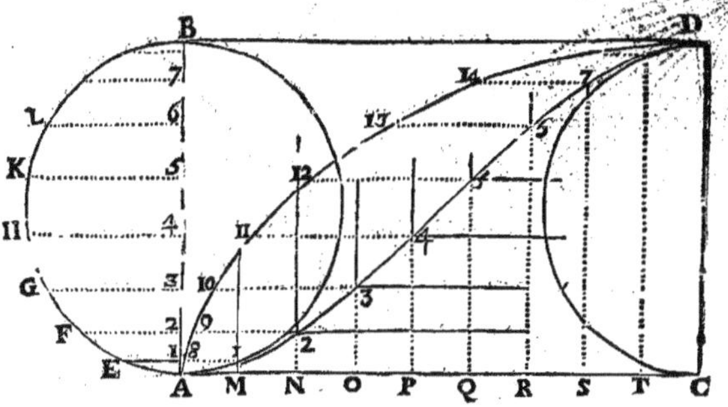

quart dudit cylindre A D; & joignant ledit solide à celuy qui se fait par
l'espace compris entre les lignes A 4 D & A C, qui est audit cylindre comme 3 à 8, on aura le solide fait par l'espace compris entre A 12 D & A C,
qui sera 5, ledit cylindre A D estant 8.

TRACER SUR UN CYLINDRE DROIT
un espace égal à la superficie d'un cylindre oblique donné;
& d'un seul trait de compas.

L E cercle B D C E est la base d'un cylindre oblique, les costez duquel
partans des points B, G, H, I, &c. vont obliquement rencontrer un autre cercle en haut, qui est l'autre base du cylindre, & est parallele au premier B D C E: (ce cercle peut estre représenté par le cercle F N O P, &c.
mais il est en l'air & à plomb audessus de celuy-cy) l'axe du mesme cylindre
sort du centre A, & va rencontrer obliquement le centre dudit cercle supérieur. Or nous feignons que du sommet de l'axe soit tirée une perpendiculaire qui tombe sur le point T, & que du sommet de tous les costez du cylindre s'abaissent des perpendiculaires qui tombent aux points F, N, O, P,
&c. qui font la circonférence d'un cercle dont le centre est le point T, &
lequel est égal au premier B D C, comme il est aisé à voir. Or divisant les
deux cercles ou bases du cylindre en parties infinies aux points G, H, I, L, &c.
& feignant des lignes tirées G H, H I, I L, &c. ces petites lignes passent pour
la circonférence mesme, & le cylindre en cette sorte se trouve divisé en infinies parallelogrammes; car les costez du cylindre avec la portion de la circonférence des deux cercles font des parallelogrammes qui composent tout
l'espace du cylindre; de sorte qu'il faut comparer tous ces parallelogrammes
au grand parallelogramme pris autant de fois. Si du point G je tire une ligne
touchante G 2, & du point correspondant à G, sçavoir de N, je tire une perpendiculaire à ladite touchante, qui la rencontre au point 2; si du sommet
du costé du cylindre (j'entens du costé qui commence en G, & va finir à
l'autre cercle au-dessus du point N) je tire une ligne au point 2: cette ligne

K K k

sera perpendiculaire à la ligne G 2. Du point H je tire une ligne touchante,
& du point O correspondant à H, je tire une perpendiculaire à ladite touchante, sçavoir O 3, & ainsi des autres points I & P, L & Q, &c. je ne
parle plus de la ligne tirée d'enhaut, car il suffit d'avoir dit une fois qu'elle
sera perpendiculaire à la mesme touchante. Ayant ainsi tiré autant de perpendiculaires qu'il y a de touchantes à chaque point, ces lignes seront N 2,
O 3, P 4, Q 5, &c. Si chacune de ces lignes est continuée comme 2 N 7,
3 O 8, 4 P 9, &c. elles iront toutes finir au point T centre du cercle F S 17.
Pour la preuve, nous feignons qu'il y a une ligne A G, laquelle avec 2 7
compose un quadrilatere : en iceluy l'angle 7 2 G par la construction est droit ;
l'angle A G 2 est droit, sçavoir du centre au point d'atouchement ; partant
2 N, & G A sont paralleles. Soit tirée N T, l'arc G B estant égal à l'arc N F.
Il s'ensuit que l'angle G A B est égal à l'angle N T F, puis qu'ils sont faits
tous deux aux centres T & A des deux cercles égaux B D C & F S 17, &
partant la mesme G A sera parallele à N T ; donc 2 N 7, & N T sont paralleles
entr'elles ; mais elles se joignent au point N, & partant elles ne font ensemble qu'une mesme ligne.

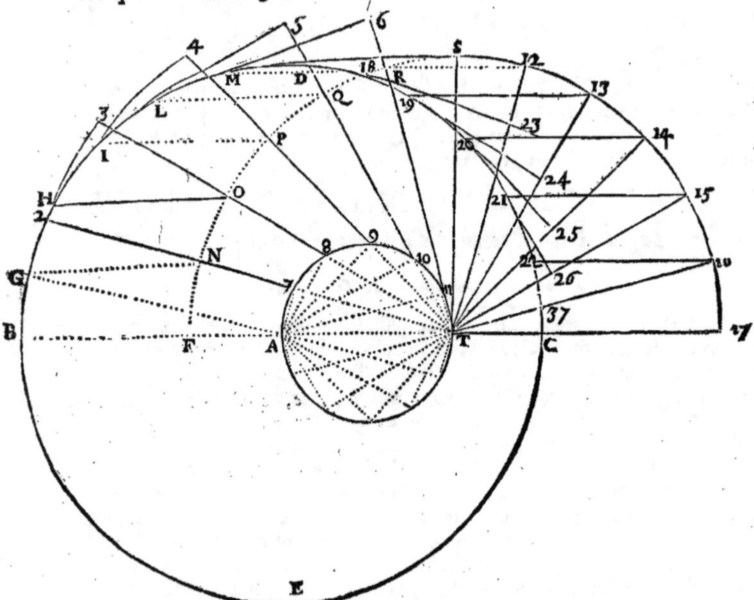

Maintenant il faut considérer les parallelogrammes, au lieu desquels je
prens la perpendiculaire qui tombe du sommet sur les touchantes cy-devant,
comme du sommet du costé du cylindre qui part de G & va en l'air, j'a-
baisse la perpendiculaire sur le point 2, laquelle est la hauteur ou perpendiculaire du parallelogramme composé de la ligne G 2, qui passe dans les indivisibles pour circonference, & du costé du cylindre qui part de G & va en
l'air, lequel costé vaut pour deux costez du parallelogramme, sçavoir commençant en G & 2, & finissant en la circonference de la base supérieure du
cylindre ; & par ainsi on a les quatre lignes du parallelogramme, sçavoir G 2
(qui passe pour circonference) & son égale en la circonference de la base

supérieure, & les deux costez du cylindre. Mais au lieu du parallelogramme nous considérons un triangle qui a pour un de ses costez la perpendiculaire tirée du sommet du costé sur le point 2, & qui se peut nommer la perpendiculaire ou hauteur du parallelogramme; & pour les deux autres costez, la ligne G 2, & le costé du cylindre tiré de G en l'air. Or en ce triangle le costé du cylindre vaut en puissance la ligne G 2, & la perpendiculaire tirée du sommet & finissant en 2. Il faut ensuite considérer un autre triangle, dans lequel la mesme perpendiculaire tombant en 2 soit un des costez; 2 N soit un autre costé; & le troisiéme soit la ligne tombante perpendiculairement du sommet du costé sur le plan du cercle au point N. Or en ce triangle la perpendiculaire qui tombe sur 2 peut autant que les deux lignes 2 N, & la perpendiculaire qui tombe du sommet sur N. Mais cette perpendiculaire qui tombe du sommet sur N, O, P, Q, & autres points de la circonférence est toûjours égale: mais les lignes 2 N, 3 O, 4 P, 5 Q, &c. sont inégales; car 2 N vaut 7 T; 3 O vaut 8 T; 4 P est égale à 9 T, & ainsi des autres qui toutes sont inégales.

Au premier triangle G 2 & l'autre point qui est au cercle supérieur le costé du cylindre qui va de G en l'air à l'autre cercle supérieur, vaut la ligne tirée du sommet (qui est ce troisiéme point en l'air) & qui finit en 2, & la ligne G 2. (on doit entendre cecy de tous les autres points & triangles qui se peuvent former de la mesme sorte.) Mais les lignes G 2, H 3, I 4 &c. vont toûjours augmentant; car G 2 est égale à la soûtendante A 7, la ligne H 3 à A 8, I 4 à A 9; toutes lesquelles lignes A 7, A 8, A 9 sont inégales. Mais avant que de conclure il faut prouver que la ligne G 2 est égale à A 7, H 3 à A 8, & ainsi des autres; de plus que 2 N est égale à 7 T, 3 O à 8 T, &c. Pour cét effet, il faut considérer les triangles 2 G N, & A T 7, ausquels l'angle 2 N G est égal à l'angle A T 7; car les lignes G N, A T sont paralleles, l'angle N 2 G est droit, par la construction, & pareillement T 7 A qui est dans le demi-cercle, & partant le troisiéme angle est égal au troisiéme; la ligne G N est égale à A T, & partant tout le triangle à l'autre triangle, & partant la ligne 2 N à 7 T, & G 2 à la soutendante A 7; ce qu'il falloit démontrer.

Il nous reste à voir le rapport & la raison de tous les petits parallelogrammes à leur plus grand pris autant de fois. Or il faut considérer que les petits parallelogrammes bien qu'ils ayent les costez égaux, car ils sont composez des costez du cylindre & de la portion de la circonférence divisée en parties égales infinies, & cette division est faite aux deux cercles ou bases d'iceluy cylindre; & d'autant que les angles sont inégaux, les parallelogrammes sont inégaux, & ainsi leur hauteur sera inégale, & c'est par cette hauteur qu'il faut considérer lesdits parallelogrammes. Il faut voir premiérement le plus grand de tous qui est fait de B G, tant en la base du cylindre B D C, qu'en l'autre qui est en l'air , & des costez du cylindre. Or en ce parallelogramme il faut remarquer que la perpendiculaire qui est la hauteur dudit parallelogramme, & qui du sommet tombe sur le point B, n'est autre chose que le costé du cylindre; & considérant le second parallelogramme qui a pour costez G H & les costez du cylindre, on voit que ce costé du cylindre vaut en puissance la ligne G 2, & la perpendiculaire ou hauteur du mesme parallelogramme; & partant ladite perpendiculaire ou hauteur du parallelogramme est plus petite que la perpendiculaire du premier, qui est égale au costé du cylindre; & par ainsi ces hauteurs ou perpendiculaires vont toûjours en diminuant jusques au quart de cercle, & puis aprés vont en croissant au quart suivant.

Remarquez que les lignes G 2, H 3, I 4, L 5 qui sont touchantes, passent pour la circonférence des divisions du cercle, & pour costez des parallelogrammes.

Il faut entendre en cette figure rectiligne, que K V est égale à la plus grande des perpendiculaires, & aussi au costé du cylindre, & qui tombe per-

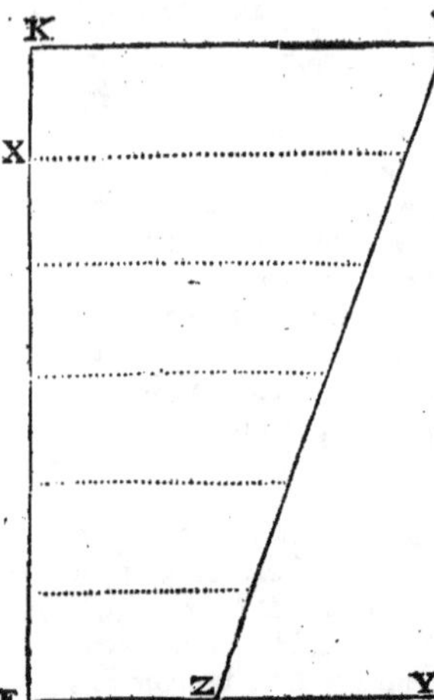

pendiculairement sur le costé B G au point B : la ligne K X & les autres divisions representent & sont égales à celles de la circonférence, comme K X à B G, & ainsi des autres; car K E est supposée égale au quart de la circonférence B H D. Le plus grand des parallelogrammes est fait des lignes K V, K X; & quand il est pris autant de fois qu'il y en a de petits, il occupe l'espace K V Y E; partant toutes ces lignes sont à la grande K V prise autant de fois, comme la figure K V Z E est au quarré de la superficie du cylindre qui est icy representé par le parallelogramme K V Y E.

Il faut passer plus avant, & considérer les perpendiculaires qui sont tirées du sommet sur les points 2, 3, 4, 5, &c. du cercle B D C. Or chacune de ces perpendiculaires, par éxemple celle qui part du point 2, vaut la ligne qui tombe perpendiculairement sur le point N & la ligne N 2; la perpendiculaire qui tombe sur le point 3 vaut en puissance celle qui tombe perpendiculairement sur O, & la ligne O 3, & ainsi des autres. Cecy s'explique mieux dans le petit cercle A 9 T. Il faut donc concevoir la ligne qui part du point A centre du grand cercle B D C base du cylindre oblique, & qui va trouver le centre de l'autre cercle qui est la base supérieure du mesme cylindre, duquel centre on abaisse la perpendiculaire qui tombe sur la circonférence du petit cercle A 9 T au point T. Ayant trouvé le point T, de l'intervale A T comme diamétre je forme le cercle A 9 T; la demi-circonférence duquel est divisée en autant de parties égales qu'il y en a au quart B D de la circonférence du cercle B D C. Puis aprés, du point duquel j'ay tiré la perpendiculaire sur le point T, je tire des lignes aux points 11, 10, 9, 8, 7, &c. qui font la division du cercle, comme il a esté dit. Du point T je tire des lignes aux mesmes points 11, 10, 9, 8, 7. Je dis davantage que le cercle A 9 T nous représente la base d'un cylindre droit qui a son autre base en l'air, sçavoir un cercle dont la circonférence passe par le point d'où est tiré la ligne qui tombe sur T, & est aussi le centre de la base supérieure du cylindre oblique, & on nommera icy ledit point qui est en l'air, sommet. Nous disons donc que la ligne tirée en l'air dudit sommet sur le point 7, est égale en puissance aux deux lignes dont l'une est celle qui tombe perpendiculairement dudit sommet sur le point T; & l'autre est T 7. La ligne qui part dudit sommet, & va au point 8, est égale en puissance à la susdite qui tombe dudit sommet sur T, & à T 8, & ainsi de toutes les lignes qui vont au point du cercle A 9 T. Or la ligne qui tombe sur le point T est toûjours la mesme, & est la hauteur perpendiculaire du cylindre oblique; & toutes ces lignes qui partent dudit sommet, & vont sur les points 7, 8, 9, 10, 11, &c. forment un cône dont ledit point d'où sortent toutes ces lignes, & aussi celle qui tombe sur T, est le sommet; & chacune desdites lignes qui vont dudit sommet sur 7, 8, 9, &c. sont chacune égales en puissance à ladite ligne qui tombe sur T, & à celle qui de T va sur le point de la circonférence A 9 T, auquel celle qui part du sommet aboutissoit aussi.

Or en tout cecy on doit considérer la figure du discours précédent, qui est

eſt icy décrite, en laquelle nous feignons que l'ouverture du compas ſe doit
faire ſur un cylindre droit poſant un pied du compas pour pole ſur le point
F, & traçant de l'autre ſur le cylindre, & faiſant ladite ouverture plus grande que le diametre F E : la pointe du
compas va toucher la plus petite des
perpendiculaires, laquelle partira du
point E, & montera le long du cylindre,& les perpendiculaires ſuivantes qui
partent des points 29, 28, 27, 26, 21,
22, 23, &c. juſques au meſme point F,
auquel lieu la perpendiculaire eſt égale
à l'ouverture du compas, & partant la
plus grande de toutes ces perpendiculaires. Or la ligne qui eſt l'ouverture
du compas eſt égale en puiſſance à la
ligne F E, & à la moindre perpendiculaire, ſçavoir à celle qui va du point E
le long du cylindre. Prenons maintenant quelqu'autre point comme 22.
Nous diſons que la ligne qui eſt l'ouverture du compas vaut les quarrez de
la ligne F 22, & de la perpendiculaire
du point 22 en l'air; partant les quarrez de F E & de la perpendiculaire ſur
E en l'air, ſont égaux aux quarrez F 22
& de la perpendiculaire ſur 22 en l'air.
Au lieu du quarré F E, je prends les
quarrez de F 22, & de 22 E; partant les
quarrez de F 22, & de la perpendiculaire ſur 22 en l'air, valent les quarrez de

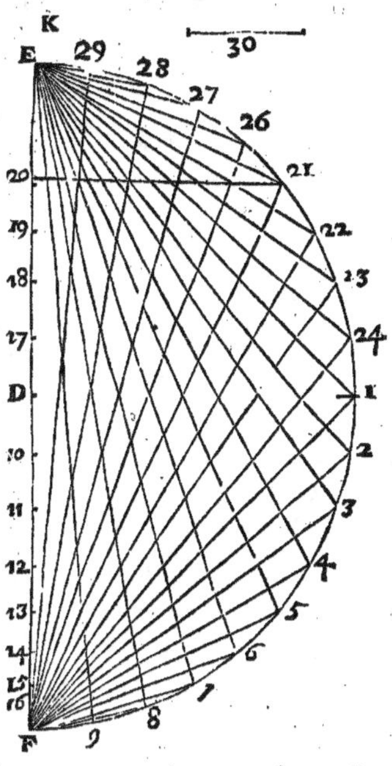

F 22, 22 E, & de la perpendiculaire ſur E en l'air. Des deux grandeurs oſtez
ce qui eſt commun, ſçavoir le quarré de F 22, reſtera le quarré de la perpendiculaire ſur 22 en l'air, égal aux quarrez de 22 E & de la perpendiculaire
ſur E en l'air ; & faiſant le meſme aux autres points 23, 24, 25, 26, 27, &c.
on aura le quarré de la perpendiculaire ſur 23, par éxemple, égal aux quarrez
de 23 E, & de la perpendiculaire ſur E en l'air, & ainſi des autres : par ainſi
nous trouvons que les quarrez deſdites perpendiculaires en l'air ſont égaux
aux quarrez de la perpendiculaire ſur E en l'air, & des ſoutendantes 23 E,
22 E, 26 E, &c.

Or ſi on ſuppoſe que le cercle A 9 T ſoit auſſi grand que F 22 E de la
préſente figure, & qu'ils ſoient tous deux également diviſez, & que l'ouverture du compas vaille en puiſſance le diametre F E, & la hauteur du cylindre oblique, ſçavoir la ligne qui tombe perpendiculairement ſur T, alors
les perpendiculaires bornées par le trait du compas, & tirées en l'air des
points E, 29, 28, 27, 26, &c. ſont toutes égales aux lignes qui tombent ſur
les points T, 11, 10, 9, 8, 7, A, & qui ſont tirées du centre de la baſe ſupérieure du cylindre oblique, qui eſt le ſommet d'où tombe perpendiculairement la ligne ſur le point T, & cette ligne eſt la plus courte de toutes celles
qui tombent dudit point ſur le cercle A 9 T, & eſt égale à la perpendiculaire tirée ſur le point E en l'air, & coupée par ladite ouverture du compas ; la
ligne qui aboutit au point 11, & vient du meſme ſommet, eſt égale à la perpendiculaire ſur le point 29 en l'air, & coupée par le compas ; & ainſi toutes
les lignes tirées du ſommet, ou centre de la baſe ſuperieure du cylindre obli-

Voyez la figure de la page 222.

que sont égales aux perpendiculaires retranchées par le compas sur la surface
du cylindre droit. Or les lignes ainsi tirées du centre oblique sur le cercle
A 9 T sont égales aux lignes qui tombent sur les points 2, 3, 4, &c. & qui
sont tirées de la circonference de ladite base superieure du cylindre oblique,
sçavoir des points de ces perpendiculaires aux points F, N, O, P, &c. &
les soutendantes T 7, T 8, T 9, &c. sont égales aux lignes N 2, O 3, P 4,
&c. Nous disons donc que les parallelogrammes qui sont en mesme hauteur,
& dont les bases sont égales, doivent estre égaux, & contiennent des espaces
égaux. Or pour mieux entendre cette égalité, nous devons feindre que le
cercle A 9 T va jusques au centre du cercle F P S 17, & que son diamétre
A T est égal à B A demi-diamétre du cercle B D C ; & ainsi le demi-cercle
A 9 T sera égal au quart de cercle B D. Or le trait du compas qui s'est fait
en la derniére figure F 22 E, se rapporte entiérement à ce qui s'est fait dans
le cercle A 9 T de l'autre figure ; & partant le trait du compas fait sur le
cylindre droit est égal au quart de la circonférence du cylindre oblique.

Pour conclusion. Si le cercle de la derniére figure F 22 E est égal à celuy de l'autre figure, sçavoir B D C, & que la perpendiculaire retranchée par
le compas, & qui part du point E en l'air (quand le compas est plus ouvert
que F E) est égale à la perpendiculaire tirée de la base supérieure du cylindre oblique à l'autre base, & qui est la vraye hauteur dudit cylindre oblique, & qu'on a supposé tomber de la base supérieure sur les points F, N,
O, P, &c. & mesme sur C : toutes les perpendiculaires retranchées par le
compas sur le cylindre droit dont la base est F 22 E, seront égales aux perpendiculaires tirées du cercle supérieur du cylindre oblique sur les points
B, 2, 3, 4, 5, &c. & la figure retranchée par le compas sera égale à la superficie du cylindre oblique duquel la base est le cercle B D C, & la hauteur
perpendiculaire double de la perpendiculaire sur E en l'air, & retranchée
par le compas, sçavoir de la perpendiculaire tant dessus que dessous ledit
point E.

Voyez la
figure sui-
vante.
Que la ligne C G soit le diamétre d'un cercle qui serve de base à un cylindre droit duquel on ait retranché une superficie ; A C B soit le diamétre
d'un cercle qui soit la base d'un cylindre oblique proposé ; C F soit l'axe dudit cylindre oblique ; F le centre de la base supérieure, duquel tirant la ligne F G perpendiculaire sur A B, ladite F G sera la hauteur du cylindre
oblique. Mais si on éleve ledit axe C F perpendiculairement sur C, on aura
son égale C L qui est la hauteur qu'il faut donner au cylindre droit qui a la
ligne C G pour diamétre de sa base ; & si on tire de L en I une parallele à
C G, & du point I la ligne I F G, le cylindre droit est achevé, sur lequel du
point C, & intervalle C L on retranchera avec le compas la superficie L F, &c.
Or nous avons veû cy-devant que ce qui est retranché sur la superficie du
cylindre droit C L I G, est à la superficie du cylindre oblique proposé A E D B,
comme le diamétre du cylindre droit C G, sçavoir de sa base au demi-diamétre de la base du cylindre oblique A C ou C B. Or si le diamétre du cylindre droit est égal au demi-diamétre de l'oblique, alors ce qui est retranché du cylindre droit sera égal à la superficie du cylindre oblique. Mais
l'un n'estant pas égal à l'autre, pour trouver un retranchement qui soit
égal à la superficie du cylindre oblique, il est nécessaire de trouver un cylindre droit semblable au premier C L I G, comme est C N M H. Pour le
trouver, on prend une moyenne proportionnelle entre C B, & C G, laquelle est C H : du point H j'éleve la perpendiculaire H O M qui coupe la
ligne C F en O, & fait le triangle C H O semblable au triangle C G F :
ces triangles semblables servent à faire le petit cylindre droit semblable
au grand cylindre droit ; car du petit cylindre C N M H, on retranche

N E O, &c. & ce qui est retranché est égal à la superficie du cylindre oblique proposé; car le retranché L F du cylindre droit C L I G est à la superficie du cylindre oblique proposé A E D B, comme le diamétre C G au demi-
diamétre C B. Mais le petit cylindre C N M H estant semblable au grand cylindre C L I G, le retranché de l'un sera semblable au retranché de l'autre:
les superficies des cylindres sont entr'elles en raison doublée de leurs diamétres; partant la superficie du grand cylindre est à celle du petit en raison

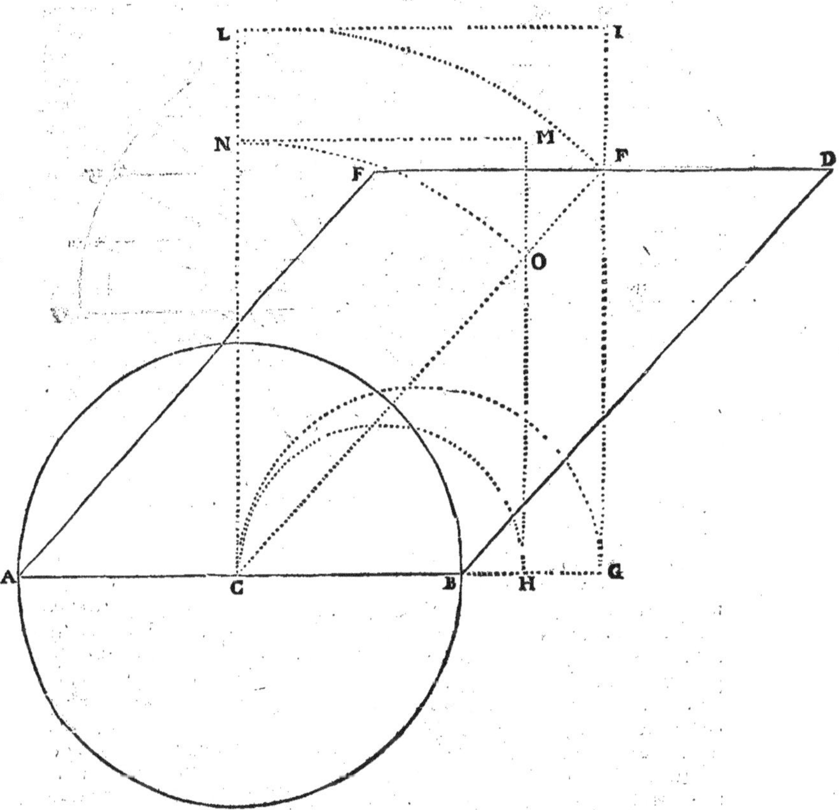

doublée de C G diamétre du cercle du grand cylindre à C H diamétre du
cercle du petit; la superficie de l'un sera donc à celle de l'autre en raison
doublée de C G à C H, c'est-à-dire, comme C G à C B. Mais les cylindres
droits estant semblables, le retranché de l'un sera au retranché de l'autre,
comme toute la superficie de l'un à toute la superficie de l'autre; partant le
retranché du cylindre droit C L F est au retranché du petit cylindre droit
C N E O, comme C G à C B. Mais le retranché du grand cylindre droit
est à la superficie du cylindre oblique, comme C G à C B; partant le retranché du petit cylindre est égal à la superficie du cylindre oblique, puis
que l'un & l'autre a mesme raison au retranché du grand cylindre.

Tout ce qui a esté dit cy-devant pour couper sur un cylindre droit un espace égal à la superficie d'un cylindre oblique, se peut réduire à ce qui s'ensuit.

   Soit fait la figure suivante dans laquelle le diamétre du petit cercle, sçavoir A T, doit estre égal au demi-diamétre du grand cercle B D C base inférieure, & de F P S 17 representant la base supérieure en l'air du cylindre
oblique dont le centre est perpendiculaire sur T joint au point C. Je dis que

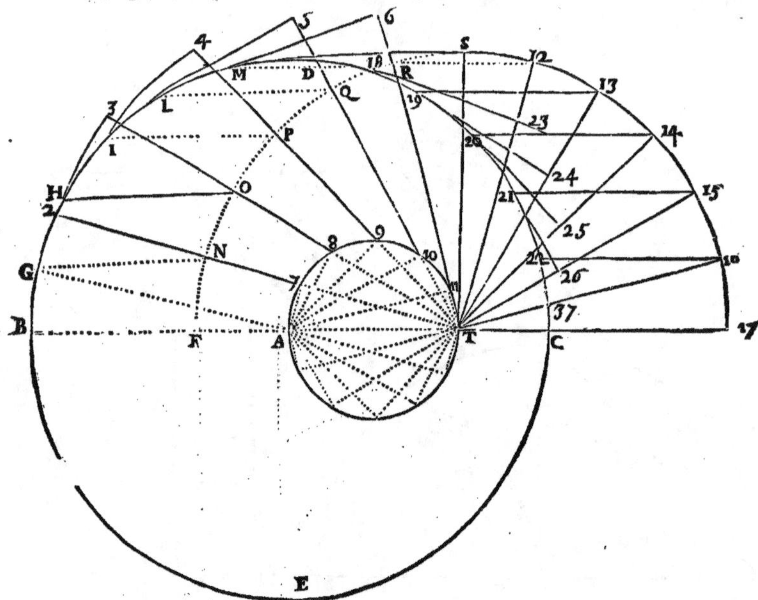

si on ouvre le compas autant que le costé du cylindre oblique, & que laissant
un des pieds du compas sur le point F joint au point A, on trace une ligne
sur le cylindre droit dont la base est A 9 T, l'espace compris entre ladite ligne, & ladite base A 9 T, sera égal à la superficie du cylindre oblique.
   Soient divisées les bases desdits cylindres oblique & droit en une infinité
de parties égales, sçavoir, faisant autant de divisions sur le quart de cercle
B L D que sur le demi-cercle A 9 T, & ce, tant aux bases supérieures qu'aux
inférieures desdits cylindres, & tirant des lignes par les points desdites divisions, on fera plusieurs parallelogrammes qu'on prendra au cylindre oblique
d'une base à l'autre ; mais au cylindre droit on les prendra depuis la base inférieure jusques à la section faite par le compas. Or lesdits parallelogrammes sont égaux en multitude en l'un & l'autre cylindre, & on les démontrera
aussi égaux en quantité, comme il s'ensuit.
   Puisque les parallelogrammes susdits ont mesme base, puisqu'ils contiennent égale portion ou quantité en la circonférence de la base de chacun des
cylindres, reste à montrer que leur hauteur est égale. Cette hauteur est facile
à connoistre au cylindre droit, puisque le costé mesme du cylindre coupé par
le compas, la dénote : mais au cylindre oblique cette hauteur est la ligne tirée
de la base supérieure représentée par les points N, O, P, &c. perpendiculairement sur la tangente tirée du point correspondant en la base inférieure ;
                                                                          ainsi

ainſi la ligne tirée de N en l'air ſur la touchante G 2 (qui part du point G de
la baſe inférieure correſpondant au point N de la ſupérieure) en ſorte qu'il
ſe faſſe un angle droit au point 2, eſt la hauteur du parallelogramme tiré
de G au point N en l'air de la baſe ſupérieure. Et de meſme, la hauteur du
parallelogramme tiré du point H au point qui eſt audeſſus de O en l'air en
la baſe ſupérieure, eſt la ligne tirée du meſme point O en l'air au point 3 ſur
la touchante H 3 où elles font enſemble un angle droit; & ainſi les hauteurs de
tous les parallelogrammes ſont les lignes tirées des points de la baſe ſupérieure
perpendiculairement ſur les tangentes qui partent des points correſpondans en
la baſe inférieure; & ainſi, le moindre de tous les parallelogrammes ſera celuy qui du point D de la baſe inférieure, eſt tiré au point correſpondant à
S en la ſupérieure; car il n'a pour hauteur ſimplement que la hauteur du cylindre oblique, ſçavoir les lignes tirées perpendiculairement des points C,
F, N, O, &c. à la baſe ſupérieure. Comme le plus grand deſdits parallelogrammes eſt celuy qui de B eſt tiré vers F en l'air; car ſa hauteur eſt le
coſté entier du cylindre oblique : il reſte à démontrer que ces perpendiculaires ſont égales en l'un & en l'autre cylindre.

Premiérement, il eſt certain que l'ouverture du compas, qui fait le retranchement ſur le cylindre droit, eſtant égale au coſté du cylindre oblique, la
perpendiculaire ſur A au cylindre droit, bornée par le trait du compas, ſera
égale à celle qui va du point B au point correſpondant de la baſe ſupérieure du cylindre oblique, qui eſt auſſi le coſté du cylindre oblique. Et pareillement la perpendiculaire ſur le point T au cylindre droit eſt égale à la
hauteur du cylindre oblique, & à la ligne tirée perpendiculairement du point
S à ſa baſe ſupérieure; car l'axe du cylindre oblique qui du centre A de la
baſe inférieure va à celuy de la ſupérieure qui eſt audeſſus de T, eſt égal au
coſté du cylindre oblique, & partant à l'ouverture du compas : mais ledit
point T en l'air, centre de la baſe ſupérieure, eſt le point du cylindre droit retranché par le compas; partant ladite perpendiculaire ſur T au cylindre droit,
ſera égale à la hauteur du cylindre oblique, & à la perpendiculaire ſur S.

On le démontreroit encore autrement, imaginant un triangle rectangle
dont un des coſtez ſoit D S; le ſecond, la perpendiculaire qui va de S à
la baſe ſupérieure; & le troiſiéme qui va de D audit point ſur S en l'air;
car ce triangle eſt entiérement égal à celuy qui ſe fait au-dedans du cylindre
droit dont un des coſtez eſt A T; l'autre, la perpendiculaire ſur T juſques
au retranchement; & le troiſiéme eſt l'ouverture du compas, qui va de A à
T en l'air, & eſt égale au coſté du cylindre oblique, ſçavoir à la ligne qui
va de D au point S en l'air : la ligne A T eſt égale à D S, comme il eſt aiſé
de le montrer; les angles en T & en S ſont droits; & partant les triangles
ſont égaux; & la ligne ſur T égale à la ligne ſur S.

On montrera, comme cy-devant, l'égalité des autres perpendiculaires,
ſçavoir, celle ſur 7 au cylindre droit, à celle qui tombe ſur 2 à l'oblique;
celle ſur 8, à celle ſur 3, &c. & nous le répéterons encore icy. L'ouverture
du compas eſt égale en puiſſance aux quarrez de A T & de la perpendiculaire ſur T du cylindre droit; & pareillement elle eſt égale aux quarrez de
A 7 & de la perpendiculaire ſur 7, & aux quarrez de A 8 & de la perpendiculaire ſur 8, &c. Donc les quarrez de A T & de la perpendiculaire ſur T
ſont égaux aux quarrez de A 7 & de la perpendiculaire ſur 7; & ſi, au lieu
du quarré A T on prend les quarrez de A 7 & 7 T qui luy ſont égaux, on
aura les quarrez de 7 T, 7 A, & de la perpendiculaire ſur T égaux aux quarrez de 7 A, & de la perpendiculaire ſur 7; & oſtant de part & d'autre le quarré
7 A, on aura le quarré de la perpendiculaire ſur 7 égal aux quarrez de 7 T,
& de la perpendiculaire ſur T.

M M m

De plus, on a montré que 2 N est égal à 7 T par le moyen du rectangle
7 A G 2. Il faudra donc pour la perpendiculaire sur 2 imaginer un triangle
rectangle en l'air sur le point N dont un des costez sera N 2; le second, la
perpendiculaire qui du point N va trouver le point correspondant en la base
supérieure du cylindre oblique; & le troisiéme est la perpendiculaire cherchée, qui du point N en l'air est menée au point 2, & ce troisiéme costé estant
opposé à l'angle droit en N, vaut en puissance les quarrez de la perpendiculaire sur N (égal à celuy de la perpendiculaire sur T) & de la ligne N 2 égale
à 7 T; donc la perpendiculaire sur 7 sera égale à la ligne qui du point N en
l'air tombe sur 2. Mais ces lignes désignent la hauteur des parallelogrammes faits sur les cylindres; & partant lesdits parallelogrammes ayant la base
égale & la hauteur égale sont égaux; & partant la surface du cylindre oblique égale à ce qui est coupé du cylindre droit. Mais si la perpendiculaire tirée du centre de la base supérieure ne tombe pas sur la circonférence de la
base inférieure, en sorte que A T ne soit pas égal au demi-diamétre de ladite base, alors il faut proportionner, comme on a montré au discours sur la
figure de la page 227.

DU SOLIDE DE LA ROULETTE.

QUe A I B soit le chemin de la Roulette; A L M B le parallelogramme
fait du diamétre I C, & de la circonférence A B étenduë en ligne droite.
Nous cherchons la raison qu'il y a du cylindre fait par le parallelogramme,
au solide fait par la roulette A I B, lors que le tout tourne sur ladite circonférence A C B. Pour cét effet, je tire la ligne G D H parallele à A C B; &

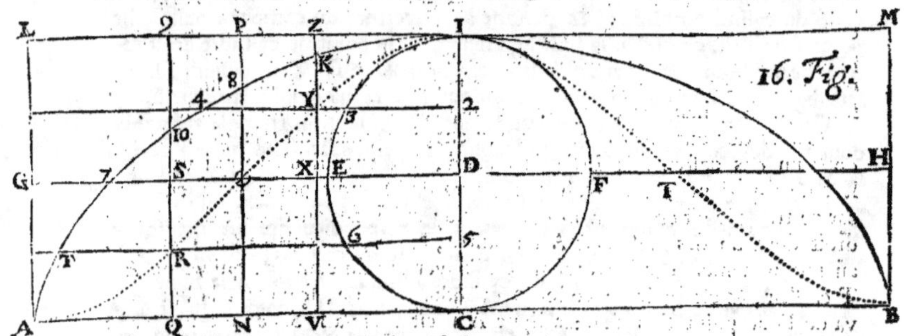

ctete ligne se prend pour le chemin du point D centre de la roulette. Or
cette ligne G D H coupe la figure A O I 4 & le demi-cercle C E I, chacune
en deux parties semblables: or il y a un Théoréme qui porte que, quand deux
figures sont ainsi coupées par une ligne parallele à la ligne sur laquelle les figures font leur tour, les solides des figures sont entr'eux comme les figures;
& partant le solide fait par la figure A O I 4 est égal au solide fait par la
demi-circonférence I E C, car nous avons veu comme le plan A O I 4 est
égal au demi-cercle I E C que nous avons trouvé estre le quart du parallelogramme; & ainsi ces solides seront chacun le quart du cylindre fait par
le parallelogramme. Mais ne prenant que le seul solide fait par A O I 4
qui sera le quart du cylindre, & ayant tiré la ligne Q R S qui représente
toutes les lignes tirées perpendiculairement de A N premier quart de la circonférence A C B sur G D H, & la ligne V X Y qui représente toutes les lignes tirées de N C second quart, sur la ligne courbe O Y I : nous disons que
le quarré de Q R est égal aux quarrez de Q S & S R, moins deux fois le re-

ctangle Q S R, & ainſi des autres lignes tirées ſur ledit quart A N; & de plus
que le quarré de V Y eſt égal aux quarrez de V X, & X Y plus deux fois le
rectangle V X Y, & ainſi des autres lignes tirées ſur le ſecond quart N C.
Or les rectangles qui ſe trouvent dans l'eſpace A O ſont égaux à ceux de l'eſpace N I; & eſtant de plus d'un coſté & moins de l'autre, on les oſtera de
part & d'autre. Il reſtera donc que les quarrez de Q R, V Y & des autres lignes tirées de A C ſur la ligne courbe A R O Y I pris tous enſemble, ſeront
égaux aux quarrez du demi-diamétre Q S ou V X pris autant de fois, & aux
quarrez de S R, X Y, & autres lignes tirées de G D ſur la ligne courbe A O I
pris auſſi autant de fois. Or leſdites lignes S R, X Y, &c. ſont des ſinus droits
dont les quarrez ſont au quarré du diamétre pris autant de fois, comme 1 à 8,
& les quarrez du demi-diamétre ſont aux quarrez du diamétre, comme 2 à 8.
Si on joint ces raiſons, on aura celle de 3 à 8 qui eſt celle des quarrez des
lignes tirées de A C ſur la ligne courbe A O I au quarré du diamétre pris
autant de fois; & ſi on y joint la raiſon de la figure A O I 4 au parallelogramme A I, qui eſt comme 2 à 8, on aura la raiſon de 5 à 8, qui eſt celle du
ſolide que fait la roulette A I B, au cylindre A M, le tout tournant ſur A C B.

On conclura la meſme choſe en conſiderant les quarrez des ſinus verſes
Q R, V Y, & les autres, leſquels ſont au quarré du diamétre pris autant de
fois, comme 3 à 8; & l'eſpace A R I 4 eſt au parallelogramme A I, comme
2 à 8, qui joint avec la raiſon de 3 à 8, font celle de 5 à 8; & telle eſt la
raiſon du ſolide de la roulette au cylindre, comme en l'autre concluſion.

Maintenant il faut voir quelle raiſon il y aura entre le ſolide de la meſme roulette & ſon cylindre, lors qu'elle tourne ſur L M parallele à A B, où
il faut conſiderer que le quarré de N 8 vaut les quarrez de N P & P 8
moins deux fois le rectangle N P 8; & ainſi le quarré N 8 plus deux fois le
rectangle N P 8 eſt égal aux quarrez N P, P 8. On ſçait que les quarrez de
N 8, V K, & de toutes les autres ſont au quarré du diamétre C I ou N P ſon
égal pris autant de fois, comme 5 à 8, à quoy il faut joindre deux fois les rectangles N P 8, V Z K, & tous les autres: or ces rectangles ont tous pour hauteur N P, & partant ils ſeront entr'eux comme toutes les lignes P 8; Z K, 9 10, &
les autres. Mais tout l'eſpace rempli de ces lignes, ou plutoſt toutes ces lignes
ſont au diamétre pris autant de fois, comme 2 à 8 : & il faut prendre deux
fois ces rectangles; partant ils ſeront au quarré du diamétre pris autant de fois,
qu'il y a de lignes V K, N 8, Q 10, &c. comme 4 à 8; laquelle raiſon jointe à celle de 5 à 8 cy-devant, font celle de 9 à 8, ou $\frac{9}{8}$; & parce que les
quarrez Q 9, N P, V Z, &c. repreſentent les 8, il s'enſuivra que les quarrez 9 10, P 8, Z K, &c. vaudront $\frac{1}{8}$; car puiſque les quarrez Q 10, N 8,
V K, &c. avec deux fois les rectangles Q 9 10, N P 8, V Z K, &c. (qui
tous enſemble avec leſdits quarrez vallent $\frac{9}{8}$) ſont égaux aux quarrez Q 9,
9 10, N P, P 8, V Z, Z K, &c. ceux-cy vallent auſſi $\frac{9}{8}$. Si donc on en
oſte les quarrez Q 9, N P, V Z, qui vallent $\frac{8}{8}$, reſtera $\frac{1}{8}$ pour les quarrez
9 10, P 8, Z K, qui oſtez encore des meſmes quarrez Q 9, N P, V Z,
reſtera $\frac{7}{8}$ pour le ſolide de la roulette, qui ſera au cylindre comme 7 à 8.

La meſme choſe ſe peut conclure d'une autre façon, en diſant que le
quarré P 8 eſt égal aux deux quarrez P N, N 8 moins deux fois le rectangle P N 8, & tous les autres de meſme, ſçavoir le quarré de Z K égal aux
quarrez de Z V, & K V moins deux fois le rectangle Z V K, & ainſi des
autres. On a veû que les quarrez de N 8 & les autres, ſont au quarré du
diamétre pris autant de fois, comme 5 à 8; & joignant le quarré de N P
qui eſt 8, avec 5, on aura la raiſon de 13 à 8. De cette ſomme il faut oſter le moins, ſçavoir les rectangles P N 8 & autres, tous leſquels ont meſme hauteur, ſçavoir P N; ils ſeront donc entr'eux comme leurs baſes V K,

N 8, Q 10, & les autres. L'espace A 8 I D C rempli par les petites lignes
V K, N 8, &c. est au grand parallelogramme A I, comme 6 à 8; & le rectangle pris deux fois sera audit parallelogramme, comme 12 à 8; & ostant
la raison de 12 à 8 de celle de 13 à 8, restera celle de 1 à 8, comme cy-devant pour la valeur des quarrez Z K, P 8, 9 10, & les autres.

Il faut maintenant considerer les solides qui se font quand la figure tourne sur L A, où on remarquera que la ligne I C parallele à ladite L A, coupe le parallelogramme A M & la figure A I B en deux également; & partant les solides sont entr'eux comme les plans; & ainsi le solide fait par
A I B sera au cylindre formé par le parallelogramme A M, comme le plan
de l'un est au plan de l'autre. Mais les plans sont entr'eux comme 4 à 3;
partant le cylindre sera au solide de la roulette comme 4 à 3.

Considerons maintenant le solide fait par le plan de la compagne de la
roulette A O I T B. On voit que la ligne I C coupe en deux également
tant le parallelogramme A M, que ladite figure A O I T B; partant les
solides seront entr'eux comme les plans : mais les plans sont entr'eux comme
2 à 1, partant le cylindre sera au solide fait par A O I T B, comme 2 à 1,
c'est-à-dire double.

On conclura de là que le solide fait par la figure A O I 10 est au cylindre A I, comme 1 à 4; car puisque le solide fait par A 8 I D C est au
cylindre A I comme 3 à 4 : si on en oste le solide fait par A O I D C qui
est au mesme cylindre A I comme 2 à 4, restera la raison de 1 à 4, pour
celle du solide fait par A O I 10, au mesme cylindre A I.

PROPORTION DES SOLIDES

composez de lignes courbes, avec le cylindre qui aura mesme
base & mesme hauteur, ensemble de leur centre de gravité.

QUe A G E C soit une ligne irréguliére telle qu'on voudra, pourveu
toutefois qu'elle baisse toûjours vers C; & soient tirées les lignes
A B, B C, qui fassent un angle en B, lequel soit icy supposé estre droit,

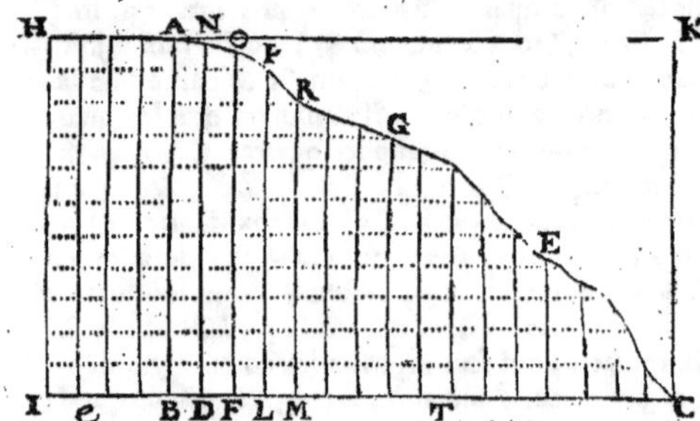

car cela n'est pas néces-
saire, & on aura le triligne A B C. Que les li-
gnes A B, B C soient
divisées en une infinité
de parties égales, &
chaque partie de A B
soit égale à chaque par-
tie de B C : de chaque
point de la division
soient tirées des paral-
leles aux lignes A B,
B C, qui divisent le tri-
ligne, comme on voit icy. Du point C j'éleve en l'air une perpendiculaire au
plan A B C égale à B C; puis je conçois un plan sur la ligne A B, tellement
incliné, qu'il vienne rencontrer l'extremité de la perpendiculaire sur C en
l'air. Ensuite j'éleve de chaque point de la ligne B C une perpendiculaire
qui rencontre ce plan incliné, & chacune de ces perpendiculaires est égale
à sa correspondante, sçavoir à celle qui va du point dont elle a esté tirée,
jusques à la ligne A B : comme la perpendiculaire tirée sur D sera égale à B D,

celle

celle qui est elevée sur F est égale à BF, & ainsi des autres. Il faut aussi concevoir un triangle rectangle isocelle qui se fait par la ligne B C, la perpendiculaire en l'air sur C qui est égale à B C, & la ligne qui va de B à l'extremité de ladite perpendiculaire : le plan de ce triangle est égal à la moitié du quarré B C; le mesme doit estre entendu de tous les triangles qui se font par le moyen du plan incliné, qui tous sont égaux à la moitié du quarré de leurs costez égaux.

Il faut en suite considerer une perpendiculaire élevée sur le point A qui chemine sur la ligne A G E C, & qui rencontre le plan incliné : cette ligne par son chemin décrit une superficie, & par conséquent on a quatre superficies qui enferment un solide, la premiere est le plan du triligne A C B; la deuxiéme, le plan incliné qui commence à A B; la troisiéme est le triangle sur B C en l'air & perpendiculaire sur le plan A B C; la quatriéme est celle que fait la perpendiculaire en parcourant la ligne A G E C. Ce solide est distingué & comme composé d'une infinité de triangles tous paralleles & semblables à celuy qui est elevé perpendiculairement sur B C, & qui est une des faces du solide; partant ce solide partagé de cette sorte est formé de la moitié de tous les quarrez de la ligne B C, & de ses paralleles.

Que si on veut couper ce solide d'un autre sens, sçavoir par des plans paralleles à la ligne A B, alors on fera dans le solide des parallelogrammes égaux aux parallelogrammes B D N, B F O, B L P &c. partant tous ces parallelogrammes ensemble seront égaux aux demi-quarrez de la ligne B C & de ses paralleles; car c'est le mesme solide qui ne change point. On peut donc établir, que tous les demi-quarrez de la ligne B C & de ses paralleles, sont égaux à tous les parallelogrammes N D B, O F B, P L B &c.

Soit tiré une parallele à A B en quelque part qu'on voudra : que ce soit H I, sçavoir hors de la figure, & soit achevé le parallelogramme H I C K, & soit élevé un plan sur la ligne H I, incliné en telle sorte, qu'il rencontre comme le précedent, l'extremité de la perpendiculaire sur C en l'air prise de la longueur de I C; & soit aussi prolongé les lignes de la figure jusques à la ligne H I : on trouvera que les demi-quarrez de la ligne I C & des autres paralleles à cette ligne, qui aboutissent à H I, sont égaux à tous les parallelogrammes compris dans la figure A B C, en les prolongeant jusques à H I, & dans l'espace H I B A, sçavoir A B I, N D I, O F I, &c.

Nous considérerons maintenant la figure quand elle tourne sur H I. Alors elle forme trois solides, sçavoir un cylindre par H I B A, un solide qui se nomme creux par la figure A C B; un autre par H A C B I; & le grand cylindre H I C K. Nous cherchons les raisons de ces solides entr'eux. Pour le petit cylindre, il est au grand cylindre comme le quarré de H A est au quarré de II K; le solide fait de II I B C A est au grand cylindre, comme le quarré de I C & des autres paralleles jusques à H A, sont au quarré de H K pris autant de fois; le solide de la figure A B C est au grand cylindre comme le quarré de I C & des autres paralleles moins le quarré I B, pris autant de fois, est au quarré H K pris autant de fois : & si on prend la moitié du solide, elle sera au grand cylindre, comme la moitié des quarrez I C, & des autres moins la moitié du quarré I B pris autant de fois, est au quarré H K pris autant de fois. Au lieu des demi-quarrez je prends ce qui leur est égal, sçavoir tous les parallelogrammes moins les petits de la figure H A B I, & ils seront au grand quarré H K pris autant de fois, comme la moitié du solide de la figure est au grand cylindre. Que si on fait tourner la figure A B C sur A B, alors la moitié du solide fait par A B C sera au cylindre fait par A B C K, comme la moitié des quarrez de B C

& de ses paralleles, sont au quarré de BC pris autant de fois; & en general,
sur quelque ligne qu'on fasse tourner la figure, pourveu qu'elle soit parallele
à AB, on aura toûjours la mesme équation; sçavoir, que la moitié du solide
fait par la figure, sera à son cylindre, comme la moitié des quarrez compris
dans la figure, sera au grand quarré pris autant de fois. J'entens que la figure commence à la ligne sur laquelle elle tourne, & que le parallelogramme commence à la mesme ligne.

Tout cela posé je viens à chercher le centre de gravité du plan de la figure
ABC. Pour cét effet je suppose que la ligne BC est un levier dont le point
B est l'appuy & en C la puissance: tous les points sont les lieux sur lesquels

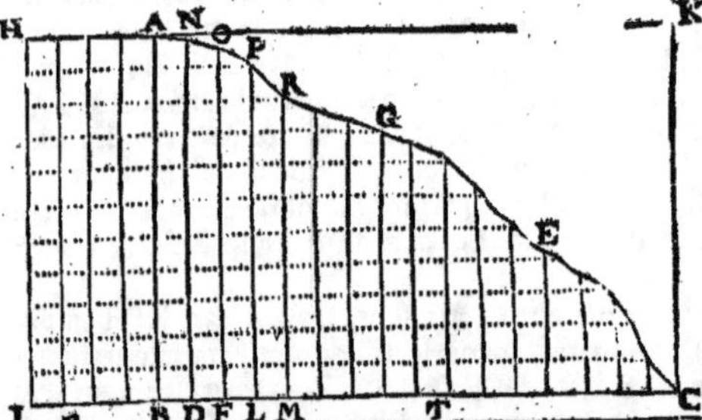

les pesanteurs pesent;
on nommera ces points
centres de gravité de
chaque portion de la
figure, laquelle se divi-
se en parallelogrammes
qui tous ont chacun
leur centre, sçavoir le
point sur lequel chacun
d'iceux pese; & tous
ces centres ensemble
viennent à estre égaux
(eu égard à la pesan-

teur qu'ils supportent) au centre total de la figure. Or nous disons que
le premier point, sçavoir D, est le centre de gravité du premier parallelogramme; F, du second parallelogramme; L, du troisiéme &c. Les centres
de gravité sont entr'eux en raison composée des costez de leurs figures; par
exemple, le centre D est au centre F en raison composée de celle de N D
à FO, & de celle de B D à B F; ce qui veut dire que comme le rectangle ou
parallelogramme des antécedens est à celuy des consequens, sçavoir comme
le parallelogramme N D B est au parallelogramme O F B: ainsi toutes les
pesanteurs sur tous lesdits points ou centres de gravité sont entr'elles, comme tous les parallelogrammes sont entr'eux. Au lieu des parallelogrammes
je prens leurs hauteurs, sçavoir les lignes A B, N D, O F, & je pose chacune de ces lignes pour le fardeau étendu, & qui pese sur chacun de ces
points. Pour trouver le centre de gravité de la figure, sçavoir le point sur
la ligne B C où les parties sont contrepesées les unes aux autres, je feins
par l'analize qu'il est en M, & j'attache à ce point M un poids égal à tous
les autres cy-dessus representées par toutes les lignes qui sont sur les points.
Ce poids est donc une ligne égale à toutes les lignes cy-dessus, & je dis
ainsi, Toutes les pesanteurs, ou centres de gravité ensemble sont au poids
de toute la figure qui est en M, comme tous les parallelogrammes de la figure sont au grand parallelogramme qui a un costé égal à toutes les lignes
cy-dessus, & la ligne B M pour l'autre costé (car on prend icy les parallelogrammes qui estant perpendiculaires sur les lignes N D, O F, P L,
&c. vont rencontrer le plan qui part de la ligne A B, & en montant va
rencontrer le point sur C en l'air élevé à la hauteur de C B, comme il a esté
dit cy-devant.) Mais toutes les pesanteurs assemblées sont égales à la pesanteur qui est en M; partant tous les parallelogrammes de la figure sont
égaux au parallelogramme qui a toutes les lignes B A, D N, F O, &c.
pour un de ses costez, & B M pour l'autre: estant égaux ils auront mesme
raison à une autre grandeur; c'est pourquoy tous les rectangles sont au grand
quarré B C pris autant de fois, comme le grand rectangle qui a toutes

les lignes fufdites A B, N D, O F, &c. pour un de fes coftez, & B M pour l'autre, eft au mefme quarré pris comme cy-devant.

Au lieu de tous les rectangles fufdits je prens ce qui leur eft égal, fçavoir les demi-quarrez des lignes B D, B F, B L, B M, B C, &c. ils feront donc au grand quarré B C pris autant de fois, comme le grand rectangle fufdit qui a B M pour un de fes coftez, & pour l'autre toutes les lignes A B, N D, O F, &c. eft audit quarré B C pris &c. Mais nous avons veû que comme le cylindre fait par A B C K eft à la moitié du folide fait quand la figure tourne fur A B, ainfi le quarré B C pris autant de fois, eft aux demi-quarrez des lignes B D, B F, B L, &c. Donc le rectangle qui a les lignes A B, N D, O F, &c. pour un de fes coftez, & B M pour l'autre, eft au quarré B C pris autant de fois, comme la moitié du folide fait par A B C eft au cylindre. Par les indivifibles je fais des folides de tous ces plans, & je dis que la moitié du folide fait par A B C eft au cylindre fait par A B C K, comme le folide qui a pour bafe la figure A B C, & B M pour hauteur, eft au folide qui a pour bafe le parallelogramme A B C K, & B C pour hauteur. Or les folides font entr'eux en raifon compofée de leur bafe & de leur hauteur; partant la moitié du folide de A B C, & le cylindre du parallelogramme A B C K, font la raifon compofante des deux folides, qui font entr'eux en la raifon compofée du parallelogramme A B C K à la figure A B C, & de celle de la ligne B C, à B M. Nous connoiffons la raifon compofante, c'eft à dire de la moitié du folide au cylindre; car (fi c'eft une parabole) fon folide eft à fon cylindre comme 8 à 15 : icy nous n'avons que la moitié du folide; c'eft pourquoy ce fera comme 4 à 15. Pareillement la raifon du plan de la parabole à fon parallelogramme eft connuë, qui eft comme 2 à 3, oftant donc de 4 à 15 la raifon de 2 à 3 ou de 4 à 6, il refte celle de 6 à 15; & telle eft la raifon de B M à B C, & le point M eft le centre.

Que fi nous feignons un cylindre tel qu'il foit la moitié d'un folide, & que nous difions, Comme le cylindre eft à la moitié du folide, ainfi quelque ligne, comme e T eft à la ligne B M; & comme le parallelogramme A B C K eft au plan A B C, ainfi la mefme ligne e T eft à la ligne B C : ces trois lignes compofent la raifon qui eft entre la moitié du folide & le cylindre, qui fera la raifon compofée de e T à B C, & de B C à B M; & ainfi le point M fera le centre de gravité.

Auparavant que de proceder felon cette derniere façon il faut avoir trouvé cette ligne e T, faifant que, comme le plan A B C eft au parallelogramme A B C K, ainfi la ligne B C foit à e T; & puis dire, Comme le cylindre fait par A B C K eft à la moitié du folide fait par A B C tournant fur A B, ainfi la ligne e T foit à B M: le point M marque le centre de gravité. Cette méthode eft pour agir plus élegamment, & plus briévement que par la premiere qui eft plus feure, fçavoir par la compofition de raifon des deux folides qui font entr'eux en la raifon compofée de celle de leur bafe, & de celle de leur hauteur, comme il a efté dit cy-devant.

Il nous faut maintenant chercher le centre de gravité d'un quart de cercle par le folide qui fe fait quand un quart de cercle qui partiroit du point A & viendroit en C, puis aprés du point C l'autre quart de cercle viendroit rencontrer la ligne A B prolongée tant que de befoin. Quand ce quart de cercle tourne fur A B, il fe fait un folide de ce quart, & il fe fait un cylindre du parallelogramme A B C K, lequel, en cette figure, eft un quarré; car A B eft égale à B C, & chacune eft le demi-diamétre du cercle. Je trouve premierement le centre de gravité fçavoir le point M, en la façon ordinaire, fçavoir, que le demi-folide du quart de cercle, eft à fon cylindre comme le folide qui a pour bafe le quart de cercle, & pour hau- *Voyez la figure fuivante.*

teur la ligne B M, est au solide qui est composé du quarré B C pris autant
de fois qu'il y a de divisions en B C. Mais les solides sont entr'eux en la
raison composée de celle de leur hauteur, & de celle de leur base, sçavoir

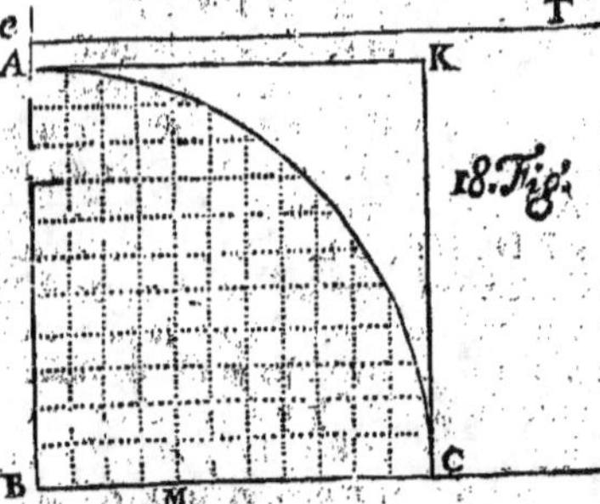

comme le quart de cercle, au
quarté B C, & comme la ligne
B M, à B C; en telle sorte que
ces quatre termes composent la
raison de la moitié du solide fait
par le quart de cercle, à son cylindre, laquelle est connuë; car le cylindre est au solide comme 6 à 4;
mais icy il n'y a que la moitié, &
partant la raison sera comme 6 à 2.
La raison du plan au plan, & de
la ligne à la ligne, sera donc comme 2 à 6; la raison du plan au plan
est connuë; car en cette figure, selon Archimede, elle est comme 11 à 14.
Si donc je soustrais la raison de 11 à 14, de celle de 2 à 6, ou de 11 à 33, il
restera la raison de 14 à 33 pour celle des lignes B M à B C; & le point M
vient à estre le lieu du centre de gravité, en la premiere maniere.

La deuxiéme façon est en disant, Comme le cylindre de A B C K est à
la moitié du solide du quart de cercle, ainsi la ligne e T est à B M; (on
trouvera la ligne e T comme cy-devant, sçavoir en faisant comme le plan du
quart de cercle est au parallelogramme, ainsi la ligne B C est à e T) c'est
pourquoy nous voyons que la moitié du solide est à son cylindre, en la raison
composée de e T à B C, & de B C à B M; & ainsi le point M est encore
le centre de gravité, selon la seconde methode.

La troisiéme methode est la plus subtile, & elle est telle : comme le quart
& demi de la circonference, sçavoir A C & sa moitié, le tout pris comme
ligne droite, est à B C demi-diametre, ainsi B C est au tiers de la ligne e T
trouvée comme cy-dessus; & il se trouvera que B M sera le tiers de ladite
e T; & ainsi le point M sera le centre de gravité. Il faut montrer que B M
est le tiers de e T; de plus, que le quart & demi de la circonference est à
son demi-diametre, comme le mesme demi-diametre est à B M tiers de e T.

Pour le premier, il est aisé à voir; car faisant que comme la moitié du
solide est au cylindre, ou bien comme le cylindre fait par A B C K, est à la
moitié du solide fait par le quart de cercle, ainsi la ligne e T soit à B M.
Nous sçavons que le cylindre est triple de la moitié du solide; partant la
ligne e T sera triple de B M, ce qu'il falloit prouver.

Il faut maintenant prouver que les trois lignes, sçavoir le quart & demi
de la circonference pris comme ligne droite, le demi-diametre & le tiers de
e T sont proportionnelles. Cecy se démontre par la proportion troublée
que je dispose comme il s'ensuit. Que le quart & demi de la circonference
soit a; le demi-quart de la mesme circonference soit b; le demi-diametre soit
c; le mesme demi-diametre soit aussi d; la ligne e T soit e; & le tiers de la
ligne e T ou la ligne B M, soit m. On fera les proportions suivantes.

Comme a est à b, ainsi e est à m; & comme b est à c, ainsi d est à e; partant comme a est à c, ainsi d est à m; partant les trois lignes a, c, m sont pro-
portionelles, ce qui restoit à démontrer.

Tout ce qui a esté dit jusques à present ne sert que pour trouver le centre de gravité des plans par le moyen d'un solide. Maintenant nous chercherons le centre de gravité d'une ligne telle qu'elle puisse estre, soit droite,
circulaire, ou irréguliere.

TROUVER

TROUVER LE CENTRE DE GRAVITÉ
de la ligne AGEC.

SOIT divisé la ligne AGEC en une infinité de parties égales; & ayant tiré les lignes A B, B C, comme cy-devant, soit aussi tiré des paralleles à A B de chaque point de la division, qui diviseront la ligne B C en parties inégales. Les parties de la ligne A G C ont chacune leur pesanteur; & le poids d'une partie n'est pas égal au poids de l'autre. Or le poids de chaque portion est representé par le point de sa division : les paralleles portent chaque pesanteur sur le levier B C aux points de sa division; & c'est sur ces points de B C que pesent toutes les parties de la ligne A G C. Nous sçavons que les poids sont entr'eux comme les rectangles; c'est à dire que le poids du point D est au poids du point H, comme le rectangle fait de A D & de B F, au rectangle fait de A D ou son égale D H, & de B I. Au lieu de dire, comme les rectangles, je dis, comme la ligne B F est à B I, parce que les rectangles ont tous un costé égal, sçavoir la portion de la ligne A G C.

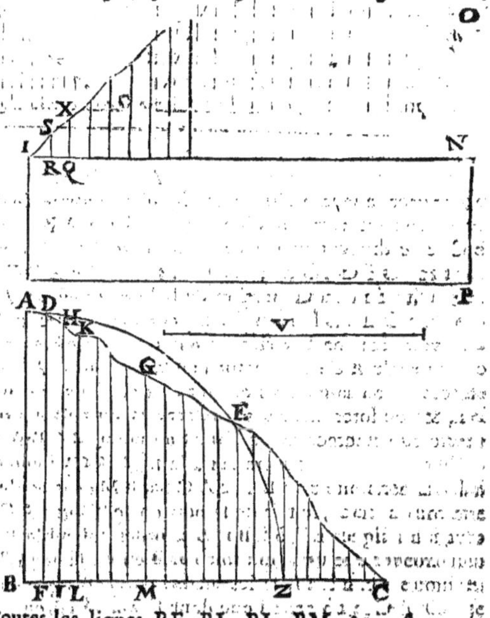

Je feins que le centre soit en M, duquel point je fais pendre une ligne égale à A G C qui represente sa pesanteur; puis je dis que le poids du point F est au poids du point M centre, comme la ligne B F est à la ligne B M; le poids du point I est au poids de M, comme la ligne B I à B M, & ainsi des autres. De là nous reviendrons aux rectangles, & nous dirons que tous les points pesans sur ceux de la ligne B C sont au poids universel pesant sur le point M centre total, comme le rectangle fait d'une seule portion de la ligne A G C & de toutes les lignes B F, B I, B L, B M, &c. est au rectangle fait par la ligne A G C pendue au point M, & par la ligne B M. Or tous les petits poids ramassez ensemble sont égaux au poids en M qui est le poids de toute la ligne; & partant les deux rectangles sont égaux, & leurs costez sont quatre lignes proportionnelles. Pour faciliter la resolution de la question du rectangle fait par une portion de la ligne A G C & des lignes B F, B I, B L, &c. j'oste par les indivisibles la portion de la ligne A G C: cette portion estant une & terminée, ne diminue rien dans l'infini; (car tout ce qui est fini & terminé comme 1, 2, 3, 4, & tant de nombres terminez qu'on voudra, n'augmente ny ne diminue rien dans les infinis) ayant donc retiré cette unique portion du rectangle, il me reste l'espace com-

pris par les lignes B F, B I, B L, &c. qui est égal au mesme rectangle de A G C
par B M. Je pose que la ligne A G C soit la droite T N, laquelle estant divisée infiniment, j'éleve sur chaque point de la division perpendiculairement
la ligne R S égale à B F, Q X égale à B I, & ainsi des autres. Les lignes
ainsi élevées composent une figure égale au rectangle T P dont le costé N P
est égal à B M, & T N égal à A G C, puis je cherche un quarré qui soit
égal à la figure ou à ce rectangle, (car l'un est égal à l'autre.) Que son
costé soit la ligne marquée V. Nous dirons que comme la ligne A G C est
à la ligne V, ainsi la ligne V est à la ligne B M cherchée ; & cecy est la
proposition universelle. Comme la ligne proposée à la ligne dont le quarré
est égal à la figure ou plan fait par toutes les lignes B F, B I, B L, &c.
ainsi cette mesme ligne qui est le costé dudit quarré, est à la ligne B M
cherchée ; & ainsi ces trois lignes, sçavoir la donnée, celle qui est le costé
du quarré susdit, & la cherchée B M sont continuellement proportionnelles.

Cherchons maintenant le centre de gravité du quart de circonférence
A G Z. Alors il faudra dire, Comme la ligne A G Z étendüe en ligne droite
est à son demi-diamétre B Z, ainsi ce demi-diamétre est à la ligne cherchée
B M. Mais le quart de la circonférence est au demi-diamétre, comme tous
les sinus tirez par les points esquels est divisée la circonférence, sont au sinus total pris autant de fois ; or tous ces sinus sont les lignes B F, B I, B L,
&c. répondans aux points de la circonférence divisée en parties égales infinies ; & tous ces sinus sont égaux au quarré du demi-diamétre, comme il
paroist par la troisiéme Proposition.

Voyez la
figure sui-
vante.

Mais si on suppose que la ligne A C soit droite, pour en trouver le centre de gravité je la divise en une infinité de parties égales, & de chaque point
de la division je tire des lignes paralleles à A B, qui tombent sur le levier
B C & le divisent en parties égales entr'elles, & divisent la figure A B C
en triangles semblables : les points de la ligne B C marquent les centres
de gravité de chaque portion de la ligne proposée A C. Or tous ces centres ou pesanteurs sont entr'elles, comme les rectangles sont entr'eux, c'est
à sçavoir, comme le rectangle B F par A D est au rectangle B I par D H
ou son égale A D ; & d'autant que la portion de A C est toûjours la mesme
en tous les rectangles, les centres sont entr'eux, comme les lignes B F, B I,
B L, &c. de sorte que ces petits centres ou pesanteurs particulieres sont au
centre ou pesanteur totale qui est au point M (d'où on a pendu une ligne
égale en grandeur & pesanteur à la ligne A C) comme toutes les lignes B F,
B I, B L, &c. sont au rectangle A C par B M ; car par les indivisibles on a retranché du rectangle fait de la portion de la ligne A C, sçavoir de A D & de
toutes les lignes B F, B I, B L, &c. prises ensemble, ladite portion A D. Il
faut trouver une ligne qui soit égale en puissance à l'espace fait par toutes
les lignes B F, B I, B L, & les autres ; puis je dis que comme la ligne donnée,
sçavoir A C, est à cette ligne dont le quarré est égal à l'espace & plan susdit fait par toutes les lignes B F, B I, B L, &c. ainsi cette ligne ou costé
de quarré est à B M ; en sorte que la ligne susdite qui peut l'espace fait par
les lignes B F, B I, B L, &c. soit moyenne proportionnelle entre la ligne
proposée A C, & la cherchée B M. Mais toutes ces lignes sont à B C pris
autant de fois, comme le triangle au quarré de la somme ou multitude desdits points, c'est à dire, comme 1 à 2 ; partant la ligne B M vaudra en puissance le quart du quarré B C ; & partant B M est la moitié de B C ; &
ainsi le centre de ladite ligne proposée est au milieu d'icelle : car du point
M tirant une ligne parallele à A B, elle passera par le point G milieu de la
ligne A C, & marquera le lieu de son centre de gravité.

Je viens maintenant à chercher le centre de gravité d'une figure solide, soit cône, cylindre, conoïde parabolique & hyperbolique, solide-elliptique, ou de quelqu'autre solide connû. Parlons premiérement du cône qui est representé par la ligne AC, & par CB tirée perpendiculairement sur AB. Le sommet du cône est C, l'axe est CB, & la ligne AB estant doublée vient à estre le diamétre du cercle, ou base du cône. Que l'axe de ce cône, sçavoir BC, soit coupé par des plans perpendiculaires à cette axe en une infinité de parties égales : toutes ces divisions font autant de cercles, qui tous en-

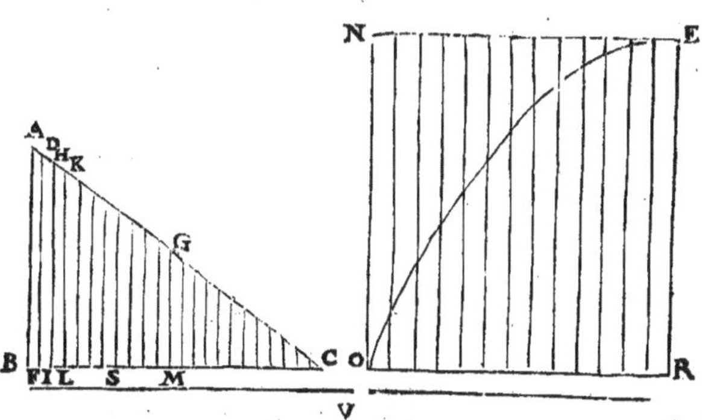

semble par les indivisibles composent le cône, & sont entr'eux comme les quarrez de leur diamétres ; sçachant donc comme les diamétres sont entr'eux, on sçaura aussi la proportion des quarrez. Or cette division fait dans le cône & sur son axe des triangles semblables, comme ABC, DFC, HIC, KLC, &c. c'est pourquoy les demi-diamétres AB, DF, HI, KL &c. sont entr'eux, comme les portions de l'axe BC, FC, IC, LC sont entr'elles : or ces portions ayant différences égales, elles gardent entr'elles l'ordre naturel des nombres ; les demi-diamétres garderont donc entr'eux l'ordre naturel des nombres. Si les diamétres gardent l'ordre naturel des nombres, leurs quarrez garderont l'ordre naturel des quarrez desdits nombres ; & partant ces cercles seront entr'eux comme les quarrez des nombres qui suivent l'ordre naturel ; c'est à dire comme 1, 4, 9, 16, 25, &c.

Cela posé, pour trouver le centre de ce cône, il faut chercher un plan dans lequel les lignes tirées gardent la mesme proportion, c'est à dire que la ligne soit à la ligne comme un quarré à un quarré ; car le plan qui aura cette condition ne manquera pas d'avoir le centre de gravité au mesme lieu que le solide. Je prens pour le plan une parabole qui a pour sommet le point E, son axe est ER ; & la touchante EN representera l'axe du cône BC. Je divise EN en parties infinies & égales, & de chaque point je tire des lignes paralleles à NO (representant AB) qui divisent le plan ou triligne EON. On a montré que ce triligne est à son parallelogramme comme 1 à 3 : on dira donc, Comme le triligne est à son parallelogramme, ainsi NE sera à une autre ligne V ; partant V sera triple de NE, & si NE vaut 4, V vaudra 12. Je dis ensuite, Comme le cylindre fait par le parallelogramme de la parabole, est à la moitié du solide fait par le triligne OEN qui est renfermé dans le cylindre, ainsi 4 à 1 ; & ainsi la ligne V qui vaut 12 est à 3 qui sera la ligne CS, & le point S montrera le centre de gravité. Or BC estant 4, BS sera 1, & CS sera 3.

CENTRE DE GRAVITÉ,
du Conoïde parabolique.

SI je cherche le centre de gravité du Conoïde parabolique, je le couperay, ou son axe, en parties infinies & égales par des plans qui diviseront tout le solide en cercles (car dans le conoïde parabolique aussi bien que

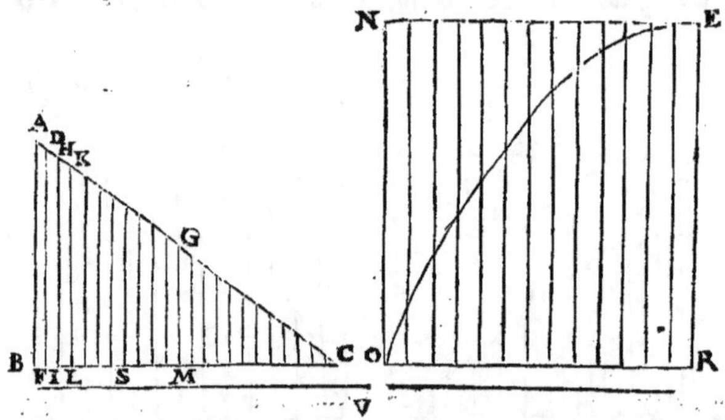

dans le cône, les sections faites par un plan parallele à la base, engendrent des cercles.) Or tous ces cercles sont entr'eux comme les quarrez de leurs diamétres; & partant sçachant comme les diamétres sont entr'eux, nous sçaurons comment sont leurs quarrez. Mais dans la parabole les quarrez des ordonnées sont entr'eux comme les portions de l'axe : icy les portions sont égales; & partant ils sont entr'eux comme les nombres naturels ; les quarrez des diamétres seront donc entr'eux en l'ordre des nombres naturels ; & le premier quarré estant 1, le second sera 2, le troisiéme sera 3 &c.

Par nostre doctrine il faut trouver une figure ou plan qui ait cette mesme propriété. Je trouve que le triangle fait la mesme chose ; il faut donc feindre que A B C est un triangle. Je divise B C en parties égales & infinies, & par les points je tire des paralleles à A B : or B C represente l'axe du solide dont on cherche le centre. Cela fait je dis, Comme le plan du triangle est à son parallelogramme, ainsi B C est à la ligne V. On sçait que le triangle est au parallelogramme comme 1 à 2 ; partant V sera double de B C ; si B C est 3, V sera 6. Aprés on dit, Comme le cylindre fait par le parallelogramme du triangle est à la moitié du solide, ou du cône fait par le triangle, ainsi la ligne V sera à B M qui marquera le centre. Or le cylindre susdit est à la moitié du cône comme 6 à 1, partant B M sera $\frac{1}{6}$ de la ligne V, & le tiers de B C, le centre de gravité du conoïde parabolique sera donc au tiers de son axe du costé de la base, & ainsi divisant l'axe en trois parties égales, le premier point du costé de la base sera le centre de gravité.

Il faut observer en général, que quand on veut trouver le centre de quelque solide, aprés avoir divisé son axe en une infinité de parties égales, & par conséquent tout le solide, sçachant quelle proportion ou raison gardent toutes les sections faites par le plan qui a divisé le solide, il faut trouver un plan duquel la propriété soit telle, que les lignes qui le divisent en une infinité de parties égales, soient entr'elles comme toutes les sections du solide sont entr'elles : si les sections, ou plans du solide sont entr'eux comme le quarré au quarré, les lignes du plan doivent estre entr'elles comme le quarré

au

au quarré. Si la proportion ou raison est autre dans le solide, elle doit estre
telle dans le plan : observant toûjours dans le solide que si le plan est au plan
comme le quarré de son demi-diamétre, au quarré du demi-diamétre de
l'autre, dans le plan la ligne soit à la ligne, comme un quarré à un quarré.
Voilà ce qu'il faut remarquer.

Soit la ligne courbe ou circulaire B T E A divisée en une infinité de
parties égales aux points V, T, F, E, D, &c. & de chaqu'un desdits points
soit tiré une touchante comme V S, T R, F I, E H, D G, &c. à telle condition que la dernière comme D G estant tirée,
toutes les autres rencontrent plus haut la ligne
C S, sçavoir plus loin du point C, comme aux
points H, I, R, S, &c. qui partant feront tous
plus éloignez de C que le point G dans la ligne
C S. Outre cela, du point B je tire la touchante, qui vient à estre parallele à C S. Cela fait,
des points d'atouchement comme de D, je tire
une ligne, sçavoir D O, qui soit égale & parallele à C G ; du point E, la ligne E P égale &
parallele à H C ; de F, la ligne F Q égale &
parallele à I C ; semblablement la ligne T Y
égale à R C, & V Z égale à S C, & ainsi des
autres points infinis, la ligne C S estant prolongée tant qu'il faudra, & la touchante en B tirée à l'infini, laquelle viendra à estre asymptote
au regard de la ligne qui se forme par l'extrémité des lignes tirées des points de la division paralleles à C S, qui est la ligne courbe
C O P Q Y Z. Puis aprés, si du point C on tire
des lignes à chaque point de la division de
la courbe B F A, tout l'espace A F B C viendra à estre divisé en secteurs infinis, lesquels
par les indivisibles se convertissent en triangles, à cause que les petites portions des lignes courbes deviennent droites par la division infinie. Je dis davantage que tout l'espace B F A C Q Z jusques au bout de la courbe C Q Z tirée à l'infini, & qui est entre ladite courbe, & la touchante B tirée aussi à l'infini, se trouve divisé en parallelogrammes infinis, l'un desquels est D O C G qui represente
le moindre. C'est un parallelogramme, parce
que dans les indivisibles la touchante D G passe pour la partie de la ligne
courbe D A, comme il a esté dit cy-devant dans une autre Proposition : or
D O a esté faite égale & parallele à G C, & pareillement de tous les autres
points, on a tiré les lignes égales & paralleles à leurs correspondantes en
C S.

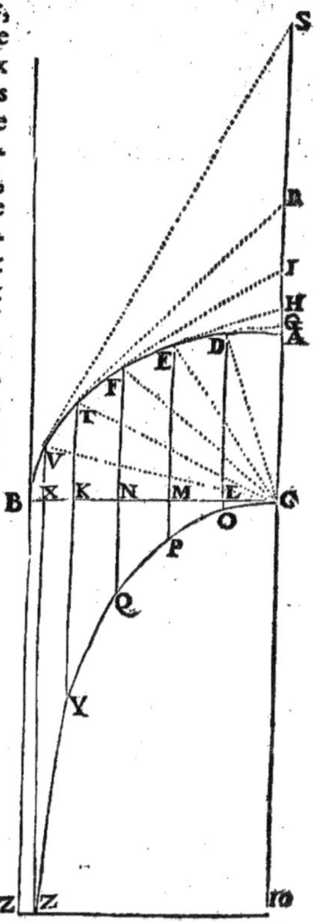

Pour venir à la conclusion, les parallelogrammes ont tous un mesme costé
que les triangles, qui est chaque portion égale de la ligne courbe A E B.
Je dis donc que les triangles qui ont pour sommet le point C duquel partent les deux costez du triangle, & dont le troisiéme est la portion de la
courbe B F A divisée à l'infini ; tous ces triangles, dis-je, qui remplissent
l'espace A F B C, partent du point C comme de leur sommet. Mais les
parallelogrammes qui sont sur bases égales & entre mesmes paralleles que

les triangles, font doubles defdits triangles, & les uns & les autres font entre les paralleles CO & DG & entre CP & EH &c. (ces lignes CO, CP
font feulement imaginées pour montrer que les triangles, & les parallelogrammes font entre les mefmes paralleles, & fur des bafes égales; car les bafes des uns & des autres font les portions de la ligne courbe divifée à l'infini,
& les portions des touchantes comprifes entre les paralleles à CA paffent
& font prifes pour ces portions de courbes comprifes auffi entre les mefmes
paralleles.)

Puifque les parallelogrammes font doubles des triangles, par les indivifibles, l'efpace qui eft occupé par lefdits parallelogrammes, lequel fe trouve
compris entre la courbe AEB d'une part, & la courbe CQZ produite à l'infini, d'autre part; & entre les lignes droites AC & la touchante B tirée à
l'infini, tout cet efpace, fçavoir le quadriligne ZBFACQZ fera double
de l'efpace AFBC. Mais l'efpace AFBC eft celuy qui eft fait par les triangles; partant il fera égal à l'autre efpace
compris dans ZBCQZ, les deux lignes
BZ & CZ eftant tirées à l'infini; ce qu'il
falloit démontrer.

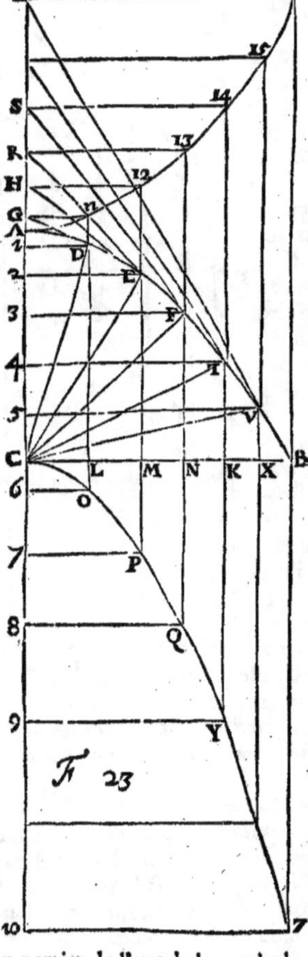

Or la touchante BZ eft afymptote,
d'autant que, comme la ligne DO qui part
de la touchante DG eft égale à la ligne
GC qui part de l'extrémité de la mefme
touchante, & ainfi de toutes les autres lignes qui partent des touchantes, il faudroit que la ligne qui fort du point B,
& qui devroit rencontrer la mefme ligne
CQZ en quelque point plus éloigné, fuft
égale à la portion de la ligne CAI prolongée & comprife entre le point C & la
rencontre de la touchante en B. Mais il
eft impoffible que la touchante en B la puiffe rencontrer, puifqu'elles font paralleles;
ainfi elle ne rencontrera jamais la ligne
CQZ en quelque point que ce foit, &
partant elle eft afymptote.

Confidérons la figure quand nous aurons tiré les ordonnées des points D, E, F,
&c. fur l'axe CA, & pareillement des
points O, P, Q, &c. fur l'axe C 10, fup-
pofant que la figure ABC foit une parabole.

Soit D 1 la premiére ordonnée de la figure ABC, & O 6 de CZ 10, on aura
DO égal à GC, & auffi à 1 6; & fi des
deux lignes égales GC & 1 6 on ofte la
ligne C 1 qui leur eft commune à toutes
deux, il reftera G 1 égale à C 6. Or par la
propriété de la parabole, G 1 eft divifée en
deux également par le fommet A; partant
C 6 eft double de A 1; & ainfi de tous les
autres; fçavoir C 7 fera double de A 2;
C 8 de A 3, &c. & ainfi, comme les lignes,
ou parties de l'axe de la parabole ABC font entr'elles, ainfi les doubles par-

ties feront entr'elles dans l'autre figure C Z 10. Mais dans la parabole les parties font entr'elles comme les quarrez des ordonnées, & partant dans la figure C Z 10 les parties de l'axe feront aussi entr'elles, comme les quarrez des paralleles aux ordonnées (qui font les ordonnées de ladite figure C Z 10) fçavoir, comme le quarré de O 6 eft au quarré de P 7, ainfi C 6 eft à C 7; d'où il s'enfuit que la figure C Z 10 fera auffi une parabole, qui fera double de la parabole A B C.

Mais fi l'on veut que les portions de l'axe foient entr'elles comme les cubes des ordonnées, & qu'ainfi G 1 foit triple de A 1, alors C 6 fera triple du mefme A 1, & la parabole C Z 10 fera triple de la parabole A B C. La mefme chofe fe fera toûjours changeant les paraboles, & faifant que les portions de l'axe foient entr'elles comme les quarré-quarrez, quarré-cubes &c. des ordonnées à l'axe defdites paraboles.

Maintenant il faut voir comment fe fera la quadrature de la parabole. Pour cét effet il faut confiderer dans A B C que les ordonnées & les portions de l'axe forment des parallelogrammes qui rempliffent la figure. Pour l'autre figure C Z 10, je la puis confiderer comme ayant tiré du point B une touchante qui rencontre C I en I (car dans la parabole la touchante au point B n'eft point parallele à C I, comme à la figure précedente, & partant elle doit rencontrer la ligne C I.) De ce mefme point B on tire B Z parallele à C I qui rencontrera la ligne C Q Z; car cette ligne n'eft formée que par l'extremité des lignes paralleles à G A. Du point de la rencontre foit fermée la figure C Q Z 10. Les ordonnées de la parabole A B C feront égales aux ordonnées de la parabole C Z 10. Mais les portions de l'axe de la parabole A B C ne valent que la moitié des portions de l'axe de la parabole C Z 10; partant celles-cy font doubles de celles-là, & partant les parallelogrammes de la parabole C Z 10 font doubles des parallelogrammes de la parabole A B C; & partant la parabole C Z 10 fera double de A B C, ou du triligne qui luy eft égal B C Q Z; & le parallelogramme C B Z 10 triple de la mefme parabole A B C; donc ladite parabole C Z 10 fera les deux tiers dudit parallelogramme C B Z 10; & de cette forte je trouve la quadrature de la parabole puifque j'ay un parallelogramme qui a raifon avec la parabole, Archiméde s'eftant contenté de trouver une parabole égale, ou bien en raifon, à un triangle. Que fi on prend les cubes, quarré-quarrez & autres puiffances des ordonnées on en conclura de mefme la quadrature de ces paraboles.

Il faut maintenant prouver que les deux trilignes D A 1, & O C L font égaux; & pour cét effet ayant tiré la ligne droite C D, je dis que le triligne C D A eft la moitié du quadriligne C O D A: fi donc de ce quadriligne j'ofte le parallelogramme C L D 1, il reftera les trilignes C O L & A D 1; fi du triligne on ofte le triangle C D 1, il reftera le triligne D A 1, par ainfi d'une grandeur double d'une autre grandeur, j'ay tiré une partie double d'une partie que j'ay tirée de l'autre, partant le refte de la grande doit eftre double du refte de la petite, & de cette forte D A 1, & L C O font doubles de D A 1; donc D A 1 fera égal à L C O, ce qu'il falloit démontrer.

Il refte à faire voir que la ligne C D coupe en deux également le quadriligne C O D A (car il n'eft pas toûjours véritable.) Pour cét effet on fuppofe O D pour un des coftez du parallelogramme, & pour l'autre la portion D A indivifible fur la touchante D G ou fur la ligne courbe D A qui eft la mefme chofe, & le triangle C D avec la mefme portion indivifible D G ou D A. Je dis que le parallelogramme eft double du triangle; car ils font fur des bafes égales, qui font lefdites portions indivifibles, & entre mefmes paralleles, fçavoir O C & D G, ainfi C D coupe le parallelogramme, ou pour mieux dire, le quadriligne O D A C en deux également ; car nous ne confidérons plus l'efpace D A G ni celuy qui eft compris entre la courbe O C & la droite O C ; car ces efpaces ne font point de nos parallelogrammes & triangles. Or tous ces triangles ne font confidérez que comme des lignes, fçavoir C D, C E, & les autres à l'infini ; & toutes les lignes ou triangles rempliffent l'efpace A B C comme les parallelogrammes (au lieu defquels nous prenons les lignes D O, E P, F Q, &c.) rempliffent l'efpace Z B A C Q Z, foit que les lignes B Z & C Q Z fe rencontrent ou non.

Venons maintenant au folide qui fe fait par la révolution de la figure fur l'axe A C. Nous voyons qu'il fe fait plufieurs cylindres, rouleaux de cylindres, cônes, ou rouleaux de cônes ; comme le cylindre fait fur l'axe C A par le parallelogramme C A D O ; le cône fait fur la mefme C A, & par le triangle C A D ; puis les rouleaux de cylindres faits par les petits parallelogrammes, comme font D O P E & les autres femblables qui ont pour bafe les portions indivifibles de la courbe, & les rouleaux de cônes qui font faits par les triangles comme C D E, C E F & les autres femblables autour de l'axe C A. Mais les cônes font aux cylindres qui font fur mefme bafe, comme 1 à 3, & les rouleaux des cônes font aux rouleaux des cylindres en mefme raifon ; & partant le folide fait de A B C fera le tiers du folide Z B A C Q Z ; & fi les lignes B Z, C Z ne fe rencontrent point, il faut fuppofer le folide continué à l'infini de ce cofté-là, & oftant le folide fait de A B C, reftera le folide B C Z, qui fera double du mefme A B C. Dans les plans nous avons trouvé que le plan A B C eft égal au plan B C Z continué à l'infini s'il eft befoin. Il faut maintenant confiderer ces figures comme paraboles ; & par confequent la touchante du point B, ou plûtoft la ligne tirée de B parallele à A C rencontrera la courbe C Z continuée. Soit donc fermé la figure au point de la rencontre, & foit C Z 10 la figure tournant fur fon axe, & comparant les cylindres faits par les parallelogrammes D 1 A, E 2 A, &c. à ceux de l'autre parabole comme O 6 C, P 7 C, &c. parce que les ordonnées D 1, O 6, &c. de l'une & de l'autre figure font toutes égales ; mais les portions de l'axe de la parabole C Z 10, comme C 6, &c. font doubles des portions de l'axe A C, comme A 1 &c. il s'enfuit que chaque cylindre d'embas fera double de celuy d'enhaut, & partant tout le folide d'embas fait par C Z 10 roulant fur C 10 fera au folide fait par A B C tournant fur A C, comme 2 à 1. Mais on a veû que le folide de A B eftoit au folide fait par Z Q C B, comme 1 à 2 ; partant ledit folide de Z Q C B fera égal au folide de C Z 10 ; & ainfi le folide de C Z 10 fera la moitié du cylindre fait par le parallelogramme C B Z 10, ce qu'il falloit démontrer.

Il faut maintenant confiderer une autre figure qui fe fait élevant du point L une ligne égale & parallele à C G, fçavoir L 11 ; du point M tirant M 12 égale & parallele à C H, & ainfi des autres, & par l'extremité defdites lignes fe forme la ligne courbe A 11 12 16, & de chaqu'un defdits points on tire les ordonnées 11 G, 12 H, 13 R, &c. qui font égales à celles de A B C tirées des points correfpondans D E F, &c. qui font infinis : de plus A G eft égal à A 1, A H égal à A 2, &c. dans la parabole fimple.

On confiderera auffi que les lignes L 11, & D O font égales, & pareillement M 12 & E P ; N 13 & F Q, &c. & partant les parallelogrammes 11 L M 12, 12 M N 13, &c. font égaux aux parallelogrammes O D E P, P E F Q, &c. car on ne prend icy que les lignes D O E P &c. ou leurs égales L 11, M 12, &c. au lieu defdits parallelogrammes. Or on a montré que les triangles C A D, C D E, C E F &c. font la moitié des parallelogrammes A O, D P, E Q, &c. partant ils feront auffi la moitié des parallelogrammes A C L 11, 11 L M 12, 12 M N 13, &c. l'efpace A B C eft donc la moitié de l'efpace 16 A C B, foit que

les

les lignes A 16, & B 16 se rencontrent ou non. D'où il s'ensuit que A B C est égal à l'espace B A 16, quand mesme les lignes A 16 & B 16 estant prolongées à l'infini, ne se rencontreroient point. On pourroit montrer la mesme chose plus briévement, comme il s'ensuit. Les lignes 11 L, 12 M, 13 N, & les autres infiniment, estant égales aux lignes D O, E P, F Q, &c. il s'ensuit que l'espace Z C A B est égal à B C A 16; ostant donc A B C commun, restera B A 16 égal à B C Z qui a esté cy-devant montré égal à A B C, & partant 16 A B luy est aussi égal.

Maintenant soit A B C la premiére parabole, la touchante B I rencontrant C I, la ligne B 16 égale & parallele à C I rencontrera la courbe A 16 au point 16, & la figure A 16 I sera une parabole égale & semblable à A B C : car les ordonnées de l'une sont égales aux ordonnées de l'autre, sçavoir D 1 à G 11, E 2 à H 11 &c. puisqu'elles sont entre les mesmes paralleles ; & par la proprieté de la parabole, A G est égal à A 1, A H à A 2, A R à A 3, &c. sçavoir les portions de l'axe où aboutissent les ordonnées correspondantes sont égales ; & partant toute la parabole A B C sera égale à toute la parabole A 16 I. Or on a trouvé que l'espace B A 16 est égal à A B C ; partant les trois piéces ou espaces A B C, A 16 I, & B A 16 comprises dans le parallelogramme I C B 16, & qui le forment, sont égales entr'elles.

Ce que nous venons de dire icy de la premiere parabole, ou de la parabole du premier genre, ce qui est la mesme chose, se doit entendre aussi des paraboles des autres genres, c'est-à-dire, si la parabole A B C est du troisiéme genre, la parabole A 16 I sera aussi du troisiéme genre ; mais elle ne sera pas la mesme que la parabole A B C : car les parties A G, A H, A R, &c. sont bien entr'elles en mesme raison, que les parties A 1, A 2, A 3 &c. mais A G n'est pas égale à A 1, ni A H égale à A 2 &c. comme elles sont dans la parabole du premier genre.

DE
TROCHOIDE
EJUSQUE SPATIO.

DEFINITIONES.

SI circulus duplici motu simul & eodem tempore moveatur, altero quidem recto, quo centrum illius feratur secundùm lineam rectam: altero
autem circulari, quo ipse cum omnibus suis radiis circa centrum suum circumvolvatur; sitque uterque motus sibi ipsi semper uniformis, & alter alteri
æqualis, ita ut recta quam percurrit centrum spatio unius integræ conversionis circumferentiæ, intelligatur esse eidem circumferentiæ æqualis: atque inter movendum circulus ipse perpetuò maneat in eodem plano infinito in quo
extitit in initio motus: ejusmodi circulum vocamus *Rotam.*

Recta per quam fertur centrum, vocetur *iter centri.*

Quæcunque puncta vel lineæ à circulo denominantur, denominentur hîc
à rotâ, ut centrum rotæ, radius rotæ, circumferentia rotæ, &c.

Manifestum est autem circumferentiam rotæ contingere continuè & successivè in aliis atque aliis punctis quandam lineam rectam itineri centri parallelam: vocetur hæc *via rotæ.*

Manifestum est quoque quidquid accidat in quâvis integrâ circumvolu-
tione rotæ, idem quoque accidere in quâcunque aliâ: modo initia circum-
volutionum sumantur à radiis similiter positis, id est, qui cum itinere centri æquales ad easdem partes angulos constituant, sintque radii ipsi paralleli.

Nos itaque unam conversionem assumamus, cujus initium statuimus in eo
rotæ radio qui perpendicularis est tam viæ rotæ quam itineri centri, eum-
que ipsum radium, dum ad motum rotæ movetur, consideramus ac prose-
quimur, donec absolutâ integrâ conversione, idem ab eadem parte fiat rursus iisdem viæ rotæ & itineri centri perpendicularis. Hic ergo radius in initio circumvolutionis vocetur *radius principii motûs:* in medio autem dum
ipse perpendicularis est itineri centri, sed ad alteras partes constitutus, dicetur *radius medii motûs:* & tandem in fine, *radius perfecti motûs.*

Quòd si radius ipse in quâcumque positione produci intelligatur utrinque
quantùm libuerit etiam extra rotam, idem dicetur linea principii, medii, vel
perfecti motûs.

Jam in lineâ principii motûs indefinitè productâ versùs viam rotæ intelligatur sumptum quodcumque punctum præter centrum, atque inter ipsum
centrum versùs viam rotæ, etiam in eâdem viâ aut ultrâ, cujus puncti motus spectetur: fiet necessariò ut propter implicationem motus circularis cum
recto, ipsum punctum describat lineam aliquam, cujus portio quædam ab unâ
parte itineris centri, altera autem portio ab alterâ parte existat; ea autem
incipiet in lineâ principii motus, & in lineâ perfecti motûs desinet. Vocetur
hæc *Trochoides.*

Recta quæ Trochoidis hujus extrema puncta jungit, estque vel via rotæ,
vel ei parallela, dicatur *Trochoidis ejusdem basis.* Portio lineæ medii motûs
intercepta inter trochoidem & basim ejus, *axis trochoidis* vocabitur; qui

quidem axis ab itinere centri bifariam secabitur in puncto quod nos *centrum trochoidis* nuncupamus. *Vertex* autem *trochoidis* est extremum axis punctum in trochoide existens, seu basi oppositum.

Jam manifestum est à trochoide & ab ejusdem basi comprehendi spatium quoddam planum; quod nos postea vocabimus *spatium trochoidis*. Ejus centrum, basis, axis & vertex ijdem qui trochoidis intelligantur.

Quæcunque recta ab aliquo puncto trochoidis ducitur usque ad axem parallela viæ rotæ, dicatur *ad axem ordinata*.

Item, mensura integri motûs conversionis rotæ intelligatur tota circumferentia rotæ : mensura dimidij motûs intelligatur dimidia circumferentia; & sic in universum mensura cujusvis partis motûs rotæ intelligatur esse arcus circumferentiæ ejusdem rotæ, qui ad integram circumferentiam eandem habeat rationem, quam pars motûs assumpta ad motum conversionis integræ.

Præterea, si circa axem trochoidis tanquam circa diametrum, & circa ejusdem trochoidis centrum circulus describatur, is erit vel rota ipsa, vel eâdem major aut minor, prout punctum, quod trochoidem descripsit, sumptum fuerit vel in circumferentiâ rotæ, vel extra vel intra ipsam rotam. Et siquidem circulus ipse sit rotæ æqualis, seu rota ipsa; tunc ipsa trochoides denominabitur à rota simplici, diceturque *trochoides rota simplicis*, seu *trochoides vera rota*. Si autem ipse circulus circa axem trochoidis descriptus major sit quam rota, tunc trochoides denominabitur à rotâ contractâ, diceturque *trochoides rota contracta*. Si tandem circulus minor sit ipsâ rotâ, ejus trochoides denominabitur à rotâ prolatâ, diceturque *trochoides rota prolata*. Spatia, bases, & cætera ad ipsas trochoides pertinentia, curvæ suæ denominationem sortiantur : at circulus ipse circa axem trochoidis tanquam circa diametrum descriptus, dicatur circulus suæ trochoidi proprius.

Et quia positis ijs quæ jam dicta sunt, concipi potest duplex rotæ motus circularis, prout motus circuli circa centrum intelligi potest fieri ad hanc vel illam partem : nos eum assumimus, qui rotis communibus convenit, quo quidem motu pars interior circumferentiæ, putà quæ adjacet viæ rotæ, fertur non ad easdem partes ad quas centrum tendit motu recto, sed ad contrarias; superior autem rotæ pars quæ viæ ejus opponitur, fertur secundùm motum centri. Hic enim motus omnium rotarum physicarum proprius est & veluti naturalis; alter autem eidem contrarius est, veluti violentus & contra naturam rotæ : geometricè tamen uterque considerari potest, nec alia inter trochoides quæ ab ipsis orientur, accidet differentia, nisi quod quæ partes erant unius extremæ in alterâ, eædem erunt mediæ; spatia autem longè different cùm figurâ tum magnitudine, sed quia unum erit veluti complementum alterius, ideo ex uno noto dabitur alterum; quam speculationem nos in aliud tempus remittimus. Agimus autem hîc de trochoide rotæ tam simplicis quam prolatæ & contractæ, sed motu communi rotæ physicæ motæ, ac de eâ & de spatio ejus sequentia enuntiamus Theoremata, quorum pars statim demonstrabitur; reliqua autem pars quæ longissimæ & acutissimæ speculationis est, opportuno tempore suam nanciscetur demonstrationem, quam quidem à nobis inventam (ut cætera quæ ad rotam pertinent) eo usque retinemus donec per tempus liceat integrum opus producere.

Supponimus autem quædam quæ etsi per se demonstrationem requirant, tamen ea tam facilis est, ut cuivis in Geometriâ mediocriter versato statim appareat, qualia sunt hæc. In primo quadrante integræ conversionis rotæ punctum quod trochoidem describit, percurrit spatium quod est inter basim trochoidis & iter centri; idemque punctum motu recto posterius est centro rotæ. In secundo quadrante idem punctum percurrit spatium quod est ab itinere centri usque ad verticem trochoidis, est que adhuc posterius centro rotæ. In

tertio quadrante punctum idem percurrit spatium quod est à vertice trochoïdis usque ad iter centri, sed jam hoc punctum præcedit respectu centri, quod
sequitur si motus recti habeatur ratio. In quarto & ultimo quadrante punctum
de quo agimus percurrit spatium quod est ab itinere centri usque ad basim
trochoidis, & adhuc idem punctum præcedit, centrum autem rotæ sequitur
motu recto.

Hinc verò atque ex quibusdam alijs quæ naturam rotæ motæ, ut dictum
est, statim consequuntur, demonstrabitur facilè trochoidem quæ sit ab unicâ
conversione cujuscunque rotæ in seipsam non recurrere, seu per idem punctum bis transire non posse : contrarium autem accideret in rotâ prolatâ, si
aliud à nostra sumeretur principium.

Nec minus facilè est demonstrare eam trochoidis partem, quæ est à principio usque ad verticem æqualem esse & similem alteri parti quæ est à vertice
usque ad finem, & ambas partes sibi invicem congruere posse. Item, primam
medietatem ejusdem trochoidis totam esse ab unâ parte axis, secundam verò
totam esse ab alterâ. Idem dictum intelligatur de duabus partibus spatij ipsius
trochoidis quæ ab ejusdem axe constituuntur. Atque ita quæ in unâ ex his
medietatibus demonstrabuntur, in alterâ quoque medietate demonstrata esse
quivis facilè intelliget, collatis invicem duarum medietatum partibus illis
quæ sunt prope verticem &c. His positis primaria trochoidis proprietas, quam
propterea demonstrabimus, videtur esse hæc.

PROPOSITIO PRIMA.

*Si ab assumpto puncto prima medietatis trochoidis ad axem ordinata sit recta quæ-
vis, ejus portio quædam erit extra circulum ipsi trochoidi proprium; quæ quidem
portio æqualis erit arcui rotæ, qui mensurat eam partem motûs, quæ restat inde
ab eo tempore, quo notatum est à puncto mobili punctum assumptum, usque ad
medietatem integræ conversionis rotæ.*

ESTO recta E P; iter centri rotæ cujusdam æqualis circulo seorsim posito
SOMZ, cujus centrum T; sit que recta CEA linea principij motûs;
intelligaturque recta EP æqualis circumferentiæ rotæ SOMZS, & recta
NPL sit linea perfecti motûs. Tum divisâ EP bifariam in puncto K, ducatur recta HKF, quæ sit linea medij motus; puncta autem A, F, L sint ad
easdem partes respectu rectæ EP, & puncta C, H, N ad easdem quidem
partes inter se, sed ad alteras respectu ejusdem rectæ EP, & punctorum
A, F, L.

Concipiatur jam in linea principij motûs CEA assumptum esse punctum
A, ad describendam trochoidem, sive recta EA æqualis sit semidiametro
rotæ TO, quo pacto fiet trochoides rotæ simplicis; sive ipsa EA major sit
quam TO, ut fiat trochoides rotæ prolatæ; sive denique minor ut habeamus
trochoidem rotæ contractæ : moveaturque rota hoc pacto ut centrum illius
percurrat rectam EP, interim dum ipsa motu circulari absolverit unam integram conversionem circa idem centrum, posito utroque motu sibi ipsi semper
uniformi : feratur autem unà cum rotâ recta EA, quæ ad motum rotæ æqualiter
circumvolvatur, ita ut in medio motûs integræ conversionis ipsa EA conveniat rectæ KH, in fine autem eadem conveniat rectæ PL; sicque propter
implicationem motûs circularis cum recto punctum A describat trochoidem
ARYHL, cujus basis AL, axis HF, vertex H, centrum K, & spatium
ARYHLA; sint etiam puncta A, F, L in eâdem rectâ lineâ quæ est basis,
& puncta C, H, N in aliâ rectâ ipsi basi & itineri centri parallelâ, ut sit
ALNC parallelogrammum rectangulum. Præterea centro K, & intervallo
KH,

K H, feu K F, æquali ipfi E A, defcribatur circulus H I F G, cujus circum_
ferentia fecet iter centri versùs principium quidem in I, versùs finem autem in
G, qui circulus erit proprius trochoidi ex definitione, eritque idem vel æqua_
lis rotæ, vel ipfa major aut minor, quod hoc loco nihil refert. Item in lineâ
A R Y H, quæ eft prima medietas trochoidis fumatur quodcunque punctum
Y, à quo ad axem H F, ordinata fit recta Y D fecans primam femicircumfe_
rentiam circuli proprii in puncto X.

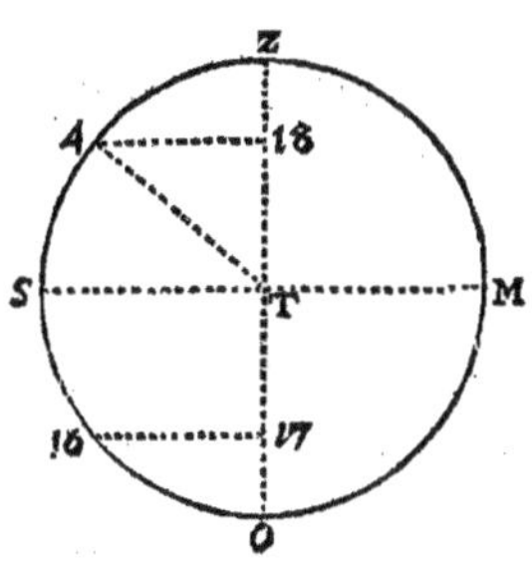

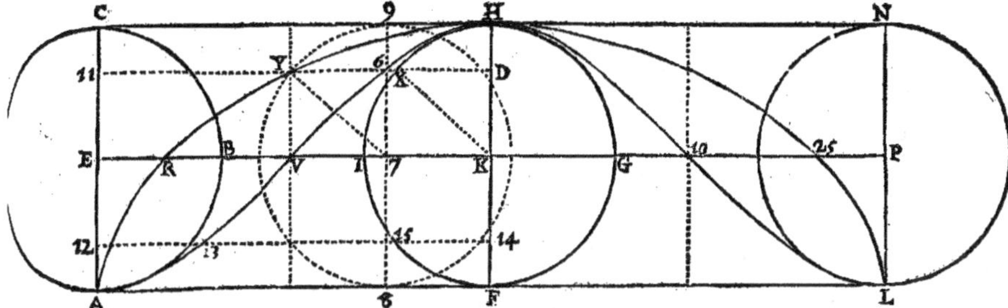

Dico primò portionem aliquam ipfius Y D effe extra circulum F I H.
Quia cum punctum Y eft in prima medietate trochoidis, quæ quidem per
ipfum punctum Y femel tantum tranfit, ut fuperius pofitum eft, non poteft
effe nifi unica pofitio rotæ in quâ illâ exiftente notatum eft punctum Y, atque
in illâ pofitione centrum ipfius rotæ extitit inter puncta E, K, fcilicet intra
primam medietatem itineris centri. Exiftat igitur eâ pofitione centrum illud
in puncto 7, per quod ducatur recta 8 7 9 parallela lineæ medii motus F K H,
fecans bafim quidem A L, in puncto 8, rectam verò C N in puncto 9; du_
catur quoque recta 7 Y, quæ quia ducitur à centro rotæ 7 in hâc pofitione,
ad punctum Y, quod in eâdem pofitione trochoidem defcribit, æqualis erit
rectæ E A, feu potius recta 7 Y erit ea ipfa E A, cujus punctum E motu recto
pervenit in 7, punctum autem A motu implicato perlatum eft in Y, defcri_
bens trochoidis portionem A R Y, & eadem recta motu circulari rotæ pofi_
tionem fuam mutavit fecundùm angulum 8 7 Y : huic ergo angulo confti_
tuatur æqualis O T 4 rotæ feorfim pofitæ, cujus O T Z fit diameter, & pun_
ctum 4 in circumferentiâ.

Conveniente ergo per intellectum centro T cum centro 7, & angulo
O T 4 angulo 8 7 Y, five latera æqualia fint, five non, manifeftum eft ex
naturâ rotæ, arcum O 4 effe menfuram motûs jam peracti à principio con_
verfionis; & arcum 4 Z qui cum O 4 complet femicircumferentiam rotæ,

esse menfuram motûs qui deest ad complendam dimidiam converfionem : &
quia æquales funt ambo motus rotæ, circularis fcilicet & rectus, & uterque
uniformis fibi ipfi, manifestum est quoque rectam E 7 æqualem esse arcui
O 4, & rectam 7 K arcui 4 Z : quod notetur.

Centro 7, intervallo autem 7 Y, vel 7 8, vel 7 9, quæ æqualia funt,
defcribatur circulus cujus diameter erit 8 7 9. Quoniam ergo per ea quæ po-
fita funt, punctum Y in prima medietate trochoidis existens fequitur post

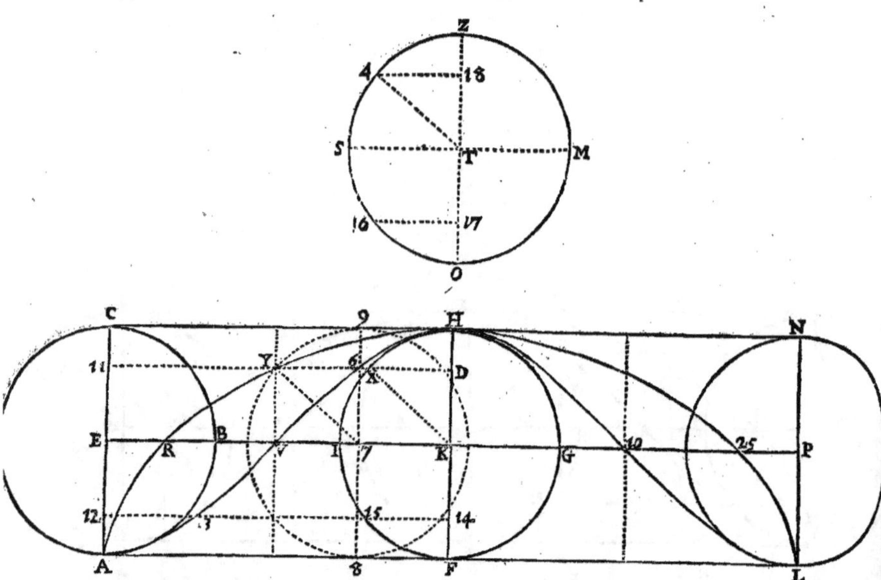

centrum motu recto, erit ipfum Y refpectu diametri 8 9 versùs principium
curvæ, jacebitque propterea ipfa diameter 8 9 inter punctum Y & axem H F,
eademque fecabit rectam Y D ordinatam ad axem, esto in puncto 6 : rectæ
ergo D H, 6 9 æquales funt, ficuti & rectæ F D, 8 6, & rectangulum F D H,
æquale rectangulo 8 6 9, quæ rectangula cum fint æqualia quadratis X D,
Y 6, erunt hæc quadrata æqualia, & recta D X æqualis rectæ 6 Y : fed recta
D Y major est quam 6 Y, totum fcilicet parte ; ergo eadem D Y major est
quàm D X ; excessus autem est portio X Y ; hæc itaque portio est extra circulum F X H trochoidi A Y H proprium ; quod primo loco demonstrandum
erat.

Dico fecundò eandem portionem exteriorem X Y, æqualem esse arcui
4 Z. Quoniam enim ostensæ funt æquales D X, & 6 Y, funt autem puncta
X 6 vel fimul, vel fejuncta, & hoc cafu vel punctum X est inter puncta D
& 6, vel è contrario ipfum X est inter puncta 6, Y, fecundùm diverfas fpecies trochoidum rotæ fimplicis, prolatæ, vel contractæ, quod hoc loco nihil
refert : quidquid fit, additâ vel fubtractâ communi X 6, fi quæ inter puncta
X 6 interjaceat, fiet recta D 6 æqualis rectæ X Y, est autem D 6 æqualis
rectæ K 7, feu arcui 4 Z, ut notatum est ; quare & recta X Y eidem arcui
4 Z est æqualis, quod fecundo loco demonstrandum erat : quare constat Propofitio.

Corollarium primum.

HInc manifestum est arcum X H similem esse arcui rotæ 4 Z, sicuti arcus F X similis est arcui O 4; & est 4 Z quicunque arcus mensurans motum qui deest ad dimidiam conversionem, & O 4 mensurat motum jam transactum, quod notasse in sequentibus usui erit.

Corollarium secundum.

HIc demonstrari potest in rotâ simplici, atque in prolatâ rectam 6 D majorem semper esse quam X D, propterea quod ipsa rota seu circulus O 4 Z tunc æqualis est circulo proprio F X H, vel ipso major; ideoque arcus 4 Z, æqualis est arcui X H, vel ipso major, quia similes sunt ipsi arcus. Sed recta 6 D æqualis est arcui 4 Z, ex demonstratis; quare eadem 6 D æqualis est arcui X H, vel ipso major : arcus autem X H semper major est rectâ X D; quare hoc casu recta 6 D semper major est quàm X D.

In rotâ autem contractâ, quia ipsa Rota minor est quàm circulus sibi proprius F X H, atque ideo arcus 4 Z semper minor est arcu sibi simili X H, secundùm rationem diametri rotæ ad diametrum circuli sibi proprii, erit recta 6 D, quæ æqualis est arcui 4 Z, semper minor arcu X H, secundùm eandem rationem; hic autem arcus X H, quia assumptus est utcunque minor semicircumferentiâ circuli proprij F I H, potest habere ad rectam X D quamcunque rationem majoris ad minus, scilicet ut diameter F H, ad diametrum rotæ O Z. Fieri ergo poterit aliquando ut arcus X H ad rectam X D eandem habeat rationem quam ad rectam 6 D, aliquando majorem & aliquando minorem; ideoque in rotâ contractâ poterit recta 6 D æqualis esse rectæ X D, vel ipsa major aut minor : atque ita punctum 6 erit vel simul cum puncto X, vel inter puncta Y, X; vel inter puncta X, D.

Et quidem quòd res ita se habeat in universum ex his satis patet; quibus autem in punctis quave positione rotæ omnes istæ differentiæ accidant in datâ quâcunque ratione diametri rotæ contractæ ad diametrum circuli sibi proprii demonstrare longum esset & difficillimum, opusque esset hoc assumpto; scilicet dato cuivis arcui circumferentiæ circuli, intelligi posse rectam lineam æqualem, minorem, vel majorem.

Corollarium tertium.

ILlud quoque ex demonstratis statim apparet, scilicet trochoidem occurrere circumferentiæ circuli sibi proprii in unico puncto verticis, atque in eo puncto tantùm lineas ipsas sese tangere, ipsumque circulum totum contineri intra spatium ejusdem trochoidis.

Corollarium quartum.

HInc præterea clarum est ipsam trochoidem non esse lineam rectam nec ex duabus rectis compositam, siquidem illa à puncto A pervenit ad punctum H, nec tamen ingreditur aut secat circulum proprium F X H, quem secaret necessario si recta esset à puncto A ad punctum H, sive à puncto H ad punctum L : non est ergò recta, nec ex duabus rectis composita.

Quod autem cujuscunque trochoidis nulla pars lineæ rectæ congruere possit, sed omnes partes sint curvæ, atque penitùs ab alijs quibuscunque curvis huc usque notis diversæ, demonstrari quidem potest, sed demonstratio longa est & difficilis, neque hujus loci, quando quidem ad ea quæ intendimus non requiritur.

Corollarium quintum.

QUIA in antecendenti Propositione punctum 6 est sectio communis rectæ ordinatæ Y D & rectæ 8 7 9, quæ est diameter circuli 8 Y 9, qui concentricus est rotæ ita positæ ut centrum illius sit 7 : si intelligatur alia atque alia positio rotæ ab initio motûs donec centrum illius percurrerit rectam E K, manifestum est aliud atque aliud fore ipsum punctum 6; ipsumque moveri incipere à puncto A, & in medio motus integræ conversionis rotæ, idem pervenire ad punctum H, atque adeo ipsum ferri secundùm lineam quandam A 6 H secantem rectam E K in puncto V. Quòd si idem ferri intelligatur à puncto H ad punctum L, fiet reliqua dimidia pars ejusdem novæ lineæ, secans rectam K P in puncto 10; atque ideo ipsa integra erit A V 6 H 10 L, hanc nos vocamus *trochoidis comitem, seu sociam.*

Vertex, basis, axis & centrum illius eadem sunt quæ trochoidis, cujus illa comes est. Quod autem ab ipsa & basi suâ comprehenditur spatium planum, ab eâdem denominetur. Item, quæ à trochoide & ab ejus comite comprehenduntur duo spatia, quorum alterum est A Y H V A, inter lineas principij & medii motus : alterum vero ei simile & æquale inter lineas medii & perfecti motus; singula à duabus illis lineis simul nomen sortiantur, dicaturque unumquodque spatium trochoide & suâ comite contentum : ordinata ad axem comitis trochoidis dicatur quævis recta à quacunque puncto ejusdem comitis ad axem ducta parallela basi.

PROPOSITIO SECUNDA.

Si à quocunque puncto trochoidis ad axem ordinetur recta quæpiam, hujus portio erit ordinata ad axem comitis ejusdem, quæ quidem portio æqualis erit ei ejusdem ipsius ordinatæ ad trochoidem portioni, quæ interjicitur inter ipsam trochoidem & circumferentiam convexam circuli eidem trochoidi proprii.

MANIFESTA est hæc Propositio ex iis quæ jam demonstrata sunt. Esto enim Y D recta quæcunque à puncto Y in trochoide existente ad axem F D H ordinata, & ponantur eadem quæ superiùs. Existit punctum 6 in ejusdem trochoidis comite, ex definitione; & recta 6 D erit ad axem ipsius comitis ordinata : recta vero X Y interjicitur inter trochoidem & circunferentiam convexam circuli ipsi proprij. Ostensum autem est rectas ipsas 6 D & X Y esse inter se æquales; quare patet Propositio, quæ id tantum enuntiabat.

Corollarium primum.

HINC manifestum est eandem ordinatam 6 D æqualem esse arcui rotæ 4 Z.

Corollarium secundum.

PERSPICUUM est etiam rectam Y 6, quæ interjicitur inter trochoidem & ejus sociam, æqualem esse rectæ X D interjectæ inter circunferentiam circuli proprii & axem.

Corollarium tertium

SED & hic demonstrari potest in rotâ simplici comitem trochoidis occurrere circunferentiæ circuli proprij in vertice tantum, atque in eo solo puncto éto lineas ipfas fefe contingere. Quod idem accidit comiti trochoidis rotæ prolatæ. At in curva rotæ contractæ comes fecat circumferentiam circuli proprii infra verticem, idque femel tantùm in primâ dimidiâ converfione rotæ, & rurfus femel tantùm in alterâ dimidiâ converfione : ac præterea eadem comes eandem circumferentiam tangit interiùs in vertice, cujus quidem Enuntiati longa eft demonftratio, non tamen ita difficilis; fed de his aliàs.

Corollarium quartum.

ID autem peculiare eft rotæ fimplici, quod angulus contactus qui fit à comite trochoidis illius & circunferentiâ circuli ipfi proprii, minor fit omni angulo contactus duorum quotumvis circulorum etiam interiùs fefe tangentium : quod rursùs in alium locum remittimus, propter prolixitatem demonftrationis, quæ tamen non eft admodum difficilis.

Corollarium quintum.

ITEM cujuflibet trochoidis comes nec recta eft, nec ex duabus aut pluribus rectis compofita; nec trochoidi nec alii cuivis curvæ ex iis quæ huc ufque notæ funt ita occurrere poteft ut pars fit eadem, & pars non fit communis ; quod, quia demonftrare longum eft & difficillimum, neque ad ea quæ intendimus requiritur, ideo prætermittimus.

PROPOSITIO TERTIA.

Si à quocunque puncto primi quadrantis comitis trochoidis ad axem ipfius ordinata fit recta quævis, quæ ufque ad lineam principii motûs producatur; item ab aliquo puncto fecundi quadrantis ejufdem comitis eodem modo ordinata fit alia recta (modo ipfa ordinata æqualiter diftent hinc inde ab itinere centri rotæ) earum rectarum fic productarum portiones per, ftatim fumptæ, erunt æquales; ita ut quæ in unâ earum rectarum inter comitem & axem interjicitur portio, æqualis fit ei alterius recta portioni quæ interjicitur inter eandem comitem & lineam principii motûs, & reciprocè.

PONANTUR eadem quæ fuprà in eâdem figura; atque in linea A 13 V, primo fcilicet quadrante comitis, fumptum fit punctum quodcunque 13, à quo ad axem F H ordinata fit recta 13 14, quæ minor erit quam A F, quia ipfa A F æqualis eft femicircumferentiæ rotæ ; 13 14 autem ipfâ femicircumferentiâ minor. Producatur ergo eadem 13 14 donec occurrat lineæ principij motûs A C in puncto 12. Tum in axe F H intelligatur portio K D æqualis portioni K 14; fed ad diverfas partes, & ducatur recta D 6 11 parallela rectæ K E, occurrens comiti quidem in puncto 6, quod erit in fecundo ipfius quadrante, lineæ autem A C in puncto 11. Dico rectam 13 14 æqualem effe rectæ 6 11, & reciprocè rectam 13 12 æqualem effe rectæ 6 D. Secet enim recta 12 14 circumferentiam F I H in puncto 15; & recta 11 D fecet eandem circumferentiam in puncto X, fintque puncta 15, X in eâdem femicircumferentiâ quæ eft versùs principium motûs: item in femicircumferentiâ rotæ O S Z, fit arcus Z 4 fimilis arcui H X, & arcus Z 16 fimilis arcui H 15; fintque Z S, & O S quadrantes, ficuti H I, & F I. Jam quia æquales funt rectæ K 14, K D erunt arcus I X, & I 15 æquales. Item æquales erunt arcus F 15, H X; & æquales F X, H 15 : ac propterea in rotâ æquales erunt arcus S 4, S 16. Item æquales arcus O 16 & Z 4; & æquales O 4, Z 16. Quare ex Corollario primo Propofitionis primæ, quia arcus H X fimilis eft arcui qui menfurat motum, qui fupereft ad dimidiam converfionem in eâ pofitione rotæ, erit arcus Z 4 ea ipfa mensura ejusdem motûs. Eâdem ratione erit arcus Z 16 mensura motûs qui superest ad dimidiam conversionem rotæ, dum notatur ab ipsâ punctum 13; ac propterea ex Corollario primo Propositionis secundæ, tàm recta 6 D æqualis est arcui 4 Z, quam recta 13 14 æqualis arcui 16 Z: ambo autem ipsi arcus 4 Z & 16 Z simul sumpti æquales sunt semicircumferentiæ O Z (ostensus est enim arcus 4 Z æqualis ipsi 16 O) ideoque duæ rectæ 6 D & 13 14 simul sumptæ æquales sunt eidem semicircumferentiæ O Z, sive rectæ D 11, vel 14 12. Demptis ergo communibus sequitur rectam 13 12 æqualem esse rectæ 6 D ; & rectam 13 14 æqualem esse rectæ 6 11; quod erat ostendendum.

PROPOSITIO QUARTA.

Quod à trochoidis comite & ab ipsius base continetur, spatium dimidium est rectanguli cujus eadem est basis & eadem altitudo cum trochoide vel ejus comite, sumpto axe communi pro altitudine.

IN eâdem rursùs figurâ. Dico spatium quod à comite A V H 10 L & basi ejus A L continetur, dimidium esse rectanguli A C N L, cujus eadem est basis A L & eadem altitudo axis F H. Consideretur enim ipsius rectanguli dimidium A C H F, quod à curvâ A V H ipsius comitis dimidia, in duas partes dividitur, quarum partium altera continetur ab ipsâ curvâ A V H & duabus rectis A F, F H; altera autem pars continetur ab eâdem curva A V H & duabus rectis H C, C A. Ostendendum est duas illas partes esse inter se æquales. Atqui ex antecedenti Propositione facile est ostendere duas easdem partes omnino sibi invicem superponi posse & congruere, posito scilicet puncto C cum puncto F, & rectâ C A cum recta F H; item rectâ C H cum recta F A: tunc enim quia recta C 11 æqualis est rectæ F 14, congruet punctum 11 cum puncto 14, & recta 11 6 cum recta 14 13, cui æqualis ostensa est; & eodem modo recta A 12 congruet rectæ H D, & recta 12 13 rectæ D 6, cui æqualis ostensa est, & reliquæ reliquis, & omnes omnibus, & spatium spatio congruet. Quare ipsa spatia sunt æqualia, & spatium A V H F A dimidium est rectanguli F C. Idem verò in reliquo rectangulo F N ostendetur eodem modo, ideóque vera est Propositio.

PROPOSITIO QUINTA.

Idem spatium proportione medium tenet inter duplum rotæ & duplum circuli trochoidi proprii.

PONANTUR eadem. Dico spatium A V H 10 L A proportione medium esse inter duplum rotæ O S Z M, & duplum circuli F I H G trochoidi proprii. Intelligantur enim duo rectangula, alterum quidem 20 21, cujus basis 19 20 æqualis sit semicircumferentiæ rotæ O S Z, altitudo vero 19 21 æqualis diametro ejusdem rotæ O Z; alterum verò rectangulum 23 24, cujus basis 22 23 æqualis sit semicircumferentiæ circuli proprii F I H, altitudo autem 22 24 æqualis diametro ejusdem circuli F H. Jam quia duo rectangula 20 21 & F C æquales habent bases 19 20 & A F (quia utraque basis, ex positis, æqualis est semicircumferentiæ rotæ) erunt ipsa rectangula inter se ut altitudines, scilicet ut diameter rotæ O Z ad F H diametrum circuli proprii. Item, rectangulum F C ad rectangulum 23 24 ejusdem altitudinis F H, ex constructione, se habet ut basis A F ad basim 22 23, idest ut semicircumferentia rotæ O S Z ad semicircumferentiam circuli proprii F I H, quia ex constructione æquales sunt ipsæ bases iisdem semicircumferentiis. Ut autem semicircumferentia O S Z ad semicircumferentiam F I H, ita diameter O Z ad diametrum F H: quare ut rectangulum F C ad rectangulum 23 24, ita diameter

O Z ad diametrum F H. Ut autem hæ diametri inter fe, ita oftenfum eft rectangulum 20 21 ad rectangulum F C; ideoque eadem eft ratio rectanguli
20 21 ad rectangulum F C, quæ ejufdem rectanguli F C ad rectangulum 23 24,
quia utraque ratio eadem eft rationi diametri O Z ad diametrum F H. Sed

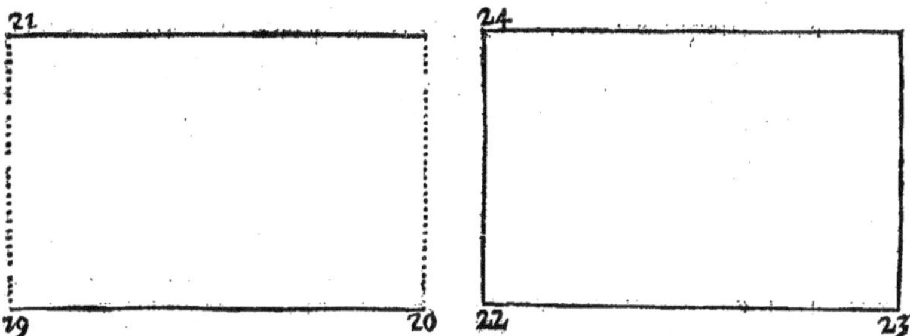

rectangulum 20 21 duplum eft rotæ O S Z M, ut ex Archimede in circuli dimenfione deducitur, ficuti rectangulum 23 24 duplum eft circuli F I H G; &
rectangulum F C æquale eft fpatio propofito A V H L A, quia dimidium
dimidio oftenfum eft æquale per præcedentem. Quoniam ergo continuè proportionalia oftenfa funt rectangula 20 21, F C, & 23 24, patet quoque proportionalia effe fpatia ipfis æqualia, fcilicet duplum rotæ O S Z M, fpatium
A V H 10 L A, & duplum circuli proprii F I H G, & medium effe fpatium
A V H 10 L A, ut proponebatur.

Corollarium.

HINC patet idem fpatium A V H 10 L A in trochoide rotæ fimplicis, duplum effe ejufdem rotæ; in trochoide autem rotæ prolatæ idem fpatium
majus effe quàm duplum rotæ; & tandem in trochoide rotæ contractæ, minus
quàm duplum ipfius rotæ. Nam in rotâ fimplici circulus F H ipfi rotæ æqualis
eft; in prolatâ minor; in contractâ major: unde fpatium quod inter duplum rotæ & duplum circuli F H mediam tenet proportionem, in fimplici quidem
æquale eft duplo rotæ; in prolatâ majus quàm duplum; & in contractâ minus.

PROPOSITIO SEXTA.

*Quod à trochoide & ejus comite continetur fpatium inter lineas principii & medii
motûs, æquale eft dimidio circuli eidem trochoidi proprii.*

IN eâdem figurâ efto fpatium A R H V A contentum à dimidio trochoidis
A R H, & dimidio comitis ejus A V H inter lineas principii & medii motûs A C, F H. Dico hoc fpatium æquale effe femicirculo F I H.

Ducatur enim quæcunque recta Y D parallela bafi A L, fecanfque tam
fpatium quàm femicirculum; & portio quidem ipfius Y D intercepta intra
fpatium, fit Y 6; portio autem intercepta intra femicirculum, fit X D; manifeftum eft igitur ex Corollario fecundo Propofitionis fecundæ, portiones ipfas Y 6 & X D effe æquales; quod idem in cæteris fimiliter ductis bafi A L
parallelis accidet. Itaque quoniam fpatium & femicirculus funt intra parallelas A F, C H & cujufvis alius rectæ eidem parallelæ, & interjacentis portiò-
nes in fpatio & in femicirculo interceptæ funt æquales, fequitur fpatium ipfum A R H V A femicirculo F I H effe æquale: quod erat oftendendum.

Corollarium primum.

POTEST simili argumento demonstrari spatium ARYHIFA, quod à dimidiâ trochoide ARH, dimidiâ circumferentiâ HIF, & dimidiâ basi
FA continetur, æquale esse spatio AVHFA, quod à dimidiâ comite AVH,
diametro HF, & dimidiâ basi FA comprehenditur. Quia scilicet ipsa duo
spatia sunt in iisdem parallelis AF, CH : & ductâ quâcunque eisdem inter-
mediâ parallelâ YD, ostensum est secundâ Propositione portionem YX priori
spatio interceptam, æqualem esse portioni 6D altero spatio comprehensam.
Quod idem quia parallelis omnibus interceptis accidit, patet ipsa spatia esse
æqualia.

Corollarium secundum

NEc dissimili argumento probabitur spatium ARHCA, quod à dimidia trochoide ARH, rectâ HC, & rectâ CA continetur, æquale esse
spatio AVHIFA, quod à dimidiâ comite AVH, semicircumferentiâ HIF,
& dimidiâ basi FA comprehenditur; quamvis in rotâ contractâ portio quædam
primi horum spatiorum sit ultrà rectam AC extrà rectangulum FC; & portio
quædam secundi spatii contineatur intra semicirculum FIH; nihilo enim
minus fiet demonstratio universalis, sed propter distinctionem rotarum multis
verbis opus erit. At veritas hujus propositionis multò facilius ex præcedentibus elicitur in rotâ simplici & prolatâ. Nam quia quarta Propositione ostensum est spatium AVHCA æquale esse spatio AVHFA; item Propositione sexta spatium ARHVA ostensum est æquale semicirculo FIH: demptis æqualibus ab æqualibus in rotâ simplici & contractâ, patebit Propositio.

Corollarium tertium.

IN rotâ simplici quatuor hæc spatia sunt æqualia ARHCA, ARHVA,
AVHIFA & semicirculus FIH. Quia enim spatium comitis AVH 10 LA
in rotâ simplici ostensum est esse duplum rotæ seu circuli FH, per Propositionem quartam erit dimidium ejusdem spatii, scilicet AVHFA, duplum
semicirculi FIH; quare dempto semel ipso semicirculo, relinquitur spatium
AVHIFA æquale eidem semicirculo. Cætera manifesta sunt.

PROPOSITIO SEPTIMA.

*Cujusvis trochoidis spatium majus est circulo sibi proprio, & excessus mediam tenet
proportionem inter duplum rotæ & duplum circuli eidem trochoidi proprii.*

MANIFESTA est Propositio. Nam in eâdem figura, spatium trochoidis
ARH 25 LA æquale est spatio suæ comitis AVH 10 LA, ac præterea
duobus spatiis ARHVA, & L 25 H 10 L, quorum utrumque æquale est semicirculo FIH per sextam Propositionem; ideoque ambo simul ipsi integro
circulo FIHG sunt æqualia; ideoque ipsum trochoidis spatium superat circulum sibi proprium spatio suæ comitis; quod quidem per Propositionem quintam mediam proportionem tenet inter duplum rotæ & duplum circuli eidem
trochoidi proprii.

Corollarium.

HINC palam est in rotâ simplici spatium trochoidis triplum esse ejusdem
rotæ: quia ipsum continet circulum sibi proprium, hoc est ipsam rotam
semel, ac præterea ejus duplum, scilicet spatium suæ comitis.

AD

AD TROCHOIDEM, EJUSQUE SOLIDA,
PROPOSITIO LEMMATICA PRIMA.

Esto circulus ACBD, cujus diameter AB; atque ex ejus semicircumferentiâ ACB sumatur arcus quicunque FG, sive is sit diametro AB conterminus, sive non; dividaturque arcus ille in quotlibet partes aquales in punctis F, L, M, C, N, G, &c. indefinitè, quemadmodum in doctrinâ indivisibilium fieri consuevit; ex quibus punctis demittantur in diametrum AB totidem recta perpendiculares FR, LS, MT, CE, NV, GX, &c, qua erunt totidem sinus recti numero indefiniti & secundùm arcus aquales, vel aqualiter sese excedentes sumpti. Proponitur demonstrandum,

Omnes illos sinus indefinitè sumptos ad radium circuli toties sumptum sic se habere, ut recta RX, portio scilicet diametri inter extremos sinus intercepta, ad arcum propositum FG.

PRODUCANTUR enim sinus illi, donec alteri semicircumferentiæ ADB occurrant in punctis H, O, P, D, Q, I, &c, & jungantur alternatim rectæ LH, MO, CP, ND, GQ, &c, occurrentes diametro AB in punctis Y, Z, 1, 2, 3, 4, &c. & ductis omnium arcuum subtensis FL, LM, MC, CN, HO, OP, PD, DQ, &c. fiant triangula rectangula similia HRY, LSY, OZS, MTZ, PT2, CE2, &c. ac tandem sumpto arcu A5, qui æqualis sit uni ex arcubus æqualibus, putà arcui FL, jungantur rectæ A5, & B5, ut fiat triangulum rectangulum A5B prædictis HRY, &c, simile. Itaque propter triangulorum similitudinem, facile est colligere omnes subtensas intermedias LO, MP, CD, NQ, &c. simul sumptas, unà cum dimidiis extremarum, putà unà cum HR, & GX ad rectam B5 eandem rationem habere, quam recta RX ad re-

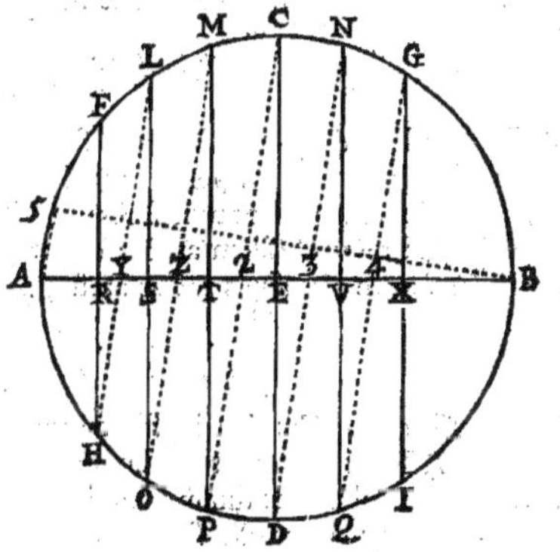

ctam A5. Atqui ex doctrinâ indivisibilium, & propter infinitam arcuum æqualium multitudinem & parvitatem, omnes prædictæ subtensæ simul sumptæ unà cum HR & GX, sumi possunt pro duplo omnium sinuum prædictorum indefinitè sumptorum, dempto eorum uno; sicuti recta B5 pro diametro seu duplo radii, & recta A5, pro arcu A5, sive FL. Ut ergo duplum omnium sinuum indefinitè sumptorum dempto uno, ad duplum radii; ita recta RX ad arcum FL; sumptisque duorum priorum terminorum dimidiis, erunt omnes sinus indefinitè sumpti, dempto uno, ad radium, ut RX ad FL. Verùm tot sunt sinus, dempto uno, quot arcus; ergò sumptis consequentium æquemultiplicibus in præcedenti proportione, erunt omnes sinus, dempto uno, ad radium toties sumptum, ut recta RX, ad omnes arcus minores; hoc est ad arcum FG. Sed in doctrina indivisibilium, unicus sinus additus ad alios numero indefinitos, nihil mutat; unde patet Propositio: quippe omnes sinus ad radium toties sumptum eandem rationem habebunt, quàm recta R X ad arcum F G.

Corollarium primum.

SI ergo arcus assumptus F G, sit semicircumferentia ipsa, ad quam pertineat diameter A B, quæ hoc casu referet rectam R X; patet omnes sinus rectos ad semicircumferentiam pertinentes atque secundùm æquales arcus indefinitè sumptos, esse ad radium toties sumptum, ut diameter ad semicircumferentiam. Hîc autem in demonstratione, quia extremi sinus evanescunt, nihil demendum erit nec addendum : in universum tamen additio aut substractio finiti alicujus determinati, in doctrinâ indivisibilium, nihil mutat.

Corollarium secundum.

SI autem arcus F G sit quadrans diametro A B conterminus; tunc radius referet rectam R X; atque ita omnes sinus recti ad quadrantem pertinentes, & secundùm æquales arcus sumpti, erunt ad radium toties sumptum, ut radius ad quadrantem.

Corollarium tertium.

AT si arcus F G sit quidem diametro A B conterminus, sed quadrante major aut minor; tunc recta R X erit sinus versus ipsius arcûs. Ut ergo omnes sinus recti ad radium toties sumptum, ita sinus versus ad arcum.

Corollarium quartum.

SI arcus F G diametro A B non sit conterminus, idem autem ita constitutus sit, ut alterutrum punctorum R vel X sit centrum circuli, quo pacto alteruter sinuum extremorum F R vel G X erit radius; tunc recta R X æqualis erit sinui recto ejusdem arcûs : quapropter, ut omnes sinus recti ad radium toties sumptum, ita sinus rectus arcûs, ad ipsum arcum.

Corollarium quintum.

IN casu quarti Corollarii. Si centrum circuli sit inter puncta R, X; tunc recta R X componetur ex duobus sinibus rectis duarum portionum arcûs F G. Ut ergò se habet summa omnium sinuum rectorum ad radium toties sumptum; ita summa duorum sinuum rectorum, qui ad duas portiones arcûs F G pertinent, se habebunt ad eundem arcum.

Corollarium sextum.

IN eodem casu, si centrum cadat ultrà puncta R, X; tunc recta R X erit differentia duorum sinuum rectorum, vel etiam duorum sinuum versorum, qui sinus recti vel versi pertinebunt ad duos arcus quorum differentia erit arcus ipse F G. Itaque, ut summa omnium sinuum rectorum ad radium toties sumptum; ita differentia illa sinuum ad ipsum arcum F G.

Corollarium septimum.

QUONIAM autem omnes sinus recti differunt à radio toties sumpto; per omnes sinus versos; sumptis differentiis pro antecedentibus, erunt omnes finus verfi ad radium toties fumptum, ut differentia inter rectam R X, & arcum F G, ad ipfum arcum F G. Undè rurfus fex Corollaria, fex præmiffis refpondentia facile deducentur, quorum quæ ad quartum pertinebit conclufio talis erit, Ut omnes finus verfi ad radium toties fumptum; ita differentia inter finum rectum & ipfum arcum, ad ipfum eundem arcum.

PROPOSITIO LEMMATICA SECUNDA.

Ex prædictis facile eft examinandis finuum Tabulis perutilem hanc Propofitionem demonftrare.

Si in circumferentiâ circuli fumantur duo quicunque arcus F M, C G; & reliqua ponantur ut in primâ Propofitione, omnes finus recti ex arcu F M demiffi, atque indefinitè fumpti, putà F R, L S, M T &c, ad omnes finus rectos ex arcu C G demiffos atque indefinitè fumptos, putà C E, N V, G X &c (modo tamen finguli ex minoribus arcubus F L, L M, &c, aquales fint fingulis ex minoribus arcubus C N, N G, &c; five multitudo horum aqualis fit multitudini illorum, five non) erunt, ut recta R T extremis finibus intercepta, ad rectam E X extremis finibus interceptam.

NAM ex prima Propofitione, Ut omnes finus F R, L S, M T, &c, ad radium toties fumptum; ita recta R T ad arcum F M. Ut autem radius ille toties fumptus ad eundem radium toties fumptum, quot in majori arcu C G continentur minores, ita arcus integer F M ad arcum integrum C G : & ut radius toties fumptus quot in arcu C G continentur minores ad totidem finus C E, N V, G X; ita arcus C G ad rectam E X: ergo ex æquo in quatuor terminis utrinque, Ut omnes finus F R, L S, M T, & ad omnes finus C E, N V, G X, &c. ita recta R T, ad rectam E X.

Corollarium primum.

HINC licet Tabulas finuum per quofcunque arcus commenfurabiles examinare hâc ratione. Efto arcus F M triginta graduum, arcus vero C G quadraginta graduum; fintque in utroque arcu dati extremi finus ex Tabulis, putà F R, M T, C E, G X; tum reliqui intermedii per fingula minuta prima, vel etiam fecunda, fi libuerit: undè ex iifdem Tabulis dabuntur etiam rectæ R T, E X. Quoniam ergo numerus finuum utrinque finitus eft atque determinatus; ex fummâ omnium priorum finuum F R, L S, M T, &c. dematur dimidium extremorum F R, M T; tum ex fummâ pofteriorum C E, N V, G X, &c. dematur dimidium extremorum C E, G X; eritque tunc refiduum priorum ad refiduum pofteriorum, ut recta R T, ad rectam E X; quod nifi ita reperiatur,

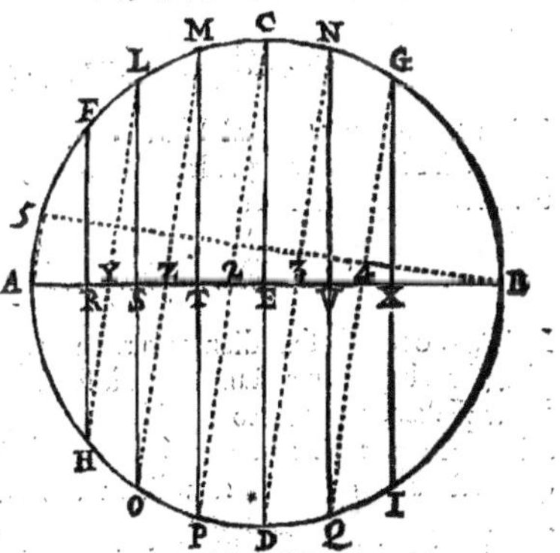

erroneæ erunt Tabulæ. Erit tamen error ferendus, donec exceffus aut defectus minor erit dimidio illius numeri qui exprimit multitudinem omnium finuum in utroque arcu contentorum.

Corollarium secundum.

QUod si proponatur arcus FG, ita dividendus in duos arcus FM, MG, ut demissis sinubus rectis FR, LS, &c. quemadmodum supra, summa omnium sinuum indefinitè sumptorum qui ad arcum FM pertinebunt, ad summam omnium qui ad arcum MG pertinebunt, rationem habeant datam; dividenda erit recta RX in ratione datâ, putà in puncto T, atque ab eo excitanda perpendicularis TM usque ad circumferentiam; & factum erit, ut patet ex præmissâ secunda Propositione.

Hîc multa theoremata & problemata præmissis similia proponi possent, quæ, quia facilia sunt, nihilque ad nostrum institutum conducunt, consultò omittimus.

Ad primum, sequens notandum.

IN figurâ rotæ atque trochoidis sequentis, ut pateat trilineum AMHG æquale esse quadrato semidiametri rotæ AG, adverte rectam GH quadranti circumferentiæ æqualem esse, quæ recta GH si in quotcunque partes æquales indefinitè secetur, & à singulis sectionis punctis excitentur perpendiculares usque ad curvam AMH, exhibebunt ipsæ perpendiculares omnes sinus rectos quadrantis diametro contermini secundùm æquales arcus sumptos, ex naturâ trochoidis ejusdemque sociæ : quare per secundum Corollarium Propositionis primæ præmissæ, erunt illi omnes sinus simul sumpti ad radium AG toties sumptum, ut radius AG ad quadrantem GH. Ut autem summa illorum sinuum ad summam radiorum, ita trilineum AMHG ad rectangulum AH, ex doctrinâ indivisibilium; & ut radius AG ad quadrantem GH, ita quadratum ipsius AG ad rectangulum AH; ideoque ut trilineum AMHG ad rectangulum AH, ita quadratum AG ad idem rectangulum AH; unde trilineum ipsum AMHG æquale est quadrato semidiametri AG.

Quoniam autem trilineum reliquum AMHV est differentia inter trilineum AMHG & rectangulum AH; illud ergo AMHV æquale erit differentiæ inter quadratum AG & rectangulum AH; hoc est rectangulo contento sub semidiametro AG & differentiâ inter ipsam AG & quadrantem GH.

Ad secundum, sequens notandum.

BILINEUM AMHZA est manifestò differentia inter triangulum AGHZA sive quadrantem rotæ, & trilineum AMHG sive quadratum semidiametri AG.

De Rotâ simplici quædam notanda.

I. QUod sub semidiametro rotæ & quadrante itineris centri ejusdem comprehenditur rectangulum, à sociâ trochoidis sic dividitur, ut portio major æqualis sit quadrato semidiametri rotæ; altera autem portio, eademque minor æqualis sit rectangulo contento sub semidiametro rotæ & differentiâ quæ est inter eandem semidiametrum & quadrantem circumferentiæ ipsius rotæ.

II. Quod à quartâ parte sociæ trochoidis & à rectâ quæ quartæ ipsius extrema conjungit clauditur spatium bilineum, æquale est differentiæ inter quadrantem rotæ & quadratum semidiametri ejusdem.

III. Propositâ trochoide ejusque sociâ, atque utriusque plano circa communem

munem

munem bafim circumvoluto, fit folidum trochoidis circa bafim, quod quidem
ad cylindrum cui infcribitur hâc ratione comparabitur.

Portio folidi comprehenfa inter duas fuperficies, quarum altera à trochoide, altera ab ejus focia defcribitur, æqualis eft cylindro cujus bafis fit rota
ipfa, altitudo autem æqualis circumferentiæ ipfius rotæ, quoniam idem æquale
eft annulo ftricto ejufdem rotæ; ac proinde portio illa, totius cylindri circunfcripti quarta pars eft.

Portio folidi quæ unica fuperficie continetur, fcilicet eâ quæ à focia trochoidis defcribitur, commodè conferri poteft cum cylindro cujus axis fit idem
cum axe folidi trochoidis; femidiameter verò bafis fit femidiameter rotæ:
reperietur autem talis portio æquari tali cylindro, ac præterea quadruplo illi
folido quod fit ex converfione majoris illius trilinei, quod primo notando
diximus æquari quadrati femidiametri rotæ, fi fcilicet tale trilineum circa
iter centri rotæ convergatur. At ultimus hic cylindrus totius cylindri circunfcripti quarta pars eft; folidum autem ex converfione trilinei, ejufdem
totius trigefima fecunda pars evadit; quia omnia quadrata ipfius trilinei
æqualia funt omnibus quadratis omnium finuum rectorum quadrantis rotæ
fecundum æquales arcus fumptorum, quæ omnia quadrata quadrati femidiametri toties fumpti dimidia funt; & hoc quadratum femidiametri toties
fumptum eft decima fexta pars omnium quadratorum parallelogrammi circunfcripti circa trochoidem : hoc ergo folidum quater fumptum octavam
totius cylindri circunfcripti partem conftituit : tandem ergo fequitur totum
folidum trochoidis circa bafim totius cylindri circunfcripti quinque octavas
partes conftituere $\frac{5}{8}$.

Vel aliter hoc idem folidum quod à trochoidis focia circa ejufdem bafim circumvolutâ defcribitur, ad totum cylindrum fic comparabitur. Quoniam planum, ex cujus converfione circa bafim trochoidis fit tale folidum,
ad rectangulum ipfi circunfcriptum, ex cujus converfione fit totus cylindrus
fe habet ut fumma omnium finuum verforum fecundùm æquales arcus fumptorum, ad diametrum toties fumptum; erit folidum ad cylindrum, ut fumma omnium quadratorum ab omnibus finibus verfis fecundùm æquales arcus
fumptis, ad quadratum diametri toties fumptum. At hæc ratio eft ut 3 ad 8,
& additâ quartâ parte totius cylindri, hoc eft annulo ftricto de quo fupra;
fit ut totum folidum trochoidis circa bafim totius cylindri circunfcripti quinque octavas partes conftituat, ut priùs.

Et quidem ejufmodi ratio $\frac{5}{8}$ de quâ jam egimus, geometricè vera eft, ac
prorsùs accurata. At circa folidum quod fit ex converfione trochoidis circa
axem, eadem certitudo non contingit, nec poteft, nifi inventa fuerit ratio
diametri rotæ ad ejus circumferentiam.

Neque etiam movemur quod Evangelifta Torricellius afferat tale folidum ad fuum cylindrum (qui fcilicet altitudinem habeat axem trochoidis,
at diametrum bafis bafim ejufdem trochoidis) rationem eandem habere quam
undecim ad octodecim; hæc enim ratio $\frac{11}{18}$ minor eft quam vera.

Ad hoc autem admittatur rursùs focia trochoidis, cujus beneficio folidum trochoidis dividetur in alia duo folida. Primum duabus fuperficiebus
curvis continebitur, eâ fcilicet quæ à trochoide, & eâ quæ ab ejus focia
defcribitur. Secundum vero, circulo bafis & eâ fuperficie curva terminabitur, quæ à focia trochoidis defcribetur. Ratione autem initâ fecundùm
Geometriæ regulas, primum folidum continebit quartam partem totius cylindri, ac præterea fphæram rotæ, quæ ad ipfum cylindrum fe habet ut fexta pars quadrati diametri ad quadratum femicircumferentiæ : fecundùm autem folidum continebit ejufdem totius cylindri partem quartam, ac præterea portionem quandam quæ juncta fphæræ rotæ ad totum cylindrum fe ha-

bebit, ut differentia inter quadratum quadrantis circumferentiæ & $\frac{1}{4}$ quadrati radii, ad quadratum ipsius semicircumferentiæ.

Ponatur radius partium æqualium   3000000

Erit semicircumferentia   9424778   paulo major.

Quadratum semicircumferentiæ   8882643960   paulo minus.

$\frac{1}{4}$ ejusdem quadrati   2220660990   minus.

$\frac{1}{3}$ quadrati diametri   4800000000

Differentia hujus & quadrati semicircumf.   4082643960

$\frac{1}{4}$ hujus differentiæ   1020660990 $\Big\}$

Semiquadratum semicircumferentiæ   4441321980

Summa duorum ultimorum numerorum   5461982970

Erit numerator rationis solidi ad totum cylindrum, cujus denominator quadratum semicircumferentiæ.

Ratio Torricellii quadrati semicircumferentiæ 5428282420 $\frac{11}{18}$ seu $\frac{44}{72}$

ejusdem quadrati   5551652475 $\frac{1}{8}$ seu $\frac{44}{72}$

Patet ergo rationem majorem esse eâ quæ à Torricellio assignatur; minorem tamen eâ quæ suprà assignata est pro solido circa basim, quæ est $\frac{1}{4}$.

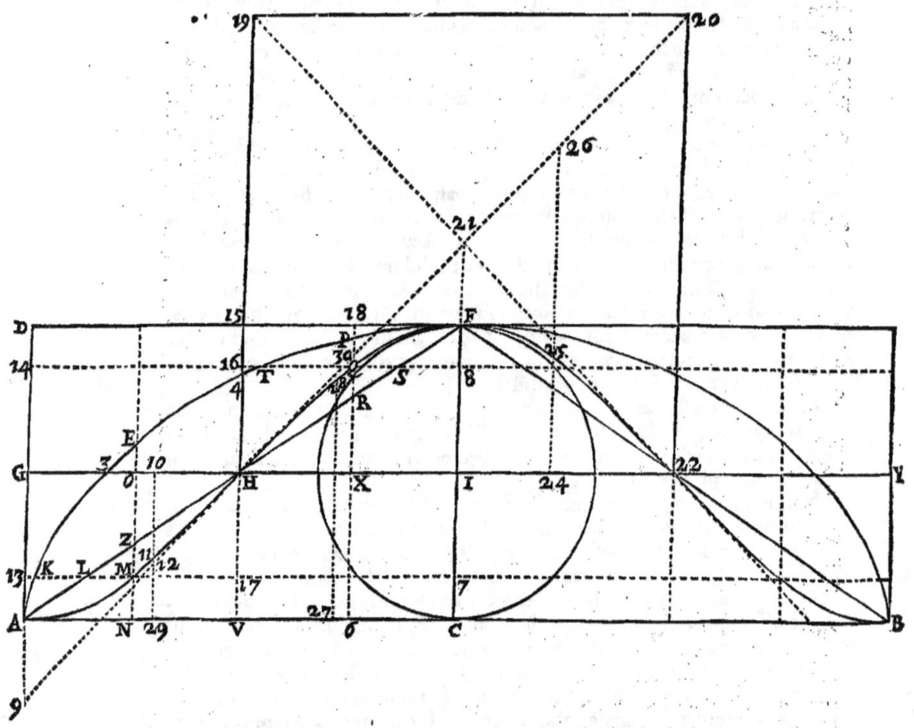

AK3E4TPFB est trochoides : AMHQFB est ejusdem trochoidis socia : G3OHXIY est iter centri : C718F est axis : ANV6CB est basis : F vertex : DB parallelogrammum circumscriptum; & ductæ sunt rectæ ALZHRSF, & BF : item ductæ sunt quæcunque rectæ NMZOE,

VH 4, & P Q R X 6 axi parallelæ; ac tandem quæcunque rectæ 13 K L M 7, & 14 T Q S 8 parallelæ basi.

Itaque pro solido circa basim, patet illud esse ad cylindrum circumscriptum, ut omnia quadrata NE, V 4, 6 P, CF, &c. in infinitum, ad totidem quadrata CF. Verum quadratum NE æquale est quadratis NM, ME, & duplo rectangulo NME; sicuti quadratum V 4 æquale est quadratis VH, H 4, & duplo rectangulo VH 4; & quadratum 6 P æquale est quadratis 6 Q, Q P, & duplo rectangulo 6 Q P, & sic de reliquis. Ex illis autem, quadrata NM, VH, 6 Q, CF & similia, sunt quadrata omnium sinuum versorum secundùm æquales arcus sumptorum, quæ simul constituunt ⅓ quadratorum diametri CF, & eadem constituunt rationem solidi sociæ trochoidis ad cylindrum : hæc ergo ratio est ⅓. Reliqua quadrata ME, H 4, Q P, &c. unâ cum duplis rectangulis NME, VH 4, 6 Q P, &c. ad quadrata CF collata efficiunt rationem quam habet ad eundem cylindrum duplus annulus qui fit ex figurâ A M H Q F P 4 E A circa basim AB circumvolutâ, qui duplus annulus æqualis est annulo rotæ circa basim AB circumvolutæ, hoc est cylindro cujus basis sit rota, altitudo autem circumferentia rotæ, sive basis AB, qui cylindrus constituit ⅓ totius cylindri. Quare solidum rotæ ad totum cylindrum constituit rationem ⅔.

Aliter pro solido quod fit à trochoidis sociâ. Omnia quadrata NM, ab A usque ad VH æqualia sunt omnibus quadratis NO, OM, minùs omnibus duplis rectangulis NOM. Item ab VH usque ad CF omnia quadrata 6 Q æqualia sunt omnibus quadratis 6 X, X Q, plus omnibus duplis rectangulis 6 X Q : verum hæc dupla rectangula 6 X Q æqualia sunt illis NOM, omnia scilicet omnibus; existentibus ergo contrariis signis plùs & minùs, elidunt se invicem hæc & illa dupla rectangula, remanentque omnia quadrata NM, 6 Q, æqualia omnibus NO, OM, 6 X, X Q : horum autem NO, 6 X, sunt quadrata semidiametri, quæ constituunt quartam partem quadratorum totius diametri CF, sive ⅓. At quadrata OM, X Q, sunt quadrata omnium sinuum rectorum secundùm æquales arcus sumptorum, quæ ideò constituunt dimidiam partem omnium quadratorum semidiametri, sive octavam partem quadratorum totius diametri. Patet ergo omnia quadrata NM, 6 Q, constituere ⅓ & ⅛, hoc est ⅜ omnium quadratorum totius diametri CF, quæ eadem est ratio solidi quod fit à sociâ trochoidis, ad cylindrum eidem circumscriptum; putà ratio omnium quadratorum NM, 6 Q ad omnia quadrata CF.

Pro solido autem circa axem CF, admissâ rursùs sociâ trochoidis in eâdem figurâ, manifestum est illud dividi in alia duo solida, quorum alterum instar annuli stricti terminatur duabus superficiebus, eâ nempe quæ à trochoide, & eâ quæ ab ejus sociâ describitur : alterum autem solidum duabus etiam superficiebus comprehenditur; eâ nempe quæ à sociâ trochoidis gignitur, & eo circulo cujus semidiameter est recta C A.

Ac primum quidem solidum ad totum cylindrum collatum, eam habet rationem quam omnia simul quadrata MK, H 3, Q T, & similia, unâ cum omnibus duplis rectangulis 7 MK, I H 3, 8 Q T, & similibus, ad quadratum AC toties sumptum. At dupla illa rectangula æquivalent semel omnibus rectangulis sub 7 13 sive CA & MK; sub I G sive CA & H 3; sub 8 14 sive CA & Q T; (propterea quod omnes rectæ 7 M, I H, 8 Q, &c. bis sumptæ æquivalent omnibus rectis 7 13, I G, 8 14, &c. semel sumptis, hoc est rectæ CA toties sumptæ) & hæc rectangula constituunt quartam partem quadrati CA toties sumpti, sicuti omnes rectæ MK, H 3, Q T constituunt ⅓ rectæ CA toties sumptæ. Omnia autem quadrata MK, H 3, Q T, &c. ad quadratum CA toties sumptum eandem rationem habent quam sphæra rotæ ad totum cylindrum, hoc est, quam ⅓ quadrati semidiametri rotæ ad quadra-

tum C A, sive quam $\frac{1}{7}$ trilinei HQFI seu AMHG quadrato I F seu IC
æqualis, ad quadratum C A. Patet itaque primum solidum continere quartam partem totius cylindri, ac præterea portionem aliquam quæ ad ipsum
totum cylindrum eam habet rationem quam $\frac{1}{7}$ quadrati semidiametri ad
quadratum semicircumferentiæ.

Jam ad secundum solidum. Manifestum quidem est illud ad totum cylindrum sic se habere ut omnia quadrata C A, 7 M, I H, 8 Q, &c. ad quadratum C A toties sumptum. Hæc autem ratio ut detegatur, adverte omnia
illa quadrata æqualia esse omnibus quadratis D F, 14 Q, G H, 13 M, &c.
quia singula singulis æqualia sunt ex natura trochoidis. Itaque si hæc & illa
quadrata simul cum quadrato A C toties sumpto conferantur, res expedietur.
Vide aliam demonstrationem secundi hujus solidi in Appendice quæ postea
sequetur.

At hoc jam confectum est in universum in omni parallelogrammo quale
est A C F D, ductâ primò utcunque lineâ qualis est socia AMHQF consti-
tuente duo trilinea primæ divisionis AHFC, & FHAD : tum ductâ secundò rectâ V H 4 15, quæ & latera A C, D F, & parallelogrammum simul
bifariam dividat, secetque lineam ipsam AMHQF utcunque in H, ita ut
constituantur duo trilinea secundæ divisionis AMHV, & HQF 15, & duo
reliqua quadrilinea; si insuper intelligamus rectam A C dividi tertiò in quot-
eunque partes æquales in infinitum, ex doctrinâ indivisibilium, & per puncta
divisionis ductas esse rectas ipsi C F parallelas, quæ parallelogrammum divi-
dant in totidem partes æquales, sed & lineam AMHQF in totidem punctis : constituent ergo ipsæ rectæ intra trilinea secundæ divisionis AMHV,
HQF 15, multa alia minora trilinea tertiæ divisionis; tot scilicet intra singula
quot partes æquales in singulis rectis A V, F 15, continentur. Puta si rectâ
A V tertiâ divisione in 1000 partes æquales dividatur, constituentur 1000
trilinea tertiæ divisionis quorum maximum erit ipsum AMHV; & omnia
communem habebunt apicem A; ac minimum quidem trilineum assumet ex
rectâ A V primam partem ad A terminatam; sequens autem assumet duas
priores partes ad idem A terminatas; tertium tres; quartum quatuor, & sic
eodem ordine usque ad maximum; eritque forsan unum ex intermediis AMN.
Sic intra trilineum HQF 15 totidem constituentur minora trilinea tertiæ divisionis quorum unum ex intermediis erit forsan F 18 Q. Præterea ex rectis
C A, 7 13, I G, 8 14, F D, &c. quædam portiones intra prædicta trilinea secundæ divisionis continentur : putà intra AMHV, portiones A V, M 17, &c.
intrà HQF 15 verò, portiones F 15, Q 16, &c. atque ex doctrinâ indivisibilium demonstratur horum omnium portionum quadrata simul sumpta dupla
esse omnium prædictorum trilineorum tertiæ divisionis simul sumptorum.

Hoc posito, illud inquam jam confectum est ex doctrinâ indivisibilium,
diviso triplici divisione quovis parallelogrammo C D, ut dictum est, sive
prima divisio fiat in partes æquales, ut hîc, sive non; omnia quadrata C A,
7 M, I H, 8 Q, D F, 14 Q, G H, 13 M, &c. quæ ad trilinea AHFC, &
FHAD primæ divisionis pertinent, constituere dimidium omnium quadratorum C A, 7 13, I G, 8 14, F D, &c. quæ pertinent ad totum parallelogrammum C D; ac præterea duplum omnium quadratorum portionum A V,
M 17, F 15, Q 16, &c. quæ pertinent ad trilinea secundæ divisionis AMHV,
& HQF 15; hoc est quadruplum omnium minorum trilineorum tertiæ divisionis, quæ in iisdem AMHV, HQF 15 comprehenduntur, ut supra. Omnia enim quadrata omnium portionum A V, M 17, F 15, Q 16, &c. simul
sumpta dupla sunt omnium minorum trilineorum tertiæ divisionis quæ in ipsis AMHV, HQF 15 comprehenduntur : hoc autem ex doctrina indivisibilium demonstramus in secunda Propositione Appendicis quæ posteà sequetur.

tur. Et hoc quidem in univerſum in omni parallelogrammo : at hîc in ſpecie trilinea quidem AHFC, & FHAD primæ diviſionis æqualia ſunt; ſicuti æqualia ſunt quoque AMHV, & HQF 15 ſecundæ diviſionis : quare ſumptis tantùm AHFC, & AMHV quæ conſtituunt dimidiam partem omnium quatuor; tunc quadrata CA, 7M, IH, 8Q, &c. quæ pertinent ad ſecundum ſolidum de quo agitur, conſtituunt quartam partem quadrati CA toties ſumpti, ac præterea quadruplum omnium trilineorum tertiæ diviſionis in trilineo AMHV comprehenſorum.

Si itaque hæc quarta pars cum eâ quartâ quæ ex primo ſolido inventa eſt, conjungatur, habebimus ſolidum rotæ conſtituere dimidium ſui cylindri, ac præterea duas portiones, quarum altera ad eundem cylindrum ſic ſe habet ut $\frac{2}{3}$ trilinei AMHG ad quadratum AC, ut ſupra : altera autem ad eundem cylindrum ſic ſe habet ut quadruplum omnium trilineorum tertiæ diviſionis in AMHV comprehenſorum, ad idem quadratum AC toties ſumptum quot ſunt rectæ CA, 7M, IH, 8Q, &c.

Supereſt ergò ut oſtendamus duas illas portiones ſimul junctas, ad totum cylindrum eandem rationem habere, quam differentiam inter quadratum quadrantis circumferentiæ & $\frac{1}{4}$ quadrati radii, ad quadratum ſemicircumferentiæ : & quidem de $\frac{1}{4}$ trilinei AMHG nulla erit difficultas; de quadruplo autem trilineorum, ſic patebit.

Producatur recta DGA verſus A uſque in 9, ita ut recta G 9, ſit æqualis rectæ GH, hoc eſt quadranti circumferentiæ rotæ ; & jungatur recta 9H, hæc cadet extra trilineum AMHG, & cum curvâ AMH conſtituet ad punctum H angulum minorem omni angulo rectilineo, etiamſi producta ſecet eandem curvam AMHQF in ipſo puncto H, in quo, tali ſectione, conſtituentur duo anguli ad verticem oppoſiti æquales , ac ſinguli minores quovis angulo rectilineo ; quod tamen hic parum refert : ſufficit enim quod recta 9H cadat extra trilineum AMHG; hoc autem ſic oſtendimus.

In ipſâ 9H ſumatur quodvis punctum 12 ex quo ducatur recta 12 10 parallela ipſi AG atque occurrens rectæ GH in puncto 10, curvæ autem AMH occurrat ipſa 12 10 producta, ſi opus ſit, in puncto 11; itaque recta 10 12 æqualis eſt rectæ 10 H, recta autem 10 H æqualis eſt arcui cuidam quadrante minori, cujus ſinus rectus erit recta 10 11 ex naturâ ſociæ trochoidis; quare 10 11 minor eſt quàm 10 H ſive quàm 10 12: unde punctum 12 eſt extra trilineum AMHG, quod idem de omnibus punctis rectæ 9H oſtendetur. Quoniam autem trilineum HQF 15 ſecundæ diviſionis, & omnia minora trilinea tertiæ diviſionis in eo contenta, trilineo AMIIV ſecundæ diviſionis, & omnibus trilineis tertiæ diviſionis in eo contentis ſingula ſingulis ordine ſumptis, æqualia ſunt : quod de his oſtendetur, de illis quoque verum erit.

Sumatur ergo QF 18 trilineum quodvis tertiæ diviſionis aſſumens ex rectâ F 15, rectam F 18 quotcunque partium æqualium ex iis in quas diviſæ ſunt rectæ CA, FD; tum rectæ F 18 ſumatur æqualis ex HG recta H 10, ducaturque recta 10 11 12, ut ſupra. Eſt igitur F 18, ſive H 10, ſive 10 12 æqualis cuidam arcui cujus ſinus verſus eſt 18 Q; ſinus autem rectus eſt 10 11, ex naturâ ſociæ trochoidis; quare recta 11 12 eſt differentia inter arcum & ejuſdem arcûs ſinum rectum : & trilineum quidem QF 18 ad parallelogrammum FX ſic ſe habet, ut omnes ſinus verſi omnium arcuum æqualium minorum tertiæ diviſionis in arcu F 18 contentorum, ad radium IF toties ſumptum, quot in arcu F 18 continentur arcus minores ejuſdem tertiæ diviſionis, ex doctrinâ indiviſibilium. Ut autem omnes illi ſinus verſi ad omnes illos radios, ita recta 11 12 differentia arcus F 18 & ſui ſinus recti, ad arcum F 18, ex Corollario ſeptimo Propoſitionis præmiſſæ : quia recta F 18 refert arcum, cujus ſinus rectus eſt 10 11, & differentia inter hunc ſinum & ipſum arcum F 18,

XXx

sive 10 12, est 11 12; atque insuper alter sinuum ab extremitatibus arcûs F 18
cadentium, puta sinus FI cadit in centrum : quare trilineum QF 18 est ad
parallelogrammum FX, ut recta 11 12 ad rectam F 18; sed parallelogrammum FX ad parallelogrammum FH se habet ut recta F 18 ad rectam F 15 :
quare ex æquo, ut trilineum QF 18 ad parallelogrammum FH, ita recta 11 12
ad quadrantem F 15 sive GH.

Cùm ergo idem de singulis trilineis tertiæ divisionis verum sit, quod de
QF 18 jam demonstratum est; sequitur omnia illa trilinea simul sumpta ad
parallelogrammum FH toties sumptum sic se habere, ut omnes differentiæ
inter omnes sinus rectos secundum æquales arcus sumptos, & suos arcus, ad
quadrantem G 9 toties sumptum. Ut autem hæ omnes differentiæ ad omnes
quadrantes, ita trilineum AMH 9, quod differentias illas omnes continet,
ad quadratum quadrantis G 9, quod omnes illos quadrantes continet, ex
doctrinâ indivisibilium : quare argumentis ex arte institutis quadruplum
omnium trilineorum tertiæ divisionis in trilineo HQF 15, sive in trilineo
AMHV contentorum, erit ad octuplum parallelogrammi FH toties sumpti
quot sunt trilinea in AMHV, ut duplum trilinei AMH 9 ad quadruplum
quadrati quadrantis G 9, sive ut duplum trilinei ipsius AMH 9 ad quadratum semicircumferentiæ AC. At octuplum prædictum æquale est omnibus
quadratis CA, 7 13, IG, 8 14, &c. ex doctrina indivisibilium; quia tam ex
octuplo illo, quam ex omnibus his quadratis, constituitur idem solidum parallelepipedum, illud nempe quod basim habet parallelogrammum AF, altitudinem autem rectam AC : sive, quod idem est, quod basim habet quadratum rectæ AC, altitudinem autem rectam CF.

Itaque quadruplum omnium trilineorum tertiæ divisionis in trilineo
AMHV contentorum, ad omnia quadrata CA, 7 13, IG, 8 14, &c. sic se
habet, ut duplum trilinei AMH 9 ad quadratum AC. Ut autem quadruplum
illud ad omnia quadrata semicircumferentiarum, ita erat una ex duabus portionibus reliquis solidi rotæ, ad totum cylindrum. Ut ergo talis portio ad
cylindrum, ita duplum trilinei AMH 9 ad quadratum AC; sed & altera
portio erat ad eundem totum cylindrum ut ½ trilinei AMHG unà cum duplo trilinei AMH 9 ad quadratum AC ; sed ½ trilinei AMHG unà cum
duplo trilinei AMH 9 simul differunt à quadrato quadrantis G 9 tanto spatio quantum est ½ ipsius trilinei AMHG; (patet, ex eo quod triangulum
HG 9 sit dimidium ipsius quadrati G 9.) constat ergo propositum, nempe
duas illas portiones reliquas ad totum cylindrum sic se habere, ut differentia inter quadratum quadrantis & ½ trilinei AMHG, quod quadrato radii
æquale est, ad quadratum semicircumferentiæ.

Nota.

EX iis quæ exposita sunt de rotâ simplici, atque solidis quæ ab illius
trochoide gignuntur, non difficile erit rotas alias tam prolatas quàm
contractas contemplari : eadem enim in illis quàm in simplici valebit methodus, eademque vigebunt argumenta, sed conclusiones erunt diversæ propter diversas rationes altitudinis cujuscumque trochoidis ad suam basim.
Nos tamen iis præmissis nec absolutis, sed rudi tantum minervâ exaratis ne
memoriâ exciderent, supersedebimus, donec operi extremam manum impo-
nere per tempus licebit. Tunc autem & centra gravitatis tam plani trochoidis, quam ejus sociæ, examini subjicientur, ac detegentur.

APPENDIX

*Ad solidum trochoidis circa axem conversæ, continens aliam demonstra-
tionem secundi solidi duorum illorum ex quibus totum componitur, putà illius quod à sociâ circa axem conversa describitur.*

AD hoc autem præmissis duabus Propositionibus Lemmaticis, illarumque
Corollariis, accedant quæ sequuntur.

Corollario quidem septimo præcedenti demonstratum est in arcubus quadrante non majoribus, sic esse omnes sinus versos ad radium toties sumptum,
ut differentia inter sinum rectum & ipsius arcum ad ipsum eundem arcum.
Hic verò demonstrabimus idem quoque verum esse de arcubus quadrante
majoribus.

PROPOSITIO PRIMA.

*Esto circulus cujus centrum A, diametri BC, DE ad rectos angulos sese secantes,
ita ut BEC sit semicircumferentia divisa in duos quadrantes BE, CE, qui in
quotlibet arcus æquales indefinitè dividantur in punctis B, F, G, H, I, L, E,
M, N, O, P, Q, C, &c. atque sumatur arcus quivis IEC quadrante major,
& à punctis divisionis illius demittantur in diametrum BC perpendiculares IR,
LS, EA, MT, NV, OX, PY, QZ, &c. ut habeantur omnes sinus versi CZ,
CY, CX, CV, CT, CA CS, CR, &c. ad arcum IC pertinentes : sinus autem
rectus arcûs IEC erit IR. Dico ergò sic esse omnes illos sinus versos ad radium
AB toties sumptum, ut differentia inter sinum RI & suum arcum IEC ad ipsum
eundem arcum.*

DEMITTANTUR in diametrum DE sinus recti F3, G4, H5, I6, &c.
qui pertinent ad divisiones arcûs BI quadrante minoris ac semicircumferentiam perficientis. Itaque ex quarto Corollario, ut omnes sinus recti
BA, F3, G4, H5, I6, &c. ad radium toties sumptum, ita sinus IR ad arcum IB. Ut autem radius toties
sumptus quot sunt puncta divisionum in arcu IB, ad ipsum radium toties sumptum quot sunt
puncta divisionum in arcu IC,
ita arcûs IB ad ipsum arcum IC:
ergo ex æquo in tribus terminis,
ut summa sinuum BA, F3, G4,
H5, I6, &c. ad radium toties
sumptum quot sunt puncta divisionum inarcu IC, ita sinus IR
ad arcum IC; & sumptis differentiis pro antecedentibus, ut
differentia inter summam sinuum
rectorum BA, F3, G4, H5, I6,
&c. & radium toties sumptum
quot sunt puncta divisionum in

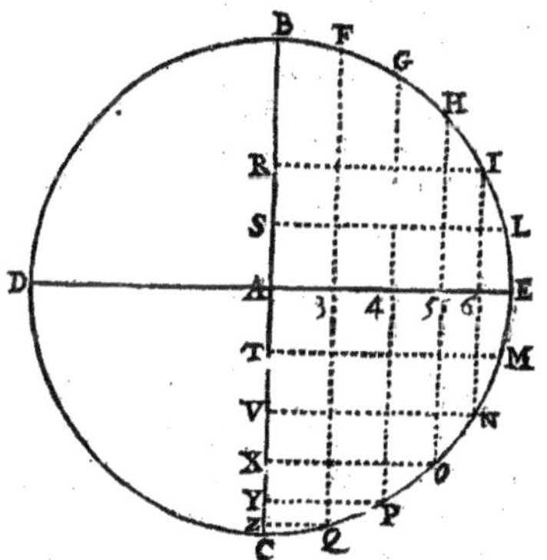

arcu IC, ad ipsum radium toties sumptum; ita differentia inter sinum rectum IR & suum arcum majorem IC, ad ipsum eundem arcum. Verùm
differentia illa summæ sinuum & summæ radiorum æqualis est summæ sinuum versorum prædictorum, ut statim demonstrabimus : itaque constat
Propositio.

XXx ij

Lemma.

QUod autem assumptum est, hoc ita demonstratur. Ex quadrante E C sumatur arcus N C æqualis arcui I B, & demittantur in diametrum D E sinus recti Q3, P4, O5, N6, &c. qui æquales erunt ipsis F3, G4, H5, I6, &c. illis autem ex radio A C toties demptis, remanent manifestò sinus versi C Z, C Y, C X, C V : superest autem radius toties sumptus quot sunt puncta divisionum in arcu I N; sed hic perficit sinus versos reliquos C T, C A, C S, C R : nam radius bis sumptus perficit duos sinus versos C V, C R; & idem radius rursus bis sumptus perficit duos sinus versos C T, C S; sinus autem versus C A est idem radius. Reliqua patent. Nec aliquem moveat quod idem sinus versus C V bis assumptus est : ille enim cùm sit magnitudo quædam determinata, semel tantum, plusquàm par est, sumpta, atque indefinitis numero magnitudinibus addita, nihil officit in doctrinâ indivisibilium.

Corollarium.

QUONIAM ergo in omni arcu, omnes sinus versi sunt ad radium toties sumptum, ut differentia inter sinum rectum ipsius arcus, & arcum eundem ad ipsum arcum; ut autem radius toties sumptus ad eundem radium toties sumptum quot sunt puncta divisionum in totâ semicircumferentiâ : ita arcus propositus ad ipsam semicircumferentiam. Patet ex æquo in tribus terminis omnes sinus versos arcûs propositi, ad radium toties sumptum quot sunt puncta divisionum in totâ semicircumferentiâ, eandem rationem habere, quam differentia inter sinum rectum arcûs propositi & ipsum arcum, ad integram semicircumferentiam.

PROPOSITIO SECUNDA.

Esto trilineum quodcunque A B C, cujus duo ex lateribus puta A B, B C, sint lineæ rectæ, tertium verò A C utcunque rectum vel curvum; modo ipsum tale sit ut procedendo secundum ipsum à puncto A ad punctum C, idem fiat continuò propius ac propius rectæ B C; remotius autem ac remotius à rectâ A B : ut sic nec recta A B, nec B C, nec quævis iisdem parallela, ipsi lineæ A C duobus in punctis occurrere possit. Perficiatur autem parallelogrammum A B C R; atque intelligatur converti tam parallelogrammum quam trilineum circa unum latus, putà B C.

MANIFESTUM est à parallelogrammo describi vel cylindrum, vel cylindraceum cylindro æqualem; à trilineo autem solidum quoddam : atque si latus ipsum B C dividatur in quotcunque partes æquales indefinitè in punctis H, G, I, &c. per quæ ducantur rectæ H O, G P, I Q, &c. ipsi A B parallelæ atque latere A C trilinei terminatæ, manifestum est quoque solidum trilinei ad cylindrum sic se habere ut omnia quadrata rectarum B A, H O, G P, I Q, &c. ad trilineum pertinentium, ad quadratum B A toties sumptum. Ut autem in quâvis tali figurâ horum solidorum comparatio rectè institui possit, proderit sæpissimè hoc elementum ex doctrinâ indivisibilium annotasse.

Alterum latus rectum A B dividatur in quotcunque partes æquales indefinitè in punctis E, D, F, &c. quæ quidem partes singulæ æquales sint singulis B H, H G, &c. ducanturque totidem rectæ E L, D M, F N, &c. lateri B C parallelæ atque latere A C trilinei terminatæ, quæ quidem trilineum
ipsum

ipfum divident, conftituentque intra illud alia trilinea numero indefinita atque ad communem verticem A conftituta, putà A E L, A D M, A F N,
A B C, &c.

Nec eft quod quis dicat rectas A B, B C longitudine poffe effe incom-
menfurabiles; atque ita non poffe partes unius æquales effe partibus alterius:
nam præterquamquod in di-
vifione indefinitâ hæc obje-
ctio locum non habet; illud
præterea manifeftum eft, poffe
in utrâque partes omnes effe
æquales, præter extremam
quandam portionem alterius
illarum; quæ quidem erit de-
finita quædam portio, quâ
additâ aut detractâ, vel additis aut detractis, quæ ab illâ

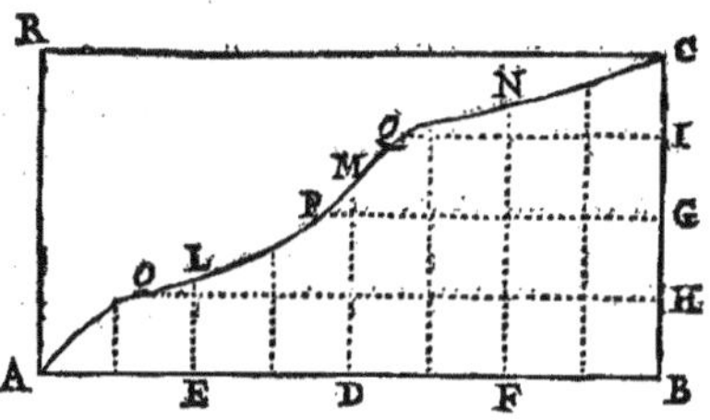

dependent magnitudinibus omninò definitis, nullo modo mutatur indefini-
tarum ratio, ex doctrinâ indivifibilium.

Dico ergo omnia hæc trilinea in trilineo A B C conftituta, fimul fumpta
omnium quadratorum B A, H O, G P, I Q, &c. fimul fumptorum dimidiam
partem conftituere. Intelligatur enim ipfa omnia quadrata erecta fuper plano trilinei; quo pacto ex doctrinâ indivifibilium illa conftituent folidum quoddam quinque figuris comprehenfum, quarum prima erit ipfum trilineum; fecunda eft trilineum cujus bafis ipfi rectæ A B parallela eft & oppofita, & vertex punctum ipfum C; tertia autem erit quadratum fuper rectâ B A erectum;
quarta fuper rectâ B C erecta, erit trilineum ipfi A B C fimile & æquale;
quinta tandem fuper lineâ A C erecta, erit utcunque plana vel curva, prout
ipfa A C recta erit vel curva. Intelligatur quoque planum quoddam fecans
planum trilinei A B C fecundùm rectam B C, atque ad idem inclinatum fecundùm angulum femirectum versùs A : hoc ergo planum fic inclinatum
dividet bifariam omnia & fingula quadrata erecta ut fuprà; unde & idem
planum dividet quoque bifariam folidum ex illis quadratis conftans, eruntque partes duo folida inftar pyramidum, fingula quatuor fuperficiebus contenta : horum quod præcipuè nobis utile eft, bafim habet trilineum A B C,
tres autem reliquæ fuperficies illius funt, triangulum fuper rectâ A B erectum & dimidium quadrati conftituens; figura fuprà lineâ A C erecta; ac
figura ea quæ ex plano inclinato fecante conftituitur : tale autem folidum
manifefto conftat ex dimidiis omnium quadratorum erectorum, ex doctrinâ
indivifibilium; eftque vertex illius punctum extremum lateris illius quadrati,
quod quidem latus ex puncto A erigitur, ipfique perpendiculariter imminet.

Oftendamus ergo tale folidum conftare etiam ex omnibus trilineis A E L,
A D M, A F N; A B C, &c. vel ex aliis his iifdem æqualibus; fic enim patebit omnia hæc trilinea dimidiis omnium quadratorum erectorum effe æ-
qualia, quandoquidem tam ab his trilineis quàm ab illis quadratorum dimidiis idem folidum conftituetur, ex doctrinâ indivifibilium. Ad hoc autem
altitudo talis folidi, puta recta illa quæ ex puncto A perpendiculariter ad
planum A B C erecta, ad folidi verticem pertinet, eftque rectæ A B æqualis,
eodem modo indefinitè dividatur quo divifa eft ipfa A B, ut partes partibus
multitudine & magnitudine fint æquales, atque per puncta omnia talis divifionis ducantur plana plano A B C parallela, quæ manifefto fecabunt folidum
propofitum inter verticem & bafim, & tali fectione conftituent trilinea prædictis A E L, A D M, &c. fingula fingulis fimilia, æqualia & parallela; ex
quibus omnibus trilineis indefinitè fumptis fecundùm doctrinam indivifibi-

Y Y y

lium conſtituitur prædictum ſolidum quaſi pyramidale, ut propoſitum eſt ;
reliqua patent.

PROPOSITIO TERTIA.

Jam ut ad ſolidum ſociæ trochoidis circa axem converſa veniamus. In figurâ tro-
choidis ſuperiùs expoſitâ, intelligatur ſocia A M H Q F 22 B circa axem C F
converſa. Dico ſolidum ex tali converſione ortum ad cylindrum cui inſcribitur
eandem rationem habere quam dimidium quadrati ſemicircumferentiæ rotæ dem-
pto dimidio quadrati diametri, ad integrum quadratum ſemicircumferentiæ.

Nam ſicuti ſocia illa ſecat bifariam rectam G I in puncto H, ſic eadem
bifariam quoque ſecat rectam I Y; eſto in puncto 22 : undè recta H 22
æqualis erit dimidio itineris centri G I, hoc eſt æqualis ſemicircumferentiæ

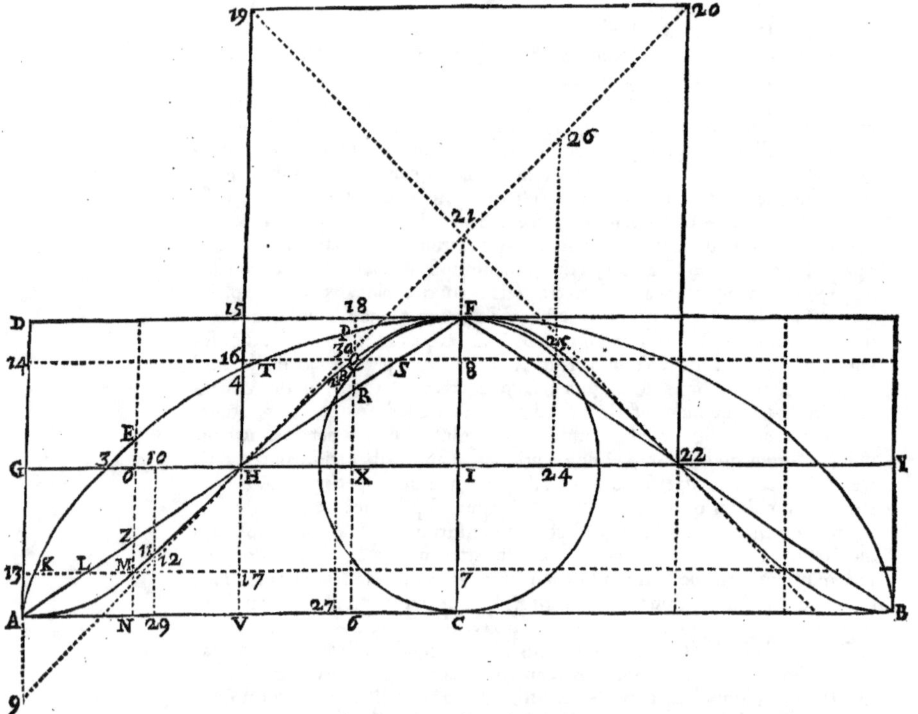

rotæ. Super ipſâ H 22 ad partes verticis F, conſtituatur quadratum H 22 20 19,
cujus diametri ducantur H 20, 22 19 ſecantes ſe invicem in centro quadrati, quod centrum ſit 21 in axe C I F producto ſupra verticem F uſque ad
ipſum punctum 21. Patet autem diametrum ipſam quadrati H 20 eſſe rectam
9 H productam, ipſamque cadere extrà curvam ſive ſociam H Q F, propter
eaſdem rationes quibus probavimus ſuprà, rectam H 9 cadere extrà curvam
H M A.

Jam utraque rectarum A C, C F in partes æquales indefinitè dividatur,

& per puncta divisionis rectæ A C ducantur rectæ ipsi C F parallelæ, putà
N M, V H, 6 Q, &c. usque ad sociam A M H Q F; per puncta autem divisionis rectæ C F ducantur rectæ parallelæ ipsi A C, putà 7 M, I H, 8 Q,
&c. usque ad eandem sociam. Quo posito solidum sociæ de quo agitur erit
ad cylindrum integrum cui inscribitur, ut omnia quadrata C A, 7 M, I H,
8 Q, &c. ad quadratum C A toties sumptum : atqui illa omnia quadrata
dupla sunt omnium trilineorum A N M, A V H, A 6 Q, A C F, &c. per
secundam Propositionem hujus Appendicis, quare solidum illud ad cylindrum
se habet ut omnia hæc trilinea bis sumpta ad quadratum C A sumptum ut
jam dictum est, puta secundùm numerum rectarum C A, 7 M, I H, 8 Q, &c.
ex divisione diametri C F in partes æquales numero indefinitas, ortarum :
hoc autem quadratum semicircumferentiæ toties sumptum æquale est rectangulo A F toties sumpto quot sunt partes æquales in rectâ A C : quia tam ex
tali quadrato C F toties sumpto quot sunt partes in rectâ C F, quàm ex rectangulo A F toties sumpto quot sunt partes in rectâ A C constituitur idem
solidum parallelepipedum, illud nempè quod basim habet rectangulum ipsum A F, altitudinem autem rectam A C; sive quod idem est, illud quod basim habet quadratum rectæ A G, altitudinem autem rectam C F, ex doctrinâ
indivisibilium.

Itaque solidum sociæ trochoidis sic se habebit ad suum cylindrum, ut
omnia trilinea prædicta bis sumpta ad rectangulum A F toties sumptum quot
sunt partes in rectâ A C, hoc est toties sumptum quot sunt omnia trilinea
prædicta semel sumpta. Verùm rectangulum A F duplum est rectanguli A I.
Sumpto igitur hoc rectangulo A I bis toties, quoties rectangulum A F, erit solidum sociæ trochoidis ad suum cylindrum, ut omnia trilinea prædicta bis
sumpta ad rectangulum A I toties bis sumptum; seu, sumptis tantùm semel
trilineis ac semel rectangulis, erit solidum sociæ trochoidis ad suum cylindrum, ut omnia trilinea semel sumpta ad rectangulum A I toties sumptum.
Est autem triangulum H 20 22 dimidium quadrati semicircumferentiæ H 22,
& bilineum H Q F 22 est dimidium quadrati diametri C F, quandoquidem hujus bilinei dimidia pars, nempe trilineum H Q F I, sive ipsi æquale
A M H G ostensum est suprà æquale esse quadrato semidiametri A G vel C I;
dempto autem hoc bilineo ex illo triangulo, remanet trilineum H F 22 20.
Eò itaque res deducitur ut ostendamus omnia trilinea prædicta ad rectangulum A I toties sumptum sic se habere ut trilineum H F 22 20 ad quadratum
integrum H 20; sic enim demum patebit solidum sociæ trochoidis esse ad
suum cylindrum, ut dimidium quadrati semicircumferentiæ dempto dimidio
quadrati diametri, ad quadratum semicircumferentiæ.

Ad hoc autem assumatur quodlibet ex ipsis trilineis, puta A 29 11, assumens ex rectâ A C portionem A 29 forsan quadrante minorem, cui ex rectâ
H 22 sumatur æqualis portio H X; ducaturque recta X Q 30 secans sociam
trochoidis in puncto Q, rectam autem H 20 in puncto 30. Itaque ex naturâ
trochoidis ejusque sociæ A 29 & H X exhibebunt arcus æquales : & arcûs
quidem A 29 sinus versus erit 29 11, arcûs autem H X sinus rectus erit X Q:
cùmque recta X 30 æqualis sit arcui H X, erit recta Q 30 differentia inter
sinum rectum X Q & suum arcum X 30. Unde ex Corollario primæ Propositionis hujus Appendicis, erunt omnes sinus versi arcûs H X sive A 29 ad
radium toties sumptum, quot sunt divisiones in semicircumferentiâ A C, sive
H 22, ut ipsa differentia Q 30 ad semicircumferentiam H 22, sive 22 20: atqui omnes sinus versi arcûs A 29 constituunt trilineum A 29 11, & radius
A G toties sumptus quot sunt divisiones in A C constituit rectangulum A I
ex doctrinâ indivisibilium. Ut ergò trilineum A 29 11 ad rectangulum A I,
ita recta Q 30 ad rectam 22 20.

De reliquis trilineis eadem erit ratio; ut si sumatur trilineum AVH assumens ex rectâ AC quadrantem circumferentiæ AV; posito etiam quadrante HI cujus sinus rectus sit IF, differentia autem inter ipsum & suum arcum sit F 21; probabitur esse trilineum AVH ad rectangulum AI, ut recta F 21 ad rectam 22 20. Pari ratione, si sumatur trilineum A 27 28 assumens ex AC rectam A 27 quadrante majorem, positâ rectâ H 24 æquali ipsi A 27, ductâque rectâ 24 25 26 parallelâ ipsi CF ac secante sociam quidem in puncto 25, rectam autem H 20 in puncto 26, ut recta 24 25 sit sinus rectus arcûs H 24 sive ipsi æqualis 24 26, recta autem 25 26 sit differentia ejusdem sinus & sui arcûs; probabitur esse trilineum A 27 28 ad rectangulum AI, ut recta 25 26 ad rectam 22 20; atque ita de omnibus trilineis.

Itaque omnia trilinea simul sumpta ad rectangulum AI toties sumptum sic se habent ut omnes differentiæ sinuum rectorum & suorum arcuum Q 30, F 21, 25 26, &c. ad semicircumferentiam 22 20 toties sumptam: omnes autem illæ differentiæ constituunt trilineum HF 22 20; & semicircumferentia toties sumpta constituit quadratum semicircumferentiæ, ex doctrinâ indivisibilium: unde patet Propositio.

Corollarium.

RECIDIT autem hæc ratio cum eâ quæ suprà exposita est: siquidem trilineum HF 22 20 continet quadrantem totius quadrati H 20, ac prætereà duplum trilinei HQF 21, hoc est duplum trilinei HMA 9: unde resumptis iis quæ ex primo solido oriuntur, putà quartâ totius parte, ac prætereà eâ portione quæ ad totum cylindrum eam habet rationem quam $\frac{1}{3}$ quadrati semidiametri ad quadratum semicircumferentiæ, habebimus duos totius quadrantes, hoc est dimidiam partem totius, ac insuper duas portiones, quarum altera ad totum sic se habebit ut $\frac{1}{3}$ quadrati semidiametri ad quadratum semicircumferentiæ; reliqua autem ad totum sic se habebit ut duplum trilinei HQF 21, sive HMA 9 ad idem quadratum semicircumferentiæ, ut suprà.

Ut ergò unicâ enunciatione explicemus rationem totius solidi trochoidis circà axem conversæ, ad suum cylindrum; sume duos quadrantes integros quadrati H 20, puta 20 21 22, & 19 21 H; tum ex tertio quadrante H 21 22 sume duplum trilinei HQF 21, hoc est totum trilineum HQF 25 22 21 H, ac præterea $\frac{1}{3}$ quadrati semidiametri, hoc est $\frac{1}{3}$ trilinei HQFI sive $\frac{1}{3}$ bilinei HQF 22: tumque hæc omnia spatia simul sumpta confer cum toto quadrato H 20; atque ita satis eleganter hoc concludes. Ut se habent $\frac{3}{4}$ quadrati se-micircumferentiæ, demptâ tertiâ parte quadrati diametri, ad quadratum se-micircumferentiæ; ita solidum trochoidis circa axem conversæ se habet ad suum cylindrum cui inscribitur.

PROPOSITIO QUARTA.

Quoniam suprà in demonstrando solido trochoidis circa basim conversæ hoc tanquam verum sumpsimus, omnia quadrata omnium sinuum versorum semicircumferentiæ secundùm æquales arcus sumptorum constituere $\frac{3}{8}$ omnium quadratorum diametri toties sumpti: atque etiam omnia quadrata omnium sinuum rectorum semicircumferentiæ secundùm æquales arcus sumptorum constituere $\frac{1}{8}$ omnium quadratorum ejusdem diametri; lubet hîc utrumque assumptum unicâ demonstratione ostendere.

IN figurâ primæ Propositionis hujus Appendicis, quadratum diametri BC æquale est quadratis CZ, ZB, & duplo rectangulo CZB, sive duplo quadrato ZQ. Similiter idem quadratum BC æquale est quadratis CY, YB & duplo rectangulo CYB sive duplo quadrato YP: atque ita de reliquis punctis divisionis diametri puta de punctis X, V, T, A, S, R, &c. at rectæ

CZ, CY, CX, CV, &c. funt omnes finus verfi : item rectæ ZB, YB, XB, VB, &c. funt quoque omnes finus verfi qui prædictis finguli fingulis, fed ordine converfo funt æquales; & horum quadratâ fingula fingulis funt æqualia; atque ita habemus duplum quadratorum omnium finuum verforum. Sed & rectæ ZQ, YP, XO, VN, &c. per omnes arcus æquales femicircumferentiæ funt omnes finus recti; unde habemus duplum quadratorum omnium finnum rectorum. Omnia ergo quadrata diametri æqualia funt duplo omnium quadratorum finuum verforum unà cum duplo omnium quadratorum finuum rectorum.

Ducantur jam radii AQ, AP, AO, AN, &c. Itaque quadratum radii AQ æquale eft quadrato finus recti QZ unà cum quadrato AZ, five unà cum quadrato finus complementi Q3 : fimiliter quadratum radii AP æquale eft quadrato finus recti PY unà cum quadrato finus complementi P4, atque ita de reliquis : quo pacto habemus omnia quadrata radii æqualia effe omnibus quadratis finuum rectorum unà cum omnibus quadratis finuum complementorum. Verum omnes finus recti omnibus finibus complementorum finguli fingulis funt æquales, fi minores cum minoribus & majores cum majoribus conferantur, quia fumuntur fecundùm arcus æquales ex hypothefi : quare omnia quadrata radii

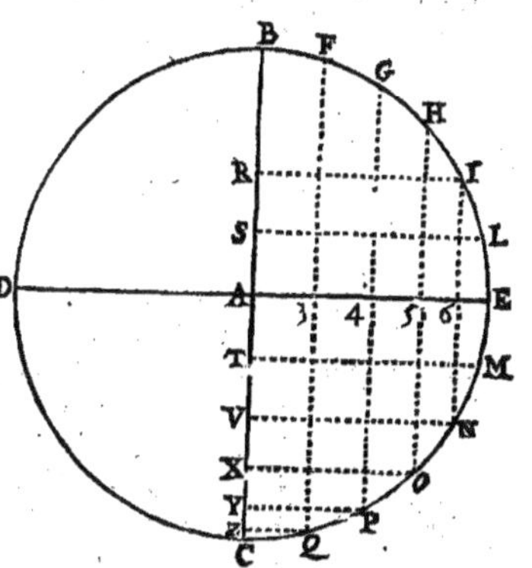

æqualia funt duplis quadratorum omnium finuum rectorum. Omnia autem quadrata diametri quadrupla funt omnium quadratorum radii; ipfa ergo omnia quadrata diametri quadrupla funt dupli quadratorum omnium finuum rectorum : unde omnia quadrata finuum rectorum femel fumpta, omnium quadratorum diametri octavam partem conftituunt.

Quoniam ergo duplum omnium quadratorum finuum rectorum conftituit duas octavas partes omnium quadratorum diametri, relinquitur ut duplum quadratorum omnium finuum verforum conftituat fex octavas partes, atque ut ipfa quadrata omnium finuum verforum femel fumptà tres octavas partes conftituant ipforum omnium diametri quadratorum, ut proponitur.

PROPOSITIO QUINTA.

Sed & illud demonftrare lubet, quod pro folido focia trochoïdis circa axem conver Vide figur
fa, priori modo demonftrando, affumptum eft tanquam quid confectum ex doctri pag. 270.
nâ indivifibilium. Omnia quadrata CA, 7M, IH, 8Q, DF, 14Q, GH,
13M, &c. quæ ad trilinea primæ divifionis AHFC, & FHAD pertinent,
conftituere dimidium omnium quadratorum CA, 713, IG, 814, FD, &c. quæ
pertinent ad totum parallelogrammum CD; ac præterea duplum omnium quadra
torum portionum AV, M17, F15, Q16, &c. quæ pertinent ad trilinea fecun
da divifionis AMHV, & HQFI5.

ILLUD autem ftatim conficitur, ex eo quod ductâ quâcunque rectâ 7 13 ex iis quæ rectæ AC parallelæ funt, quæ fecet trilinea primæ divifionis, ita ut ejus rectæ portio 7M in uno trilineo, altera autem portio 13M in altero contineatur; fecet autem ipfa 7 13 lineam primæ divifionis AMHF in puncto

M, & rectam secundæ divisionis V 15 in puncto 17: manifestum est, ex Geometriâ communi, ambo quadrata portionum 7 M, M 13 tantò majora esse
dimidio quadrati totius 7 13, quantum est duplum quadrati portionis M 17,
quæ ad trilineum secundæ divisionis A M H V pertinet: quod cùm de omnibus aliis rectis verum sit, patet Propositio.

DE LONGITUDINE TROCHOIDIS,

PROPOSITIO.

*Cujuscunque assignatæ portioni trochoidis primariæ, æqualem rectam exhibere, at-
que exinde toti trochoidi.*

QUID sit trochoides, quid rota ex qua illa nascitur, quæ sint tres illius
præcipuæ species, & quomodo inter se distinguantur, hîc notum esse
supponimus.

Utemur argumento ex motuum compositione desumpto, quo ex æquali
moti puncti velocitate æquales describi lineas, ex inæquali inæquales, cæteris paribus necesse est, atque è converso.

Etsi verò communiter rota progrediendo uniformi motu per iter rectum
in plano, simul circa centrum suum convertatur, tamen hîc intelligemus rotam ipsam trabi tantùm recto itinere, non autem converti; sed punctum trochoidem describens, ferri secundùm circumferentiam rotæ motu uniformi,
quod eódem quò suprà recidit, & Geometriæ aptius esse visum est.

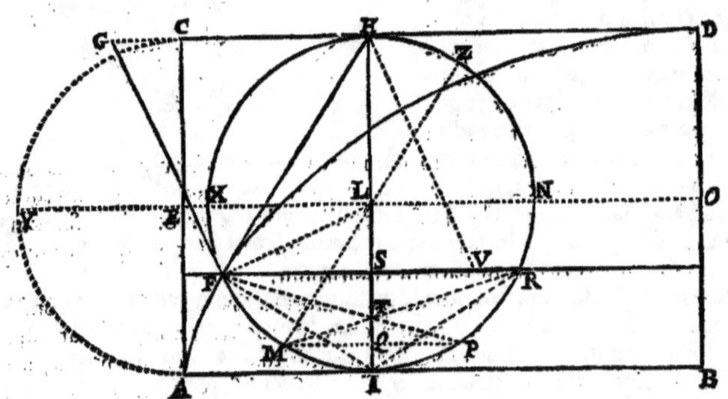

F punctum contactus tam F G rectæ tangentis rotam, quàm F H tangentis
trochoidem primariam, cujus dimidium est A F D, initium A, recta A I B dimidium basis, B D axis, A E C diameter rotæ initio motûs, C H D linea verticis.

I X H N rota est, cujus centrum L à principio motûs jam percurrit rectam
E L æqualem rectæ A I, existente diametro rotæ in hac positione rectâ I L H;
unde ipsa recta E L vel A I arcui I F æqualis est.

G F, G H rotam tangentes æquales sunt; unde ductâ chordâ rotæ F R
ipsi A I parallelâ, & sectâ bifariam in S à diametro I L H; ductâ etiam H V
ipsi F G tangenti parallela, ac secante ipsam F R productam, si opus erit, in
V; erit parallelogrammum F G H V rhombus, cujus anguli G F V, G H V
bifariam secabuntur à diagonali F H tangente trochoidem.

M punctum est in quo arcus rotæ F M I bifariam secatur, & à quo ducitur chorda rotæ M Q P ipsi A I parallela, secans diametrum I H in Q; sed &
ductâ chordâ M R secante eandem I H in T, erunt rectæ Q I, Q T æquales,
propter æqualitatem triangulorum I Q M, T Q M.

Reliquum conſtructionis ei qui trochoidem noverit, per ſe ex ipſa figurâ ſatis oſtenditur: præ cæteris notetur chorda I M.

Oſtendendum eſt portionem trochoidis A F ab initio A ſecundum longitudinem ſuam curvam menſuratam, æqualem eſſe quadruplo ſinus verſi I Q, ſive duplo rectæ I T. Unde, quoniam A F eſt portio quæcunque dimidiæ trochoidis A F D, oſtendetur ipſa curva A F D æqualis quadruplo ſemidiametri I L, ſeu duplo diametri I H. Hoc erit præcipuum hujuſce Propoſitionis Corollarium.

Quoniam diametri rotæ I L H, A E C initio motûs congruebant, manifeſtum eſt tunc tria puncta I, A, F ſimul extitiſſe, & ambo E, L ſimul, & ambo C, H ſimul: exinde verò punctum I percurriſſe rectam A I uniformi motu, ſicuti & punctum L rectam E L, & punctum H rectam C H, & punctum F ſecundum rotæ circumferentiam percurriſſe arcum I M F; quo factum eſt ut in trochoide primariâ quatuor illæ lineæ A I, E L, C H, & arcus I M F eſſent æquales: at propter implicationem recti motûs A I cum curvo I M F, punctum F tali motu compoſito deſcripſit portionem trochoidis A F, in quo ipſius F velocitas continuò mutata eſt augeſcendo ſenſim ab A in F. Examinemus ergò illam auctionem continuam per omnia puncta ejuſdem A F; ac pro diverſis poſitionibus puncti F, diverſas ipſius velocitates in curvâ A F cum ejuſdem uniformi velocitate in arcu rotæ I M F conferamus.

Incipiamus ab eâ poſitione quæ primum oblata eſt, in qua F eſt quodvis punctum in dimidiâ trochoide A F D ab A diverſum. Patet ex motuum legibus, velocitatem puncti F in curvâ A F ad velocitatem puncti F in arcu I M F ſic ſe habere, ut tangens F H ad tangentem F G in parallelogrammo F G H V: idem verò de ſingulis punctis in curvâ A F aſſumptis dicetur, mutatâ convenienti poſitione rotæ, & ductis congruis tangentibus; augetur autem ratio F H ad F G dum F fertur ab A in F, ergo & ipſius velocitas; & eſt velocitas uniformis per infinitas tangentes arcûs I M F, ſicuti & ipſius puncti F in eodem arcu. Si igitur ipſe idem I M F infinitè dividatur æqualiter, atque illi diviſioni correſpondeat infinita diviſio curvæ A F (quod tamen fieri æqualiter non continget propter curvæ naturam, quod nihil intereſt) & ſingulis minoribus arcubus ipſius I M F aſſignentur ſuæ tangentes æquales, quibus etiam correſpondeant totidem tangentes curvæ A F, quanquam minimè æquales, erunt per vigeſimam quartam Libri quinti Euclidis, quoties opus fuerit repetitam, omnes tangentes curvæ A F ſimul ſumptæ ad omnes tangentes æquales arcûs I M F ſimul ſumptas, ut omnes velocitates puncti F in curvâ A F, ad omnes velocitates ejuſdem puncti F in arcu I M F: atqui ut velocitates inter ſe, ita ſunt lineæ ab ipſis percurſæ, putà curvâ A F & arcus I M F. Ut ergo omnes tangentes curvæ A F ad omnes tangentes arcûs I M F, ſic ipſa curva A F ad ipſum arcum I M F; quod primò notetur.

Præterea quoniam recta F G tangit circulum I F H, & à contactu ducitur recta F S R ipſum circulum ſecans, erit per trigeſimam ſecundam libri tertii Elem. Euclidis, angulus G F R angulo F I R æqualis, & dimidius G F H dimidio F I S; unde triangula iſoſcelia F G H, F L I ſimilia ſunt. Ut ergo tangens F H ad tangentem F G, ita chorda I F ad radium F L; & diviſis infinitè, ut ſuprà, arcu I M F & curva A F, adjunctiſque iiſdem infinitis minoribus tangentibus, ducantur à puncto I cotidem chordæ ad ſingula arcûs I M F puncta; probabimus ex Geometriâ, chordas illas omnes ſimul ſumptas ad radium F L toties ſumptum ſic ſe habere, ut omnes tangentes curvæ A F ſimul ad omnes tangentes arcus I M F ſimul; hoc eſt per primum notatum, ut curva ipſa A F ad arcum ipſum I M F: quod ſecundò notetur.

Jam arcus I M qui ipſius I M F dimidius eſt, dividatur æqualiter infinitè; ſed ita ut in ipſo I M tot ſint diviſiones quot in toto I M F, hoc eſt quot sunt chordæ in ipso arcu I M F, sive quoties sumptus est radius F L; tum à singulis arcûs I M punctis in radium I S demittantur totidem sinus recti, quorum maximus est MQ : tot ergo sunt sinus recti ab arcu I M, quot chordæ in arcu I M F, & unusquisque sinus unius cujusque chordæ correlatæ dimidium est; unde ipsorum omnium sinuum summa dupla æqualis est summæ chordarum semel sumptæ. Erat autem ex secundo notato summa chordarum ad summam radiorum, ut curva A F ad arcum I M F; ergo sinuum dictorum summa dupla se habet ad summam radiorum, ut curva A F ad arcum I M F. At ut summa illa dupla sinuum ad summam illam radiorum, sic se habet duplum sinus versi I Q ad arcum I M, per Lemma ad id inventum & ad alia permulta ardua perutile; & ut duplum I Q ad arcum I M, ita quadruplum I Q ad duplum arcus I M, hoc est ad arcum I M F. Ut ergo hoc quadruplum sinûs versi I Q ad arcum I M F, ita curva A F ad eundem arcum I M F; quare hæc curva A F æqualis est quadruplo sinûs versi I Q : quod erat propositum.

Corollarium.

COROLLARIUM manifestum est. Si enim pro trochoidis portione A F, ut suprà, assumamus ipsam dimidiam trochoidem integram A F D, tunc rotæ diameter quæ erat I H, cum axe B O D congruet; & punctum I puncto B, & punctum H puncto D, & punctum L, puncto O, & punctum F punctis H, D, & punctum M puncto X, & punctum Q punctis seu centris L, O, & punctum T punctis seu verticibus H, D, &c. Unde arcus I M F fiet semicircunferentia rotæ I X H, & arcus I M fiet quadrans I X, & sinus versus I Q fiet radius I L, &c.

Itaque per Propositionem, semi-trochoides A F D sinus versi I L erit quadrupla, seu diametri I H dupla, quod est Corollarium.

Hæc & multa alia, cùm circa annos 1635 & 1640 vigente animi robore detexissem, & ferè omnia publicè multoties patefecissem, tam in Cathedra Regia, quam in multorum doctorum conventibus; immò & quibuslibet amicis literatis privatim, unicam hanc de longitudine trochoidis Propositionem semper reticui : sperabam enim eâdem methodo (quam primus, ut putò, detexi) me multò majora detecturum, atque imprimis multas quadraturas. Nec me spes ex toto fefellit; innumeras enim adhuc teneo, non eas tamen quas præcipuè intendebam, de quibus viderint posteri quibus hæc nostra speculatio non erit forsan inutilis. Hoc tamen eos monebo, doctrinam de motuum compositione adeò universalem esse, ut nec analysi solâ coerceatur; nec adjunctâ infinitorum doctrinâ, cum rationalibus & irrationalibus, atque logarithmicis quantitatibus; quippe hæc omnia motus comprehendit, non ab ipsis comprehenditur: hinc latissimus patet exercitationibus Mathematicis campus, idemque plusquàm solidus.

Negligentiâ tamen meâ, quòd nihil prælo committerem, factum est ut quidam Extranei nationis nostræ æmuli, vel potiùs eidem invidi, ex eorum numero qui ut fuci, apum favos invadunt, & quod elaborare non possunt mel, vi & injuriâ sibi vendicant, multa mea mihi eripere conarentur, eaque sibi tribuere. Sed & ad id adjuverunt ex Nostratibus quidam, mihi præ cæteris invidi; qui cùm mihi nihil reliquum esse cuperent nec inventa mea sibi arrogare auderent, ne ridiculi apud Gallos haberentur, ea cuilibet extraneo, (quanquam multis annis posteriori) quàm mihi suo civi & vero inventori, mallent addicere; & sic contra perspectam sibi veritatem, & verbis & scriptis impudenter mentiri.

His artibus, ipsa trochoides, ejusque tangentes, & plana, sed & solida fermè omnia mihi erepta sunt; ac ne ad extrema fures penetrarent, solus obex

obstitit,

obſtitit, ſolidum circa axem, quod de induſtriâ cum Propoſitione præmiſſâ de longitudine reticueram. Suſtinui, & expectavi donec circa ipſum ſolidum fœdè errarent qui præ cæteris ſapere videri volebant, quorum ipſorum, ſuper hac re, literas autographas etiamnum aſſervo, eaſque non unicas : tunc verò ſolidum ipſum vulgavi anno 1645, noſtriſque atque illis extraneis patefeci, quorum (extraneorum inquam) reſponſum accepi mœroris atque indignationis plenum, ob errorem contra ſpem ſuam patefactum. Lætabar interim, & hæc illis ſubinde (arrogantiùs forſan) exprobrabam, Certè meæ quiſquiliæ alicujus ſunt pretii, in quas fures adeò cupide involent, eaſque ſibi retinere tantâ pertinaciâ contendant.

Poſſum tamen cùm libuerit, mea à furibus recuperare. Habeo enim ad id inſtrumenta valida, ſcripta manu, annis & diebus ſuis munita à viris celeberrimis; nec deerunt teſtimonia prælis commiſſa à quibuſdam, prudentiùs quàm ego de futuro furto præſagientibus, idque multis annis ante furtum ipſum : his, dum adhuc vivo, utar, ex amicorum meorum judicio.

Redeo ad præmiſſam Propoſitionem de longitudine trochoidis, de qua nihil, nec publicè, nec privatim me communicaſſe jam teſtatus ſum; eam tamen multis annis poſtea invenit Anglus quidam vir doctiſſimus, & prælo per ſe vel per amicos, ſuo nomine vulgavit. Methodus illius à noſtrâ planè diverſa eſt, ſed concluſio vera & elegans. Ait enim portionem quamcunque ſemitrochoidis A F D, (ſemicycloidem ille cum multis aliis vocat) putà portionem D F à vertice D incipientem, duplam eſſe tangentis H F. Hanc enuntiationem cum noſtra coincidere, ſic demonſtramus.

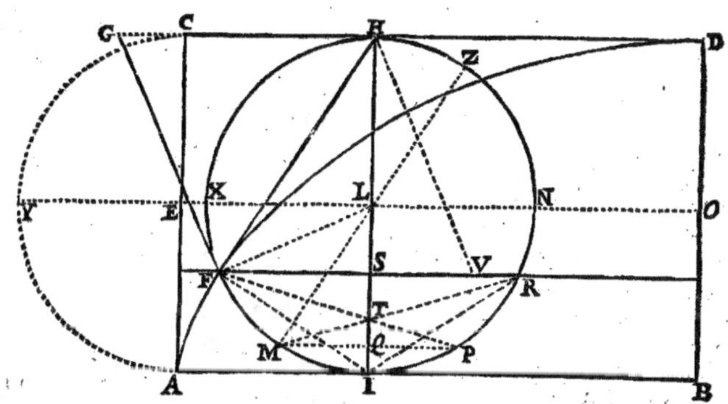

Quoniam quatuor arcus FM, MI, IP, PR æquales ſunt, ſecabunt ſe invicem chordæ æquales FP, RM in eodem puncto T diametri IH; & rectæ IQ, QT ſunt æquales; & anguli TFI, TFS æquales; ſed & angulus HFR ſive HFS, æqualis eſt angulo HIF, quia inſiſtunt arcubus æqualibus HR, HF; ergo ſumma angulorum HFS, TFS, æqualis eſt ſummæ angulorum HIF, TFI; prior autem ſumma conſtituit angulum HFT, & poſterior ſumma æqualis eſt angulo externo HTF in triangulo ITF; æquales ſunt ergo anguli HFT, HTF; unde in triangulo HFT latera HF, HT ſunt æqualia : ſed HT cum IT conſtituunt diametrum; ergo & HF cum IT diametrum conſtituunt; & eſt IQ dimidia ipſius IT; quare HF cum dupla IQ conſtituunt diametrum; & ſic dupla HF cum quadrupla IQ, diametri duplum conſtituunt. Sed & ex Corollario, ſemitrochoides AFD ejuſdem diametri dupla eſt; itaque ipſa AFD duplo tangentis HF, & quadruplo ſinûs verſi IQ æqualis eſt : demptis ergo utrinque æqualibus, hinc qui-

dem quadruplo finûs verfi, illinc autem portione A F femitrochoidis, fupereft ut reliqua portio femitrochoidis FD duplo tangentis HF fit æqualis.

Potuit demonftratio directè inftitui per motuum compofitionem, initio
fumpto à vertice D, in curva DF portione quâcunque femitrochoidis; quo
pacto, conclufio per fe incidiffet in duplum tangentis HF, ut mox dictum
eft. Ad hoc, ductâ diametro MLZ ipfi HF parallela, demittendi effent ab
omnibus punctis arcûs rotæ HF infinities æqualiter divifi, totidem finus recti in ipfam diametrum MLZ; & totidem tangentes ad ipfum arcum rotæ
HF pertinentes; atque totidem ipfis correfpondentes, pertinentefque ad
curvam DF; omninò ficuti de arcu IMF, ac de curva A F fuperiùs dictum
eft, &c. adhibito tandem Lemmate, & congruis argumentis. Sed prior demonftratio prior etiam in mentem incurrit, in quâ ideò mens ipfa conquievit,
quod & Propofitionis, & ipfius trochoidis idem effet initium punctum A.

De longitudine trochoidum aliarum ac fociarum omnium, aliàs dicemus.

EPISTOLA

ÆGIDII PERSONERII DE ROBERVAL

AD R. P. MERSENNUM.

REVERENDE PATER,

Ex propofitionibus Clariffimi Torricellii eas tantum examinandas cenfui,
quas nonnifi ab egregio Geometrâ profectas effe judicabam. Quapropter præ-
tergreffis octo primis circa fphæram, & folida eidem infcripta & circumfcri-
pta, quarum examen, quemvis vel mediocriter verfatum fugere non poffe
exiftimavi, nonam aggreffus fum quæ eft de dimenfione cochleæ, quam, ut
ardua eft, ita veram effe certiffimâ demonftratione perfpexi; ita ut ex ea unica Authorem inter præftantes hujus fæculi Mathematicos annumerare non
verear. Quodque fortaffis mirere nihil refert; magifne an minus inter fe diftent fpiræ ipfius cochleæ, modò idem fit femper triangulum à quo defcribatur;
fed & etiamfi ipfum triangulum moveatur tantum ad motum parallelogrammi,
non autem motu progreffivo, ita ut idem triangulum abfolutâ converfione in
fe ipfum redeat: eodem modo fe res habebit, nec mutabitur Propofitio.

De centro gravitatis parabolæ inveniendo à priori, nullâ fuppofitâ ejus
quadraturâ; fi ipfe fic proponit, ut fe inveniffe intelligat, laudamus: fi vero
à nobis quærit, dabitur illi non folum in parabola conica, quam quadraticam appellamus, quia in ea quadrata ordinatim applicatarum inter fe funt,
ut portiones diametri; fed etiam in parabola cubica, in quadrato quadratica, &c. atque in earum folidis; five ipfæ parabolæ circa fuos axes, five circa tangentes ad extremitatem axis, five circa aliquam ex ordinatis ad axem
convertantur, & geniti inde folidi, five fufi parabolici, dimidium plano ad ipfius axem erecto refectum proponatur: & multa alia de quibus, fi aliquando
res poftulabit, fufiùs agemus. Nunc verò hoc indicaffe fufficiat, in dimidio
fufo parabolico quadratico centrum gravitatis axem dividere in duas portiones, quarum ea quæ ad verticem ad eam quæ ad bafim fe habet ut 11 ad 5; in
cubico, ut 13 ad 7; in quadrato-quadratico, ut 15 ad 9; in quadrato-cubico,
ut 17 ad 11; atque ita in infinitum, addendo femper 2 ad fingulos præcedentis rationis terminos. Prætereo rationes folidorum ipforum ad cylindros
quibus infcribuntur, quas omnes invenimus, & quarum fpeculatio forfan minime fpernenda viro clariffimo videbitur.

In cycloide Torricellii agnosco nostram trochoidem, nec recte percipio quomodo ipsa ad Italos pervenerit, nobis nescientibus. Quod si illa tanto viro placuerit, lætor. Spero autem brevi fore ut eadem in lucem emittatur, cum suis tangentibus, cumque solido ex conversione illius circa basim genito, forsan & circa axem: neque id tantùm in prima trochoide cujus basis æqualis esse ponitur circumferentiæ rotæ genitricis; sed etiam in quavis aliâ trochoide sive prolata, sive contracta; atque in sociis earumdem.

Propositio de solido à qualibet sectione coni circa axem circumvolutâ descripto, atque ad conum eidem inscriptum unica enunciatione collato, elegantissima est & verissima, sicut demonstravimus: nec ei inferior est ea quæ sub eadem figura habetur de centro gravitatis ipsorum solidorum, quam etiam demonstravimus. Quod si ambas duabus tantùm demonstrationibus ostenderit, nihil video quod in hac materia desiderari possit; sed vereor ne positis Authorum demonstrationibus, ipse inde propositiones suas deduxerit: quod etiamsi ita esset, tamen non parum laudis mereretur; neque enim cuilibet contingit, aliorum inventis addere tanti ponderis propositiones.

Ejusdem fere argumenti est sequens Propositio de frusto sphærico duobus planis parallelis secto, de quo nihil dicimus, quia in eo non immorati sumus.

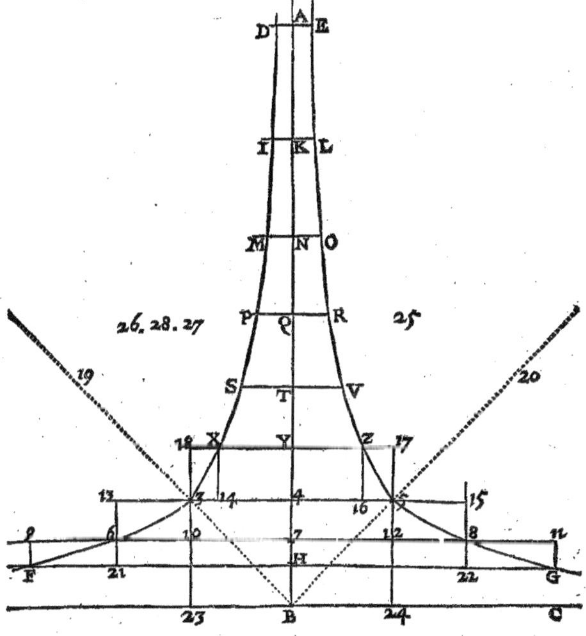

Omnium elegantissima est decima quarta, cujus demonstrationem hîc addere libet, cuperemque valde scire utrum in idem cum clarisimo viro medium inciderim, vel diversum. Igitur in figura cujus constructionem ex ipsius Torricellii Propositione notam esse suppono, existente B centro hyperbolæ, assymptotis B A, B C ad angulos rectos, solido autem quovis D E F G terminato, ut propositum est; primum ostendamus tale solidum medium propor- *Vide Torcell. de do Hyper pag. 113*

A A a a ij

tionale effe inter duos cylindros ejufdem altitudinis cum folido , puta
rectæ A H, quorum unius bafis fit circulus D E, alterius vero F G; ex hac
enim cætera demonftrabuntur. Inter B A, & B H, media proportionalis fit
B T; tum inter B A & B T, media quoque proportionalis fit B N; atque inter B T & B H, efto B 4. Item inter B A & B N, fit B K; inter B N
& B T, fit B Q; inter B T & B 4, fit B Y; inter B 4 & B H, fit 3 7; atque
ita tot continuè inveniantur mediæ quot libuerit, fic enim erunt quoque continuè proportionales differentiæ ipfarum H 7, 7 4, 4 Y, &c. ufque ad ultimam K A, & in eadem ratione primarum. Patet autem hac ratione eò deve-
niri poffe, ut cylindrus cujus bafis circulus F G, altitudo autem ultima differentia K A, minor fit quovis fpatio folido dato. Jam per puncta 7, 4, Y, T,
ducantur plana ad rectam A B erecta, folidum fecantia fecundum circulos
quorum diametri 6 8, 3 5, X Z, S V, &c. parallelæ ipfi F G; patet quoque
ex natura hyperbolæ, proportionales effe rectas F H, 6 7, 3 4, X Y, S T,
& reliquas in eadem ratione, fed inverfa, primarum B H, B 7, B 4, &c. Denique infcribantur & circumfcribantur ipfi folido totidem cylindri quot funt
differentiæ, H 7, 7 4, 4 Y, &c. fintque infcripti 8 21, 5 10, Z 14, &c. circumfcripti vero F 11, 6 15, 3 17, &c. conftat ergo omnes circumfcriptos fimul fu-

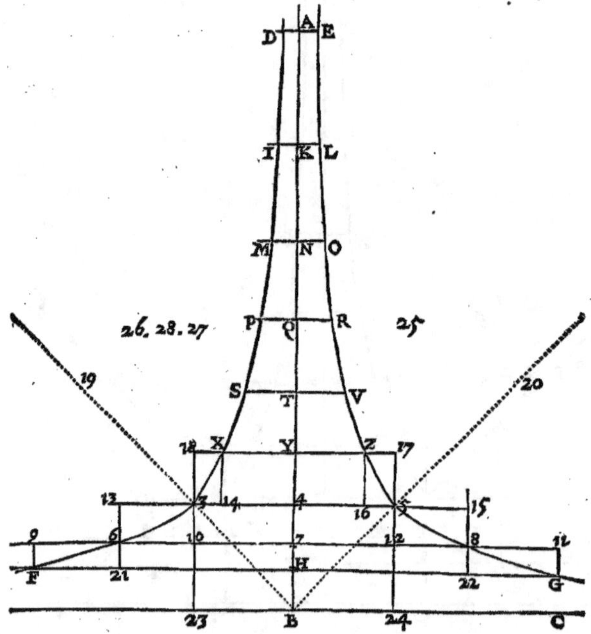

perare omnes infcriptos fimul, minori fpatio quàm cylindro altitudinis K A,
& bafis F G; hoc eft minori fpatio quovis propofito. Præterea cylindrus bafis S V, & altitudinis A H, eft medius proportionalis inter cylindros ejufdem
altitudinis, fed bafium D E, F G. Dividatur ipfe medius in cylindros ejufdem
bafis S V; fed altitudinum H 7, 7 4, 4 Y, Y T, &c. ufque ad ultimum altitudinis A K, qui ultimus major quidem eft prime infcripto 8 21, fed minor
circum-

circumfcripto F; 11, quod fic oftendimus. Quoniam recta S T media proportionalis eft inter D A & F H, major erit ratio circuli medii S V ad circulum 6 8, quàm rectæ D A ad rectam 6 7: at idem circulus medius S V, ad circulum F G minorem habebit rationem quàm eadem recta D A ad eandem 6 7; ut autem D A ad 6 7, ita H 7 ad A K: ergo circulus medius S V, ad bafim quidem infcripti 6 8, majorem habet rationem; ad bafim vero circumfcripti F G, minorem quàm altitudo communis infcripti, & circumfcripti H 7 ad altitudinem ultimi medii A K. Eodem modo demonftrabimus cylindrum altitudinis N K, bafis verò circuli medii S V majorem quidem effe fecundo infcripto 5 10, minorem verò fecundo circumfcripto 6 15; atque ita de reliquis ordine fumptis. Patet igitur tandem, totum cylindrum medium omnibus quidem infcriptis fimul fumptis majorem effe; omnibus verò circumfcriptis minorem. Cætera perfequi apud vos inutile fuerit.

Corollarium.

PATET autem manifeftò pofitis rectis B H, B 7, B 4, B Y, &c. continuè proportionalibus, & factâ conftructione eâdem, dividi totum folidum hyperbolicum F G, E D in portiones continuè proportionales in eadem quidem, fed inverfa ratione rectarum ipfarum B H, B 7, B 4, &c. quæ portiones erunt F G 8 6, 6 8 5 3, 3 5 Z X, &c. quia qui ipfis portionibus æquales erunt cylindri, proportionales erunt in ratione propofita, quæ proprietas eximia eft.

Secundò intelligamus folidum hyperbolicum B A verfus A infinitè productum effe, atque idem fecari quovis plano 3 5 ad rectam B A erecto in puncto 4, ac circulum conftituente cujus diameter 3 5; tum fuper hac bafe, circulo 3 5, efto cylindrus 3 5 24 23, cujus altitudo fit B 4: dico talem cylindrum æqualem effe folido hyperbolico fuper bafi 3 5 conftituto, atque infinitè versùs A extenfo.

Aliàs, vel cylindrus major eft folido, vel minor. Efto primùm major, fi fieri poteft, & exceffus efto magnitudo 25, ita ut folidum hyperbolicum unà cum fpatio 25 intelligatur æquale effe cylindro propofito 3 5 24 23. Jam intelligatur cylindrus quidam cujus altitudo B 4, femidiameter vero bafis P Q, ita ut hic cylindrus minor fit fpatio 25: fit autem P Q perpendicularis ad B A, atque interjecta inter hyperbolam, & affymptoton, hoc enim fieri poteft. Tum fiat ut B 4 ad B Q, ita B Q ad B A, & terminetur folidum hyperbolicum circulo D A E. Erit ergo ex prædemonftratis folidum 3 5 E D æquale cylindro altitudinis A 4, bafis verò femidiametri P Q. Addantur inæqualia; folido quidem, fpatium 25; cylindro vero, alter cylindrus altitudinis B 4, & ejufdem bafis femidiametri P Q. Fient ergo inæqualia: illinc folidum hyperbolicum 3 5 E D, unà cum fpatio 25, majus; hinc verò, totus cylindrus altitudinis A B bafis femidiametri P Q, minor. At totus hinc cylindrus æqualis eft cylindro propofito 3 5 24 23, quia bafes & altitudines reciprocantur ex natura hyperbolæ: ergo folidum hyperbolicum 3 5 E D, unà cum fpatio 25, majus effet cylindro 3 5 24 23. Verùm folidum hyperbolicum infinitè extenfum verfus A, unà cum eodem fpatio 25, pofitum eft æquale eidem cylindro 3 5 24 23: hoc ergo infinitè extenfum minus effet fua portione 3 5 E D, quod eft abfurdum. Efto fecundò cylindrus 5 23 minor folido hyperbolico infinitè extenfo, fi fieri poteft; poterit ergo ex ipfo folido detrahi portio quædam, puta 3 5 E D major eodem cylindro 5 23; ita ut planum D E, parallelum fit plano 3 5, conftituatque circulum cujus centrum A. Inveniatur recta B Q media proportionalis inter B A & B 4; feceturque folidum hyperbolicum plano P Q R parallelo ipfi 3 5. Jam ut fuprà, folidum 3 5 E D æquale eft cylindro bafis P Q R, altitudinis vero A 4: cylindrus verò 5 23 æqualis eft cylindro ejufdem bafis

P.Q R, altitudinis verò A B: ponitur autem solidum 3 5 E D majus cylindro 5.23; ergo cylindrus basis P.Q R altitudinis A 4, major esset cylindro ejusdem basis & altitudinis A B, quod est absurdum.

Tandem proposito quovis solido hyperbolico ex prædictis, putà D E G F: oporteat ipsum dividere in duas portiones quæ datam servent rationem, ut magnitudo data 26 ad datam magnitudinem 27: fiat ut recta F H ad rectam D A, ita magnitudo 2 6 ad aliam quampiam 28; dividaturque recta A H altitudo solidi in puncto T, ita ut portiones H T, T A eandem habeant rationem quàm magnitudo 2 8, ad magnitudinem 27: & per punctum T ducatur planum S T V parallelum plano F G vel D E, quod quidem planum S T V dividat solidum hyperbolicum in duas portiones F G V S, & S V E D: dico has portiones eandem inter se rationem habere, quàm magnitudo 26 ad magnitudinem 27. Nam inter B T & B H media sit proportionalis B 4: item inter B T & B A media sit proportionalis B N; & per puncta 4, N ducantur plana prædictis parallela, atque solidum secantia secundùm circulos quorum diametri 3 4 5, M N O. Quoniam ergo continuè sunt proportionales B H, B 4, B T, erunt quoque proportionales in eadem sed inversa ratione rectæ F H, 3 4, S T propter hyperbolam: quare ex prædemonstratis, cylindrus altitudinis H T, basis vero diametri 3 5 æqualis est portioni solidi hyperbolici F G V S. Simili argumento cylindrus altitudinis T A, basis autem diametri M O, æqualis est reliquæ portioni S V E D: sunt autem ipsi cylindri in ratione data magnitudinis 26 ad 27, ut jam demonstrabimus; quare & portiones solidi hyperbolici sunt in eadem ratione datâ.

Et quidem, quod cylindri sint in ratione data magnitudinis 26 ad magnitudinem 27, sic constabit. Quoniam ex constructione, ut magnitudo 26 ad magnitudinem 28, ita recta F H ad rectam D A: ut autem F H ad D A, ita sumpta communi altitudine rectâ S T, rectangulum sub F H, S T ad rectangulum sub D A, S T, hoc est, ita quadratum 3 4 ad quadratum M N; sive circulus diametri 3 5 ad circulum diametri M O. Ergo, ut magnitudo 26 ad magnitudinem 28, ita circulus diametri 3 5, ad circulum diametri M O. Addatur hinc quidem ratio altitudinis H T ad altitudinem T A; illinc autem ratio magnitudinis 28 ad magnitudinem 27, quæ rationes sunt eædem; ex constructione igitur, ratio composita ex rationibus circuli 3 5 ad circlum M O, & altitudinis H T ad altitudinem T A, hoc est ratio cylindrorum, componitur ex rationibus magnitudinis 26 ad magnitudinem 28, & 28 ad 27; quæ ambæ rationes constituunt rationem 26 ad 27, ut propositum est.

Hîc mirabilis quædam proprietas accidit circa plana spatia hyperbolica hujus constructionis, illa nempe F G 8 6, 6 8 5 3, 3 5 Z X, X Z V S, &c. quæ omnia sunt æqualia, positis continuè proportionalibus rectis B H, B 7, B 4, B Y, &c. ut supra cujus quidem proprietatis demonstratio non erit difficilis ei qui animadverterit omnia parallelogramma iisdem spatiis inscripta, esse æqualia; sicuti & circumscripta æqualia.

Tamdem si asymptoti hyperbolæ non sint ad angulum rectum, vel eædem erunt ex se demonstrationes omnes præcedentes; vel additione, aut detractione conorum quorumdam, fient eædem.

Cæterum, REVERENDE PATER, hoc scias velim, me magnifacere adeo Excellentem Virum, etiam ultrà quàm verbis aut litteris exprimere possim. Fac etiam, obsecro, ut ipse innotescat nostris Geometris, præsertim D. D. *De Fermat*, & *Descartes*, quorum utrumque, meo quidem judicio, nec ipsi Archimedi jure quis postposuerit; hoc enim apud me recipio, fore ut & his & illi gratissimum quid facturus sis.

CLARISSIMO VIRO ROBERVALLIO

EVANGELISTA TORRICELLIUS S. P.

LOQUAR aperte tecum sine alio interprete, VIR CLARISSIME, quis enim dissimulare possit? Et quanquan litteræ tuæ ad clarissimum Mersennum missæ sint, cohibere tamen non possum animi mei impetum, quin ad te currat, tibique totum se dedicet tanquam Apollini Geometrarum. Fortunatas certè jam existimare debeo nugas meas, atque illas non jam amplius nihilifacere, quandoquidem dignæ habitæ sunt, quæ judicium tuum subirent, & animadversionibus tuis nobilitarentur. Principio, ex me quæris an centrorum gravitatis parabolæ à priori, ut inventum à me proponatur, aut quæratur ut ignotum: erubescerem certe ignotum theorema inter. alias propositiunculas meas à me demonstratas collocare. Ostendimus illud unica, brevique demonstratione; sed ea occasione admiratus sum fœcunditatem ingenii tui circa tot parabolas atque earum solida, non solum geometricè, sed etiam mechanicè considerata, & ad mensuram scientiamque redacta. De his nihil ego habeo quod proferam, & fortasse non habebo; siquidem difficillimæ, nisi fallor, contemplationis censeo hujusmodi theoremata. Præterea immorari non soleo circa figuras non vulgatas, & circa solida quæ si nova sint, saltem ab antiquis & receptis figuris planis ortum non habeant; atque hoc eâ præcipue ratione, ut laborum fructus, quando res ex animi voto succedet, communem litteratorum applausum sortiatur, neque sit qui invideat figuras a me ipso fabricatas. Mensura cycloidis, (hoc enim nomine Clarissimus Galilæus appellavit 45 jam ab hinc annis figuram quæ fortasse tibi nunc trochois est) mihi sese ultrò obtulit non speranti, pene dixi non quærenti. Illam deinde quinquies diversis semper principijs demonstravi. Quoad solida nihil habeo: tangentem prædictæ lineæ jam ostenderat mihi Vincentius Vivianus Florentinus Clarissimi Galilæi alumnus, etiam nunc adolescens. Quoad auctorem hujus figuræ, credo ego ingenium tuum acutissimum & feracissimum, illam ex se observare potuisse nemine indicante; hujusmodi enim lineæ natura familiaris erat, constatque ex compositione duorum motuum, recti & circularis. Attamen vivunt adhuc testes quibus olim Galilæus irritas lucubrationes suas communicavit circa hanc figuram; imò supersunt paginæ aliquot clarissimi Mathematici, in quibus & picturas & aggressiones suas nonnullas circa hoc subjectum jam adolescens delineaverat. Pluribus abhinc annis theorema hoc proposuit ille mirabili Geometræ Cavalerio nostro, ipsique dixit idem quod & mihi, & pluribus aliis confirmavit, nempe se olim experimentum fecisse, appensis ad libellam spatiis figurarum materialibus, quantuplum esset cycloidale spatium ad circulum suum genitorem, & semper illud invenisse, nescio quo fato minus quàm triplum; ideo incœptam contemplationem deseruisse, ob incommensurabilitatis suspicionem. Quod si aliquando, inconstanti fallacia, reperisset minus quàm triplum, aliquandò verò majus, tunc asserebat Lincæus Mathematicus ulteriorem contemplationem prosecuturum fuisse; rejectâ scilicet variationis causa in materiæ inæqualitatem atque rasuræ.

Propositionem illam de solido à qualibet coni sectione circa axem revoluta descripto, atque de ejusdem solidi centro gravitatis, unica simul brevique demonstratione ostendimus, supposita tantum modica Apollonii cognitione. Verùm duplex hoc theorema inter neglecta à me rejicitur; nullum enim habebit locum in opusculis, quæ nunc propalare cogor, in quibus præcipue profiteor materiæ unitatem.

BBbb ij

Quoad folidum hyperbolicum, jam non meum fed tuum, difpeream fi jam amplius fpero me vifurum tam fublimem & tam doctam demonftratio- nem quæ cum tua conferri mereatur. Optimum equidem maximumque nunc percipio laborum meorum fructum, eo tantum nomine, quod tu, Vir Clariffime atque Ingeniofiffime, tam acutis demonftrationibus, tantâque doctrinæ affluen- tia, unicam ineptiolam meam illuftrare dignatus fis. Gratias primùm ago ma- ximas. Deinde ut defiderio tuo fatisfaciam, methodus mea circa demonftra- tionem hujus folidi diverfiffima eft à tuâ. Altera quidem ex meis aggreffioni- bus per doctrinam indivifibilium procedit, quæ fi cum erudito lectore femper ageretur, pauciffimis verbis expediri poffet: altera verò per infcriptionem & circumfcriptionem, more Veterum, non adeo expedita eft, fed facilis, & for- taffe curiofa. Hoc unum reperi in tua fcriptura, quod conveniat cum meis, nempe conftructio illa pro fecando frufto folidi hyperbolici in data ratione; demonftrationes verò ab eadem conftructione diffimillimæ emanant.

Cæterùm evidentiores agnofco hyperbolas in laudibus quibus me exornas, quàm in demonftrationibus quibus hyperbolicum folidum ipfe metiris. Uti- nam illis aliquando dignus fiam, ut in lectione operum tuorum, quæ avidiffi- mus expecto, illa intelligere valeam, fructufque fcientiæ fuaviffimos, & di- vitias ingenii inæftimabiles inde colligere poffim, & intellectum meum ditare. Vale, Vir Clarissime, tuorúmque Operum editionem accelera, in pu- blicam litteratorum omnium utilitatem.

Florentiæ Kal. Octob. 1643.

EPISTOLA
ÆGIDII PERSONERII DE ROBERVAL
AD EVANGELISTAM TORRICELLIUM.

Vir Clarissime,

Si me unum refpicerem; fi nulla exiftimationis noftræ, fi nullâ cæterorum hominum, fi nullâ ipfius, quam præ cæteris diligo, veritatis habitâ ratione, internâ animi tranquillitate conquiefcerem: non me moveret profectò, quòd vos Deûm atque hominum fidem invocetis, quòd celeberrimorum hominum teftimonium in me adducere conemini, quòd denique nullum non moveatis lapidem, ad hoc ut ego meorum ipfius operum plagiarius habear: quippe qui planè mihi confcius fum, ex iis quæ ad vos fcripfi, nihil non verum effe; fed fateor ingenuè, longè abfum à præftanti illo vitæ philofophicæ ftatu, tan- támque beatitudinem fi optare nobis licet, non etiam fperare ftatim licet. Ego enim inter multos natus, inter multos educatus, cum multis vivere at- que converfari affuetus, cum multis etiam neceffitudinés contraxi; ita ut re- bus externis non moveri huc ufque nondùm didicerim. Itaque admonet nos exiftimatio noftra, quam tueri, quámque, fi quo id labore liceat aut impen- dio, promovere tenemur; poftulant amici, collegæ, Mathematici Galliarum præftantiffimi, quibus omnia me debere fateor; cogit ipfa cui totum me di- cavi veritas: ne tam gravem veftram accufationem prorsùs negligam, præ- fertim quam nullius negotii fuerit refellere; cùm præter rationes noftras, quæ per fe fufficiunt, iifdem ambo teftibus utamur. Erit etiam quod de vobis ex- poftulem, & ut fpero non injuriâ; qui cùm feftucam in noftris oculis quæ-
ratis,

ratis, trabem in vestris non animadvertatis. Nolim tamen ob id tolli inter
nos litterarum commercium; quod vos nimiùm rigidè, meo quidem judicio,
quasi aliquid nobis timendum minati estis: quin potiùs optarim tales iras,
suavissimi commercii redintegrationem esse. Quod si inter nos, per nos ipsos
conveniri non potest, judicent amici: nos judicio ipsorum stare promittamus.
Ad rem venio.

De propositione Rotæ atque Trochoidum illius, primùm audivi Parisiis
anno 1628. (eo enim demùm anno ab expeditione Rupellana reversùs, statui in maxima illa atque omni studiorum genere excultissima urbe, firmas sedes stabilire, cùm anteà vagus, incertis sedibus, diversis in regni Gallici partibus degissem) asseruitque qui proponebat celeberrimus vir Pater Mersennus, talem quæstionem per multos jam annos à pluribus tentatam, eousque insolutam permansisse: cui ego respondi, hoc ei commune esse cum multis aliis vetustissimis nobilissimisque propositionibus; neque ideò quicquam in illa magis quàm in his mirandum videri, si unà cum illis solutione careret. Ac tunc ipse, cùm difficillimam existimarem, certè supra vires meas, intactam ita dimisi, ut per sex annos de illa ne quidem somniarim. Atque ut verum fatear, ego tunc annum agens vigesimum septimum, etiamsi continuo decennii anteacti exercitio, discendo, docendoque, atque agendo in rebus Mathematicis, in primis verò in Analyticis, quibus etiamnum maximè delector, non mediocriter profecissem; tamen, neque eum adhuc habitum mihi comparaveram, neque eas ingenii vires susceperam, quæ ad ejusmodi quæstiones sufficerent. Interea, cùm mecum ipse sæpiùs cogitarem, quâ potissimùm ratione possem in suavissimæ Matheseos adita penetrare, statui divinum Archimedem, quem ferè unum inter antiquos Geometras suspicio, attentiùs considerare; ex qua consideratione sublimem illam & nunquam satis laudatam infiniti doctrinam mihi comparavi: sic enim tunc vocabam eam quæ à Clarissimo Cavallerio vocatur doctrina indivisibilium. Ridebis forsan; &, Hic ergo Gallus, inquies, non solùm trochoidum dimensionem ante nos, si Diis placet, non solùm parabolarum omnium, non solum solidorum ad has & illas pertinentium, non solùm planorum ab helicibus cujuscunque gradus aut dignitatis compræhensorum, non solum earumdem helicum secundùm longitudinem cum prædictis parabolis comparationem, non solùm curvarum omnium tangentes per motuum compositionem, non solùm doctrinam centrorum gravitatis invenerit, sed & præstantissimi nostri Cavallerii indivisibilia quoque? atque illa omnia nobis, hæc illi, plagiarius ille impunè eripuerit? Verumtamen, rideatis licet, & talia, aut iis pejora de nobis putetis, aut vociferemini, Ego trochoides, parabolas, helices, tangentes, & centra ante vos; imò & multò plura non solùm inveni, sed & vulgavi: an vultis ut verum reticeam quod partes nostras adjuvat, falsum autem proferam quod nobis nociturum sit? nos ætate aut tempore saltem priores, ætatis aut temporis beneficia respuemus, & junioribus aut saltem tempore posterioribus, vivi adhuc relinquemus? Apage stultam illam in nosmetipsos injustitiam. Quòd si cuncta ego unicâ epistolâ quam ad vos scripsi, non enumeravi, nihil mirum; illa enim aliunde satis prolixa extitit, nec id necessarium, aut operæ pretium judicavi. Deinde etiam, quid de paucis aliquot propositionibus enumeratis gloriari attinet?

Pauperis est numerare pecus.

Sed de vobis plura posteà: nunc de Indivisibilibus, quoniam illa ad rem faciunt, dicamus. Illa ergo, an ante nos clarissimus Cavallerius invenerit, nescio; certè illud scio, me integro quinquennio antequam in lucem emiserit, eâ doctrinâ usum fuisse in solvendis multis, iisque planè arduis propositionibus. Attamen, absiste moveri; ego tanto viro, tantæ ac tam sublimis do-

CCcc

ɔrinæ inventionem non eripiam; nec poſſum; nec ſi poſſim, faciam. Ille prior vulgavit: ille, hoc jure, ſuam fecit: ille, hoc jure, habeat atque poſſideat: ille tandem, hoc jure, inventoris nomine gaudeat. Abſit ut in poſterum, quod nec priùs feci, in tali cauſa, interceſſoris ridiculi provinciam mihi ſuſcipiam; præſertim cùm nequidem inter amicos quicquam unquam de tali doctrina vulgaverim, quam neque publici juris facere, niſi poſt aliquot annos, juvenili quodam mei ipſius amore, decreveram. Quippe ſperabam interim, fore ut ſolutione difficiliorum quæſtionum quas quotidie nullo negotio tali inſtrumento adjutus vulgabam, doctrinæ famam facilè conſequerer: neque ſanè hæc ſpes ex toto me fefellit. Poſtquàm enim ingenti ardore doctrinam ipſam excoluiſſem, eandemque ad puncta, ad lineas, ad ſuperficies, ad angulos, ad ſolida præcipuè; poſtremò etiam ad numeros extendiſſem, haud fuit difficile ea exequi propter quæ amici lætarentur, invidi diſrumperentur. Exultabam ergo nimiùm juveniliter, ac tanto diligentiùs doctrinam ipſam reticebam; dignus planè in quem Poeta dixerit,

Nec ferre videt ſua gaudia ventos;

qui detectâ auri fodinâ ditiſſimâ, dum grana quædam ex ea decerpta oſtento, ut ex divitibus ac beatis quidam habear; interim alius eandem à ſe quoque detectam, palàm, plaudentibus omnibus, oſtendit, ac publici juris facit; ita ut exinde periculum ſit ne ridear, ſi à me quoque inventam fuiſſe affirmavero. Eſt tamen inter clariſſimi Cavallerii methodum & noſtram, exigua quædam differentia. Ille enim cujuſvis ſuperficiei indiviſibilia ſecundùm infinitas lineas; ſolidi autem indiviſibilia ſecundùm infinitas ſuperficies conſiderat. Unde ex vulgaribus Geometris plerique; ſed & quidam ex ſuperbis illis ſciolis qui ſoli docti haberi volunt, quique ſi nihil aliud, certè hoc unum ſatis habent, ut in magnorum Virorum opera inſurgant, quòd à ſe minimè profecta eſſe invideant, occaſionem carpendi Cavallerij arripuerunt, tanquam ſi ille aut ſuperficies ex lineis, aut ſolida ex ſuperficiebus reverà conſtare vellet. Quanquam autem illi coram eruditis nihil aliud lucrentur quàm ignorantiæ aut invidiæ titulum, tamen iidem coram imperitis, ſuâ authoritate, de doctorum famâ non mediocriter detrahunt; nec ab ijs illæſus evaſit Cavallerius. Noſtra autem methodus, ſi non omnia, certè hoc cavet, ne heterogenea comparare videatur: nos enim infinita noſtra ſeu indiviſibilia ſic conſideramus. Lineam quidem tanquam ſi ex infinitis ſeu indefinitis numero lineis conſtet, ſuperficiem ex infinitis ſeu indefinitis numero ſuperficiebus, ſolidum ex ſolidis, angulum ex angulis, numerum indefinitum ex unitatibus indefinitis: immo plano-planum ex plano-planis numero indefinitis componi concipimus, atque ita de altioribus; ſingula enim ſuas habent utilitates. Dum autem ſpeciem aliquam in ſua infinita reſolvimus, æqualitatem quandam, vel certè notam aliquam progreſſionem inter partium altitudines aut latitudines ferè ſemper obſervamus. Sed de hoc ſatis ſuperque: nunc ad vos redeo. Cùm itaque ope indiviſibilium multa protuliſſem, tandem anno 1634. celeberrimus P. Merſennus trochoidem in memoriam revocavit, non ſine gravi expoſtulatione, quaſi propoſitionem haud quaquam ignobilem, de induſtriâ præterirem difficultate illius perterritus. Ego ſic caſtigatus cœpi ſedulò ipſam inſpicere; ac tunc quidem, quæ abſque indiviſibilibus difficillima viſa erat, ipſis opitulantibus, nullo negotio patuit. Modus autem noſter ab alijs omnibus quos huc uſque videre contigit, longè diverſus eſt; & niſi me nimiùm amo, idem illis omnibus longè antecellit; quia omnium ſimpliciſſimus, breviſſimus, univerſaliſſimus, & ad ſolida detegenda aptiſſimus exiſtat, ut ſolus ſponte à natura productus, cæteri per vim ab arte efficti videantur. Habes annum quo trochoidem invenimus; diem etiam ſi ita expediret adjicerem. Cætera jam ad te ſcripſi, & horum omnium teſtem locupletiſſimum (præter-

quam plúrimòs alios, quorum epiftolas de hac. re etiamnum apud me affervo)
ipfum eundem habeo quem laudas, celeberrimum P. Merfennum. Vide ergo
num fit cur doleam, cùm vos per exprobrationem objicitis propofitionem illam forfan ante obitum Galilæi nondum fuiffe inventam, qui tamen vixit
ufque ad annum 1 6 4 2. præcipuè, cum jam ad vos fcripferim me anno duodecimo jam elapfo inveniffe. Ut fic mihi tot teftes habenti, & cui una fufficere
debuit veritas, fidem omnem denegetis. Inventâ infiniti doctrinâ (liceat adhuc eo nomine uti in hac epiftola; pofthac, abfit) eaque, pro tempore fatis probè excultâ; ego ad tangentes curvarum animum applicui. Ac primùm,
vi Analyfeos, methodum quandam reperi, quæ, etiamfi longè poftea univerfalis effe deprehenfa fit, tamen recens inventa, talis non apparuit : quærebam
verò univerfalem; & particulares methodos (ut adhuc) ubique dedignabar.
At trochoides noftræ occafionem dederunt cur ad motuum compofitionem
refpicerem. Occafio fatis fuit, ac propofitionem univerfalem tangentium inde deductam vulgavimus circa annum 1 6 3 6. Extant adhuc, & circumferun-
tur hac de re lectiones noftræ à nobiliffimo D. *du Verdus* noftro difcipulo
collectæ, atque à multis exfcriptæ. Itaque jamdudùm fide publicâ nobis af-
ferta eft talis doctrina, nec alij teftes quærendi, qui omnes habeamus. Circa
hæc tempora nempe anno 1 6 3 5, mediante ampliffimo fenatore Domino *de
Carcavy*, cœpi per Epiftolas commercium litterarum habere cum ampliffimo
fenatore Tholofano Domino *De Fermat*, de quo quid fentiam habes in ea
Epiftola quam ad R. P. Merfennum direxi fuper folido veftro hyperbolico infinito. Is ergo vir præftantiffimus, primus omnium, duas propofitiones nobi-
liffimas ad nos mifit fine demonftratione : alteram de parabolis, alteram de
planis helicum, utrifque per omnes dignitatum gradus fumptis. (Ne ergo du-
bites ampliùs, quis primus tales quæftiones propofuerit; illæ meæ non funt;
quanquam illas ego proprio marte, inventâ ad id peculiari noftrâ methodo,
demonftraverim) immò univerfalius multò quàm ipfe proponas : quippe non
folùm poteftates in helicibus propofuit, fed etiam poteftatum radices. Exempli gratiâ : Si in helice femidiametri omnium revolutionum ordine fumptarum, fe habeant ut radices quadratæ, aut cubicæ, &c. numerorum ordine naturali progredientium 1, 2, 3, 4, 5, 6, 7, 8, &c. quarum primam (quadraticam puta) reperies in prima revolutione dimidiam partem fui circuli conftituere. Cúmque ipfum arduarum (ut tunc) propofitionum demonftrationes rogarem, ille in hæc verba refcripfit, *Ego*, inquit, *ut invenirem laboravi; labora & ipfe: in hoc enim labore præcipuam voluptatis partem confif-
tere deprehendes.* Quid facerem à tanto viro incitatus? Laboravi, atque in
auxilium infinita noftra advocavi; (nondum enim tunc noftra ampliùs non
effe refciveram) eaque tum primùm ad numeros extendi. Animadverti enim
& parabolarum plana, ad fua parallelogramma; & earumdem folida, ad fuos
cylindros; & fpatia helicum, ad fuos circulos feliciter comparari poffe, fi in-
notefceret in numeris ratio fummæ poteftatum omnium ejufdem generis, ordine, atque indefinitè fumptarum, ad earum maximam toties fumptam; idque in omni genere poteftatum. Quod quidem non difficulter affecutus fum.
Illicò enim patuit fummam omnium numerorum quadratorum, ordine naturali atque indefinitè fumptorum 1, 4, 9, 16, 25, &c. ad eorum maximum
toties fumptum quot funt illi quadrati; hoc eft ad cubum ejufdem radicis
cum maximo illo quadrato collatam, fe habere ut 1 ad 3, five conftituere
$\frac{1}{3}$; fummam cuborum eodem modo fumptorum, ad eorum maximum toties
fumptum, five ad quadrato-quadratum ejufdem radicis cum maximo cubo,
fe habere ut 1 ad 4, five conftituere $\frac{1}{4}$; fummam quadrato - quadratorum,
eodem modo conftituere $\frac{1}{5}$; atque ita in infinitum. Ex hac propofitione quæ
fola fufficit, innumera deduxi corollaria, qualia funt hæc : Summa radicum

quadratarum numerorum omnium, ordine naturali, atque indefinitè sumptorum, ad earumdem radicum maximam totiès sumptam, collata; putà summa
radicum quadratarum horum numerorum 1, 2, 3, 4, 5, 6, &c. eam habet
rationem quàm 2 ad 3; summa radicum quadratarum omnium numerorum
quadratorum, ordine naturali, atque indefinitè sumptorum, ad earumdem radicum maximam totiès sumptam, se habet ut 2 ad 4; summa radicum quadratarum omnium numerorum cuborum, ad maximam totiès sumptam, ut suprà, se habet ut 2 ad 5; atque ita in infinitum, radices quadratæ numerorum
quadrato-quadratorum, quadrato-cuborum, cubo-cuborum, &c. ad earum
maximam totiès sumptam, ut suprà, sic comparabuntur, ut antecedens rationis sit semper 2 exponens quadrati; consequens verò sit summa ex ipso exponente 2 & alio exponente ipsius gradus ad quem pertinent numeri quorum
sumuntur radices quadratæ. Ut si sumantur radices quadratæ numerorum
quadrato-quadrato-cuborum qui sunt septimi gradus cujus exponens est 7,
erit consequens rationis 9, conflatum ex 2 & 7, & ratio erit ut 2 ad 9. Similiter, summa omnium radicum cubicarum omnium numerorum ordine naturali, hoc est in primo gradu, atque indefinitè sumptorum, ad earumdem radicum maximam totiès sumptam, se habet ut 3 exponens cubi, ad 4 compositum ex eodem 3 & 1 exponente primi gradus; summa omnium radicum
cubicarum omnium quadratorum, ad earumdem radicum maximam toties
sumptam ut suprà, se habet ut 3 ad 5; atque ita in infinitum, radices cubicæ omnium graduum, ad earumdem maximam sumptam ut supra, comparabuntur; eritque in omnibus antecedens 3, consequens verò componetur ex
eodem 3 juncto cum exponente gradus cujus radix cubica sumpta fuerit. Nec
aliter radices quadrato-quadratæ omnium graduum, ad earum maximam sumptam ut dictum est, comparabuntur, eritque antecedens 4; & sic in infinitum infinities, ut satis ex prædictis patet. Hæc cùm ad amplissimum virum
scripsissem, dubitavit num eorum demonstrationem haberem. Itaque paucis
verbis indicavi eam esse facillimam, per duplicem positionem more Veterum,
incipiendo ab unitate, & procedendo ordine per omnes potestates. Quo pacto, facilè est concludere in quadratis, exempli gratia, summam omnium numerorum quadratorum ordine naturali, sed finitè, sumptorum, ad eorumdem
maximum toties sumptum, collatam, majorem esse quàm $\frac{1}{3}$; at dempto ab
eadem summa, seu ab antecedente rationis, ipsorum quadratorum maximo
tantùm, remanente integro consequente, reliqui rationem minorem quàm
$\frac{1}{3}$. Nec ad id demonstrandum, alio recurrendum est quàm ad genesim quadratorum, quâ fit ut quivis numerus quadratus componatur ex proximo quadrato minore, ex duplo radicis ejusdem minoris, atque ex unitate; quemadmodum etiam quivis numerus cubus componitur ex proximo cubo minore,
ex triplo quadrati minoris, ex triplo radicis minoris, atque ex unitate. Qui
quidem cubus est ipsum maximum quadratum toties sumptum quot sunt
numeri quadrati ab unitate incipientes, atque ita de singulis potestatibus,
secundùm uniuscujusque genesim. Corollaria, quomodò ab iis deducantur,
aliàs, si ita expediat, explicabimus. Neque etiam fortassis spernendum videbitur corollarium aliud quod ex tali numerorum inspectione deduxi: illud
autem tale est. Propositis quotcunque numeris multitudine finitis, qui ab
unitate, secundùm naturalem numerorum seriem procedant 1, 2, 3, 4, 5,
6, 7, 8, &c. usque ad 100000000 exempli gratiâ; exhibere summam quadratorum, aut cuborum, aut quadrato quadratorum, aut cubo-quadrato-
rum, aut cubo-cuborum, &c. omnium talium numerorum: quæ sanè regula, pro quadratis, & cubis, reperitur specialis apud Authores; at pro omnibus potestatibus, nullam apud illos reperimus universalem. Hæc ergo fuit
nostra pro parabolarum planis ac solidis, simúlque pro planis helicum, methodus.

thodus. Poft hæc propofuit vir ampliffimus (quod & ipfe jamdiu in omnibus
figuris univerfaliter quærebam) prædictarum figurarum centra gravitatis invenire. Ac ille quidem ad analyfim recurrit, nos ad noftra infinita; unde methodus illius, ut plerifque inventis analyticis accidit, abftrufiffima eft, fub-
tiliffima, atque elegantiffima : noftra aliquot menfibus pofterior, fimplicior
evafit, & univerfalior; quò fit ut cæteris collata, magis nobis arrideat. Ut
tamen alicui poffit effe univerfalis, debet is omnibus numeris abfolutus effe
Geometra, qualis huc ufque nullus apparuit. Quoniam verò hoc noftræ hu-
jufce differtationis præcipuum caput eft, ac vos non obliquè aut occultè,
fed directè & apertè innuiftis methodum noftram, quam tamen huc ufque
nondum vidiftis, illius quam circa finem anni 1644 ad R. P. Merfennum à
vobis miffam legimus, effe inverfam, ac proinde noftram à veftra fuiffe de-
fumptam ; quo pofito tanquam vero, adeo indignamini, ut tres maximas
epiftolas ad ampliffimos celeberrimofque viros, adjectis etiam ad id magnis
Appendicibus, graviffimis querelis impleveritis; quò nos nihil tale meritos,
acerbiffimâ plagiarii contumeliâ afficeretis : idcircò & locus & res poftulat
ut tam atrocem injuriam, quandoquidem & licet & facilè poffumus, à nobis propellamus. Ad hoc autem fatis fuperque futurum fperavi, fi noftram
illam methodum ad vos cum demonftratione mitterem; non quidem fuis
omnibus numeris abfolutam, nimis enim longa eft, fed fic digeftam, ut à
vobis, aliifque non vulgaribus Geometris nullo negotio intelligatur; præcipuè ab iis qui indivifibilia non oderint : alios enim nihil moror, & Geometrarum nomine indignos puto, qui viâ apertâ, tutâ, atque facili relictâ, lon-
guos ac difficiles anfractus fequi malint. Hoc pacto, cùm illa noftra à veftra
planè diverfa fit, ac diverfis omninò fundamentis innitatur, non erit ampliùs quòd vobis ereptam conqueri jure poffitis. Eam ergo feorfim cum fuis
figuris confcripfimus, ne hujus epiftolæ lectionem interturbaret.

Facile autem erit animadvertere methodum illam eo modo quo propofita
eft, univerfalem quidem effe abfoluto Geometræ, attamen eandem à priori
rarò procedere (univerfalem autem à priori invenire, hoc eft ex fola figuræ
aut lineæ definitione, nullâ ejus cum aliâ quavis figurâ, aut lineâ comparatione factâ, vix fperandum puto : quæ tamen fi haberetur, & circuli &
hyperbolæ, aliarumque numero infinitarum figurarum quadratum fimul haberetur) fiquidem illa in figuris, vix folâ plani cum plano aut folâ folidi
cum folido comparatione contenta, utramque fimul & plani & folidi aut
etiam altioris fpeciei comparationem perfæpe requirit. Immò, illâ methodo,
folidorum centra vix directè, fed plerumque indirectè tantùm, putà mediante
aliquo plano congruo deteguntur. Sed nec illa linearum centris infervit,
nifi ipfæ lineæ, earumque proprietates quædam ex præcipuis ac fpecificis
examinari geometricè poffint : quæ omnia ex adjectis exemplis poft ipfam
methodum feorfim videre licet. De methodo Domini *De Fermat*, nifi eam
adhuc videris, hoc fcies, ipfam trianguli, atque planorum parabolicorum
omnium & folidorum ab iis ortorum centra à priori elegantiffimè oftendere.
Verùm eandem aliarum figurarum centris accommodare, hîc labor; cùm ne
quidem à pofteriori, reliquis figuris huc ufque infervierit; quanquam forfan, quominùs id fieri poffit, nihil repugnet. Jam quòd ad tempus attinet,
meminifti opinor, Vir Clariffime, methodum veftram non ante annum 1644
Parifios miffam fuiffe, atque eandem tunc admodùm recens inventam : fiquidem, ut ex veftris literis patet, vobis eâ adjutis, folidi trochoidis circa
bafim menfura paulò ante demùm patuerat, quam fub finem anni 1643 nondum habebatis : hæc enim funt veftra verba in primâ veftrarum ad me epiftola, *Quoad folida, nihil habeo.* Ego verò meâ methodo ufus fum jam ab anno
1637, atque illius ope, & planorum parabolicorum omnium, & folidorum

DDdd

centra jam tum inveneram ; quorum centrorum quæ ad dimidios fusos para-
bolicos pertinent, enuntiavi eâ epiſtolâ quam ad R. P. Merſennum de veſtris
inventis ſcripſi anno 1643, quo primùm anno de Torricellio Pariſiis auditum
eſt. Hæc, inquam, enuntiavi anno pluſquàm integro priuſquàm veſtra illa
methodus appareret ; quæ veſtris forſan, & noſtris, unà cum aliorum inventis
(ingenioſè procul dubio) collatis, tandem apparuit. Sed finge id quod non
eſt, ipſam veſtram ante annum 1644 fuiſſe inventam. Finge etiam id quod
multò magis non eſt, ipſam cum noſtrâ prorſus convenire, ac planè eandem
eſſe : quid tum ? An nos noſtram ſtatim ut minime noſtram repudiabimus, qui
eâ ſeptennio integro ante prædictum illum annum 1644 tanquam noſtra, immò
verè noſtrâ nemine reclamante uſi fuerimus ? Num potiùs præſcriptionis jûre
nos tutabimur ? & quibuſcunque intercedentibus, noſtram ut noſtram lege
aſſeremus, cùm in talium rerum poſſeſſione, vel unius diei præſcriptionem
valere, nemo inficiari poſſit ? Multò ergo potiori jure nunc, quandoquidem
noſtra & tempore longè prior eſt, & penitùs diverſa, interceſſoribus valere
juſſis, & noſtra tota manebit, qualiſcunque tandem illa ſit ; & noſtram ubique
aſſerere, & fructibus ab ea productis tanquam noſtris uti ubique licebit. Sed
neque argumenta quæ produxiſti, ejus ponderis eſſe videntur, ut illa quem-
quam ex iis qui nos vel mediocriter norunt, in tam ſiniſtram de nobis opi-
nionem pertraherent. Primùm enim, dum ais me nunquam ne verbum quidem feciſſe de centro gravitatis trochoidis ; cùm intereà tantoperè, & quidem meritò, gloriarer de omnibus aliis, quadraturâ, (comparationem cum
circulo dicere voluiſti) tangentibus, ſolidis, &c. nec veriſſimile eſſe, cùm
reliqua omnia proponerem, de unico centro gravitatis ſiluiſſe ; ſi illud tantùm ſperaviſſem ; quod quidem problema, tuo judicio, nulli reliquorum
poſthabendum videtur : dum hæc ais, inquam, Vir Clariſſime, ex tuo genio
loqueris ; nos, dum ſcripſimus, ex noſtro etiam genio ſcripſimus. Tu, cùm
magnifaceres centra, quia ex iis ſolida deducere poſſe confidebas, ſolida autem præcipuè intendebas ; ideò centrorum inventionem magnificè extuliſti,
nec cæteris poſthabendam, immò præhabendam judicaſti. Ego contrà, quia
ſine centris ſolida & quæſivi & viâ Geometricâ inveni ; datis autem ſolidis, ſtatim, & abſque labore centra ſequebantur. Ideò centra ne reſpexi
quidem, neque ad ea unquam animum applicui ; certus omninò ex præmiſſâ
noſtra methodo, dato plano quod dudum habebam, ſola ſolida mihi quæ-
renda ſupereſſe ; centra autem ſimul cum plano & ſolidis haberi. Quòd ſi
apologo uti liceat : ego ſim Æſopi illius Phrygis ſtatuarius : plani trochoidis menſura, eſto mihi ſummi Jovis ſtatua ; menſura ſolidi, ſtatua Neptuni ;
centrum autem, eſto ſtatua Mercurii. Jam adſit nobis è cœlo ſub forma ho-
minis ignoti Mercurius ipſe, Jovis & Maiæ filius, interrogetque, Quanti ſtatua Jovis ? Indicabo ſanè ego alicujus pretii. Interroget deinde de ſtatua
Neptuni : ego & ipſam alicujus pretii indicabo. Tandem interroget de ſua
ipſius Mercurii ſtatua, quid ego ? quid autem aliud niſi hoc ? Amice, ſi priores illas duas emeris, tum tertiam hanc auctarium tibi dabo. Itaque, Vir Clariſſime, quæ tibi Jovis aut Neptuni ſtatua meritò fuit, illa nobis Mercurii
tantùm ſtatua extitit. Ignoſce, ſi placet, ſtylo ; hoc uſi ſumus ut mentem noſtram aperiremus. De R. P. Merſenno, quid ſcripſerit in ea epiſtola cujus
verba toties repetita contra me adducis, neſcio : quid autem illi dixerim ego
planè memini, nec ipſe omninò oblitus eſt ; nec etiam illa quæ dixi malè
congruunt cum iis quæ ſæpius pro te citaſti. Sed rurſùs, nos ex mente noſtrâ
locuti ſumus ; ille, ut intellexit, ſic ſcripſit : vos ex mente veſtra interpretati
eſtis ; ac illa veſtra interpretatio à noſtra mente alieniſſima eſt. Omnibus tamen attentè conſideratis, pace tuâ dixerim, Vir Clariſſime, cenſui præcipuam
malæ interpretationis culpam in vos recidere : neque enim verba illius, quæ

ipfe adducis, à noftro fenfu adeo aliena fuerunt, quin ab ijs verum illum noftrum fenfum facilè perfpexiffes, fi æqui interpretis perfonam tibi affumere voluiffes. Scripferas ad ipfum te utrumque trochoidis folidum beneficio centrorum priùs inventorum detexiffe : ac illud quidem quod circa bafim, ut fe habet reverà, enuntiaveras ut 5 ad 8; quod ille cùm verum fciret (jam dudum enim ego illi tale indicaveram) non ægrè perfuafus eft, & alterum quoque circa axem tale effe quale affirmabas ut 11 ad 18. Lætus itaque ftatim ille mihi per literas fignificavit habere fe quod mecum communicare vellet. Adivi; epiftolam tuam legi, ac circa illud poftremum folidum tantùm quod circa axem, immoratus fum; quippequod nondum habebam, nifi in terminis vero admodùm proximis, extra quos excurrebat ratio illa à vobis affignata 11 ad 18. Hinc ergo, quia de noftris terminis nullum nobis fupererat dubium, illicò animadvertimus rationem illam veftram 11 ad 18 verâ effe minorem. Cùm igitur fuper hâc re cogitabundus hærerem , tum R. P. ad me prior, Quid ergo, inquit, dices de clariffimo Torricellio? nonne infignium adeò theorematum cognitionem ipfi te debere fateberis? Faterer, refpondi, fi vera effent; at talia non effe certus fum : miror fanè quod vir talis falfum pro vero nobis velit obtrudere, nec aliud fufpicari poffum, nifi quod ille mechanicâ quâdam ratione, per approximationem, hujufmodi rationem à vero non admodum longè aberrantem invenerit, exiftimaveritque veram rationem non poffe detegi; ac proinde fuam haud veram effe, à nemine poffe demonftrari. Hæc, inquam ego tum, oratione, fateor, planè fcyticâ; quam ille fuâ ad vos epiftolâ lenivit, pro fuo genio qui omninò mitis eft, ut ex ftylo ejus fatis perfpicere potuiftis. Jam, cùm dixi, Faterer me debere, fi vera effent; planum eft me non intellexiffe de folido circa bafim quod jamdiu ante vos habebam, & habere me ad vos fcripferam; neque de centro trochoidis, quod dato tali folido, unà cum plano latere non poterat. Intellexi ergo de folido circa axem ac de centro hemitrochoidis quod ab eo dependet, quæ etiamfi brevi habiturum me confidebam, tamen jure præfcriptionis, veftra fuiffent, fi veftra illa enuntiatio cum vero congruiffet. Hinc fanè nemo non videt minimè difficile fuiffe, ex verbis epiftolæ R. Patris quæ vos toties citaviftis, verum fenfum qualem jam attulimus, elicere : fed nefcio quo fato aliter accidit unde lis hæc pro re nullius fere momenti, putà pro nugis noftris, ut ipfe fæpe loqueris, inter nos fufcepta eft. Itaque, ne quid in pofterum fimile accidat, fi tale commercium inter nos continuetur, oro vos ubicunque agetur de propofitione Mathematica cujus difcuffio ad me pertinebit, ne cujufcunque literis fidem habeatis, nifi manu meâ illæ obfignatæ fint : fic enim fiet ut ego mea tantum, non etiàm aliorum fcripta, ex meo fenfu interpretari tenear. Nam, pace amicorum hoc dictum efto, hac in materia, foli mihi fidere affuevi, jamdudum expertus, interpretes plerofque, vel dum amicis blandiri appetunt, vel dum rem non fatis intelligunt, omnia literis obfcurare ac prorsùs deformare. Unde qui tales literas accipiunt, illi, dum vel placitis laudibus ac blanditijs avidè fefe ingurgitant, vel quod obfcurum eft ad placitum fibi fenfum detorquent, fit neceffariò ut & fcribentis & primi authoris verum fenfum longè relinquant. Ac hujufmodi quidem allucinationis exemplum afferam ex tuis ipfius literis, ex proprio tuo fenfu, fine interprete ad R. P. Merfennum fcriptis, in quibus hæc habes: *Tibi verò, vir clariffime, corollariolum mitto ex ipfis hyperbolis deductum. Quadratura quædam eft, quarum centenas, immò infinitas poteram mittere, nifi vidiffem fatis fuperque effe unam, ut ftatim omnes emergant.* Deinde in ijs quas ad nos fcribis, quas ipfe R. P. etiam ante nos legerat, hæc habes: *Si unius hyperbolæ primariæ quadratura tam diu quæfita eft, nos pro una infinitas damus.* Ex quibus verbis ftatim exiftimavit R. P. primariæ hyperboles quadraturam à te inventam fuisse. Itaque cùm aliquo post tempore, de ipsis quadraturis cum eo colloquerer, diceremque non difficulter illas assecutum esse me : Habes ergo tandem, inquit ille, hyperbolæ conicæ quadraturam? Nequaquam, respondi; neque enim legitima hæc, & nothæ illæ iisdem legibus addictæ sunt. Me misellum, inquit, quantâ spe decido, qui ubi Cleopatræ aut etiam majoris pretii unionem speravi, ibi vitreas tantùm ampullas reperio! Sed de hoc ipse forsan rescribet : ego verò ideò scripsi, ut tali exemplo monerem hac in materia non esse tutum interprete uti; cùm etiam absque hoc tantæ eveniant allucinationes. His ergo nostris rationibus, acerbissimæ vestræ accusationis argumentis luculenter respondisse, atque cumulatè satisfecisse speramus. Nunc verò

Aspice num mage sit nostrum penetrabile telum?

Videamus, inquam, nunc, num sit quod de vobis multò potiori jure queri possim. Ac primùm. Nonne vos trochoidem nostram, postquàm & à R. P. Mersenno & à nobis moniti estis, jam à multis annis eam nostram esse, eamque brevi à nobis in lucem emittendam, postquàm vestris ad ipsum R. P. & ad me literis polliciti estis vos talem messem nobis relicturos intactam; tamen omni jure, ac vestrâ etiam fide violatis, tanquam vestram non literis modo manuscriptis (quanquam neque hoc ferendum fuerit) sed libello ad id prælis commisso, vulgavistis? idque interim, ac eodem prorsùs tempore quo continuis vestris literis contraria promitteretis? Hæccine vestra religio? hæc consuetudo? Quòd si ego huc usque de tali injuria pro rei acerbitate questus non sum, fateor, soli ne id facerem evicerunt communes amici. Quid autem lucri feci illis obtemperando? nempe crevit vobis fiducia, quia me bardum, qui illatarum injuriarum nihil sentirem, existimavistis. Attamen si ad paucula verba quæ super hâc re ad vos scripsi animum adverteritis, facilè ex iis percipietis de me dici posse:

Vultu simulat : premit altum corde dolorem.

Nonne ergo ipse prior idem quod vos, sed non absque causa clamare debui, *Vim patior; incredibile est quanto desiderio expectem responsum super hac re.* Quibus sanè verbis, ac multò etiam pluribus cùm ad R. P. Mersennum tum ad amplissimum D. *de Carcavy* scriptis, non obscurè significavistis vos, nisi coram vobis purgati fuerimus, in nos acerbius quidpiam omninò statuisse; ut sic & injuriâ, & mulctâ simul afficeremur. Sed de hoc satis : nunc ad alia capita transeamus.

Rursùs igitur, nonne primus omnium parabolas ego cum helicibus comparavi secundùm longitudinem? Nonne jam annus quintus excurrit, ex quo tale theorema vulgavi, idemque meo nomine prælis mandavit R. P. Mersennus? nonne vos ab amicis rescivistis, ac tum demum anno 1645 ad id animum applicuistis? Habeo sanè super hâc re vestras ad vestros amicos Romanos literas vestrâ manu ac vestro idiomate scriptas. Quid tum? Jam vos palam, omnibus ferè vestris literis gloriamini, non solùm parabolam conicam cum helice Archimedea comparasse, sed & reliquas parabolas cum propriis suis helicibus, immò & quemlibet helicis arcum vel partem, sive ex centro incipiat sive non, & sive primàm revolutionem excedat sive non, demonstrasse cuidam lineæ parabolicæ esse æqualem. Quid hoc rei est? Gloriaris de rebus nostris tanquam si tuæ illæ sint; atque id postquam nostras esse sic rescivisti, ut nisi rescivisses, nequidem de illis forsan unquam somniasses. Nec est quod fingas existimasse te nos solam helicem Archimedeam considerasse; nimis enim frigidum fuerit figmentum, & absque ullo fundamento; cùm una eademque sit illius & cæterarum, demonstrationis via & methodus, quam qui invenerit, omnia procul dubio invenerit, si modo voluerit, nempe hæc, Quævis parabola unà cum helice sibi propriâ sic se habet, ut si portio axis

parabolæ

parabolæ, comprehensa inter ordinatim applicatam ad axem, & tangentem à termino applicatæ ductam, æqualis esse intelligatur circumferentiæ circuli primæ revolutionis in helice : (intellige helices planas ; nos enim conicas quoque cum parabolis comparavimus) applicata autem æqualis semidiametro ejusdem circuli : tum, quæ inter verticem & applicatam interjicitur parabola, æqualis sit longitudine helici primæ revolutionis. Quòd si in eadem parabola sumatur à vertice quævis portio ; à principio autem helicis propriæ sumatur etiam portio, à cujus termino ducta recta ad helicis centrum, æqualis sit rectæ à termino sumptæ portionis parabolæ ad axem applicatæ : erunt & hæ portiones æquales. His sic à nobis inventis, si quis quidpiam addiderit, aut si imitando similia effecerit, habeat sanè quam ipse laudem merebitur. In helicibus conicis existente cono recto, omnia se habent ut suprà; modò tantùm loco semidiametri circuli primæ revolutionis, qui circulus in ipso cono existit, sumatur recta à vertice coni ad circumferentiam ejusdem circuli terminata. Hîc autem, centrum helicis erit vertex coni ; & quæ à centro ad puncta helicis ducuntur rectæ, erunt portiones laterum coni ejusdem. At equidem rescivisse me fateor, dices. Verùm demonstrationem proprio marte adinveni. Esto: quid inde ? Sanè si quæstionem proposuissem tantùm, non etiam solvissem, illa tua fuisset, qui prior solvisses : nunc quando prior solvi ego, & solutam vulgavi, mea est; nec mihi, etiamsi omnes conentur, verè eripi potest. An, quæso, meæ aut etiam vestræ sunt parabolarum Domini *de Fermat* quadraturæ? aut spatiorum helicum cum circulis comparationes, quas ambo proprio marte invenimus? Quid de ipsis speretis vos, nescio sanè : ego certè, quanquam mea multò quàm vestra potior sit causa, ipsam tamen prorsùs desero. An meum est solidum vestrum hyperbolicum? an mea hyperbolarum vestrarum novarum quadratura? minimè verò; attamen amborum ipsorum theorematum demonstrandorum una eademque est methodus, quam nos invenimus, & jampridem ad vos misimus vestro solido accommodatam, quamque iisdem hyperbolis accommodare non admodùm difficile est. Reperi quoque in illarum singulis, ex parte unius tantùm ex asymptotis, resecati posse spatium planum acutum & versùs acumen infinitum, quod tamen spatio finito atque undique clauso sit æquale. Obiter autem, ut verum fatear, nonne istis hyperbolis occasionem dedere parabolæ illæ Domini *de Fermat?* Nonne etiam illa nostra propositio de helicibus & parabolis longitudine æqualibus ansam præbuit illi alteri de qua adeò magnificè gloriaris? de illo, inquam, helicum genere quæ describuntur, dùm recta uniformiter quidem circa manens centrum circumvolvitur, at punctum interim secundùm illam rectam fertur proportionaliter, quam quidem helicem rectæ cuidam asseris æqualem? Quæ autem sit illa recta, & quomodo ad datas se habeat, tanquam si Ceteris Sactrum sit, planè reticuisti. Non tamen nos latet, eam æqualem esse hypotenusæ cujusdam trianguli rectanguli, cujus unum latus æquale sit rectæ à centro ad terminum helicis ductæ : sed enim, quis triangulum istud dabit, ex hypothesi quod dentur positione & longitudine duæ ex iis rectis quæ à centro ad helicem terminantur? vel contrà, quis triangulo dato, dabit helicem? Utrumque si dederis, Vir Clarissime, vel alterutrum tantùm, ego munus id eo munere compensabo, quod vel ipse duplo pluris facias. Sed cavo : hîc via præceps est & lubrica; ac talis, ex quâ ad parallogismum lapsus sit facillimus : nisi tamen quod petimus datum fuerit, propositio nullius pretii remanebit. Illud etiam non videris animadvertisse, propositionem hanc non esse novam, sed ipsam prorsùs eandem esse cum antiqua illa, quâ quæritur linea per quam pondus ad centrum terræ laberetur secundùm uniformem ad suum horizontem inclinationem ; talis enim linea ad tale genus pertinet. Quàm verò minimè nova sit propositio, testabitur ipse R. P. Mersennus. Verùm, quia datâ inclinatione, hoc est, dato specie triangulo rectangulo, datoque centro helicis in centro terræ, dato insuper uno ejusdem helicis puncto, putà in ipsius terræ superficie; non poterat geometricè, nec etiam suppositâ circuli quadraturâ, assignari aliud in ea punctum; ideò illa inculta permansit, ac ferè ex toto neglecta est. Neque rursùs, idem solum aut primum genus est earum helicum, quæ finitæ cum sint, infinitas tamen circa punctum quoddam revolutiones absolvunt : tales enim & longè antiquiores sunt illæ quæ in globis terrestribus atque in mappis mundi, loxodromias seu ventorum vias referunt , quæque præter has illud habent peculiare, quòd ex utraque parte finitæ sint; & tamen circa utrumque polum infinities circùmvolvantur. Cumque sic imitando, res Geometricæ in infinitum plerumque abeant, quidni etiam linea recta circa manens centrum æqualiter vel proportionaliter circumvoluetur, ac simul punctum mobile vel æqualiter vel inæqualiter secundùm rectam eandem legibus quibusdam feretur vel à centro, vel versùs centrum, ad describenda infinitiès infinita helicum genera? Ex iis autem, genus illud novimus, cujus helices hyperbolis conicis demonstrantur æquales, quidni rursùs licebit, pro infinitis hyperbolis effingendis, imitari vigesimam primam propositionem libri primi Conicorum Apollonii, sicuti pro infinitis parabolis vigesimam propositionem imitatus est D. *De Fermat?* Verùm hîc omnia persequi nec lubet nec vacat. Superest unum expostulationis nostræ caput circa novas nostras quadratrices lineas, quas non ita pridem, vix scilicet ante biennium invenimus, nec multò post ad vos misimus. Possem hîc, & sanè potiori jure, eadem verba adjicere quæ vos circa centra gravitatis: *Utinam non misissem;* sed illa nimis acerbam, prorsùsque contumeliosam præ se ferunt exprobrationis speciem: quin contrà, & misisse lætor; quandoquidem ita vobis placuerunt; & nisi tunc misissem, nunc utique mitterem. Illas, inquam, lineas ex quibus fiunt spatia plana longitudine infinita, quæ tamen spatiis finitis undique clausis sunt æqualia ; vos lineas Robervallianas, ab inventoris nomine, vocavistis; ego voco quadratrices, ab earum officio, & inventionis fine : ego enim figurarum quadraturæ intentus, dum nihil negligo eorum quæ ad propositum illum finem conducere videntur, præcipuè verò ipsarum figurarum in alias figuras transmutationem experior; in tales lineas incidi hac ratione.

Esto in figura, trilineum ABC quale requiritur, cujus punctum B sit vertex; recta AB altitudo; recta AC basis; & linea BC sit quæcunque curva : nihil enim refert qualiscunque accipiatur. Verùm, ut ex infinitis generibus aliquod hic eligamus, quod vobis instar omnium sit, esto illa curva BC ad easdem partes cava, putà ad partes ductæ rectæ BC, ita ut ipsa

tota sit extra triangulum ABC, & eadem à puncto B ad punctum C, continuè recedat à recta BA, & ad rectam CA propiùs accedat; sumpto utroque, recessu scilicet & accessu, secundùm perpendiculares à curva BC ad rectas BA, AC ductas. Tum in ipsa curva BC, sumantur continuè à vertice B, quæcunque & quotcunque puncta D, E, &c. à quibus ductæ intelligantur rectæ DF, EG, &c. tangentes curvam BC in iisdem punctis D, E, &c. atquè occurrentes axi AB producto ultra verticem B, in punctis F, G, &c. Intelligatur quoque per punctum C recta CK tangens eandem curvam BC in puncto C; quæ quidem recta CK vel eidem axi AB occurret ultra verticem B, vel eadem CK eidem AB erit parallela, coincidetque cum recta CR, quam ipsi AB ponimus esse parallelam. Prætereà, à punctis D, E, &c. ducantur rectæ DI, EH axi BA parallelæ, atque occurrentes basi AC in punctis I, H, &c. & per punctum A, ipsis tangentibus DF, EG, &c. ducantur totidem rectæ ordine parallelæ, AM quidem ipſi DF; AL autem ipſi EG, &c. occurratque recta AM rectæ DI productæ in M, atque ita habebimus punctum M : occurrat quoque recta AL rectæ EH productæ in L; atque ita rursùs habebimus punctum L & ſic de cæteris. Quo pacto habebimus à puncto A infinita alia puncta continuo ordine diſpoſita M, L, &c. Per hæc intelligatur ducta linea continua AML &c. illa erit primaria noſtra quadratrix : primariam vocamus, quia ipſa prima occurrit, & prima à nobis vulgata eſt ; cæteræ autem ab illa primaria, ſaltem per occaſionem, dependerunt. Quòd ſi tangens CK occurrat axi AB, ductâ rectâ AN parallelâ eidem CK, & productâ rectâ RC donec ipſi AN occurrat in N, erit & punctum N in eadem quadratrice AMLN. Aliàs autem, ſi CK coincidat cum ipſa CR (cùm ſcilicet ipſi AB fuerit parallela) linea AML in infinitum producta nunquam concurret cum recta RC etiam infinitè producta, ſed hæc RC producta, ipſius AML productæ erit aſymptotos, & punctum N à puncto C infinitè diſtabit. Potuit etiam loco trilinei, aſſumi bilineum aut aliud quodcumque ſpatium ; ſed omnia exequi unicâ epiſtolâ, nec poſſumus nec volumus, ut ii quibus inventum placuerit, habeant quod imitando addere poſſint. Jam ergo, in aſſumpto exemplo trilinei ABC, poſitis quæ ſupra diximus, ſit quadrilineum quoddam ABCN duabus curvis BC, AN, & duabus rectis BA, CN comprehenſum ; ſive id quadrilineum finitum ſit verſus N, ſive idem in infinitum verſus illam partem abeat : hoc ergo ſpatium ABCN dico eſſe trilinei ABC duplum. Demonſtratio noſtra omninò univerſalis erit pro omnibus curvis, & ſpatiis ; poteritque more Veterum, per duplicem poſitionem inſtitui , nos tamen per infinita ſic procedemus. Ducantur, aut duci intelligantur à puncto A ad infinita ſeu indefinita numero puncta curvæ BC, rectæ AD, AE, &c. ut ſic ſpatium ABC in infinita trilinea reſolvi concipiatur; quæ quidem trilinea totidem rectis AD, AE, &c. ac portionibus interceptis curvæ BC comprehendantur; ſpatium autem ABCN in totidem quadrilinea reſolvatur, quot ſunt trilinea quæ quadrilinea à parallelis DM, EL, &c. ac portionibus interceptis curvarum BC, AN conſtituantur : erunt ergo ſingula trilinea cum ſingulis quadrilineis, ſuper eâdem baſi conſtituta ad puncta D, E, &c. propter tangentes, (abſque tangentibus enim falſum eſſet) atque in iiſdem parallelis; putà trilineum ad AD cum quadrilineo ad DM, in iiſdem parallelis DF, MA ; trilineum autem ad AE, cum quadrilineo ad EL, in iiſdem parallelis EG, LA, atque ita de reliquis. Quapropter ſingula quadrilinea ſingulorum trilineorum erunt ut dupla, ex legibus infiniti; & omnia omnium, hoc eſt totum ſpatium ABCN quod ex omnibus quadrilineis conſtat, duplum erit totius ſpatii ABC, quod conſtat ex omnibus trilineis. Patet autem eodem ratiocinio, quadrilaterum ABDM, trilinei ABD duplum eſſe ; & quadrilaterum ABEL, trilinei ABE, & ſic de cæteris. Si ergo trilineum CAMLN totum extra trilineum ABC exiſtat, ut in aſſumpto exemplo, erunt duo illa trilinea æqualia, ſive punctum N in infinitum abeat, ſive non. Quòd ſi prætereà, eo caſu quo curva AMLN tota extra trilineum ABC exiſtit, ex punctis D, E, &c. ducantur rectæ DX, EV baſi CA parallelæ, atque axi occurrentes in punctis X, V, &c. fient spatia BDX, BEV, &c. spatiis AIM, AHL, &c. singula singulis aequalia. Quoniam enim, ex demonstratione universali praemissa, totum quadrilineum ABDM, totius trilinei ABD, duplum est; & ablatum parallelogrammum AXDI, ablati trianguli AXD est quoque duplum, erit & reliquum reliqui duplum: reliquum autem primum constat ex duobus trilineis BDX, AIM; secundum vero est solum trilineum BDM; quare duo illa trilinea BDX, AIX simul, hujus solius BDX dupla sunt, ac proinde aequalia sunt inter se trilinea illa BDX, AIM. De caeteris eadem est demonstratio. Sed & trilineum BDF bilineo AM, & trilineum BEG bilineo AL aequale esse facile demonstrabitur; & multa alia quae consulto omittimus. Potest quoque ad solida extendi hoc nostrum inventum, si scilicet, praedictae omnes figurae circa axem AB utrinque productum quantum satis, convertantur; ac spatia quidem solida ad rectas AD, AE, &c. constituta, pro pyramidibus; spatia autem solida ad parallelas DM, EL, &c. pro parallelepipedis accipiantur. Quo pacto solidum descriptum a quadrilineo ABCN, sive illud versus N infinitum sit, sive non, triplum erit solidi a trilineo ABC descripti: & solidum a trilineo ACN in assumpto exemplo descriptum, duplum erit solidi a trilineo ABC descripti; & hinc habentur innumerae species solidorum infinite finitorum.

Possunt etiam rectae MI, LH, &c. produci versus puncta D, E usque ad puncta T, S, &c. ita ut rectae IT, HS, &c. aequales sint rectis DM, EL, &c. & per puncta BTS, &c. potest intelligi curva quadratrix BTS: haec autem illa erit quam ad vos misimus; de qua ideo nihil est quod hic addamus; quod autem illa secundaria sit, manifestum est.

Tandem, ductis tangentibus DF, EG, &c. ut supra; potuit loco puncti A assumi aliud quodcunque punctum B vel C, vel quodvis in plano trilinei ABC quantumvis producto existens, per quod ducerentur rectae tangentibus illis parallelae; quemadmodum hic ductae sunt AM, AL, &c. & per puncta D, E, &c. duci quoque potuerunt totidem aliae rectae inter se & cuivis datae parallelae, quae cum tangentibus & tangentium parallelis parallelogramma constituerent, qualia sunt AFDM, AGEL, &c. unde aliae infinitae generabuntur quadratrices; sed haec nunc indicasse sufficiat. Vides itaque, Vir Clarissime, quam latus hoc loco ad imitandum pateat campus. Vides etiam alia prorsus a tuis hyperbolicis diversa genera solidorum infinitorum, & multitudine innumerabilia, & illis forsan, magis miranda; eo quod haec nostra de externa sua latitudine nihil unquam remittant, ut vestris necessario accidit. Neque tamen nostra nos ad vestrorum imitationem effinximus (quod si factum fuisset, quantumcunque abstrusa, vobis tamen tribueremus) sed haec a nostro linearum quadraticarum invento sic dependerunt, ut ab illis sejungi non potuerint. Vides denique nos nec plana, nec solida infinite finita praecipue intendisse, sed nostras quadratrices, quae ex figurarum in alias transformatione nascuntur, ex quarum origine talia spatia necessario consecuta sunt; & nobis aliud animo agitantibus, sese ultro obtulerunt.

Jam, quadratura parabolae quomodo ex praedictis facile deducatur, sic explicamus. Intelligatur in hoc nostro exemplo, curva BG esse quaevis para-

bola,

bola, five conica illa fit, five alia : (unica enim omnibus infervit demonftratio) cujus axis fit AB; vertex B, bafis AC; & recta BY ipfam tangat
in vertice, occurratque rectæ NC productæ in puncto Y, ut fit parallelogrammum ABYC fpatio trilineo parabolico ABC circumfcriptum. Ducantur etiam, vel duci intelligantur à fingulis punctis curvæ AMLN, putà
à punctis M, L, N, &c. rectæ MQ, LP, NO, &c. bafi AC parallelæ
occurrentes axi BA producto in punctis Q, P, O, &c. quo pacto, conftituetur aliud quoddam trilineum ANO, cujus axis erit AO, vertex A, &
bafis NO. In hoc trilineo, rectæ ad axem ordinatim applicatæ erunt MQ,
LP, NO, &c. quæ ordinatim applicatis in parabola, DX, EV, CA, &c.
fingulæ fingulis debito ordine fumptis, erunt æquales; at portiones axis AO
inter verticem A, & applicatas interceptæ, putà AQ, AP, AO, &c. æquales erunt rectis FX, GV, KA, &c. fingulæ fingulis debito ordine fumptis : quæ omnia ex conftructione manifefta funt. Eft autem in quavis parabola, ut FX ad XB, fic GV ad VB, & fic KA ad AB, propter tangentes DF, EG, CK. Quare erit quoque, pofitâ in noftro exemplo quâvis
parabolâ BDEC, ut AQ ad BX, ita AP ad BV, & ita AO ad BA, &c.
Eft ergo curva AMLN parabola ejufdem fpeciei cum parabola BDEC;
cúmque AC, ON fint æquales, erit fpatium AON ad fpatium ABC,
ut axis AO ad axem AB. Oftenfum autem eft fpatium ABC æquale effe
fpatio ACN; quare fpatium AON ad fpatium ACN eft ut AO ad AB:
& componendo, parallelogrammum ACNO ad fpatium ACN, five ad
fpatium ABC, fe habet ut recta OB ad rectam BA. Sed ut parallelogrammum AY ad parallelogrammum AN, ita recta AB ad rectam AO; ergo,
ex æquo, in ratione perturbata, erit parallelogrammum AY ad fpatium
ABC, ut recta OB ad rectam AO. Datæ autem funt rectæ illæ OB, AO,
quia AO ipfi AK datæ æqualis eft, ex conftructione : ergo data eft ratio
parallelogrammi AY ad fpatium trilineum parabolicum ABC, ut propofitum eft ; & eft talis ratio ut recta compofita ex AK & AB, ad rectam AK.

   Simili ratiocinio, in folidis ipfarum parabolarum circa axem AB conver-
farum, concludemus univerfaliter fic effe cylindrum AY ad folidum ABC,
ut recta compofita ex AK & dupla ipfius AB; ad ipfam eandem AK.

   Quomodo ergo in ejufmodi quadratrices inciderim, jam tenes: quàm verò ingenuè ad vos miferim, ipfi fcitis: fciunt & Academiæ noftræ proceres,
qui omnes epiftolam noftram, antequam ad vos mitteretur, perlegerunt;
fciunt & multi alii cum quibus eandem ego, vel amici communicavimus ;
fciunt, inquam, illi omnes, me expreffis verbis, veluti florem quemdam ex hor-
to illo delectum, vobis indicaffe quadraturam parabolæ primariæ feu conicæ.
Quis igitur meo loco conftitutus, fore fperaviffet ut Clariffimus Torricellius,
inde per imitationem, cæteras parabolas quadrandi arreptâ occafione, (quod
nullius fuit negotii, quia una eademque eft omnium methodus) hæc verba
fubjiceret: *Prædicta methodi, tum pro quadraturis, tum pro tangentibus, funt
quas minimi præ cæteris ego facio ; non tamen patiar mihi illas eripi.* Et hæc: *Linea
Robervalliana, fi ortum ducat ex aliqua parabolarum, femper parabola evenit ejufdem fpeciei ; quod ego novum effe fcio, licet fortaffe turpe videatur hoc fateri.* Et tur-
sùs in alia epiftola: *Quadraturas ad Clariffimum Robervallium mitto, fortaffe ad
fubeundam eandem fortunam cum meo centro gravitatis cycloidis,* hoc eft trochoidis. Atque ita, ficuti palam nos accufaverat Torricellius, tanquam fi centrum
illud noftræ trochoidis, à nobis illi furreptum fuiffet, fic timere fe fimulavit,
ne eodem fato illæ fuæ (fi Diis placet) parabolarum quadraturæ fibi à nobis
eriperentur. Quis, inquam, hoc fperaviffet? Nam, Deum Immortalem! quid
illis in quadraturis aut novum eft aut ad Torricellium pertinet, ut ei poffit
eripi? An in univerfum quadraturæ illæ funt Torricellii? Nequaquam. Pri-

mariæ enim sive conicæ parabolæ quadratura Archimedis est; cæterarum autem, D. *De Fermat* : dico D. *de Fermat*; quia cæterarum illarum medium à medio Archimedis planè diversum est, & diversum esse debuit, quandoquidem ad illas, medium Archimedeum omnino ineptum est. Quòd si omnibus illud aptum fuisset; tunc, quantumvis ab eo diversum esset medium D. *de Fermat*, omnes tamen illas quadraturas uni Archimedi tribueremus, ac cæteras per imitationem inventas ad primariam remitteremus. Si quidem facile est inventis addere : authorem verò sese præbere, hoc opus hic labor est. Non igitur aut Torricellii, aut nostræ sunt parabolarum quadraturæ in universum; nec illæ aut ipsi aut nobis eripi possunt. Superest igitur ut de medio decertemus. Sed ad quid hoc ? Quando, sive ego vicero sive Torricellius, ipsa res vel Archimedi cedet, vel D. *de Fermat*. Attamen quod in eo medio præcipuum est, nostrum est, ipso Torricellio concedente, nempe nostra quadratrix, quam ipse Robervallianam vocat. Quid igitur ipsi relinquitur ? Forsan, inquiet aliquis, vult Torricellius suum esse, quòd usus fuerit complementis æqualibus parallelogrammorum, eaque prædictis Robervallianis quadratricibus accommodaverit, ut duplici positione inscriptorum & circumscriptorum uteretur more Veterum. Atqui ob tantillum, quod nec ipsum universale est, adeo sollicitum esse, adeoque invigilare ne sibi eripiatur, pauperis cujusdam est, qui hoc unum possideat, non autem ditissimi Torricellii, qui infinitos rerum multò pretiosiorum possidet thesauros. At, dicet alius : Robervallius unicam parabolam primariam seu conicam, Torricellius verò omnes omninò quadravit. Robervallius scilicet unicam ! Quis autem nos usqueadeo cæcos existimaverit ? præcipuè cùm una eademque sit omnium methodus quam suprà ostendimus ? Egone in eo quod difficilius fuit, si tamen quid ibi difficile dici potuit, nempe in quadratricibus ipsis detegendis, atque in primariæ parabolæ quadratura perspicax, in facillimis repente excutiero ? Quin ergo saltem enuntiavisti ? Satis fuit unam enuntiare; cæteræ sponte sequebantur. Quid hoc rei est ? An tandem ego ea omnia ignorasse censebor, quæcunque unicâ quam ad Torricellium scripsi epistolâ expressis verbis non comprehendi ? Respiciat ille ad verba nostra, ut quid voluerimus intelligat : florem mittebamus, non arborem. Ac jam decennium est ex quo absolutis nobis illis parabolis, vix animo occurrit, nisi urgeat occasio, ut illas amplius nominem ; Torricellio verò ipsæ novæ sunt, adeoque ipsarum ille nōn obliviscitur, ut magnum quid putet, si centum modis illas quadraverit, cùm tamen infinitis id fieri possit. Rursùs ergo, quid in illis quadraturis novum est quod ad Torricellium pertineat ? Non video sanè : attamen scire gestio, ne quod illius est, quodque sibi eripi minimè passurum esse minatur, imprudentes auferamus.

Jam perspiciat quicunque Torricellii legerit epistolas, quàm multa præteream legitimæ expostulationis capita. Enimverò, illud ne viro ingenuo ferendum fuit, quod nobis comminando scripsit super aliâ quadam methodo centrorum gravitatis inveniendorum, quam habere se gloriatur ? *Oro vos*, inquit, *ne inter vestra hanc etiam habeatis : nam hæc esset tollere penitus omne litterarum, scientiarumque commercium.* Quid aliud ad manifestum furem scribi potuit ? Interim tamen, de illa methodo callidè ac de industriâ tacuit Torricellius : ita ut si aliquam ego aut alius quispiam proferamus, jam ipsi liberum sit illam astutiis ejusmodi, atque in longum prospicientibus verbis, sibi asserere, ac de ea locutum esse se, suâ fide affirmare.

Quis rursus feret quod ad R. P. Mersennum scribit, cùm de centro nostræ trochoidis loquitur ? *Quod certè* (ait) *immò certissimè scio non habuisse Robervallium, antequam demonstrationem meam videret; ut P. V. vel ipsemet, vel tandem universa Europa testis esse poterit.* De centro illo jam satis suprà, immò usque ad nauseam; nec circa illud universa Europa testis nobis formidanda ;

quin, si fieri posset, præ cæteris optanda. Verùm, quid tale centrum ad universam Europam? Crede mihi, Clarissime Torricelli ; esto (quod tamen sine arrogantia dici non potest) quòd in rebus Mathematicis ambo simus egregii ita ut paucos pares, nullos agnoscamus superiores : nequaquàm tamen, hoc pacto, tales erimus quos universa respiciat Europa; nempe misellos Geometras de nescio quo puncto disceptantes. Simus potiùs ambo, ego triginta millium peditum nostrorum veteranorum dux; tu totidem vestrorum : adsit utrique equitatus tali numero debitus, nihilque desit armorum, annonæ, aut fidei militum erga duces; ac tunc universa forsan nos respiciet Europa.

Hoc loco, vir Clarissime, cogitare subiit qui fieret, ut cùm semel ad te scripserim (prima enim alia nostra de te epistola ad R. P. Mersennum directa fuerat) ideque stylo qui meo & amicorum judicio, nihil omninò acerbi, quanquam post ereptas à te nobis nostras trochoides, redolet; ipse tamen è contrario, acri adeo stilo rescripseris; nec mihi soli, quo pacto faciliùs res componerentur, sed tribus (nescio num etiam pluribus) literis ad amplissimos celeberrimosque viros de me scriptis, haud alio argumento quamquòd existimares (nimis tamen leviter) centrum trochoidis ipsius tibi fuisse ereptum. Tantusne Torricellio earum quas suas putat, nugarum zelus (liceat eo tibi familiari nugarum vocabulo uti) ut statim atque eas sibi ereptas putaverit,

Irruat & frustra ferro diverberet umbras,

ne quidem cogitando quantas ille, cùm directè, tùm indirectè, ab aliis sumpserit, ob quas periculum sit ne quamvis placidos acriùs irritando, ipse vicissim pœnas luat? Atqui consentaneum erat, vir prudens cùm sit, ut meminisset hujus præcepti, quod qui dedit, is procul dubio fuit ad unguem factus homo; videlicet,

Qui, ne tuberibus propriis offendas amicum
Postulat, ignoscat verrucis illius.

Equidem, inter plurimas hujusce tam acris styli causas, hæc nobis videtur probabilior, quod tu, Vir Clarissime, spatium Mathematicum ingressus, seu fato seu sponte, viam à nostris jam ante plures annos tritam inieris, à qua huc usque parùm deflexeris; unde non mirum est si in easdem stationes, littora, portus, fluvios, & regiones incidas, quibus illi dudum detectis nomina indiderunt, eaque omnia in chartas intulerunt: ipse autem, cùm illa à te primùm detecta existimes, fit ut posteà indigneris si quis contrarium asseruerit, atque id quod verum est candidè enarraverit. Memineris ergo spatium illud infinities infinitè infinitum esse, idemque solidum, immò etiam plusquàm solidum, tibi verò nec pedes, nec pennas, nec alas deesse : deflectas ergo paululùm vel ad dextram, vel ad sinistram, vel suprà vel infra : curre, nata, vel etiam vola: hæc enim potes omnia, quæ sanè

pauci, quos æquus amavit
Jupiter, aut ardens evexit ad æthera virtus,
potuere;

sic enim fiet, ut, quod non semel, immò pluries jam præstitisti, & novas regiones detegas, & viros doctos non solùm adeò feliciter imiteris, quanquam nec ipsum laude caret; sed, quod multò laudabilius est, teipsum viris doctis præbeas imitandum.

Huc usque pro nobis plura diximus : nunc pro divino Archimede pauca liceat: Bis, ut tua excuses, tantum virum in discrimen adducis, Vir Clarissime; semel pro libris tuis de motu projectorum; iterum autem, pro illâ tuâ minimè verâ ratione solidi trochoidis circa axem, ad suum cylindrum ut 11 ad 18. Ac primùm quidem, pro libris de motu projectorum hæc ais : *Archimedes supposuit olim projecta, non per parabolas sed per lineas spirales suas procedere.* Hanc Archimedis suppositionem nullibi videre licuit in ejus operibus : commentarios autem, forsan, non omnes legi ; sed nec eorum authoribus licuit tanto viro absurdas ejusmodi suppositiones affingere. Deinde, pro excusando vestro illo fictitio trochoidis solido, hæc scribis ad R. P. Mersennum: *Habemus apud Archimedem , prop. 2. de circuli dimensione, circulum ad quadratum diametri esse ut 11 ad 14 : quæro ab ipso (Robervallio, supple) undenam putet me habuisse rationem quam ad numeros 11 & 18 reducebam ?* Quæ post verba illa sequitur linea, solitam totius epistolæ redolet acerbitatem. Equidem Archimedes hæc habet : at non dissimulavit statim (nempe propositione tertia, quæ manifestò lemma est ad illam secundam) talem rationem 11 ad 14 non esse accuratam, sed tantùm veræ proximam : apud vos autem nihil tale habetur; sed vestram illam rationem 11 ad 18 tanquam accuratam proposuistis, ex invento priùs centro tanquam accurato deductam: immò, illam pro accurata exceperunt quicunque existimaverunt vos adeò candidos esse, ut nefas existimaretis ea enuntiare quæ vera non essent. Enimverò, Vir Clarissime, plerique ex nostris vix persuaderi potuissent, Torricellium nobilem adeò Geometram, aliquid purè Geometricum sine demonstratione affirmare voluisse. Sed nec illa vestra ratio 11 ad 18 ex terminis vero proximis ab Archimede assignatis pro circuli dimensione deducta est, cùm eadem extra ipsos terminos longè evagetur; unde non video quid vobis hîc proficiat Archimedis authoritas, præcipuè in materia purè Geometrica, ubi pro errore accipitur quidquid accuratè verum non est, quantumcunque illud ad verum proximè accedere deprehendatur.

Hîc fieri posse video, ut aliquis hujusce nostræ epistolæ stylum ideò carpat, quòd ille nec amico, nec adversario convenire videatur; ut potè qui pro amico, acrior, pro adversario contrà, lenior quàm par sit appareat. Equidem, Clarissimum Torricellium adversarium habere absit ut unquam optaverim ; adversarius sanè illi ego ero nunquam, nisi ipse prior talem me effecerit. Quòd autem amicum & cupierim & adhuc cupiam, argumentum certissimum est, quòd prior amaverim, ac nomen ejus celebre per Galliam, quàm maximè potui, reddiderim. Siccine ergo (urgebit censor) cum amicis tuis te gerere solitus es? Primùm quidem, apologiam contra acerbam ipsius accusationem mihi debui; deinde metui (fateor) ne ipse quem summopere amicum mihi cupio, ex illis esset qui aliena veluti perspicillis cavis respiciunt; sua, convexis aut iis forsan quæ plurimis faciebus distinguntur , unde sit ut iidem aliena contractiora, sua verò ampliora aut numerosiora, aut etiam pulchris coloribus ornatiora quàm sint reverà videre videantur. Itaque admonere eum volui officiosè, ut amorem proprium alieno temperaret. Ac, ne ad excitandum duriusculus haberetur, stylum adhibui utcunque acutum & mordacem : sic enim fore speravi ut sapiens cùm sit, se ab amante pungi sentiret, atque ita ad redamandum acriùs incitaretur. Quanquam autem tot paginas minimè inutiles fore spero, doleo tamen quòd illas in tractando ejusmodi ingrato ac planè tædioso argumento insumere oportuerit; cùm alia ferè innumera longè suaviora, ac viris doctis, ut puto, acceptiora, cùm ex nobis, tùm ex nostris habeamus ; qualia sunt quæ sequuntur. Circa analysim quidem, de æquationum recognitione, & emendatione, novâ prorsus methodo, de earumdem determinatione ac de ipsarum per locos proprios resolutione, atque compositione. Circa Geometriam, de locis planis, solidis, atque ad superficiem; ubi in specie, restituta habemus loca solida ad tres & quatuor lineas : de cylindris, & conis isoperimetris, cùm demptâ base, tum additâ : de iisdem sphæræ inscriptis, & circumscriptis, seu spatiorum solidorum, seu etiam superficierum tantum habeatur ratio ; ubi mirabere forsan quâ ratione à nobis concludi potuerit, positâ sphæræ diametro 32 partium,

axem

æxem coni inscripti cujus superficies comprehensa base sit maxima, esse hanc
apotomen 23——$\sqrt{}$ 17; si sphæræ superficies uno, duobusve, vel tribus aut pluribus circulis, in quotcunque & quascunque portiones secta sit, quamcunque ex illis portionibus cum alia ac cum tota comparamus, ac uniuscujusque
centrum gravitatis assignamus. Circa cylindricas & conicas superficies scale-
nas, tum etiam circa rectas, mira habemus. Inter illa perpende qualenam sit
hoc problema : Portionem superficiei cylindri recti exhibemus, quæ superficiei datæ cylindri scaleni sit æqualis. Sed & istud : Dato quadrato, æqualem
damus cylindricæ superficiei portionem, idque absolutè, nullâ suppositâ circuli quadraturâ, & exclusis cylindri basibus. Problemata atque theoremata
innumera habemus soluta, cùm circa conicas sectiones, tùm circa alia fere
omnia Geometriæ huc usque notæ tam theoreticæ quàm practicæ capita. Circa
Arithmeticam, Musicam, Opticam, Astronomiam, Gnomonicam, & Geogra-
phiam,

Plura quidem feci, quàm quæ comprehendere dictis
In promptu mihi sit;

sed illa omnia vulgaria æstimo. Attamen, dic quibus in terris Luna minori
spatio quàm 24 horarum nostrarum communium, bis oriatur, aut bis occi-
dat ejusdem horizontis respectu. Facile quidem theorema, sed quod primâ
fronte impossibile multis videatur. At Mechanicam à fundamentis ad fasti-
gium novam extruximus, rejectis omnibus, præter paucos admodum, antiquis lapidibus quibus illa constabat; ita ut nunc octo contignationibus, hoc
est totidem libris, absolvatur. Primus est de centro virtutis potentiarum in
universum, an detur tale centrum, & quibus potentiis conveniat, quibus verò
minimè; secundus de libra, ubi de æquiponderantibus; tertius de centro
virtutis potentiarum in specie; quartus de fune mira continet; quintus de
instrumentis & machinis; sextus de potentiis quæ in diversis mediis agunt;
septimus de motibus compositis; octavus denique, de centro percussionis
potentiarum mobilium. In his omnibus nulla admitto nova postulata, sed tantùm ea quæ vulgò recepta sunt apud Authores: quòd sanè exequi, quàm non
facile opus sit, testes sunt quotquot huc usque de gravibus super planis incli-
natis existentibus egerunt; inter quos & ipse haberis, Vir Clariffime, qui propositione prima libri primi de motu gravium descendentium, ad id demonstrandum novo postulato usus es, quod quivis non facilè concesserit, quia
pondera quæ proponis, non librâ rigidâ & rectâ, ut fieri solet, sed fune molli
ac perfectè plicabili invicem alligantur. Nos autem ad hoc, librâ utimur modo usitato dispositâ, cujus beneficio propositionem illam non aliter demonstramus, quàm aut vectem aut axem in peritrochio : eam autem jam ante
quindecim annos invenimus, atque anno 1636 tanquam Mechanicæ nostræ prodromum, prælo commisimus atque vulgavimus, sed Gallico idiomate.
Neque etiam eum tantùm casum consideravimus qui solus ab omnibus atten-
ditur; cùm scilicet potentia pondus in plano inclinato positum retinens, agit
per lineam directionis ipsi plano parallelam; sed & dum eadem linea directionis aliam quamcunque positionem obtinuerit : quo pacto, ratio ponderis ad
potentiam infinitè mutatur. Ibi autem quiddam demonstravimus quod multis[e]
omninò paradoxum visum est ; nempe, si intelligatur prælum aliquod duobus planis parallelis perfectè rigidis constans, quod ita disponatur ut ejus plana horizonti non sint parallela : tunc, quantâcunque potentiâ prematur prælum illud, planis semper perfectè planis ac parallelis inter se remanentibus,
illa nullum pondus inter se retinebunt; sed illud pondus propriâ gravitate
statim labetur inter ipsa plana, atque idem à prælo sese liberabit, nisi aliunde retineatur. Hæc quidem ad quintum nostrum librum pertinent. Libet
autem ex quarto quoque hæc addere. Si tres potentiæ totidem funibus ad

communem nodum religatis agentes, (nodus est quodvis punctum in fune)
æquilibrium constituant : tunc describi poterit triangulum cujus centrum
gravitatis sit nodus ipse, tres autem anguli ad tria funium puncta alicubi ter-
minentur (infinita quidem describerentur triangula, sed omnia similia) erunt
autem tunc tres potentiæ in eâdem ratione cum tribus rectis à centro trianguli ad tres angulos terminatis; ita ut quælibet potentia homologa sit ei rectæ
quæ in fune ipsius existit. Si quatuor potentiæ non existentes in eodem plano, totidem funibus ad communem nodum religatis agentes, æquilibrium
constituant : tunc quòd suprà de triangulo dictum est, de quadam pyramide
tetragona verum erit. Hinc aliud paradoxum, funis horizonti minimè perpendicularis quantâ vi tendatur, si perfectè plicabilis, nullo modo autem rigidus
ex se existat, imposito quocunque vel minimo pondere, aut si ipse ex se
gravis esse intelligatur, flectetur necessariò, vel rumpetur, nec viribus ullis
fieri poterit ut rectus evadat. Similiter, tres vel quotcunque funes ad communem nodum religati, totidem potentiis in eodem plano existentibus, quod
planum horizonti non sit perpendiculare, quibuscunque viribus tendantur;
imposito quocunque vel minimo pondere, vel si ipsi funes per se graves esse
intelligantur, nunquam tamen poterunt eò adduci ut in eodem plano consis-
tant. Tandem etiam, ex octavo libro illud habebis : Omnis sectoris circuli
semicirculo non majoris circa centrum circuli circumvoluti, existente axe
motus ad planum ejusdem circuli sive sectoris, perpendiculari, centrum percussionis sive impetus in recta angulum sectoris bifariam dividente quæsitum,
sic reperietur : Ut chorda arcus sectoris ad ipsum arcum, ita tres quadrantes
semidiametri circuli ad rectam inter ipsius circuli centrum, & centrum percussionis sectoris interceptam. Ex tali centro quod extra sectorem aliquando
existet, si impetus sectoris eo modo moti quo dictum est, excipiatur, productâ ad id rectâ angulum bifariam dividente, si centrum illud extra sectorem
excurrerit, erit impetus ille maximus omnium qui ex quovis puncto in eadem recta existente excipi possunt.

De his & aliis agemus in posterum, si ita tibi placuerit, Vir Clarissime,
postquam litibus valere jussis, solidam inierimus amicitiam, quam, ut spero, non recusabis. Illius autem leges, quòd ad litterarum commercium attinet, tales sunto. Nihil tentandi gratiâ scribam. Quicquid scripsero, nisi de
eo dubitare me, aut illud quærere scripsero, verum existimasse censear. Quoties per otium licuerit alicujus enuntiati demonstrationem mittere, mittam :
nisi misero, si cupias, quàm citò mittere tenear. His legibus, si quid addere,
aut detrahere ; immò, si ipsas prorsùs tollere, & alias ferre voles, licet. Memineris tamen, quæstionibus agere tentandi gratiâ, odiosum esse atque amico indignum ; neque enim omnia possumus omnes : tum etiam amicum dele-
ctare oportet, non torquere. Hæc si observaverimus, tunc procul dubio, &
durabit amicitia ; & dum uterque nostrûm vicissim & reciprocè docebit &
docebitur, uterque amborum scientiam, salvâ tamen inventoris laude, pos-
sidebit.